D1674142

Induktive Statistik

Wahrscheinlichkeitstheorie,
Schätz- und Testverfahren

Mit Aufgaben und Lösungen

von

Dr. Jürgen Senger

Universität Kassel

Oldenbourg Verlag München Wien

Bibliografische Information der Deutschen Nationalbibliothek

Die Deutsche Nationalbibliothek verzeichnet diese Publikation in der Deutschen Nationalbibliografie; detaillierte bibliografische Daten sind im Internet über <http://dnb.d-nb.de> abrufbar.

© 2008 Oldenbourg Wissenschaftsverlag GmbH
Rosenheimer Straße 145, D-81671 München
Telefon: (089) 4 50 51-0
oldenbourg.de

Das Werk einschließlich aller Abbildungen ist urheberrechtlich geschützt. Jede Verwertung außerhalb der Grenzen des Urheberrechtsgesetzes ist ohne Zustimmung des Verlages unzulässig und strafbar. Das gilt insbesondere für Vervielfältigungen, Übersetzungen, Mikroverfilmungen und die Einspeicherung und Bearbeitung in elektronischen Systemen.

Lektorat: Wirtschafts- und Sozialwissenschaften, wiso@oldenbourg.de
Herstellung: Anna Grosser
Coverentwurf: Kochan & Partner, München
Gedruckt auf säure- und chlorfreiem Papier
Gesamtherstellung: Kösel, Krugzell

ISBN 978-3-486-58559-9

Vorwort

Das Fachgebiet Statistik definiert sich sowohl über seinen Gegenstand als auch über seine Methoden. Es ist entstanden aus dem Wunsch der Staatsmänner über die Verhältnisse im Lande Bescheid zu wissen. Statistik war daher zunächst nichts anderes als das Sammeln und Aufbereiten von Zahlen (Daten) und gehörte zur allgemeinen Staatskunde.

Die Erscheinungsform der Statistik sind folglich Zahlen, die in Tabellen oder Grafiken dargestellt und in Kennzahlen verdichtet werden und unser vorwissenschaftliches Verständnis des Faches prägen.

Aus dem Bemühen, den Zahlen ihr Geheimnis zu entlocken, die Zahlen zum Sprechen zu bringen, die in ihnen verborgenen Informationen sichtbar zu machen, ist im Laufe der Zeit ein komplexes Methodenfach geworden. Es besteht aus einer Vielzahl von Verfahren, die zur Entschlüsselung von Zahlenmassen für unterschiedliche Zwecke entwickelt wurden.

Eine tragende Rolle spielt dabei die Mathematik. Die Begründung und Herleitung der Verfahren, wie ihre Anwendung sind inzwischen mathematisch so anspruchsvoll, dass sie für den Nichtmathematiker zur Geheimwissenschaft zu werden drohen.

Die Statistik ist zudem das typische Nebenfach für Wirtschafts- und Sozialwissenschaften, Ingenieur- und Naturwissenschaften, Psychologen, die i.d.R. nur am Rande ihres Studiums mit statistischen Fragestellungen beschäftigt sind und daher häufig nicht die Bereitschaft aufbringen, sich mit der erforderlichen Intensität mit den methodischen Grundlagen vertraut zu machen.

Das vorliegende Buch ist ein Versuch, die Grundlagen der Induktiven Statistik dem vorgebildeten Leser auf "einfache" Weise zu erschließen. Das bedeutet nicht ohne Mathematik, aber auf einem mathematischen Niveau, über das jeder Student dieser Fächer verfügen muss und das über Grundkenntnisse der Differential- und Integralrechnung[1] nicht hinausgeht.

Es geht darum, den richtigen Kompromiss zwischen mathematischen Anforderungen und Verständlichkeit zu finden und zu verhindern, dass die Statistik zu einer Sammlung von Formeln ohne Gebrauchsanweisungen degeneriert. Daher werden die wahrscheinlichkeitstheoretischen Grundlagen ausführlich dargestellt und die statistischen Methoden daraus Schritt für Schritt entwickelt. Die statistischen Verfahren und Formeln werden, soweit das mit elementaren Mitteln möglich ist, bewiesen oder wenigstens heuristisch begründet. Der Veranschaulichung

---

[1] Siehe J. Senger: Mathematik, Grundlagen für Ökonomen, 2. Auflage, München 2007

und der Einübung der praktischen Anwendung dienen die anschließenden Beispielaufgaben. Sie stellen den Praxisbezug her und zielen auf die verständige Anwendung der statistischen Methoden. An den Kapitelenden bieten weiterführende Übungsaufgaben die Möglichkeit zur Wiederholung und selbständigen Vertiefung.

Gerne habe ich dem Wunsch des Verlags entsprochen, die Lösungen der Übungsaufgaben in das Buch aufzunehmen. Im Anhang finden sich daher Lösungshinweise, die eine schnelle Leistungskontrolle ermöglichen.

Darüber hinaus gibt es ausführliche Musterlösungen der Übungen im Internet auf der Website des Oldenbourg-Verlags und auf meiner Website unter der Adresse:

> http://www.ivwl.uni-kassel.de/senger/publikationen.html

Ich danke allen, die durch Anregungen und Kritik zur Entstehung des Buchs beigetragen haben. Mein besonderer Dank gilt meiner Ehefrau Diplom-Volkswirtin Monika Senger für ihre kritische und fachkundige Unterstützung, ohne die das Buch nie fertig geworden wäre.

Kassel im November 2007   Jürgen Senger

Inhalt

I WAHRSCHEINLICHKEITSTHEORIE — 1

1 Grundlagen — 3
1.1 Zufallsexperiment — 3
1.2 Ergebnismenge, Ereignis — 4
1.3 Zusammengesetzte Ereignisse — 8
1.4 Absolute und relative Häufigkeiten — 12

2 Wahrscheinlichkeitsbegriffe — 17
2.1 Klassischer Wahrscheinlichkeitsbegriff — 17
2.2 Statistischer Wahrscheinlichkeitsbegriff — 21
2.3 Subjektiver Wahrscheinlichkeitsbegriff — 27

3 Axiomatische Wahrscheinlichkeitsrechnung — 29
3.1 Axiome der Wahrscheinlichkeit — 29
3.2 Folgerungen aus den Axiomen — 30
3.3 Bedingte Wahrscheinlichkeit — 37
3.4 Multiplikationssatz — 42
3.5 Stochastische Unabhängigkeit — 46
3.6 Satz der totalen Wahrscheinlichkeit — 50
3.7 Bayes'sches Theorem — 55

4 Kombinatorik — 61
4.1 Permutationen — 61
4.2 Kombinationen ohne Wiederholung — 64
4.3 Kombinationen mit Wiederholung — 68
4.4 Eigenschaften des Binomialkoeffizienten — 71
4.5 Urnenmodell — 73
4.6 Zusammenfassung der Formeln — 75

5 Wahrscheinlichkeitsverteilungen — 81
5.1 Zufallsvariablen — 81
5.2 Diskrete Verteilungen, Wahrscheinlichkeitsfunktion — 84
5.3 Stetige Verteilungen, Dichtefunktion — 94

6 Maßzahlen — 103
6.1 Erwartungswert — 103
6.2 Mathematische Erwartung — 107
6.3 Varianz — 113
6.4 Momente — 119
6.5 Momenterzeugende Funktion — 121
6.6 Charakteristische Funktion — 123
6.7 Schiefe — 124

7 Spezielle diskrete Verteilungen — 131
7.1 Binomialverteilung — 131
7.2 Poissonverteilung — 141

7.3 Hypergeometrische Verteilung ... 154
7.4 Geometrische Verteilung ... 159

8 Spezielle stetige Verteilungen ... **165**
  8.1 Gleichverteilung (Rechteckverteilung) ... 165
  8.2 Exponentialverteilung ... 168
  8.3 Normalverteilung ... 175

II SCHÄTZ- UND TESTVERFAHREN ... 197

9 Grundlagen der Stichprobentheorie ... **199**
  9.1 Grundbegriffe ... 199
  9.2 Stichprobenverteilung des arithmetischen Mittels ... 202
  9.3 Schätzfunktionen (Punktschätzung) ... 211

10 Schätzverfahren (Intervallschätzung) ... **223**
  10.1 Grundbegriffe ... 223
  10.2 Konfidenzintervall für den Mittelwert (Varianz bekannt) ... 224
  10.3 Konfidenzintervall für den Mittelwert (Varianz unbekannt) ... 230
  10.4 Konfidenzintervall für die Varianz einer Normalverteilung ... 235
  10.5 Konfidenzintervall für den Anteilswert ... 239
  10.6 Bestimmung des Stichprobenumfangs ... 243

11 Testverfahren: Parametertests ... **249**
  11.1 Grundbegriffe ... 249
  11.2 Test für den Mittelwert einer Normalverteilung (oder $n > 30$) ... 250
  11.3 Test für den Anteilswert ... 261
  11.4 Fehler beim Testen (Beispiel Mittelwert) ... 265
  11.5 Test für die Varianz (normalverteilte Grundgesamtheit) ... 272
  11.6 Differenztest für den Mittelwert: abhängige Stichproben ... 278
  11.7 Differenztest für den Mittelwert: unabhängige Stichproben ... 284
  11.8 Differenztest für den Anteilswert ... 293
  11.9 Quotiententest für die Varianz ... 298

12 Testverfahren: Verteilungstests ... **307**
  12.1 Chi-Quadrat-Anpassungstest ... 308
  12.2 Chi-Quadrat-Unabhängigkeitstest (Kontingenztest) ... 316
  12.3 Einfache Varianzanalyse ... 324

III ANHANG ... 337

  Tabellen ... 337
  Lösungen ... 355
  Literatur ... 367
  Index ... 369

I Wahrscheinlichkeitstheorie

Die Statistik ist ein Fachgebiet, das sich hinter einer Bezeichnung versteckt, deren Bedeutung sich nicht unmittelbar erschließt. Wir verstehen unter Statistik[1] die wissenschaftliche Disziplin, die sich mit den Methoden und Theorien befasst, die der Erhebung (Sammlung), Darstellung und Analyse numerischer Daten dienen.

Es geht dabei immer um Massenerscheinungen, die sich in einer großen Zahl von Einzeldaten niederschlagen. Die Aufgabe der Statistik besteht darin, die Fülle der Einzeldaten geordnet darzustellen und die in ihnen enthaltenen Informationen mit Hilfe geeigneter analytischer Methoden zu Tage zu fördern.

Wir unterscheiden heute zwei Teilbereiche der Statistik, die deskriptive Statistik, die nicht in diesem Buch behandelt wird und die induktive Statistik.

Gegenstand der deskriptiven oder beschreibenden Statistik ist die Gewinnung, Organisation und Verdichtung statistischer Daten. Das bedeutet im Einzelnen:

- Die **Erhebung** statistischer Daten, d.h. die Sammlung quantitativer Informationen über den Untersuchungsgegenstand.
- Die systematische **Darstellung** der Daten in Form von Tabellen oder Grafiken (Stabdiagramm, Kreisdiagramm, Steuungsdiagramm).
- Die **Charakterisierung** der Daten durch ihre Häufigkeitsverteilung und statistische Maßzahlen, wie Lagemaße (arithmetisches Mittel, Median, Modus) oder Streuungsmaße (mittlere quadratische Abweichung, Standardabweichung).
- Die **Interpretation** oder Beurteilung der statistischen Daten in Hinblick auf die Fragestellung.

Die Aussagen der deskriptiven Statistik beschränken sich stets auf den Datensatz, aus dem sie gewonnen werden.

Im Unterschied zur deskriptiven Statistik geht es in der induktiven (schließenden, analytischen) Statistik darum, aus einem gegebenen Datensatz verallgemeinernde Schlüsse zu ziehen.

Aus einer begrenzten Anzahl zufällig gewonnener statistischer Daten, einer Zufallsstichprobe, wird versucht, generelle Aussagen über die Grundgesamtheit zu gewinnen, aus der die Daten entnommen wurden. Da das logisch nicht zulässig ist, aus singulären Beobachtungen keine generellen Schlussfolgerungen gezogen

---

[1] Der Begriff geht auf M. Schmeitzel (1679–1747) und G. Achenwall (1719–1772) zurück. Er leitet sich von dem italienischen "statista" (Staatsmann) ab und bezeichnete ursprünglich das Wissen, das ein Staatsmann besitzen sollte. In dieser Bedeutung als "Praktische Staatskunde" wurde der Begriff bis in die Mitte des 19. Jahrhunderts gebraucht und entwickelte sich danach allmählich zur heutigen Bedeutung.

werden können, bedienen wir uns bei diesen Schlüssen der Wahrscheinlichkeitstheorie.

Die Wahrscheinlichkeitstheorie ist das Bindeglied zwischen der Stichprobe und der Grundgesamtheit; sie stellt die Grundlage der induktiven Statistik dar.

Wir werden uns daher zunächst im Teil I ausführlich mit der Wahrscheinlichkeitstheorie beschäftigen, aus der wir dann im Teil II die Stichprobentheorie und statistische Schätz- und Testverfahren entwickeln werden.

Die Wahrscheinlichkeitsrechnung ist bereits im 17. und 18. Jahrhundert[2] aus dem Versuch entstanden, die Gewinnchancen bei Glücksspielen zu berechnen.

Glücksspiele, im einfachsten Fall das Werfen eines Würfels, das Ziehen einer Karte aus einem Kartenspiel, das Werfen einer Münze, sind Beispiele für Prozesse, deren **Ablauf und Resultat vom Zufall abhängen**. Die Ergebnisse sind ungewiss und können nicht bereits aus den gegebenen Anfangsbedingungen eindeutig bestimmt werden.

Solche Prozesse (Vorgänge), bei denen der Zufall eine Rolle spielt, werden als Zufallsprozesse bezeichnet. Sie bilden den Gegenstand der Wahrscheinlichkeitsrechnung. Die Analyse von Zufallsprozessen zeigt, dass Zufallsprozesse Regelmäßigkeiten aufweisen und führt zur Definition der mathematischen Wahrscheinlichkeit.

Wir werden zuerst den klassischen, auf Laplace zurückgehenden Wahrscheinlichkeitsbegriff kennen lernen und dann den allgemeineren, moderneren statistischen Wahrscheinlichkeitsbegriff von Kolmogoroff. Das führt zu einer axiomatischen Wahrscheinlichkeitstheorie, die einen Wahrscheinlichkeitsbegriff verwendet, der unabhängig von der Interpretation der Wahrscheinlichkeit ist und die Wahrscheinlichkeit auf ihre mathematischen Eigenschaften reduziert.

---

[2] Blaise Pascal (1623–1662)
Pierre de Fermat (1601–1665)
Jacob Bernoulli (1654–1705): Ars conjectandi, 1713
Pierre Simon de Laplace (1749–1827): Théorie analytique des probabilités, 1812
Abraham de Moivre (1667–1754): The Doctrine of Chances, 1718
Carl Friedrich Gauß (1777–1855)

1 Grundlagen

Wir beginnen unsere systematische Darstellung der Wahrscheinlichkeitstheorie mit der Definition der Grundbegriffe. Wir wissen bereits, dass die Wahrscheinlichkeitstheorie sich mit Zufallsprozessen beschäftigt und müssen nun präzisieren, welche Eigenschaften einen Zufallsprozess ausmachen und wie wir die Ergebnisse so qualifizieren können, dass sie einer mathematischen Behandlung zugänglich werden.

1.1 Zufallsexperiment

Unter einem Zufallsexperiment verstehen wir einen Vorgang,

- der nach einer genau **festgelegten (bestimmten) Vorschrift** durchgeführt wird.
- der unter gleichen Bedingungen **beliebig oft wiederholt** werden kann.
- dessen **mögliche Ergebnisse** vor der Durchführung **bekannt** sind, also angegeben werden können (gewiss sind).
- dessen **tatsächliches** Ergebnis "**vom Zufall abhängt**" (ungewiss ist), d.h. nicht im Voraus eindeutig bestimmt werden kann.

Wir machen uns das am Beispiel des Würfelns klar. Zunächst muss festgelegt werden, wie gewürfelt wird, ob mit einem Becher oder aus der Hand, wie oft geschüttelt wird, aus welcher Höhe geworfen wird. Diese Regeln müssen so genau sein, dass der Versuch beliebig oft unter den gleichen Bedingungen wiederholt werden kann.

Die möglichen Ergebnisse des Würfelns sind vorher bekannt, die Augenzahlen 1, 2, 3, 4, 5, 6 können fallen. Wir wissen aber nicht, welche Augenzahl fallen wird. Das hängt vom Zufall ab; es ist ungewiss, ob die 1, 2, 3, 4, 5 oder 6 fallen wird.

BEISPIELE

Beispiele für Zufallsexperimente finden sich in allen Lebensbereichen:
1. das Ziehen einer Spielkarte aus einem Kartenspiel
2. die zufällige Entnahme einer Glühlampe aus einer Produktion und Messung ihrer Brenndauer
3. die zufällige Auswahl einer Person und Feststellung ihrer Körpergröße, ihres Geschlechts, ihres Fernsehkonsums, ihrer politischen Meinung
4. das Ergebnis einer Statistik-Klausur
5. das Ergebnis eines Fußballspiels, Zeugungsakts, Boxkampfs

Von den Zufallsexperimenten zu unterscheiden, sind die **deterministischen Experimente**, bei denen es **nur ein** Ergebnis gibt, das daher auch nicht vom Zufall abhängt, also gewiss ist. Dazu gehören die Experimente in den Naturwissenschaften, die unter denselben Versuchsbedingungen immer zum selben Versuchsergebnis führen.

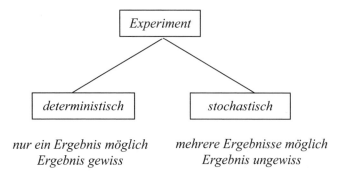

Während das Ergebnis jeder einzelnen Ausführung eines Zufalls- oder stochastischen[1] Experiments völlig ungewiss ist, ergeben sich bei häufiger Wiederholung **Regelmäßigkeiten (Gesetzmäßigkeiten)**.

Werfen wir z.B. einen Würfel einmal, so stellen wir fest, dass die Augenzahl 1, aber auch jede andere Augenzahl eintreten kann. Wiederholen wir das Zufallsexperiment hinreichend oft, dann beobachten wir, dass die Augenzahl 1 näherungsweise bei 1/6 der Versuche auftritt. Werfen wir eine Münze einmal, so wird entweder Kopf oder Zahl oben liegen. Werfen wir die Münze wiederholt, dann beobachten wir, dass Kopf näherungsweise in der Hälfte der Versuche oben liegt.

Diese Gesetzmäßigkeiten, denen das Eintreten bzw. Nichteintreten eines Ergebnisses eines Zufallexperiments unterliegen, sind Gegenstand der Wahrscheinlichkeitstheorie. Sie liefern ein (quantitatives) Maß für die Chance oder Möglichkeit des Eintreffens eines bestimmten Ergebnisses. Dieses Maß wird als **Wahrscheinlichkeit** bezeichnet.

1.2 Ergebnismenge, Ereignis

Jedes Zufallsexperiment

- besitzt eine **bestimmte Anzahl möglicher Ergebnisse**,
- von denen bei jeder Durchführung **genau eines eintritt**. Es gibt also immer ein Ergebnis und es treten nie zwei oder mehr Ergebnisse gleichzeitig ein. D.h. die Ergebnisse schließen sich gegenseitig aus.

---

[1] Als **Stochastik** wird die auf der Wahrscheinlichkeitstheorie beruhende Betrachtung statistischer Gesamtheiten bezeichnet. Das Adjektiv **stochastisch** bedeutet "den Zufall oder die Wahrscheinlichkeit betreffend". Der Begriff wurde zuerst 1713 von Jakob Bernoulli verwendet und wurde 1917 von Ladislaus von Bortkiewicz wiederentdeckt.

1.2 Ergebnismenge, Ereignis

Die einzelnen **sich gegenseitig ausschließenden** Ergebnisse eines Zufallsexperiments werden **Elementarereignisse** oder **Realisationen** genannt und mit e_i bezeichnet.

Die Menge der Elementarereignisse eines Zufallsexperiments heißt **Ergebnismenge** oder Ereignisraum M. Die Ergebnismenge eines Zufallsexperiments mit den n Elementarereignissen e_i $(i = 1, \ldots, n)$ ist also

$$M = \{e_1, e_2, \ldots, e_n\}$$

Die Zahl der Elementarereignisse eines Zufallsexperiments und damit die Ergebnismenge können endlich oder unendlich sein.

BEISPIELE

1. Zufallsexperiment: (Einmaliges) Werfen eines Würfels
   Elementarereignis: 1, 2, 3, 4, 5, 6
   Ergebnismenge: $M = \{1, 2, 3, 4, 5, 6\}$

2. Zufallsexperiment: (Einmaliges) Werfen einer Münze
   Elementarereignis: Kopf = K, Zahl = Z
   Ergebnismenge: $M = \{K, Z\}$

3. Zufallsexperiment: Zweimaliges Werfen einer Münze mit Berücksichtigung der Reihenfolge
   Elementarereignis: KK, KZ, ZK, ZZ
   Ergebnismenge: $M = \{KK, KZ, ZK, ZZ\}$

   Die Reihenfolge der Würfe wird hier beachtet, so dass sich die Elementarereignisse als geordnete Paare der Ergebnisse des 1. und des 2. Wurfes ergeben.

4. Zufallsexperiment: Zweimaliges Werfen einer Münze ohne Berücksichtigung der Reihenfolge
   Elementarereignis: $KK, KZ = ZK, ZZ$
   Ergebnismenge: $M = \{KK, KZ, ZZ\}$

   Da die Reihenfolge der Würfe, in denen Kopf und Zahl auftreten, hier nicht beachtet wird, gelten die Elementarereignisse KZ und ZK als gleich.

5. Zufallsexperiment: Statistik-Klausur eines zufällig ausgewählten Studenten
   Elementarereignis: 1, 2, 3, 4, 5
   Ergebnismenge: $M = \{1, 2, 3, 4, 5\}$

Ein Ereignis kann aber auch aus mehreren Elementarereignissen bestehen. Das Elementarereignis ist dann nur der Sonderfall eines Ereignisses, dass nur aus einem Elementarereignis besteht. Wir definieren daher allgemein:

> **Ereignis**
>
> Jede beliebige **Teilmenge** A der Ergebnismenge M eines Zufallexperiments heißt Ereignis.
>
> Jedes Ereignis besteht aus einem oder mehreren Elementarereignissen.
>
> Man sagt, ein Ereignis ist eingetreten, wenn ein in ihm enthaltenes Elementarereignis eingetreten ist.

BEISPIELE

1. Zufallsexperiment: Werfen eines Würfels

   Ereignis: Werfen einer geraden Augenzahl

   $A = \{2, 4, 6\} \subset M$

   Das Ereignis Werfen einer geraden Augenzahl ist eingetreten, wenn eine der drei Augenzahlen 2, 4 oder 6 geworfen wird.

   Ereignis: Werfen einer ungeraden Augenzahl

   $B = \{1, 3, 5\} \subset M$

   Das Ereignis Werfen einer ungeraden Augenzahl ist eingetreten, wenn eine der drei Augenzahlen 1, 3 oder 5 geworfen wird.

2. Zufallsexperiment: Zweimaliges Werfen eines Würfels

   Ergebnismenge:

   $M = \{(1,1),(1,2),(1,3),(1,4),(1,5),(1,6),$
   $(2,1),(2,2),(2,3),(2,4),(2,5),(2,6),$
   $(3,1),(3,2),(3,3),(3,4),(3,5),(3,6),$
   $(4,1),(4,2),(4,3),(4,4),(4,5),(4,6),$
   $(5,1),(5,2),(5,3),(5,4),(5,5),(5,6),$
   $(6,1),(6,2),(6,3),(6,4),(6,5),(6,6)\}$

   Die Ergebnismenge besteht aus allen geordneten Zahlenpaaren, die aus den sechs Augenzahlen beim 1. und 2. Wurf gebildet werden können.

   Ereignis: Werfen einer Augenzahl ≥ 10

   $A = \{(4,6), (5,5), (5,6), (6,4), (6,5), (6,6)\} \subset M$

   Das Ereignis Werfen einer Augensumme, die mindestens 10 beträgt, ist eingetreten, wenn eines der aufgeführten Zahlenpaare geworfen wird.

1.2 Ergebnismenge, Ereignis

Wir können das Ereignis A und die Ergebnismenge M auch als Punktmengen in der Ebene auffassen und im **Venn-Diagramm** grafisch darstellen:

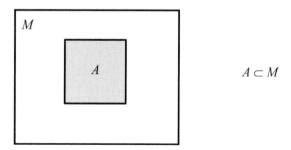

Aus der Mengenlehre wissen wir, dass jede Menge sich selbst und die leere Menge als Teilmenge enthält. Auf Ereignisse übertragen, bedeutet das, dass es bei jedem Zufallsexperiment das sichere und das unmögliche Ereignis gibt:

Sicheres Ereignis

Das sichere Ereignis ist das Ereignis, das immer eintritt, d.h. bei jeder Durchführung des Experiments:

$A = M \subset M$

Das sichere Ereignis ist die Ergebnismenge M selbst, da auch M Teilmenge von M und damit ein Ereignis ist.

Da bei jedem Versuch ein Elementarereignis eintritt und M alle möglichen Elementarereignisse enthält, tritt das Ereignis M immer ein.

Unmögliches Ereignis

Das unmögliche Ereignis ist das Ereignis, das niemals eintritt, d.h. bei keiner Durchführung des Experiments:

$A = \emptyset \subset M$

Das unmögliche Ereignis ist die leere Menge, die als Teilmenge von M auch ein Ereignis ist.

Da alle Elementarereignisse in M enthalten sind, ist es unmöglich, dass gar kein Elementarereignis eintritt (also etwas anderes, als eines dieser Elementarereignisse).

BEISPIEL

1. Werfen eines Würfels

   $A = M \subset M = \{1, 2, 3, 4, 5, 6\}$ sicheres Ereignis
   $A = \emptyset \subset M = \{1, 2, 3, 4, 5, 6\}$ unmögliches Ereignis

Das sichere Ereignis ist das Ereignis, dass irgendeine der möglichen Augenzahlen geworfen wird und das unmögliche Ereignis, dass gar keine Augenzahl geworfen wird.

Es ist sicher, dass eine der Augenzahlen von 1 bis 6 beim Werfen des Würfels eintritt und völlig unmöglich, dass keine dieser Augenzahlen eintritt.

2. Werfen einer Münze

$$A = M \subset M = \{K, Z\} \quad \text{sicheres Ereignis}$$
$$A = \emptyset \subset M = \{K, Z\} \quad \text{unmögliches Ereignis}$$

Das sichere Ereignis ist das Ereignis, dass Kopf oder Zahl geworfen wird und das unmögliche Ereignis, dass weder Kopf noch Zahl geworfen wird.

Es ist sicher, dass eine der beiden Seiten der Münze oben liegt, d.h. Kopf oder Zahl geworfen wird. Und es ist völlig unmöglich, dass keine der beiden Seiten der Münze oben liegt, d.h. weder Kopf noch Zahl eintritt.

1.3 Zusammengesetzte Ereignisse

Mit Hilfe von Mengenoperationen lassen sich die Ereignisse eines Zufallsexperiments miteinander verknüpfen, also abgeleitete Ereignisse bilden. Zusammengesetzte Ereignisse sind:

Vereinigung $A \cup B$

Die Vereinigung $A \cup B$ der Ereignisse A und B ist das Ereignis, das eintritt, wenn A **oder** B eintritt.

Die Vereinigung $A \cup B$ ist die Menge der Elementarereignisse, die zu A oder B gehören.

Das "oder" wird hier in dem nicht ausschließenden Sinne gebraucht, der die Möglichkeit einschließt, dass ein Elementarereignis sowohl in A als auch in B enthalten ist und daher A und B gleichzeitig eintreten können.

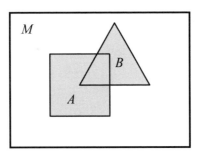

1.3 Zusammengesetzte Ereignisse

Durchschnitt $A \cap B$

Der Durchschnitt $A \cap B$ der Ereignisse A und B ist das Ereignis, das eintritt, wenn A **und** B eintreten.

Der Durchschnitt $A \cap B$ ist die Menge der Elementarereignisse, die sowohl zu A als auch zu B gehören.

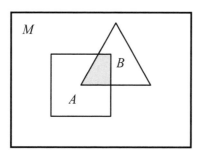

BEISPIELE

Zufallsexperiment: Werfen eines Würfels

Ergebnismenge

$$M = \{1, 2, 3, 4, 5, 6\}$$

Ereignisse

$A = \{2, 4, 6\}$ Würfeln einer geraden Zahl

$B = \{1, 3, 5\}$ Würfeln einer ungeraden Zahl

$C = \{3, 6\}$ Würfeln einer durch 3 teilbaren Zahl

$D = \{4, 5, 6\}$ Würfeln einer Zahl > 3

Zusammengesetzte Ereignisse

Würfeln einer geraden oder ungeraden Zahl:

$A \cup B = M$

Würfeln einer geraden und ungeraden Zahl:

$A \cap B = \emptyset$

Würfeln einer geraden oder durch 3 teilbaren Zahl:

$A \cup C = \{2, 3, 4, 6\}$

Würfeln einer geraden und durch 3 teilbaren Zahl:

$A \cap C = \{6\}$

Würfeln einer geraden Zahl oder einer Zahl > 3:

$A \cup D = \{2, 4, 5, 6\}$

Würfeln einer geraden Zahl, die größer als 3 ist:

$A \cap D = \{4, 6\}$

Würfeln einer ungeraden oder durch 3 teilbaren Zahl:

$B \cup C = \{1, 3, 5, 6\}$

Würfeln einer ungeraden und durch 3 teilbaren Zahl:

$B \cap C = \{3\}$

Würfeln einer ungeraden Zahl oder einer Zahl > 3:

$B \cup D = \{1, 3, 4, 5, 6\}$

Würfeln einer ungeraden Zahl, die größer als 3 ist:

$B \cap D = \{5\}$

Würfeln einer Zahl, die durch 3 teilbar oder größer als 3 ist:

$C \cup D = \{3, 4, 5, 6\}$

Würfeln einer Zahl, die durch 3 teilbar und größer als 3 ist:

$C \cap D = \{6\}$

Wenn der Durchschnitt zweier Ereignisse leer ist, dann sind die Ereignisse unverträglich. Wir definieren daher:

Unverträgliche (disjunkte) Ereignisse $A \cap B = \emptyset$

Zwei Ereignisse A und B heißen disjunkt, wenn sie **nicht gleichzeitig** eintreten können.

Disjunkte Ereignisse schließen sich gegenseitig aus.

Es gibt kein Elementarereignis, das sowohl zu A als auch zu B gehört.

Der Durchschnitt disjunkter Ereignisse ist das unmögliche Ereignis.

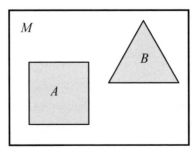

BEISPIELE

$$A \cap B = \{2, 4, 6\} \cap \{1, 3, 5\} = \emptyset$$

Das Ereignis, eine (zugleich) gerade und ungerade Zahl zu würfeln, ist unmöglich. Der Durchschnitt der Ereignisse A und B ist daher leer, die Ereignisse sind disjunkt.

$$A \cap C = \{2, 4, 6\} \cap \{3, 6\} = \{6\} \neq \emptyset$$

Die Ereignisse eine gerade und durch 3 teilbare Zahl zu würfeln, schließen sich nicht gegenseitig aus. Es gibt ein gerade und durch 3 teilbare Augenzahl, die Zahl 6. Der Durchschnitt ist daher nicht leer, die Ereignisse A und C sind nicht disjunkt.

Schließlich können wir auch die Differenz zweier Mengen auf Ereignisse übertragen und definieren:

Differenz zweier Ereignisse $A \setminus B$

Die Differenz zweier Ereignisse A und B ist das Ereignis, das eintritt, wenn A eintritt und B nicht eintritt.

Die Differenz der Ereignisse A und B ist die Menge der Elementarereignisse von A, die nicht zu B gehören.

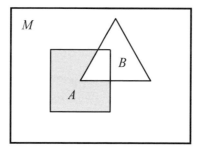

BEISPIEL

$$A \setminus C = \{2, 4, 6\} \setminus \{3, 6\} = \{2, 4\}$$

Die Differenz der Ereignisse, eine gerade und eine durch 3 teilbare Zahl zu würfeln, ist das Ereignis eine gerade und **nicht** durch 3 teilbare Zahl zu würfeln.

Für die Differenz der Ereignisse A und C gilt stets auch:

$$A \setminus C = A \setminus (A \cap C) = \{2, 4, 6\} \setminus \{6\} = \{2, 4\}$$

Die Differenz der Ereignisse, eine gerade und eine durch 3 teilbare Zahl zu würfeln, ist gleich dem Ereignis eine gerade Zahl und nicht die 6 zu würfeln.

Komplementärereignis $\overline{A} = M \setminus A$

Das zu A komplementäre Ereignis $\overline{A}$ ist das Ereignis, das eintritt, wenn A nicht eintritt.

Das Komplementärereignis $\overline{A}$ ist die Menge der Elementarereignisse von M, die nicht zu A gehören.

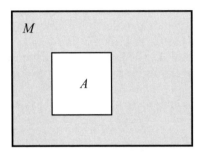

BEISPIEL

$$A = \{2, 4, 6\}$$
$$\overline{A} = M \setminus A = \{1, 2, 3, 4, 5, 6\} \setminus \{2, 4, 6\} = \{1, 3, 5\} = B$$

Das Komplementärereignis zum Ereignis "Würfeln einer geraden Zahl" ist das Ereignis "Würfeln einer ungeraden Zahl".

1.4 Absolute und relative Häufigkeiten

Bei der wiederholten Durchführung eines Zufallsexperiments treten Regelmäßigkeiten auf, die wir an der Häufigkeit, mit der ein Ereignis eintritt, ablesen können.

Wird ein Zufallsexperiment n-mal nacheinander durchgeführt (wobei die einzelnen Versuche voneinander unabhängig seien) und tritt das Ereignis A dabei $m(A)$-mal ein, so heißen

$\qquad m_n(A) \qquad$ die absolute Häufigkeit des Ereignisses A

$\qquad \dfrac{m_n(A)}{n} \qquad$ die relative Häufigkeit des Ereignisses A

bei n Versuchen. Die relative Häufigkeit gibt den Anteil oder Prozentsatz der Versuche an, bei denen das Ereignis A eingetreten ist. Die relative Häufigkeit wird geschrieben

$$h_n(A) = \frac{m_n(A)}{n} = \frac{\text{Anzahl der Versuche, bei denen } A \text{ eintritt}}{\text{Gesamtzahl der Versuche}}$$

Die relative Häufigkeit $h(A)$ hat folgende Eigenschaften:

1. **Die relative Häufigkeit eines Ereignisses ist nichtnegativ und höchstens gleich eins**

   $$0 \leq h(A) \leq 1$$

   Der kleinste Wert, den die relative Häufigkeit annehmen kann, ist null, wenn das Ereignis A überhaupt nicht eintritt und der größte Wert ist eins, wenn das Ereignis A bei jedem Versuch eintritt.

   Beweis:

   Das Ereignis A tritt mindestens 0-mal und höchstens n-mal (immer) ein. Die absolute Häufigkeit nimmt daher Werte zwischen null und n an:

   $$0 \leq m(A) \leq n \quad |:n$$

   Nach Division durch n folgt:

   $$0 \leq \frac{m(A)}{n} \leq 1$$
   $$0 \leq h(A) \leq 1$$

2. **Die relative Häufigkeit des sicheren Ereignisses ist 1.**

   $$h(M) = 1$$

   Beweis:

   Das sichere Ereignis tritt immer, also bei n Versuchen n-mal ein. Die absolute Häufigkeit hat daher den Wert n:

   $$m(M) = n \quad |:n$$

   Nach Division durch n folgt:

   $$h(M) = \frac{m(M)}{n} = \frac{n}{n} = 1$$

3. **Die relative Häufigkeit der Vereinigung zweier disjunkter Ereignisse ist gleich der Summe der relativen Häufigkeiten** der beiden Ereignisse

   $$h(A \cup B) = h(A) + h(B) \qquad \text{wenn } A \cap B = \emptyset$$

   Beweis:

   Wenn sich die Ereignisse A und B ausschließen, dann ergibt sich die absolute Häufigkeit der Vereinigung als Summe der absoluten Häufigkeiten von A und B:

$$m(A \cup B) = m(A) + m(B) \qquad |:n$$

Nach Division durch n folgt:

$$\frac{m(A \cup B)}{n} = \frac{m(A)}{n} + \frac{m(B)}{n}$$
$$h(A \cup B) = h(A) + h(B)$$

BEISPIEL: Werfen eines Würfels, $n = 100$

Ein Würfel wurde 100-mal geworfen. Dabei seien die sechs Elementarereignisse mit folgenden absoluten Häufigkeiten eingetreten. Die relativen Häufigkeiten erhalten wir, indem wir die absoluten Häufigkeiten durch die Zahl der Würfe $n = 100$ dividieren.

Elementarereignis $e_i = i$	absolute Häufigkeit $m_{100}(i)$	relative Häufigkeit $h_{100}(i)$
1	16	0,16
2	14	0,14
3	15	0,15
4	18	0,18
5	17	0,17
6	20	0,20
	100	1,00

Da die Summe der absoluten Häufigkeiten immer gleich der Zahl der Versuche n ist

$$\sum_{i=1}^{6} m(i) = n$$

ist die Summe der relativen Häufigkeiten immer gleich eins:

$$\sum_{i=1}^{6} h(i) = \frac{\sum_{i=1}^{6} m(i)}{n} = \frac{n}{n} = 1$$

Wir unterscheiden wieder die folgenden Ereignisse:

$A = \{2, 4, 6\}$ Würfeln einer geraden Augenzahl

$B = \{1, 3, 5\}$ Würfeln einer ungeraden Augenzahl

$C = \{6\}$ Würfeln einer durch 6 teilbaren Augenzahl

Die relativen Häufigkeiten des sicheren Ereignisses und des unmöglichen Ereignisses sind:

$$h(M) = \frac{100}{100} = 1$$

$$h(\overline{M}) = \frac{0}{100} = 0$$

Die relativen Häufigkeiten der Ereignisse *A*, *B* und *C* berechnen wir, indem wir die absoluten Häufigkeiten der in ihnen enthaltenen Elementarereignisse addieren und durch die Zahl der Versuche dividieren:

$$h(A) = \frac{14+18+20}{100} = \frac{52}{100} = 0{,}52$$

$$h(B) = \frac{16+15+17}{100} = \frac{48}{100} = 0{,}48$$

$$h(C) = \frac{20}{100} = 0{,}20$$

Die relative Häufigkeit der Vereinigung disjunkter Ereignisse ergibt sich als Summe der relativen Häufigkeiten der Einzelereignisse. Die Vereinigung der disjunkten Ereignisse *A* und *B* ist das sichere Ereignis; die relative Häufigkeit ist daher eins:

$$h(A \cup B) = h(A) + h(B) = 1 \quad ; \quad A \cap B = \emptyset$$

Die relative Häufigkeit der Vereinigung der disjunkten Ereignisse *B* und *C* beträgt:

$$h(B \cup C) = h(B) + h(C) = 0{,}48 + 0{,}20 = 0{,}68 \quad ; \quad B \cap C = \emptyset$$

Die relative Häufigkeit der Vereinigung der Ereignisse *A* und *C* ergibt sich nicht als Summe der relativen Häufigkeiten der Einzelereignisse, da die Ereignisse nicht disjunkt sind. Das Ereignis, eine 6 zu würfeln, ist in dem Ereignis, eine gerade Zahl zu werfen, bereits enthalten. Die Addition der relativen Häufigkeiten würde in diesem Fall zu einer Doppelzählung des Ereignisses, eine 6 zu werfen, führen:

$$\begin{aligned} h(A \cup C) &\neq h(A) + h(C) & &\text{da } A \cap C \neq \emptyset \\ &= h(A) = 0{,}52 & &\text{da } C \subset A \end{aligned}$$

Die relative Häufigkeit der Vereinigung der Ereignisse *A* und *C* ist daher gleich der relativen Häufigkeit von *A*.

ÜBUNG 1 (Ereignis, Ergebnismenge, Wahrscheinlichkeit)

1. Ein Würfel werde zweimal mit Berücksichtigung der Reihenfolge geworfen.
   a. Geben Sie die Ergebnismenge M an.
   b. Bestimmen Sie das Ereignis:
      A Augensumme = 8
      B Augensumme gerade
      C Augenprodukt > 20
   c. Bezeichnen und bestimmen Sie die folgenden zusammengesetzten Ereignisse
      $$A \cup B, \ B \cap C, \ \overline{A}, \ \overline{C}, \ A \setminus B, \ A \setminus C$$
   d. Bestimmen Sie für alle Ereignisse in b. und c. die Wahrscheinlichkeiten.

2. Eine Münze werde dreimal mit Berücksichtigung der Reihenfolge geworfen.
   a. Geben Sie die Ergebnismenge M an.
   b. Bestimmen Sie das Ereignis
      A dreimal Zahl zu werfen
      B einmal Kopf und zweimal Zahl zu werfen
   c. Wie groß sind die Wahrscheinlichkeiten dieser Ereignisse?

3. Beim Petersburger Spiel wird eine Münze solange geworfen bis Zahl eintritt.
   a. Geben Sie die Ergebnismenge M an.
   b. Bestimmen Sie das Ereignis
      A Zahl tritt vor dem 5. Versuch ein
      B Zahl tritt nach dem 3. Versuch ein
   c. Bezeichnen und bestimmen Sie die folgenden zusammengesetzten Ereignisse
      $$A \cup B, \ A \cap B, \ \overline{A}, \ \overline{B}, \ A \setminus B, \ B \setminus A$$

4. Werfen Sie eine Münze 100-mal und bestimmen Sie die relative Häufigkeit des Ereignisses "Zahl" nach 10, 20, 30, ..., 100 Versuchen.

   Stellen Sie den Zusammenhang zwischen der relativen Häufigkeit und der Zahl der Versuche n grafisch dar und interpretieren Sie ihn.

5. Verbiegen Sie die Münze und wiederholen Sie den Versuch.

   Interpretieren Sie das Ergebnis und definieren Sie die statistische Wahrscheinlichkeit.

2 Wahrscheinlichkeitsbegriffe

Da die Ergebnisse eines Zufallsexperiments vor der Durchführung völlig ungewiss sind, versuchen wir den Ergebnissen Wahrscheinlichkeiten zuzuordnen.

Unter der Wahrscheinlichkeit eines Ereignisses verstehen wir ein **quantitatives Maß für die Sicherheit**, mit der das Ereignis bei einem Zufallsexperiment eintritt.

Die Wahrscheinlichkeit ist also eine **Zahl**, die angibt, wie sehr bei einem Zufallsexperiment mit dem Eintreffen eines Ereignisses gerechnet werden kann.

2.1 Klassischer Wahrscheinlichkeitsbegriff

Die einfachste Definition der Wahrscheinlichkeit wurde bereits zu Beginn des 19. Jahrhunderts von Pierre Simon de Laplace[1] eingeführt. Die Anwendungsmöglichkeiten dieses klassischen Wahrscheinlichkeitsbegriffes sind beschränkt auf eine idealisierte Form von Zufallsexperimenten, die heute als Laplace-Experimente bezeichnet werden.

> **Laplace-Experiment**
>
> Ein Laplace-Experiment ist ein Zufallsexperiment mit endlich vielen gleichwahrscheinlichen (gleichmöglichen) Elementarereignissen.

Nehmen wir als Beispiel das Werfen eines Würfels. Ist der Würfel regelmäßig, das bedeutet

- aus homogenem Material
- von genauer kubischer Form

dann sind die 6 Elementarereignisse 1, 2, 3, 4, 5, 6 gleichmöglich, weil kein Ereignis vor dem anderen ausgezeichnet ist. Wir sprechen dann auch von einem fairen oder idealen Würfel. Allgemein verfahren wir bei der Klassifikation von Zufallsexperimenten nach dem Prinzip des unzureichenden Grundes

> **Prinzip des unzureichenden Grundes**[2]
>
> Solange es keinen Grund für die Annahme gibt, dass ein Ereignis eher als die anderen eintreten wird, werden die Ereignisse so behandelt, als wären sie gleichwahrscheinlich (symmetry of events).

Wenn nichts dagegen spricht, nehmen wir also immer an, dass die Voraussetzungen des Laplace-Experiments erfüllt sind, die Ereignisse also gleichmöglich sind.

---

[1] P. S. de Laplace (1749–1827): Essai philosophique sur le probilités, 1814
[2] Principle of insufficient reason

Weitere Beispiele für Laplace-Experimente sind:

BEISPIELE

1. Das Werfen einer idealen Münze.
2. Das Ziehen einer Kugel aus einer idealen Urne.
3. Das Ziehen einer Karte aus einem idealen Kartenspiel.

Die klassische Wahrscheinlichkeitstheorie entstand aus dem Versuch, die Gewinnchancen bei Glücksspielen zu berechnen und daraus rationale Spielanleitungen abzuleiten. Laplace schlug daher folgende Berechnung der Wahrscheinlichkeit vor:

"Wenn ein Experiment eine Anzahl verschiedener und gleich möglicher Ausgänge hervorbringen kann und einige davon als günstig anzusehen sind, dann ist die Wahrscheinlichkeit eines günstigen Ausgangs (Ereignis A) gleich dem Verhältnis der Anzahl der günstigen zur Anzahl der möglichen Ausgänge."

$$P(A) = \frac{\text{Anzahl der günstigen Ausgänge}}{\text{Anzahl der möglichen Ausgänge}}$$

Bei einem Laplace-Experiment haben wir es mit einer Ergebnismenge mit m gleichmöglichen Elementarereignissen e_i zu tun:

$$M = \{e_1, e_2, e_3, \ldots, e_m\}$$

Wir bezeichnen nun mit

| M | die Anzahl der Elemente von M, d.h. die Zahl der gleichmöglichen Elementarereignisse (Ergebnisse) bei diesem Zufallsexperiment.

| A | die Anzahl der Elemente von A, d.h. die Anzahl der Elementarereignisse (Ergebnisse), bei denen das Ereignis A eintritt.

Dann lautet die klassische Definition der Wahrscheinlichkeit:

Klassischer Wahrscheinlichkeitsbegriff

Die Wahrscheinlichkeit $P(A)$ eines Ereignisses A bei einem Zufallsexperiment beträgt:

$$P(A) = \frac{|A|}{|M|}$$

Dabei ist $|A|$ die Zahl der Fälle, in denen A eintritt und $|M|$ die Gesamtzahl der gleichmöglichen Fälle.

BEISPIELE

1. Wahrscheinlichkeit, eine 6 zu würfeln

    Ergebnismenge
    $$M = \{1, 2, 3, 4, 5, 6\} \quad , |M| = 6$$
    Ereignis
    $$A = \{6\} \quad , |A| = 1$$
    Wahrscheinlichkeit
    $$P(A) = \frac{|A|}{|M|} = \frac{1}{6}$$

    Die Wahrscheinlichkeit, beim einmaligen Werfen eines Würfels eine bestimmte Augenzahl (z.B. eine 6) zu würfeln, beträgt 1/6.

2. Wahrscheinlichkeit, eine gerade Zahl zu würfeln

    Ergebnismenge
    $$M = \{1, 2, 3, 4, 5, 6\} \quad , |M| = 6$$
    Ereignis
    $$A = \{2, 4, 6\} \quad , |A| = 3$$
    Wahrscheinlichkeit
    $$P(A) = \frac{|A|}{|M|} = \frac{3}{6} = \frac{1}{2}$$

    Die Wahrscheinlichkeit, beim einmaligen Werfen eines Würfels eine gerade Augenzahl zu würfeln (also eine 2, 4 oder 6), beträgt 1/2.

3. Wahrscheinlichkeit, eine durch 3 teilbare Zahl zu würfeln

    Ergebnismenge
    $$M = \{1, 2, 3, 4, 5, 6\} \quad , |M| = 6$$
    Ereignis
    $$A = \{3, 6\} \quad , |A| = 2$$
    Wahrscheinlichkeit
    $$P(A) = \frac{|A|}{|M|} = \frac{2}{6} = \frac{1}{3}$$

    Die Wahrscheinlichkeit, beim einmaligen Werfen eines Würfels eine durch 3 teilbare Augenzahl zu würfeln (eine 3 oder eine 6), beträgt 1/3.

4. Wahrscheinlichkeit, beim Würfeln zweimal hintereinander dieselbe Zahl zu werfen

Ergebnismenge

$$M = \{(1,1), (1,2), \ldots, (1,6), (2,1), \ldots, (2,6), \ldots, (6,6)\}$$

$$|M| = 36$$

Ereignis

$$A = \{(1,1), (2,2), (3,3), (4,4), (5,5), (6,6)\}$$

$$|A| = 6$$

Wahrscheinlichkeit

$$P(A) = \frac{|A|}{|M|} = \frac{6}{36} = \frac{1}{6}$$

Die Wahrscheinlichkeit, zweimal hintereinander dieselbe Zahl zu würfeln, beträgt 1/6.

Der klassische Wahrscheinlichkeitsbegriff weist zwei Besonderheiten auf:

1. Annahme der **Gleichwahrscheinlichkeit**

   Die Annahme der Gleichwahrscheinlichkeit (Symmetrie) der Ereignisse, setzt immer einen idealen Würfel, Münze etc. voraus und engt damit die Anwendungsmöglichkeiten stark ein.

   Der klassische Wahrscheinlichkeitsbegriff ist nur anwendbar auf Zufallsexperimente, "bei denen die Natur des Experimentes einleuchtende Anhaltspunkte für die Einteilung aller möglichen Ereignisse in endlich viele gleichwahrscheinliche Fälle liefert."[3]

   Der klassische Wahrscheinlichkeitsbegriff ist nicht anwendbar auf a-symmetrische Würfel, Münzen etc. und auf die vielen sozialwissenschaftlichen Probleme, bei denen die Ergebnisse nicht gleichwahrscheinlich sind (Beispiel: Wahrscheinlichkeit einer Maschine, Ausschuss zu erzeugen).

2. **A-priori[4]-Berechnung** der Wahrscheinlichkeit

   Die Berechnung der Wahrscheinlichkeit beruht auf abstrakten Überlegungen, die keinerlei Experiment erfordern.

   Wir können die Laplace-Wahrscheinlichkeit angeben, ohne das Experiment je durchgeführt zu haben. Man spricht daher auch von A-priori-Wahrscheinlichkeit.

---

[3] Siehe Kreyszig, S. 56
[4] lat. "vom Früheren her", von der Erfahrung oder Wahrnehmung unabhängig.

2.2 Statistischer Wahrscheinlichkeitsbegriff

Wird ein Zufallsexperiment oft wiederholt, so beobachten wir mit zunehmender Zahl der Versuche n die folgende statistische Regelmäßigkeit der relativen Häufigkeit:

- Die Schwankungen der relativen Häufigkeit eines Ereignisses nehmen mit der Länge der Versuchsreihe n ab.
- Bei einer hinreichend großen Zahl der Versuche n ist die relative Häufigkeit eines Ereignisses näherungsweise konstant.

Man spricht daher von

- der **statistischen Regelmäßigkeit** des Experiments
- der **Stabilität** der relativen Häufigkeit.

Die Konstante, der sich die relative Häufigkeit eines Ereignisses A bei einer großen Zahl von Versuchen nähert, wird als **Wahrscheinlichkeit $P(A)$** des Ereignisses bezeichnet.

Die relative Häufigkeit $h_n(A)$ des Ereignisses A bei oftmaliger Wiederholung des Experiments kann daher als Näherungs- oder Schätzwert der Wahrscheinlichkeit $P(A)$ des Ereignisses A aufgefasst werden und wird häufig einfach als Wahrscheinlichkeit von A bezeichnet:

$$P(A) \approx h_n(A) \qquad \text{wenn } n \text{ hinreichend groß}$$

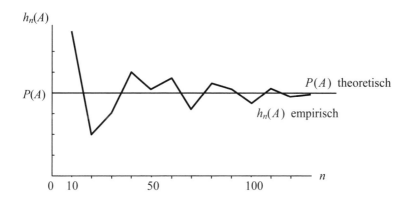

Die Wahrscheinlichkeit $P(A)$ ist eine Idealisierung der statistischen Regelmäßigkeit der relativen Häufigkeit des Ereignisses A.

Die Wahrscheinlichkeit $P(A)$ ist das theoretische Gegenstück zur empirischen relativen Häufigkeit.

Aufgrund theoretischer Überlegungen wird postuliert[5]

> **Statistische Wahrscheinlichkeit**
>
> Sei A das Ereignis eines Zufallsexperiments, dann gibt es eine reelle Zahl $P(A)$, die als Wahrscheinlichkeit von A bezeichnet wird mit folgenden Eigenschaften:
>
> Bei häufiger Wiederholung des Experiments ist die relative Häufigkeit $h_n(A)$ praktisch (näherungsweise) gleich $P(A)$:
>
> $$\boxed{P(A) \approx h_n(A)}$$

Die Aussage 'Das Ereignis A hat die Wahrscheinlichkeit $P(A)$' bedeutet also:

"Bei oftmaliger Ausführung des Experiments ist es praktisch gewiss, dass die relative Häufigkeit $h_n(A)$ ungefähr gleich $P(A)$ ist."[6]

Das bedeutet, dass wir die statistische Wahrscheinlichkeit nicht genau bestimmen können, sondern auch dann, wenn wir eine große Anzahl von Versuchen durchführen, immer nur einen Näherungswert der Wahrscheinlichkeit erhalten.

Eine weitergehende Definition der statistischen Wahrscheinlichkeit ist die **Definition von R. v. Mieses**[7]:

> **Grenzwert der relativen Häufigkeit**
>
> Sei A das Ereignis eines Zufallsexperiments, dann ist die Wahrscheinlichkeit $P(A)$ der Grenzwert der relativen Häufigkeit des Ereignisses A, wenn die Zahl der Versuche n gegen unendlich geht
>
> $$P(A) = \lim_{n \to \infty} h_n(A)$$

Diese Definition setzt die Existenz des Grenzwertes der relativen Häufigkeit voraus und definiert die Wahrscheinlichkeit durch diesen Grenzwert, d.h. die Wahrscheinlichkeit **ist** der Grenzwert.

Es handelt sich hier nicht um einen Grenzwert im mathematischen Sinne. Gemeint ist eine stochastische und keine deterministische Konvergenz der relativen Häufigkeit gegen die Wahrscheinlichkeit $P(A)$. Denn die Schwankungen der relativen Häufigkeit nehmen nicht monoton mit n ab. Es ist möglich, dass bei höherem n wieder größere Abweichungen von P auftreten. Wir können daher nicht sicher

---

[5] Andrej Nikolajewitsch Kolmogoroff (1903–1987): Grundbegriffe der Wahrscheinlichkeitsrechnung, Berlin 1933
[6] Siehe Kreyszig S. 59; Yamane S. 89
[7] Richard von Mises (1883–1953); Wahrscheinlichkeit, Statistik und Wahrheit, 3. Auflage, Wien 1951

2.2 Statistischer Wahrscheinlichkeitsbegriff

sein, dass die größere Zahl der Versuche tatsächlich die genauere Schätzung liefert, also den exakteren Grenzwert.

In der Definition nach Kolmogoroff ist die Wahrscheinlichkeit eine Idealisierung der statistischen Regelmäßigkeit der relativen Häufigkeit. Dem Ereignis A wird eine Zahl $P(A)$ zugeordnet mit der Eigenschaft, dass die relative Häufigkeit **näherungsweise** gleich $P(A)$ ist, wenn die Zahl der Versuche groß ist.

BEISPIELE

1. Werfen einer idealen (regulären) Münze

    Solange wir davon ausgehen können, dass es sich um eine reguläre Münze handelt, können wir die Wahrscheinlichkeit des Ereignisses $A = Zahl$ mit Hilfe des klassischen Wahrscheinlichkeitsbegriffs a priori berechnen, ohne die Münze zu werfen.

    Wenn wir dagegen Zweifel an der Regelmäßigkeit der Münze haben, müssen wir das Experiment durchführen und die Münze werfen.

    Ist die Münze tatsächlich regelmäßig, dann muss der Grenzwert der relativen Häufigkeit der A-priori-Wahrscheinlichkeit entsprechen.

    Wir berechnen daher die Wahrscheinlichkeit des Ereignisses $A = Zahl$ mit Hilfe der statistischen Wahrscheinlichkeitstheorie. Dazu werfen wir in Gedanken die Münze z.B. 400-mal.

    Es wird sich dann zeigen, dass die relative Häufigkeit bei diesem Zufallsexperiment stabil ist:

    - Die relative Häufigkeit wird um den Wert 0,5 schwanken. Die relative Häufigkeit wird mal größer und mal kleiner als 0,5 sein. Die Amplitude der Fluktuation der relativen Häufigkeit wird aber mit wachsender Zahl der Versuche n abnehmen.

    - Die relative Häufigkeit $h_n(A)$ wird sich mit wachsendem n dem konstanten Wert $P(A) = 0,5$ nähern.

    Bei hinreichend großem n wird die relative Häufigkeit näherungsweise gleich der A-priori-Wahrscheinlichkeit $P(A) = 0,5$ sein. Bei $n=400$ Würfen der Münze werden wir den folgenden Grenzwert der relativen Häufigkeit erhalten:

    $$P(A) = 0,5 \approx h_{400}(A)$$

    Wir nehmen daher an, dass die Wahrscheinlichkeit $P(A)$ des Ereignisses $A = Zahl$ beim Werfen dieser Münze gleich 0,5 ist, es sich also um eine regelmäßige Münze handelt.

2. Werfen einer unregelmäßigen Münze

Bei diesem Experiment wird eine **verbogene Münze** geworfen. Die Zahl sei auf der konvexen inneren Seite und der Kopf auf der konkaven äußeren Seite der Münze.

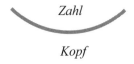

Es besteht daher Grund zu der Annahme, dass die beiden Elementarereignisse "Kopf" und "Zahl" nicht gleichmöglich sind (kein Laplace-Experiment). Der klassische Wahrscheinlichkeitsbegriff ist daher nicht anwendbar. Also können wir die Wahrscheinlichkeit **nicht a priori berechnen**, d.h. bereits vor der Durchführung des Experiments angeben.

Aufgrund der statistischen Wahrscheinlichkeitsdefinition nehmen wir an,

- dass es für das Ereignis $A = Zahl$ beim Werfen der verbogenen Münze eine Wahrscheinlichkeit $P(A)$ gibt (ohne sie bereits zu kennen oder Vermutungen über ihren Wert zu haben) und
- dass die relative Häufigkeit $h_n(A)$ bei einer großen Zahl von Versuchen (mit großer Sicherheit) näherungsweise gleich der Zahl $P(A)$ ist.

Wir führen das Experiment wieder 400 mal durch und berechnen die relative Häufigkeit, mit der das Ereignis "Zahl" eintritt. Auch bei diesem Experiment ist die relative Häufigkeit stabil:

- die relative Häufigkeit des Ereignisses "Zahl" fluktuiert mit abnehmender Amplitude zwischen 0,51 und 0,47.
- $h_n(A)$ nähert sich mit wachsendem n dem konstanten Wert 0,47.

Da wir die Wahrscheinlichkeit "Zahl" zu werfen, bei einer verbogenen Münze nicht a priori berechnen können, müssen wir sie schätzen.

Wir erhalten als Schätzung von $P(A)$

$$\hat{P}(A) = h_n(A) = \frac{188}{400} = 0{,}47 \qquad n = 400$$

Die Wahrscheinlichkeit $P(A)$ ist (näherungsweise) gleich der relativen Häufigkeit des Ereignisses A bei einer großen Zahl von Versuchen.

2.2 Statistischer Wahrscheinlichkeitsbegriff

Werfen einer unregelmäßigen (unfairen) Münze

n	$m_{10}(A)$	$m_n(A)$	$h_n(A)$
10	7	7	0,700
20	5	12	0,600
30	5	17	0,567
40	5	22	0,550
50	1	23	0,460
60	5	28	0,467
70	7	35	0,500
80	7	42	0,525
90	6	48	0,533
100	5	53	0,530
110	2	55	0,500
120	6	62	0,508
130	4	65	0,500
140	5	70	0,500
150	4	74	0,493
160	7	81	0,506
170	6	87	0,512
180	5	92	0,511
190	4	96	0,505
200	3	99	0,495

n	$m_{10}(A)$	$m_n(A)$	$h_n(A)$
210	6	105	0,500
220	3	108	0,491
230	7	115	0,500
240	3	118	0,492
250	7	125	0,500
260	4	129	0,496
270	5	134	0,496
280	4	138	0,493
290	4	142	0,490
300	6	148	0,493
310	3	151	0,487
320	2	153	0,478
330	3	156	0,473
340	3	159	0,468
350	5	164	0,469
360	5	169	0,469
370	5	174	0,470
380	4	178	0,468
390	4	182	0,467
400	6	188	0,470

Stabilität der relativen Häufigkeit

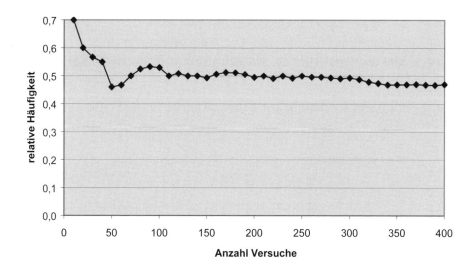

Die Definition der Wahrscheinlichkeit mit Hilfe der relativen Häufigkeit impliziert, dass die Wahrscheinlichkeit $P(A)$ die Eigenschaften der relativen Häufigkeiten erfüllen muss.

Insbesondere gilt, dass die Wahrscheinlichkeit Werte zwischen null und eins annimmt:

$$0 \leq P(A) \leq 1$$

Bei der Interpretation der Grenzfälle $P = 0$ und $P = 1$ ist Folgendes zu beachten:

1. Die Aussage

   $$P(A) = 0$$

   bedeutet nicht notwendig, dass A das unmögliche Ereignis ist, sondern nur, dass bei einer großen Zahl von Versuchen die relative Häufigkeit von A näherungsweise gleich null ist.

   A kann das unmögliche Ereignis sein oder aber so selten auftreten, dass es als unmögliches Ereignis aufgefasst werden kann.

   Wird das Experiment nur einmal durchgeführt, ist das Eintreten von A praktisch unmöglich.

2. Die Aussage

   $$P(A) = 1$$

   bedeutet nicht notwendig, dass A das sichere Ereignis ist, sondern nur, dass bei einer großen Zahl von Versuchen die relative Häufigkeit von A näherungsweise gleich 1 ist.

   A kann das sichere Ereignis sein oder aber fast immer eintreten, so dass es als sicheres Ereignis aufgefasst werden kann.

   Wird das Experiment nur einmal durchgeführt, ist das Eintreten von A fast sicher.

Die Besonderheiten des statistischen Wahrscheinlichkeitsbegriffs sind:

> ➤ Es ist eine große Anzahl von Versuchen erforderlich.
> ➤ Es wird die statistische Regelmäßigkeit angenommen.
> ➤ $P(A)$ wird durch die relative Häufigkeit von A geschätzt.
> ➤ Die Berechnung beruht auf Erfahrung, d.h. auf der Durchführung des Experiments. Wir sprechen daher von einer **A-posteriori**-Wahrscheinlichkeit[8].

---

[8] lat. "vom Späteren her", aus der Erfahrung oder Wahrnehmung gewonnen.

Auf diesem Ansatz der Wahrscheinlichkeitstheorie beruht die Entwicklung der Statistik in den letzten 70 Jahren, die sich in der Anwendung auf verschiedenste Fragestellungen bewährt hat.

Der Ansatz versagt,

> - wenn ein Experiment noch nie durchgeführt worden ist und
> - wenn Wiederholungen des Experiments unmöglich sind.

Beispiele dafür sind

- wissenschaftliche Experimente, die noch nie durchgeführt worden sind (Weltraumunternehmen).
- das Fußballspiel zwischen zwei Mannschaften, die noch nie gegeneinander gespielt haben.

2.3 Subjektiver Wahrscheinlichkeitsbegriff

Sowohl beim klassischen also auch beim statistischen Wahrscheinlichkeitsbegriff handelt es sich um **objektive** Wahrscheinlichkeiten, die nach Regeln berechnet werden, die unabhängig vom Beobachter und daher intersubjektiv überprüfbar sind.

Der klassische Wahrscheinlichkeitsbegriff ergibt sich durch Deduktion aus den Eigenschaften des Laplace-Experiments, d.h. den Modellannahmen, die dieser Klasse von Zufallsexperimenten zugrunde liegen.

Der statistische Wahrscheinlichkeitsbegriff beruht auf einer Serie von Versuchen, d.h. der wiederholten und unter denselben Bedingungen stets wiederholbaren Durchführung eines Zufallsexperiments.

In den Fällen, in denen der klassische und der statistische Wahrscheinlichkeitsbegriff versagen, sich die Wahrscheinlichkeit eines Ereignisses also nicht mehr objektiv bestimmen lässt, sind wir auf Mutmaßungen über die Wahrscheinlichkeit angewiesen.

Viele Entscheidungen im Wirtschaftsleben basieren auf bloßen Vermutungen über die Erfolgswahrscheinlichkeit (die Markteinführung eines neuen Produkts, die Anwendung einer neuen Technik, die Einstellung eines neuen Mitarbeiters etc.).

Der Hochschulabsolvent wird z.B. eingeschätzt aufgrund seiner Noten im Diplomzeugnis. Die sagen aber nur etwas über seine Studienleistungen aus, seine Fähigkeit Klausuren zu schreiben und Wissensprüfungen zu bestehen. Die Noten sagen aber nichts über seine Leistungsfähigkeit im Berufsalltag, die Eignung für die ausgeschriebene Stelle aus. Die Einstellung erfolgt daher aufgrund der subjektiven, auf Erfahrung beruhenden Einschätzung der Erfolgswahrscheinlichkeit durch den Personalmanager.

Wir sprechen daher von **subjektiver Wahrscheinlichkeit** (L. J. Savage[9]).

Subjektive Wahrscheinlichkeit

Die subjektive Wahrscheinlichkeit ist ein Maß für das Vertrauen eines bestimmten Individuums in die Wahrheit einer bestimmten Aussage, wie z.B. der Aussage "Morgen wird es regnen".

Oder anders formuliert:

Die subjektive Wahrscheinlichkeit ist ein Vertrauensmaß, das eine vernünftige Person dem Ereignis A ("Morgen wird es regnen.") zuordnet; also ein Maß für die Sicherheit, mit der jemand mit dem Eintreten eines bestimmten Ereignisses A rechnet.

Die subjektive Wahrscheinlichkeit eines Ereignisses ist das, was ein Individuum dafür hält.

BEISPIEL

Nehmen wir als Beispiel das Zufallsexperiment: Werfen einer verbogenen (unregelmäßigen) Münze.

Vor dem ersten Wurf können wir nur Vermutungen über die Wahrscheinlichkeit des Ereignisses $A = Zahl$ haben.

Dabei kann es sich nur um vernünftige Glaubensaussagen oder subjektive Einschätzungen handeln.

Möglicherweise wird dabei jeder eine andere (subjektive) Vorstellung von der Wahrscheinlichkeit des Ereignisses A haben.

Wenn jemand dem Ereignis A nun die subjektive Wahrscheinlichkeit $P(A)$ zuordnet, so bedeutet das, dass er vermutet (darauf vertraut), dass die relative Häufigkeit des Ereignisses A bei einer großen Zahl von Versuchen näherungsweise gleich $P(A)$ sein wird.

Wir können daher die subjektive Wahrscheinlichkeit mit Hilfe der relativen Häufigkeit eines Ereignisses definieren.

Subjektive und statistische Wahrscheinlichkeit

Die subjektive Wahrscheinlichkeit $P(A)$, die eine Person dem Ereignis A zuordnet, bedeutet das subjektive Vertrauen darauf, dass bei häufiger Wiederholung des Experiments die relative Häufigkeit $h_n(A)$ näherungsweise gleich $P(A)$ sein wird.

---

[9] Leonard J. Savage (1917–1971): Foundations of Statistics, New York 1954
R. Schlaifer: Probability and Statistics for Business Decision, New York 1959

3 Axiomatische Wahrscheinlichkeitsrechnung

3.1 Axiome der Wahrscheinlichkeit

Der axiomatische Wahrscheinlichkeitsbegriff ist die Grundlage der mathematischen Wahrscheinlichkeitstheorie. Er ist **unabhängig von der Interpretation** der Wahrscheinlichkeit. Durch ihn wird die Wahrscheinlichkeit **nicht erklärt**, sondern werden nur ihre mathematischen Eigenschaften **festgelegt**.

Die Axiome der Wahrscheinlichkeit sind **Grundsätze**, d.h. Aussagen, die keines weiteren Beweises bedürfen, weil sie selbstevident und offenkundig wahr sind oder einfach postuliert werden. Es handelt sich dabei um die Verallgemeinerung der Eigenschaften relativer Häufigkeiten, die wir bereits kennengelernt haben.

Die **Axiome der Wahrscheinlichkeit** lauten:

Axiom 1

Die Wahrscheinlichkeit $P(A)$ des Ereignisses A eines Zufallsexperiments ist eine eindeutig bestimmte reelle nichtnegative Zahl, die höchstens gleich 1 sein kann

$$0 \leq P(A) \leq 1$$

Axiom 2

Für das sichere Ereignis M eines Zufallsexperiments gilt

$$P(M) = 1$$

Die Wahrscheinlichkeit des sicheren Ereignisses ist eins.

Axiom 3

Schließen sich zwei Ereignisse A und B bei einem Zufallsexperiment gegenseitig aus, so gilt

$$P(A \cup B) = P(A) + P(B) \qquad ; A \cap B = \emptyset$$

Die Wahrscheinlichkeit der Vereinigung zweier disjunkter Ereignisse ist gleich der Summe der Einzelwahrscheinlichkeiten.

Diese Axiome sind kein Hilfsmittel zur Berechnung von Wahrscheinlichkeiten. Sie fordern von den Wahrscheinlichkeiten nur bestimmte Eigenschaften und schaffen damit die Grundlage für den rechnerischen Umgang mit Wahrscheinlichkeiten.

3.2 Folgerungen aus den Axiomen

1. Für das zu A **komplementäre Ereignis** $\overline{A}$ gilt

$$P(\overline{A}) = 1 - P(A)$$

BEWEIS

Die Vereinigung von A und $\overline{A}$ ist das sichere Ereignis. Daher folgt aus Axiom 2:

$$P(A \cup \overline{A}) = P(M) = 1 \qquad ; A \cup \overline{A} = M$$

Da A und $\overline{A}$ disjunkt sind, folgt mit Axiom 3:

$$P(A \cup \overline{A}) = P(A) + P(\overline{A}) = 1 \qquad ; A \cap \overline{A} = \emptyset$$
$$P(\overline{A}) = 1 - P(A)$$

BEISPIEL: Werfen eines Würfels

Wir betrachten das Ereignis A, eine 6 zu würfeln. Das Komplementärereignis $\overline{A}$ ist das Ereignis, keine 6 zu würfeln, d.h. eine 1, 2, 3, 4 oder 5 zu würfeln.

$$A = \{6\}, \qquad \overline{A} = \{1, 2, 3, 4, 5\}$$

Die Wahrscheinlichkeit, eine 6 zu werfen, beträgt

$$P(A) = \frac{1}{6}$$

und die Wahrscheinlichkeit, keine 6 zu werfen, beträgt

$$P(\overline{A}) = 1 - P(A) = 1 - \frac{1}{6} = \frac{5}{6}$$

2. Für das **unmögliche Ereignis** gilt

$$P(\overline{M}) = P(\emptyset) = 0$$

BEWEIS

$$P(\overline{M}) = 1 - P(M) = 1 - 1 = 0 \qquad \text{mit } P(M) = 1$$

Das unmögliche Ereignis ist das Komplementärereignis des sicheren Ereignisses. Wir berechnen daher $P(\overline{M})$ mit Hilfe von Folgerung 1. Dabei benutzen wir Axiom 2.

3. Für die Wahrscheinlichkeit des **Durchschnitts zweier disjunkter Ereignisse** gilt

$$\boxed{P(A \cap B) = P(\emptyset) = 0} \quad ; \quad A \cap B = \emptyset$$

Der Durchschnitt zweier disjunkter Ereignisse ist das unmögliche Ereignis. Die Wahrscheinlichkeit des unmöglichen Ereignisses ist null.

BEISPIEL: Werfen eines Würfels

Wir betrachten die disjunkten Ereignisse A eine gerade Zahl und B eine ungerade Zahl zu würfeln

$$A = \{2, 4, 6\} \quad ; \quad B = \{1, 3, 5\}$$

Der Durchschnitt ist das Ereignis, eine sowohl gerade als auch ungerade Zahl zu würfeln. Das ist ein unmögliches Ereignis. Die Wahrscheinlichkeit ist daher null

$$P(A \cap B) = P(\emptyset) = 0$$

4. Für die Wahrscheinlichkeit der **Vereinigung von mehr als zwei paarweise disjunkten Ereignissen** gilt

$$\boxed{P(A \cup B \cup C \cup \ldots) = P(A) + P(B) + P(C) + \ldots}$$

Es handelt sich hier um die Verallgemeinerung von Axiom 3. Die Wahrscheinlichkeit der Vereinigung disjunkter Ereignisse ist gleich der Summe der Einzelwahrscheinlichkeiten.

BEWEIS (für drei Ereignisse)

Der Beweis erfolgt durch wiederholte Anwendung des Axioms 3.

$$P(A \cup (B \cup C)) = P(A) + P(B \cup C) = P(A) + P(B) + P(C)$$

BEISPIEL

Wir betrachten die paarweise disjunkten Ereignisse A eine 1, B eine 2 und C eine 6 zu würfeln:

$$A = \{1\} \quad ; \quad B = \{2\} \quad ; \quad C = \{6\}$$

Die Wahrscheinlichkeit der Vereinigung der Ereignisse A, B und C, also das Ereignis, eine 1 oder eine 2 oder eine 6 zu werfen, ergibt sich dann als Summe der Einzelwahrscheinlichkeiten:

$$P(\{1, 2, 6\}) = P(1) + P(2) + P(6) = \frac{1}{6} + \frac{1}{6} + \frac{1}{6} = \frac{3}{6} = \frac{1}{2}$$

FOLGERUNG

Sei M eine endliche Ergebnismenge mit den Elementarereignissen e_i

$$M = \{e_1, e_2, e_3, \ldots, e_n\}$$

und seien die Wahrscheinlichkeiten der n Elementarereignisse

$$P(e_i) = p_i \qquad ; i = 1, \ldots, n$$

Da die Elementarereignisse sich definitionsgemäß gegenseitig ausschließen, ist die Wahrscheinlichkeit des sicheren Ereignisses M gleich der Summe aller Elementarwahrscheinlichkeiten. Gemäß Axiom 2 ist die Wahrscheinlichkeit des sicheren Ereignisses 1. Daher gilt:

$$P(M) = p_1 + p_2 + p_3 + \ldots + p_n = \sum_{i=1}^{n} p_i = 1$$

Die Summe aller Elementarwahrscheinlichkeiten ist für jedes Zufallsexperiment gleich 1.

BEISPIEL: Werfen eines Würfels

Beim Würfeln haben die Elementarereignisse, also die Augenzahlen 1 bis 6, alle die gleiche Wahrscheinlichkeit 1/6. Die Wahrscheinlichkeit des sicheren Ereignisses, also irgendeine Augenzahl zu werfen, ist gleich der Summe aller Elementarwahrscheinlichkeiten

$$P(M) = \frac{1}{6} + \frac{1}{6} + \frac{1}{6} + \frac{1}{6} + \frac{1}{6} + \frac{1}{6} = 1$$

Und für ein beliebiges Ereignis A folgt daraus:

4'. Die Wahrscheinlichkeit eines Ereignisses A ist gleich der **Summe seiner Elementarwahrscheinlichkeiten**

$$\boxed{P(A) = \sum_{e_i \in A} p_i}$$

BEISPIEL: Werfen eines Würfels

Betrachten wir nun das Ereignis, eine gerade Zahl zu werfen. Die Wahrscheinlichkeit ergibt sich als Summe der Elementarwahrscheinlichkeiten, d.h. der Wahrscheinlichkeit eine 2, eine 4 und eine 6 zu würfeln

$$P(A) = P(\{2, 4, 6\}) = P(2) + P(4) + P(6) = \frac{1}{6} + \frac{1}{6} + \frac{1}{6} = \frac{3}{6} = \frac{1}{2}$$

3.2 Folgerungen aus den Axiomen

5. Für die Wahrscheinlichkeit der **Differenz zweier Ereignisse** A und B gilt

$$\boxed{P(A\setminus B) = P(A) - P(A\cap B)}$$

BEWEIS

Das Ereignis A ist gleich der Vereinigung der Differenz $A\setminus B$ und des Durchschnitts $A\cap B$

$$A = (A\setminus B) \cup (A\cap B) \qquad ; (A\setminus B)\cap(A\cap B) = \emptyset$$

Da die Differenz und der Durchschnitt von A und B disjunkt sind, ergibt sich nach Axiom 3 die Wahrscheinlichkeit ihrer Vereinigung als Summe der Wahrscheinlichkeiten von $A\setminus B$ und $A\cap B$

$$P(A) = P(A\setminus B) + P(A\cap B)$$

Nach Umformung folgt die Behauptung

$$P(A\setminus B) = P(A) - P(A\cap B)$$

BEISPIEL: Werfen eines Würfels

Wir nehmen die Ereignisse A, eine gerade Zahl und B, eine durch 3 teilbare Zahl zu würfeln

$$A = \{2, 4, 6\} \quad ; \quad B = \{3, 6\}$$

Die Differenz von A und B, eine gerade und nicht durch 3 teilbare Zahl zu werfen, ist dann

$$A\setminus B = \{2, 4\}$$

und der Durchschnitt, eine gerade und durch 3 teilbare Zahl zu werfen, ist

$$A\cap B = \{6\}$$

Die Wahrscheinlichkeit der Differenz von A und B lässt sich dann als Differenz der Wahrscheinlichkeit von A und der Wahrscheinlichkeit des Durchschnitts $A\cap B$ berechnen

$$P(A\setminus B) = P(A) - P(A\cap B) = \frac{3}{6} - \frac{1}{6} = \frac{2}{6} = \frac{1}{3}$$

Analog erhalten wir

$$P(B\setminus A) = P(B) - P(A\cap B) = \frac{2}{6} - \frac{1}{6} = \frac{1}{6}$$

6. **Additionssatz**

Für die Wahrscheinlichkeit der **Vereinigung zweier beliebiger Ereignisse** A und B gilt

$$P(A\cup B) = P(A) + P(B) - P(A\cap B)$$

Die Wahrscheinlichkeit dafür, dass entweder A oder B (oder sowohl A als auch B) eintritt, ist gleich der Summe der Wahrscheinlichkeiten von A und B abzüglich der Wahrscheinlichkeit für das gleichzeitige Eintreten von A und B.

Es handelt sich hier um die Verallgemeinerung von Axiom 3 für beliebige Ereignisse. Sind die Ereignisse A und B disjunkt, dann ist ihr Durchschnitt leer und die Wahrscheinlichkeit des Durchschnitts null. Der Additionssatz ist dann identisch mit Axiom 3.

BEWEIS

Die Vereinigung der Ereignisse A und B lässt sich darstellen als Vereinigung der Differenz $A\setminus B$, des Durchschnitts $A\cap B$ und der Differenz $B\setminus A$

$$A\cup B = (A\setminus B) \cup (A\cap B) \cup (B\setminus A)$$

Da die Ereignisse $A\setminus B$, $A\cap B$ und $B\setminus A$ paarweise disjunkt sind, gilt für die Wahrscheinlichkeit ihrer Vereinigung nach Folgerung 4

$$P(A\cup B) = P(A\setminus B) + P(A\cap B) + P(B\setminus A)$$

Wir ersetzen die Wahrscheinlichkeit $P(A\setminus B)$ und $P(B\setminus A)$ gemäß Folgerung 5 und erhalten den Additionssatz

$$P(A\cup B) = P(A) - \cancel{P(A\cap B)} + \cancel{P(A\cap B)} + P(B) - P(A\cap B)$$

BEISPIEL (1)

Wir nehmen wieder die Ereignisse A, eine gerade Zahl und B, eine durch 3 teilbare Zahl zu würfeln

$$A = \{2, 4, 6\} \quad ; \quad B = \{3, 6\}$$

Nach dem Additionssatz erhalten wir die Wahrscheinlichkeit der Vereinigung, eine gerade oder durch 3 teilbare Zahl zu werfen

$$P(A\cup B) = P(A) + P(B) - P(A\cap B) = \frac{3}{6} + \frac{2}{6} - \frac{1}{6} = \frac{4}{6} = \frac{2}{3}$$

Der Durchschnitt von *A* und *B* ist das Ereignis, eine gerade und durch 3 teilbare Zahl, also eine 6 zu würfeln.

Die 6 ist aber sowohl in *A* als auch in *B* enthalten, würde also doppelt gezählt werden, wenn die Wahrscheinlichkeiten von *A* und *B* einfach addiert werden würden. Daher muss die Wahrscheinlichkeit, eine 6 zu würfeln, einmal subtrahiert werden.

BEISPIEL (2)

Wie groß ist die Wahrscheinlichkeit, beim zweimaligen Werfen eines Würfels mindestens eine 6 zu würfeln?

Die Ergebnismenge *M*

$$M = \{(1, 1), (1, 2), \ldots, (1, 6), \ldots, (6, 1), (6, 2), \ldots, (6, 6)\}$$

enthält 36 Elementarereignisse

$$|M| = 36$$

Wir stellen die Ergebnismenge durch eine Matrix dar. In den Zeilen stehen die Elementarereignisse des 1. Wurfs und in den Spalten die Elementarereignisse des 2. Wurfs. In der letzten Zeile finden sich die Fälle, in denen beim 1. Wurf eine 6 eintritt und in der letzten Spalte die Fälle, in denen beim 2. Wurf eine 6 eintritt. Der Durchschnitt der Ereignisse, beim 1. Wurf eine 6 zu werfen und beim 2. Wurf eine 6 zu werfen, liegt dort, wo sich die letzte Zeile und die letzte Spalte schneiden.

	2.Wurf					*B*
1.Wurf	1	2	3	4	5	6
1	(1,1)	(1,2)	(1,3)	(1,4)	(1,5)	(1,6)
2	(2,1)	(2,2)	(2,3)	(2,4)	(2,5)	(2,6)
3	(3,1)	(3,2)	(3,3)	(3,4)	(3,5)	(3,6)
4	(4,1)	(4,2)	(4,3)	(4,4)	(4,5)	(4,6)
5	(5,1)	(5,2)	(5,3)	(5,4)	(5,5)	(5,6)
A 6	(6,1)	(6,2)	(6,3)	(6,4)	(6,5)	(6,6)	$A \cap B$

Wir bezeichnen mit

A das Ereignis, beim 1. Wurf eine 6 zu würfeln

$$A = \{(6, 1), (6, 2), (6, 3), (6, 4), (6, 5), (6, 6)\}$$

$|A| = 6$

$$P(A) = \frac{|A|}{|M|} = \frac{6}{36} = \frac{1}{6}$$

B das Ereignis, beim 2. Wurf eine 6 zu würfeln

$$B = \{(1, 6), (2, 6), (3, 6), (4, 6), (5, 6), (6, 6)\}$$

$|B| = 6$

$$P(B) = \frac{|B|}{|M|} = \frac{6}{36} = \frac{1}{6}$$

$A \cap B$ das Ereignis, beim 1. und 2. Wurf eine 6 zu würfeln

$A \cap B = \{(6, 6)\}$

$|A \cap B| = 1$

$$P(A \cap B) = \frac{|A \cap B|}{|M|} = \frac{1}{36}$$

Aus dem Additionssatz folgt für die Wahrscheinlichkeit der Vereinigung von A und B, also die Wahrscheinlichkeit beim 1. oder 2. Wurf eine 6 zu würfeln:

$$P(A \cup B) = P(A) + P(B) - P(A \cap B) = \frac{1}{6} + \frac{1}{6} - \frac{1}{36} = \frac{11}{36} = 0{,}31$$

7. **Monotonie der Wahrscheinlichkeit**

Ist das Ereignis A eine Teilmenge des Ereignisses B

$$A \subset B$$

so gilt für die Wahrscheinlichkeiten

$$P(A) \leq P(B)$$

Die Wahrscheinlichkeit eines Ereignisses A, das stets das Eintreten des Ereignisses B zur Folge hat, ist nie größer als die Wahrscheinlichkeit von B.

3.3 Bedingte Wahrscheinlichkeit

Es gibt Zufallsexperimente, bei denen die Wahrscheinlichkeit eines Ereignisses B abhängt vom Eintreten eines anderen Ereignisses A. Die Wahrscheinlichkeit von B wird also dadurch beeinflußt, dass das Ereignis A zuvor oder gleichzeitig eintritt. Wir definieren daher

> **Bedingte Wahrscheinlichkeit**
>
> Die bedingte Wahrscheinlichkeit von B unter der Bedingung A
>
> $P(B/A)$
>
> ist die Wahrscheinlichkeit des Ereignisses B unter der Voraussetzung, dass das Ereignis A eingetroffen ist.

Wie die bedingte Wahrscheinlichkeit zu berechnen ist, wollen wir anhand eines Laplace-Experiments überlegen. Dazu betrachten wir zwei beliebige Ereignisse A und B.

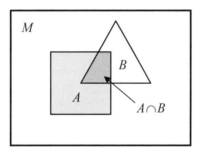

Nun soll $P(B/A)$ berechnet werden, also die Wahrscheinlichkeit von B unter der zusätzlichen Bedingung, dass A bereits eingetreten ist.

Wir brauchen also nur noch die Fälle zu berücksichtigen, in denen A eingetreten ist, das sind $|A|$ Fälle, und zu überlegen, in wie vielen dieser $|A|$ Fälle auch noch B eintritt; das sind die $|A \cap B|$ Fälle des Durchschnitts.

So erhalten wir für die bedingte Wahrscheinlichkeit

$$P(B/A) = \frac{|A \cap B|}{|A|}$$

und erweitert mit $|M|$

$$P(B/A) = \frac{\frac{|A \cap B|}{|M|}}{\frac{|A|}{|M|}} = \frac{P(A \cap B)}{P(A)}$$

3 Axiomatische Wahrscheinlichkeitsrechnung

Allgemein gilt für die

Berechnung der bedingten Wahrscheinlichkeit

Die bedingte Wahrscheinlichkeit eines Ereignisses B unter der Bedingung A beträgt

$$P(B/A) = \frac{P(A \cap B)}{P(A)}$$

und die bedingte Wahrscheinlichkeit von A unter der Bedingung B

$$P(A/B) = \frac{P(A \cap B)}{P(B)}$$

BEISPIELE

1. Eine Urne enthalte 4 Kugeln, 3 weiße und eine schwarze. Es werden nacheinander zufällig 2 Kugeln gezogen. Die zuerst gezogene Kugel werde vor dem Ziehen der zweiten Kugel beiseite, also nicht wieder zurück in die Urne gelegt (Ziehen ohne Zurücklegen).

   Wie groß ist die Wahrscheinlichkeit, beim 2. Zug eine weiße Kugel zu ziehen, wenn bereits die 1. Kugel weiß war?

   Wir stellen die Ergebnismenge tabellarisch dar. Dabei bezeichnen wir die weißen Kugeln mit w_1, w_2, w_3 und die schwarze Kugel mit s.

   2. Zug

1. Zug	w_1	w_2	w_3	s	
w_1	–	w_1w_2	w_1w_3	w_1s	
w_2	w_2w_1	–	w_2w_3	w_2s	A
w_3	w_3w_1	w_3w_2	–	w_3s	
s	sw_1	sw_2	sw_3	–	

   $w_3s \rightarrow A \cap B$

   B

Sei nun

A das Ereignis "1. Zug weiß"

B das Ereignis "2. Zug weiß"

$A \cap B$ das Ereignis "1. Zug weiß und 2. Zug weiß"

Da wir ohne Zurücklegen ziehen, kann dieselbe Kugel nicht zweimal gezogen werden; die Elementarereignisse

$$w_1 w_1, \; w_2 w_2, \; w_3 w_3, \; s \, s$$

sind daher nicht möglich.

Die Ergebnismenge M enthält 12 gleichwahrscheinliche Elementarereignisse (Laplace-Experiment)

$$|M| = 4^2 - 4 = 12$$

und wir erhalten

$$|A| = 3 \cdot 4 - 3 = 9$$
$$|B| = 3 \cdot 4 - 3 = 9$$
$$|A \cap B| = 3^2 - 3 = 6$$

$|A|$ ist die Zahl der Fälle, in denen beim 1. Zug eine weiße Kugel gezogen wird völlig unabhängig davon, welche Kugel beim 2. Zug gezogen wird. $|B|$ ist die Zahl der Fälle, in denen beim 2. Zug eine weiße Kugel gezogen wird völlig unabhängig davon, welche Kugel beim 1. Zug gezogen wurde. $|A \cap B|$ ist die Zahl der Fälle, in denen beim 1. und beim 2. Zug eine weiße Kugel gezogen wird.

Die Wahrscheinlichkeiten betragen

$$P(A) = \frac{9}{12} = \frac{3}{4}$$
$$P(B) = \frac{9}{12} = \frac{3}{4}$$
$$P(A \cap B) = \frac{6}{12} = \frac{1}{2}$$

Die bedingte Wahrscheinlichkeit hat also den Wert

$$P(B/A) = \frac{P(A \cap B)}{P(A)} = \frac{\frac{6}{12}}{\frac{9}{12}} = \frac{6}{9} = \frac{2}{3}$$

und ist folglich kleiner als die unbedingte Wahrscheinlichkeit $P(B)$

$$P(B/A) = \frac{2}{3} < \frac{3}{4} = P(B)$$

Das Ergebnis lässt sich bei diesem Experiment auch direkt ermitteln, d.h. ohne zuvor die Wahrscheinlichkeit des Durchschnitts $A \cap B$ zu berechnen.

Beim 1. Versuch enthält die Urne 4 Kugeln, davon 3 weiße, also beträgt die Wahrscheinlichkeit, beim ersten Zug eine weiße Kugel zu ziehen

$$P(A) = \frac{3}{4}$$

Nachdem beim 1. Zug eine weiße Kugel gezogen wurde, enthält die Urne beim 2. Zug noch 3 Kugeln, davon 2 weiße. Die Wahrscheinlichkeit nun eine weiße Kugel zu ziehen beträgt

$$P(B/A) = \frac{2}{3}$$

2. Eine Packung enthalte 100 Glühbirnen, darunter 4 defekte. Es werden 2 Birnen ohne Zurücklegen entnommen.

   Wie groß ist die Wahrscheinlichkeit dafür, dass die 2. Birne defekt ist, wenn schon die 1. Birne defekt war?

   $$P(A) = \frac{4}{100} = \frac{1}{25}$$
   $$P(B/A) = \frac{3}{99} = \frac{1}{33}$$

3. Bei einer Lieferung von 40 Elektrogeräten werden 4 beanstandet. 3 Geräte weisen den Defekt A auf und 2 Geräte weisen den Defekt B auf.

   Wie groß ist die Wahrscheinlichkeit dafür, dass ein Gerät mit dem Defekt A auch den Defekt B hat?

   $$P(A) = \frac{3}{40} \quad ; \quad P(B) = \frac{2}{40} \quad ; \quad P(A \cap B) = \frac{1}{40}$$

   Die bedingte Wahrscheinlichkeit von B unter der Bedingung A beträgt:

   $$P(B/A) = \frac{P(A \cap B)}{P(A)} = \frac{\frac{1}{40}}{\frac{3}{40}} = \frac{1}{3}$$

ÜBUNG 3.1 (Axiomatische Wahrscheinlichkeit, Grundregeln)

1. Wie groß ist die Wahrscheinlichkeit, mit einem idealen Würfel
   a. keine 6 zu würfeln?
   b. eine gerade Zahl oder eine Primzahl zu würfeln?
   c. eine ungerade Zahl oder eine Primzahl zu würfeln?

2. Wie groß ist die Wahrscheinlichkeit, beim zweimaligen Werfen eines Würfels mindestens eine 6 zu werfen?

3. Wie groß ist die Wahrscheinlichkeit, beim dreimaligen Werfen eines Würfels nicht drei gleiche Zahlen zu würfeln?

4. Aus einem Skatspiel (32 Karten) werde eine Karte gezogen.
   Wie groß ist die Wahrscheinlichkeit, ein Ass oder ein Karo zu ziehen?

5. Aus zwei Skatspielen werde je eine Karte gezogen.
   Wie groß ist die Wahrscheinlichkeit, mindestens eine Herzdame zu ziehen?

6. Aus einem Skatspiel werde eine Karte gezogen.
   a. Wie groß ist die Wahrscheinlichkeit, einen Buben oder kein Karo zu ziehen?
   b. Wie groß ist die Wahrscheinlichkeit, einen Buben und kein Karo zu ziehen?

7. Aus einem Skatspiel werden nacheinander zwei Karten (ohne Zurücklegen) gezogen.
   Wie groß ist die Wahrscheinlichkeit, beim zweiten Zug ein Ass zu ziehen, wenn bereits beim ersten Zug ein Ass gezogen wurde?

8. In einer Schachtel liegen 10 Chips, davon sind drei defekt. Es werden zwei Chips ohne Zurücklegen entnommen.
   a. Wie groß ist die Wahrscheinlichkeit, dass der zweite Chip defekt ist, wenn bereits der erste defekt war?
   b. Wie groß ist die Wahrscheinlichkeit, dass sowohl der erste als auch der zweite defekt sind?

9. Bei der Qualitätskontrolle weisen von 100 untersuchten Autoradios 20 Fehler auf. 10 Radios haben den Fehler A und 15 den Fehler B. Wie groß ist die Wahrscheinlichkeit dafür, dass ein Radio, das den Fehler A hat, auch den Fehler B hat?

3.4 Multiplikationssatz

Aus der Definition der bedingten Wahrscheinlichkeit ergibt sich durch Umformung der

Multiplikationssatz

Sind A und B zwei beliebige Ereignisse eines Zufallsexperiments, so beträgt die Wahrscheinlichkeit des gleichzeitigen Eintretens von A und B

$$P(A \cap B) = P(A) \cdot P(B/A) = P(B) \cdot P(A/B)$$

Beweis:

Die Definition der bedingten Wahrscheinlichkeit von B unter der Bedingung A lautet

$$P(B/A) = \frac{P(A \cap B)}{P(A)} \quad | \cdot P(A)$$

Nach Multiplikation mit $P(A)$ folgt

$$P(A \cap B) = P(A) \cdot P(B/A)$$

Analog lautet die Definition der bedingten Wahrscheinlichkeit von A unter der Bedingung B

$$P(A/B) = \frac{P(A \cap B)}{P(B)} \quad | \cdot P(B)$$

Nach Multiplikation mit $P(B)$ folgt

$$P(A \cap B) = P(B) \cdot P(A/B)$$

Der Multiplikationssatz ermöglicht die Berechnung der Wahrscheinlichkeit des Durchschnitts $P(A \cap B)$ mit Hilfe der bedingten Wahrscheinlichkeit. Er wird dann angewandt, wenn die Berechnung der bedingten Wahrscheinlichkeiten $P(A/B)$ bzw. $P(B/A)$ einfacher ist als die direkte Berechnung von $P(A \cap B)$.

Der Satz kann verallgemeinert werden für mehr als zwei Ereignisse:

Multiplikationssatz für mehr als zwei Ereignisse

Sind A_1, A_2 und A_3 beliebige Ereignisse eines Zufallsexperiments, so gilt

$$P(A_1 \cap A_2 \cap A_3) = P(A_1) \cdot P(A_2/A_1) \cdot P(A_3/A_1 \cap A_2)$$

3.4 Multiplikationssatz

Beweis ($n = 3$):

Die bedingte Wahrscheinlichkeit von A_3 unter der Bedingung $(A_1 \cap A_2)$ beträgt definitionsgemäß

$$P(A_3 / A_1 \cap A_2) = \frac{P(A_3 \cap (A_1 \cap A_2))}{P(A_1 \cap A_2)} = \frac{P(A_1 \cap A_2 \cap A_3)}{P(A_1 \cap A_2)}$$

Die Gleichung wird nach dem Zähler der rechten Seite aufgelöst und dann auf $P(A_1 \cap A_2)$ der Multiplikationssatz für zwei Ereignisse angewandt:

$$P(A_1 \cap A_2 \cap A_3) = P(A_1 \cap A_2) \cdot P(A_3 / A_1 \cap A_2)$$
$$= \overbrace{P(A_1) \cdot P(A_2 / A_1)} \cdot P(A_3 / A_1 \cap A_2)$$

BEISPIELE

1. Aus einer Urne mit 3 weißen und einer schwarzen Kugel werden ohne Zurücklegen nacheinander zwei (drei) Kugeln gezogen.

    a. Wie groß ist die Wahrscheinlichkeit zwei weiße Kugel zu ziehen?

    Sei

    A das Ereignis "Weiße Kugel beim 1. Zug"

    B das Ereignis "Weiße Kugel beim 2. Zug"

    Beim 1. Versuch enthält die Urne 4 Kugeln, davon 3 weiße, also beträgt die Wahrscheinlichkeit, beim ersten Zug eine weiße Kugel zu ziehen

    $$P(A) = \frac{3}{4}$$

    Nachdem beim 1. Zug eine weiße Kugel gezogen wurde, enthält die Urne beim 2. Zug noch 3 Kugeln, davon 2 weiße. Die Wahrscheinlichkeit, nun eine weiße Kugel zu ziehen, beträgt

    $$P(B / A) = \frac{2}{3}$$

    Für die Wahrscheinlichkeit des Durchschnitts ergibt sich

    $$P(A \cap B) = P(A) \cdot P(B / A) = \frac{3}{4} \cdot \frac{2}{3} = \frac{1}{2}$$

    Das folgt auch aus dem Tableau auf Seite 38.

b. Wie groß ist die Wahrscheinlichkeit beim 1. Zug eine weiße Kugel und beim 2. Zug eine schwarze Kugel zu ziehen?

Sei

$\quad A \quad$ das Ereignis "Weiße Kugel beim 1. Zug"

$\quad B \quad$ das Ereignis "Schwarze Kugel beim 2. Zug"

Dann ist

$$P(A) = \frac{3}{4}$$

$$P(B/A) = \frac{1}{3}$$

und die Wahrscheinlichkeit des Durchschnitts

$$P(A \cap B) = P(A) \cdot P(B/A) = \frac{3}{4} \cdot \frac{1}{3} = \frac{1}{4}$$

c. Wie groß ist die Wahrscheinlichkeit, nacheinander 3 weiße Kugel zu ziehen?

Sei

$\quad A_1 \quad$ das Ereignis "Weiße Kugel beim 1. Zug"

$\quad A_2 \quad$ das Ereignis "Weiße Kugel beim 2. Zug"

$\quad A_3 \quad$ das Ereignis "Weiße Kugel beim 3. Zug"

Dann ist

$$P(A_1) = \frac{3}{4}$$

$$P(A_2/A_1) = \frac{2}{3}$$

Die Wahrscheinlichkeit beim 3. Zug eine weiße Kugel zu ziehen, nachdem bereits die 1. und die 2. Kugel weiß waren beträgt

$$P(A_3/A_1 \cap A_2) = \frac{1}{2}$$

Die Wahrscheinlichkeit des Durchschnitts ergibt sich als Produkt dieser Wahrscheinlichkeiten

$$P(A_1 \cap A_2 \cap A_3) = P(A_1) \cdot P(A_2/A_1) \cdot P(A_3/A_1 \cap A_2) = \frac{3}{4} \cdot \frac{2}{3} \cdot \frac{1}{2} = \frac{1}{4}$$

2. Aus einem Skatspiel werden ohne Zurücklegen 2 Karten gezogen.

   a. Wie groß ist die Wahrscheinlichkeit 2 Buben zu ziehen?

   $$P(A) = \frac{4}{32} = \frac{1}{8}$$

   $$P(B/A) = \frac{3}{31}$$

   $$P(A \cap B) = \frac{4}{32} \cdot \frac{3}{31} = \frac{12}{992} = 0{,}0121$$

   b. Wie groß ist die Wahrscheinlichkeit 2 Herz zu ziehen?

   $$P(A) = \frac{8}{32} = \frac{1}{4}$$

   $$P(B/A) = \frac{7}{31}$$

   $$P(A \cap B) = \frac{8}{32} \cdot \frac{7}{31} = \frac{56}{992} = 0{,}056$$

3. Ein Vertrieb für Werbeartikel bezieht vom Hersteller Kugelschreiber in Packungen à 100 Stück. Bei der Abnahmekontrolle werden jeweils 5 Kugelschreiber (ohne Zurücklegen) entnommen. Eine Packung wird akzeptiert, wenn alle überprüften Kugelschreiber fehlerlos sind.

   Wie groß ist die Wahrscheinlichkeit, dass die Packung angenommen wird, obwohl sie 20% Ausschuss enthält?

   Zu berechnen ist die Wahrscheinlichkeit, nacheinander 5 fehlerfreie Kugelschreiber zu ziehen. Beim 1. Zug enthält die Packung 100 Kugelschreiber, darunter 80 fehlerfreie. Die Wahrscheinlichkeit einen fehlerfreien Kugelschreiber zu ziehen ist also 80/100. Beim 2. Zug enthält die Packung nur noch 99 Kugelschreiber, darunter 79 fehlerfreie. Die Wahrscheinlichkeit beim 2. Zug einen fehlerfreien Kugelschreiber zu ziehen ist also 79/99 usw.

   Beim 5. Zug enthält die Packung nur noch 96 Kugelschreiber, darunter 76 fehlerfreie. Die Wahrscheinlichkeit beim 5. Zug einen fehlerfreien Kugelschreiber zu ziehen, nachdem die ersten 4 bereits fehlerfrei waren, beträgt 76/96.

   Die Wahrscheinlichkeit nacheinander 5 fehlerfreie Kugelschreiber zu ziehen beträgt also

   $$P(A_1 \cap A_2 \cap A_3 \cap A_4 \cap A_5) = \frac{80}{100} \cdot \frac{79}{99} \cdot \frac{78}{98} \cdot \frac{77}{97} \cdot \frac{76}{96} = 0{,}319$$

3.5 Stochastische Unabhängigkeit

Schließlich müssen wir dem Fall Rechnung tragen, dass Ereignisse völlig unabhängig voneinander eintreten. Wir definieren daher:

Stochastische Unabhängigkeit[1]

Zwei Ereignisse A und B eines Zufallsexperiments heißen (stochastisch) unabhängig, wenn für die Wahrscheinlichkeit des Durchschnitts gilt

$$P(A \cap B) = P(A) \cdot P(B)$$

Wir bezeichnen also zwei Ereignisse A und B dann als stochastisch unabhängig, wenn die Wahrscheinlichkeit, dass sie gleichzeitig eintreten, gleich dem Produkt der Einzelwahrscheinlichkeiten ist. Mit dem Multiplikationssatz folgt:

Folgerung

Zwei Ereignisse A und B eines Zufallsexperiments sind genau dann (stochastisch) unabhängig, wenn die bedingte Wahrscheinlichkeit gleich der unbedingten Wahrscheinlichkeit ist:

$$P(B/A) = P(B)$$
$$P(A/B) = P(A)$$

Beweis:

Nach dem Multiplikationssatz gilt

$$P(A \cap B) = P(A) \cdot P(B/A)$$

Wenn A und B stochastisch unabhängig sind, können wir auf der linken Seite $P(A \cap B)$ durch das Produkt $P(A) \cdot P(B)$ ersetzen

$$P(A) \cdot P(B) = P(A) \cdot P(B/A) \qquad | : P(A) \neq 0$$

Nach Division durch $P(A)$ folgt die Gleichheit der bedingten und der unbedingten Wahrscheinlichkeit

$$P(B) = P(B/A)$$

Die Unabhängigkeit der Ereignisse A und B bedeutet, dass die Wahrscheinlichkeit des Ereignisses A unabhängig davon ist, ob zuvor das Ereignis B eingetreten ist und dass die Wahrscheinlichkeit von B unabhängig davon ist, ob zuvor A eingetreten ist.

---

[1] Eingeführt 1711 von Abraham de Moivre, franz. Mathematiker 1667–1754

3.5 Stochastische Unabhängigkeit

Worin besteht nun der Unterschied zwischen **disjunkten** und **unabhängigen** Ereignissen?

Disjunkte Ereignisse schließen sich gegenseitig aus

$$A \cap B = \emptyset \quad \Rightarrow \quad P(A \cap B) = 0$$

Die Unverträglichkeit der Ereignisse A und B bedeutet, dass sie nicht gleichzeitig auftreten können. Die Wahrscheinlichkeit des gleichzeitigen Eintretens $P(A \cap B)$ ist daher null.

Diese Eigenschaft der Ereignisse A und B ist völlig unabhängig von ihren Wahrscheinlichkeiten $P(A)$ und $P(B)$.

Die stochastische Unabhängigkeit ist dagegen eine Aussage über die Wahrscheinlichkeiten.

$$P(A) = P(A/B)$$
$$P(B) = P(B/A)$$

Disjunkte Ereignisse sind "in höchstem Maße" abhängig. Wenn das eine Ereignis eintritt, **kann** das andere **nicht mehr** eintreten.

$$P(A) \neq P(A/B) = 0$$
$$P(B) \neq P(B/A) = 0$$

BEISPIELE

1. Eine Münze werde zweimal nacheinander geworfen. Wie groß ist die Wahrscheinlichkeit, zweimal "Kopf" zu werfen?

    Sei

    A: das Ereignis "Kopf beim 1. Wurf"

    B: das Ereignis "Kopf beim 2. Wurf"

    Es handelt sich um unabhängige Ereignisse; das Ergebnis des 1. Wurfes hat keinen Einfluss auf das Ergebnis des 2. Wurfes. Die Wahrscheinlichkeit, dass beim zweiten Wurf das Ereignis "Kopf" eintritt, ist völlig unabhängig davon, ob bereits beim ersten Wurf das Ereignis "Kopf" eingetreten ist.

    $$P(B/A) = P(B) = \frac{1}{2}$$

    Und folglich beträgt die Wahrscheinlichkeit, zweimal "Kopf" zu werfen:

    $$P(A \cap B) = P(A) \cdot P(B) = \frac{1}{2} \cdot \frac{1}{2} = \frac{1}{4}$$

2. Aus einem Skatspiel werden zwei Karten **mit** Zurücklegen gezogen. Wie groß ist die Wahrscheinlichkeit zwei Asse zu ziehen?

$$P(A \cap B) = \frac{4}{32} \cdot \frac{4}{32} = \frac{1}{8} \cdot \frac{1}{8} = \frac{1}{64}$$

3. Ein Würfel werde zweimal geworfen. Wie groß ist die Wahrscheinlichkeit dafür, zweimal eine gerade Zahl zu würfeln?

$$P(A \cap B) = \frac{3}{6} \cdot \frac{3}{6} = \frac{1}{2} \cdot \frac{1}{2} = \frac{1}{4}$$

Der Begriff der stochastischen Unabhängigkeit lässt sich für mehr als zwei Ereignisse verallgemeinern:

Multiplikationssatz für n unabhängige Ereignisse

Seien $A_1, A_2, \ldots, A_n$ n unabhängige Ereignisse eines Zufallsexperiments, dann gilt

$$P(A_1 \cap A_2 \cap \ldots \cap A_n) = P(A_1) \cdot P(A_2) \cdot \ldots \cdot P(A_n)$$

Die Wahrscheinlichkeit des gleichzeitigen Eintretens der n stochastisch unabhängigen Ereignisse $A_1, A_2, \ldots, A_n$ ist gleich dem Produkt der Einzelwahrscheinlichkeiten.

Beweis ($n = 3$):

Der Satz wird durch wiederholte Anwendung des Multiplikationssatzes für zwei stochastisch unabhängige Ereignisse bewiesen. Dabei fassen wir zunächst $A_2 \cap A_3$ als ein Ereignis auf

$$P(A_1 \cap (A_2 \cap A_3)) = P(A_1) \cdot P(A_2 \cap A_3)$$
$$= P(A_1) \cdot P(A_2) \cdot P(A_3)$$

Wird bei einem Zufallsexperiment eine Serie stochastisch unabhängiger Versuche durchgeführt, dann sprechen wir von einem Bernoulli-Experiment.

Wir definieren daher

Bernoulli-Experiment

Ein Experiment, bei dem

- ein Zufallsexperiment n-mal wiederholt wird und
- die einzelnen Versuche unabhängig voneinander sind

wird als Bernoulli-Experiment bezeichnet.

BEISPIELE

1. Eine Münze werde dreimal geworfen. Wie groß ist die Wahrscheinlichkeit dreimal "Zahl" zu werfen?

   Sei
   - A das Ereignis "Zahl beim 1. Wurf"
   - B das Ereignis "Zahl beim 2. Wurf"
   - C das Ereignis "Zahl beim 3. Wurf"

   Es ist
   $$P(A) = \frac{1}{2}$$
   $$P(B) = \frac{1}{2}$$
   $$P(C) = \frac{1}{2}$$

   also
   $$P(A \cap B \cap C) = P(A) \cdot P(B) \cdot P(C) = \frac{1}{2} \cdot \frac{1}{2} \cdot \frac{1}{2} = \frac{1}{8}$$

2. Aus einer Urne mit 8 weißen und 2 schwarzen Kugeln werden nacheinander 4 Kugeln **mit Zurücklegen** gezogen.

   Wie groß ist die Wahrscheinlichkeit zuerst zwei weiße und dann zwei schwarze Kugeln zu ziehen?

   $$P(wwss) = \frac{4}{5} \cdot \frac{4}{5} \cdot \frac{1}{5} \cdot \frac{1}{5} = \frac{16}{625} = 0{,}0256$$

3. In einer Telefonzentrale seien drei Telefonistinnen tätig.

   Die Wahrscheinlichkeit zu erkranken, sei für jede Telefonistin 0,2 (20%). Wie groß ist die Wahrscheinlichkeit, dass alle drei Telefonistinnen gleichzeitig wegen Krankheit ausfallen?

   $$P(A \cap B \cap C) = 0{,}2 \cdot 0{,}2 \cdot 0{,}2 = 0{,}008$$

   Im Jahre 2007 fehlte eine Arbeitskraft im Durchschnitt an 22 von 220 Arbeitstagen wegen Krankheit. Die Wahrscheinlichkeit zu erkranken betrug also 22/220 = 0,1, war also nur noch halb so groß.

   Die Wahrscheinlichkeit, dass alle drei Telefonistinnen gleichzeitig wegen Krankheit ausfallen, sinkt dann mit der 3. Potenz von 1/2 auf $1/2^3 = 1/8$ der ursprünglichen Wahrscheinlichkeit

   $$P(A \cap B \cap C) = 0{,}1 \cdot 0{,}1 \cdot 0{,}1 = 0{,}001$$

3.6 Satz der totalen Wahrscheinlichkeit

Der Satz von der totalen Wahrscheinlichkeit bietet die Möglichkeit, die Wahrscheinlichkeit eines Ereignisses indirekt mit Hilfe der bedingten Wahrscheinlichkeit von Teilereignissen zu berechnen. Er ist hilfreich, wenn sich die Wahrscheinlichkeit eines Ereignisses nicht direkt berechnen läßt.

Totale Wahrscheinlichkeit

Seien $A_1, A_2, \ldots, A_n$ disjunkte Ereignisse eines Zufallsexperiments mit der Eigenschaft, dass sie die Ergebnismenge vollständig ausfüllen, also

$$A_i \cap A_j = \emptyset \qquad i,j = 1, \ldots, n \; ; \; i \neq j$$
$$A_1 \cup A_2 \cup \ldots \cup A_n = M$$

dann gilt für jedes beliebige Ereignis B des Zufallsexperiments

$$\begin{aligned}P(B) &= P(B \cap A_1) + P(B \cap A_2) + \ldots + P(B \cap A_n) \\ &= P(A_1) \cdot P(B/A_1) + P(A_2) \cdot P(B/A_2) + \ldots + P(A_n) \cdot P(B/A_n) \\ &= \sum_{i=1}^{n} P(A_i) \cdot P(B/A_i)\end{aligned}$$

Beweis:

Wenn die Ereignisse $A_1, A_2, \ldots, A_n$ eine vollständige Partition der Ergebnismenge M sind, dann gilt immer

$$B = (B \cap A_1) \cup (B \cap A_2) \cup \ldots \cup (B \cap A_n)$$

Mit dem Additionssatz für die disjunkten Ereignisse $(B \cap A_i)$ folgt

$$P(B) = P(B \cap A_1) + P(B \cap A_2) + \ldots + P(B \cap A_n)$$

und mit dem Multiplikationssatz

$$P(B) = P(A_1) \cdot P(B/A_1) + P(A_2) \cdot P(B/A_2) + \ldots + P(A_n) \cdot P(B/A_n)$$

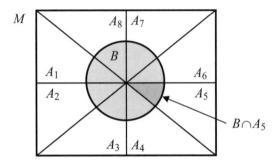

BEISPIELE

1. Aus einem Skatspiel werde eine Karte gezogen.

   Das Skatspiel besteht aus den 4 Farben Kreuz, Pik, Herz und Karo zu je 8 Karten. Wir unterscheiden daher die folgenden 4 disjunkten Ereignisse:

   A_1 das Ereignis ein Kreuz zu ziehen
   A_2 das Ereignis ein Pik zu ziehen
   A_3 das Ereignis ein Herz zu ziehen
   A_4 das Ereignis ein Karo zu ziehen

   Da es keine anderen als diese 4 Farben gibt, stellen die Ereignisse A_1, A_2, A_3 und A_4 eine vollständige Zerlegung der Ergebnismenge dar:

   $$A_1 \cup A_2 \cup A_3 \cup A_4 = M$$

   Wir wollen nun die Wahrscheinlichkeit berechnen, einen Buben zu ziehen. Wir bezeichnen mit

   B das Ereignis einen Buben zu ziehen

   Da jede Farbe einen Buben enthält, beträgt die bedingte Wahrscheinlichkeit, aus einer bestimmten Farbe einen Buben zu ziehen 1/8. Mit dem Satz von der totalen Wahrscheinlichkeit erhalten wir dann:

   $$P(B) = P(A_1) \cdot P(B/A_1) + \ldots + P(A_4) \cdot P(B/A_4)$$
   $$= \frac{1}{4} \cdot \frac{1}{8} + \frac{1}{4} \cdot \frac{1}{8} + \frac{1}{4} \cdot \frac{1}{8} + \frac{1}{4} \cdot \frac{1}{8} = \frac{1}{8}$$

   Natürlich kann in diesem Beispiel die Wahrscheinlichkeit des Ereignisses B auch direkt berechnet werden. Unter den 32 Karten sind 4 Buben. Die Wahrscheinlichkeit, einen Buben zu ziehen, beträgt daher:

   $$P(B) = \frac{4}{32} = \frac{1}{8}$$

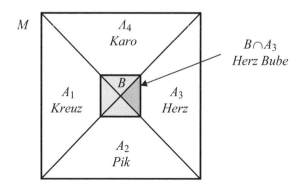

2. In einer Fabrik werden täglich 1000 Einheiten eines Produkts auf 3 Maschinen erzeugt, davon mit der

Maschine 1:	500 Einheiten;	Ausschuss 1%
Maschine 2:	300 Einheiten;	Ausschuss 3%
Maschine 3:	200 Einheiten;	Ausschuss 5%

Seien A_1, A_2 und A_3 die Ereignisse, dass eine beliebige Produkteinheit auf der Maschine 1, 2 oder 3 hergestellt wird und sei

B das Ereignis "defekte Einheit"

a. Wie groß ist die Wahrscheinlichkeit, dass eine zufällig aus der Tagesproduktion entnommene Einheit defekt ist?

Die Wahrscheinlichkeit $P(A_i)$, dass eine zufällig aus der Tagesproduktion entnommene Einheit auf der Maschine $i = 1, 2, 3$ hergestellt wurde, ist gleich der Produktionsquote dieser Maschine. Die bedingte Wahrscheinlichkeit $P(B/A_i)$, dass eine auf der Maschine $i = 1, 2, 3$ hergestellte Einheit fehlerhaft ist, ist gleich der gegebenen Ausschussquote der Maschine:

$$P(A_1) = \frac{500}{1000} = 0{,}5 \qquad P(B/A_1) = 0{,}01$$

$$P(A_2) = \frac{300}{1000} = 0{,}3 \qquad P(B/A_2) = 0{,}03$$

$$P(A_3) = \frac{200}{1000} = 0{,}2 \qquad P(B/A_3) = 0{,}05$$

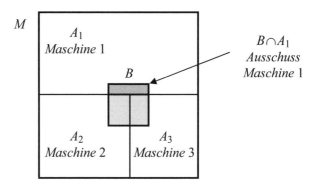

Mit dem Satz von der totalen Wahrscheinlichkeit erhalten wir:

$$P(B) = P(A_1) \cdot P(B/A_1) + P(A_2) \cdot P(B/A_2) + P(A_3) \cdot P(B/A_3)$$
$$= 0{,}5 \cdot 0{,}01 + 0{,}3 \cdot 0{,}03 + 0{,}2 \cdot 0{,}05 = 0{,}005 + 0{,}009 + 0{,}01$$
$$= 0{,}024$$

3.6 Satz der totalen Wahrscheinlichkeit

b. Wie groß ist die Wahrscheinlichkeit, dass eine defekte Einheit auf der Maschine 1 hergestellt wurde?

$$P(A_1/B) = \frac{P(A_1 \cap B)}{P(B)} = \frac{P(A_1) \cdot P(B/A_1)}{P(B)}$$

$$= \frac{0,5 \cdot 0,01}{0,024} = \frac{0,005}{0,024} = 0,208\overline{3}$$

Die Zusammenhänge lassen sich auch durch einen **Ereignisbaum** oder Wahrscheinlichkeitsbaum darstellen.

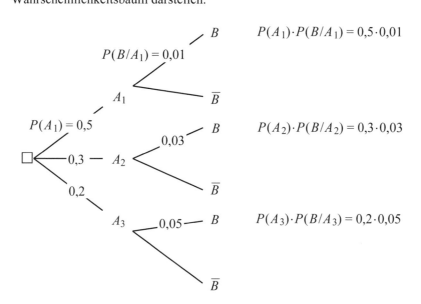

Wir haben es mit einem zweistufigen Zufallsprozess zu tun, dessen Abläufe durch die Pfade des Baumdiagramms abgebildet werden.

Die erste Verzweigung führt zu den drei Elementarereignissen A_1, A_2 und A_3, deren Wahrscheinlichkeiten den Produktionsquoten entsprechen.

Auf der 2. Stufe verzweigen sich die Pfade für jedes Elementarereignis, also jede Maschine, in die disjunkten Ereignisse "defekt" B und "nicht defekt" $\overline{B}$. Die Wahrscheinlichkeiten entsprechen den Ausschussquoten der Maschinen und ihren Komplementen.

An jeder Verzweigung ist die Summe der Wahrscheinlichkeiten der Zweige gleich eins.

Am Ende eines jeden Pfades lässt sich die Pfadwahrscheinlichkeit nach dem Multiplikationssatz ablesen.

3. Die Wahrscheinlichkeit, das Studium erfolgreich abzuschließen, betrage für einen zufällig ausgewählten Studienanfänger 0,7.

Die Wahrscheinlichkeit für ein Anfangsgehalt über 3.000 € sei mit Abschluss 0,8 und ohne Abschluss 0,1.

a. Wie groß ist die Wahrscheinlichkeit für einen zufällig ausgewählten Studienanfänger, nach dem Studium ein Anfangsgehalt über 3.000 € zu bekommen?

Sei

A: das Ereignis "Studienabschluss"
$\overline{A}$: das Ereignis "kein Studienabschluss"
B: das Ereignis "Anfangsgehalt über 3.000 €"

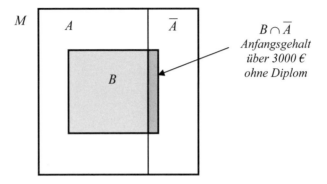

$B \cap \overline{A}$
Anfangsgehalt über 3000 € ohne Diplom

Die gegebenen Wahrscheinlichkeiten betragen

$P(A) = 0{,}7 \qquad P(B/A) = 0{,}8$
$P(\overline{A}) = 0{,}3 \qquad P(B/\overline{A}) = 0{,}1$

Mit dem Satz von der totalen Wahrscheinlichkeit ergibt sich

$$P(B) = P(A) \cdot P(B/A) + P(\overline{A}) \cdot P(B/\overline{A})$$
$$= 0{,}7 \cdot 0{,}8 + 0{,}3 \cdot 0{,}1$$
$$= 0{,}56 + 0{,}03 = 0{,}59$$

b. Wie groß ist die Wahrscheinlichkeit, dass ein Absolvent mit einem Anfangsgehalt über 3.000 € einen Abschluss hat?

$$P(A/B) = \frac{P(A \cap B)}{P(B)} = \frac{P(A) \cdot P(B/A)}{P(B)}$$
$$= \frac{0{,}7 \cdot 0{,}8}{0{,}59} = \frac{0{,}56}{0{,}59} = 0{,}949 \approx 95\%$$

3.7 Bayes'sches Theorem

Das Theorem von Bayes[2] ist eine einfache Folgerung aus dem Satz der totalen Wahrscheinlichkeit.

Es dient insbesondere dazu, mit Hilfe der bei einem Zufallsexperiment gemachten Erfahrungen (Ergebnisse) die Wahrscheinlichkeiten von Hypothesen (über die zugrundeliegenden Ursachen) zu berechnen.

> **Bayes'sches Theorem** (Bayes'sche Regel)
>
> Seien $A_1, A_2, \ldots, A_n$ disjunkte Ereignisse eines Zufallsexperiments, die den Ereignisraum vollständig ausfüllen (vollständige Zerlegung) und B ein beliebiges Ereignis des Zufallsexperiments, dann gilt:
>
> $$P(A_i/B) = \frac{P(A_i) \cdot P(B/A_i)}{\sum_{j=1}^{n} P(A_j) \cdot P(B/A_j)}$$

Beweis:

Nach dem Multiplikationssatz gilt

$$P(A_i \cap B) = P(B) \cdot P(A_i/B)$$

und

$$P(A_i \cap B) = P(A_i) \cdot P(B/A_i)$$

Gleichsetzen und Division durch $P(B)$ ergibt:

$$P(B) \cdot P(A_i/B) = P(A_i) \cdot P(B/A_i)$$
$$P(A_i/B) = \frac{P(A_i) \cdot P(B/A_i)}{P(B)}$$

Mit dem Satz von der totalen Wahrscheinlichkeit, der uns erlaubt im Nenner $P(B)$ zu ersetzen, folgt das Theorem von Bayes:

$$P(A_i/B) = \frac{P(A_i) \cdot P(B/A_i)}{\sum_{j=1}^{n} P(A_j) \cdot P(B/A_j)}$$

---

[2] Thomas Bayes, 1702–1761, englischer Geistlicher und Mathematiker

BEISPIEL

1. Im Beispiel 2 in Abschnitt 3.6 haben wir mit Hilfe des Satzes von der totalen Wahrscheinlichkeit die Wahrscheinlichkeit berechnet, dass eine zufällig aus der Tagesproduktion entnommene Einheit fehlerhaft ist.

   Nun nehmen wir umgekehrt an, die zufällig aus der Tagesproduktion entnommene Einheit sei fehlerhaft und fragen nach der Wahrscheinlichkeit dafür, dass diese fehlerhafte Einheit auf einer bestimmten Maschine (z.B. der Maschine 1) erzeugt wurde.

$$P(A_1/B) = \frac{P(A_1) \cdot P(B/A_1)}{\sum_{j=1}^{n} P(A_j) \cdot P(B/A_j)}$$

$$= \frac{0{,}5 \cdot 0{,}01}{0{,}5 \cdot 0{,}01 + 0{,}3 \cdot 0{,}03 + 0{,}2 \cdot 0{,}05}$$

$$= \frac{0{,}005}{0{,}024} = 0{,}208$$

   Analog ergibt sich die Wahrscheinlichkeit, dass eine fehlerhafte Einheit auf der Maschine 2 erzeugt wurde

$$P(A_2/B) = \frac{P(A_2) \cdot P(B/A_2)}{\sum_{j=1}^{n} P(A_j) \cdot P(B/A_j)} = \frac{0{,}3 \cdot 0{,}03}{0{,}024} = 0{,}375$$

   und die Wahrscheinlichkeit, dass eine fehlerhafte Einheit auf der Maschine 3 erzeugt wurde

$$P(A_3/B) = \frac{P(A_3) \cdot P(B/A_3)}{\sum_{j=1}^{n} P(A_j) \cdot P(B/A_j)} = \frac{0{,}2 \cdot 0{,}05}{0{,}024} = 0{,}41\overline{6}$$

   Wir können die Ereignisse A_i als **Ursachen** und das Ereignis B als **Wirkung** auffassen. Die Bayes'sche Formel erlaubt uns dann, die Wahrscheinlichkeit dafür zu berechnen, dass der beobachteten Wirkung (fehlerhafte Einheit) eine bestimmte Ursache A_i (auf der Maschine i produziert worden zu sein) zugrunde liegt.

   Wir können die Ereignisse A_1, A_2 und A_3 auch als Hypothesen darüber auffassen, auf welcher Maschine das defekte Stück produziert worden ist.

   Die Wahrscheinlichkeiten $P(A_i)$ sind dann die vor der ersten Ziehung (a priori) vermuteten Wahrscheinlichkeiten für die Richtigkeit dieser Hypothese.

3.7 Bayes'sches Theorem

Nun wird eine Einheit entnommen und festgestellt, dass sie defekt ist (B). Diese zusätzliche, durch das Experiment gewonnene Erfahrung wird dann zur Revision der A-priori-Wahrscheinlichkeitsverteilung der Hypothesen A_1, A_2 und A_3 verwendet.

Ereignis	prior $P(A_i)$	$P(B/A_i)$	$P(A_i \cap B)$	posterior $P(A_i/B)$
A_1	0,5	0,01	0,005	$\frac{0,005}{0,024} = 0,208$
A_2	0,3	0,03	0,009	$\frac{0,009}{0,024} = 0,375$
A_3	0,2	0,05	0,01	$\frac{0,001}{0,024} = 0,41\overline{6}$
Σ	1,0		0,024	1,0

Die so gewonnenen A-posteriori-Wahrscheinlichkeiten sind die Wahrscheinlichkeiten der Hypothesen A_i unter der Annahme, dass die gezogene Einheit defekt ist.

Die Hypothese A_3, dass die defekte Einheit von der 3. Maschine stammt, hat nun die größte A-posteriori-Wahrscheinlichkeit

$$P(A_3/B) = 0,41\overline{6}$$

und wird gewählt. Als Ursache für den Defekt wird die 3. Maschine angenommen.

Das Bayes'sche Theorem liefert also ein **Kriterium für die Auswahl von Hypothesen**.

2. Es seien zwei Urnen gegeben. Urne I enthalte 10 rote Kugeln, Urne II 5 rote und 5 weiße Kugeln.

	I	II
rot	10	5
weiß		5

Es wird eine Kugel gezogen und festgestellt, dass sie rot ist. Aus welcher Urne wurde sie gezogen?

Wir unterscheiden die Ereignisse:

A_1 das Ereignis "aus Urne 1 gezogen"

A_2 das Ereignis "aus Urne 2 gezogen"

Die Prior-Wahrscheinlichkeiten werden in diesem Beispiel mit 1/2 angenommen:

$$P(A_i) = \frac{1}{n} = \frac{1}{2} \qquad i = 1, 2 = n$$

Es wird angenommen, dass die Wahrscheinlichkeiten dafür, dass die Kugel aus der 1. oder 2. Urne entnommen wird, gleich groß sind. Diese Wahrscheinlichkeiten können Ausdruck einer Vermutung sein (subjektive Wahrscheinlichkeit) oder von Erfahrung (objektive Wahrscheinlichkeit). Nach dem Satz vom unzureichenden Grund ist die Annahme der Gleichwahrscheinlichkeit der Ereignisse gerechtfertigt, solange wir keinen Anlass haben, an der Hypothese A_1 mehr als an der Hypothese A_2 zu zweifeln.

Ereignis	prior $P(A_i)$	$P(B/A_i)$	$P(A_i \cap B)$	posterior $P(A_i/B)$
U I (A_1)	0,5	1,0	0,5	$\frac{0,5}{0,75} = \frac{2}{3}$
U II (A_2)	0,5	0,5	0,25	$\frac{0,25}{0,75} = \frac{1}{3}$
Σ	1,0		0,75	1,0

Die Posterior-Wahrscheinlichkeiten, die der Satz von Bayes liefert, finden sich wieder in der letzten Spalte. Die Hypothese A_1, dass die gezogene rote Kugel aus der 1. Urne stammt, hat die größere Wahrscheinlichkeit:

$$P(A_1/B) = \frac{2}{3}$$

Dagegen beträgt die Wahrscheinlichkeit, dass die gezogene rote Kugel aus der 2. Urne stammt, nur

$$P(A_2/B) = \frac{1}{3}$$

Die Hypothese A_1 wird daher angenommen.

ÜBUNG 3.2 (Multiplikationssatz, totale Wahrscheinlichkeit)

1. In einer Urne seien vier weiße und acht rote Kugeln. Nacheinander werden zufällig ohne Zurücklegen zwei Kugeln gezogen. Wie groß ist die Wahrscheinlichkeit

   a. zwei weiße Kugeln zu ziehen?

   b. beim ersten Zug eine weiße und beim zweiten Zug eine rote Kugel zu ziehen?

   c. wenigstens eine weiße Kugel zu ziehen?

2. Aus der Urne in Aufgabe 1 werden drei Kugeln ohne Zurücklegen gezogen. Wie groß ist die Wahrscheinlichkeit

   a. drei weiße Kugeln zu ziehen?

   b. zuerst zwei rote und dann eine weiße Kugel zu ziehen?

   c. wenigstens eine rote Kugel zu ziehen?

3. In einer Packung seien 30 Sicherungen, davon seien sechs defekt.

   Wie groß ist die Wahrscheinlichkeit dafür, dass bei zufälliger Entnahme von drei Sicherungen (ohne Zurücklegen)

   a. alle drei defekt sind?

   b. alle drei ganz sind?

   c. wenigstens eine defekt ist?

4. Ein Artikel werde in Packungen à 60 Einheiten geliefert. Bei der Qualitätskontrolle werden 5 Einheiten zufällig und ohne Zurücklegen entnommen. Eine Packung werde zurückgewiesen, wenn mindestens eine der überprüften Einheiten fehlerhaft ist. Wie groß ist die Wahrscheinlichkeit dafür, dass eine Packung angenommen wird, obwohl sie 10% Ausschuss enthält?

5. Wie groß ist die Wahrscheinlichkeit, bei zweimaligem Ziehen mit Zurücklegen aus einem Skatspiel zwei Buben zu ziehen?

6. Ein Würfel werde dreimal geworfen. Wie groß ist die Wahrscheinlichkeit dafür

   a. dreimal die 6 zu würfeln?

   b. nacheinander eine 1, eine 2 und eine 3 zu würfeln?

7. Zeigen Sie, dass die Ereignisse in 5. und 6. stochastisch unabhängig sind!

8. Aus einer Urne mit drei roten und sieben weißen Kugeln werden mit Zurücklegen drei Kugeln gezogen. Wie groß ist die Wahrscheinlichkeit

   a. zuerst eine weiße und dann zwei rote Kugeln zu ziehen?

   b. keine rote Kugel zu ziehen?

   c. drei rote Kugeln zu ziehen?

9. Ein elektrisches System bestehe aus drei Bauteilen A, B, C. Die Wahrscheinlichkeit dafür, dass ein Bauteil unabhängig von den anderen a4usfällt, betrage 10%, 1%, 2%.

   Wie groß ist die Wahrscheinlichkeit dafür, dass

   a) alle drei Fehler gleichzeitig auftreten?

   b) das System einwandfrei arbeitet?

10. Angenommen der Anteil der Studenten mit Berufsausbildung betrage 30%. Die Durchfallquote bei der Diplomprüfung betrage 5% für Studenten mit und 20% für Studenten ohne Berufsausbildung.

    Wie groß ist die Durchfallwahrscheinlichkeit für einen zufällig ausgewählten Studenten?

11. Auf dem Produktionsband I werden täglich 700 und auf dem Produktionsband II 300 DVD-Player gefertigt. Die Ausschussquote betrage auf dem Produktionsband I 5% und auf dem Produktionsband II 10%.

    a) Wie groß ist die Wahrscheinlichkeit dafür, dass ein zufällig aus der Tagesproduktion entnommenes Gerät fehlerfrei ist?

    b) Wie groß ist die Wahrscheinlichkeit dafür, dass ein fehlerhaftes Gerät auf dem Produktionsband II gefertigt wurde?

12. Monty-Hall-Dilemma[3]

    Nehmen Sie an, Sie sind in einer Gameshow und können zwischen drei Toren wählen. Hinter einem Tor ist ein Auto, hinter den anderen Ziegen, also Nieten. Sie wählen ein Tor, z.B. Nummer eins, und der Moderator, der weiß, was hinter den Toren ist, öffnet ein anderes Tor z.B. Nummer drei, das eine Ziege enthält. Er fragt Sie: "Möchten Sie nun Tor Nummer zwei öffnen?" Ist es für Sie ein Vorteil, Ihre Entscheidung für Nummer eins zu revidieren?

    a) Wie groß ist die Wahrscheinlichkeit dafür, dass Sie gewinnen, wenn Sie an Ihrer ursprünglichen Entscheidung festhalten?

    b) Wie groß ist die Wahrscheinlichkeit, wenn Sie Ihre Entscheidung revidieren?

---

[3] Siehe Marilyn vos Savant: Brainpower, Hamburg 2000, S. 28 ff

4 Kombinatorik

Wir wollen uns nun mit einigen formalen Hilfsmitteln der mathematischen Statistik befassen, die wir im Folgenden immer wieder benötigen werden. Dazu gehören die Permutationen, Kombinationen, Fakultäten und Binomialkoeffizienten.

Bei der Berechnung von Wahrscheinlichkeiten stehen wir immer vor der Aufgabe, die Anzahl der möglichen Ergebnisse eines Zufallsexperiments zu berechnen. Die Kombinatorik bietet uns mathematische Hilfsmittel, die die Berechnung vereinfachen. Dabei geht es darum, die Frage zu beantworten, wie viele Anordnungsmöglichkeiten es für eine gegebene Anzahl von Dingen oder Elementen gibt. Werden **alle** gegebenen Elemente angeordnet, sprechen wir von **Permutationen**, wird nur **eine Auswahl** angeordnet, so sprechen wir von **Kombinationen**.

4.1 Permutationen[1]

Wir beginnen mit dem Fall, dass n verschiedene Dinge angeordnet werden:

> **Permutationen mit n verschiedenen Elementen**
>
> Gegeben sei eine Menge n **verschiedener** Elemente. Jede Anordnung, die dadurch entsteht, dass **alle** n Elemente in irgendeiner Weise aneinandergereiht werden, heißt Permutation der n Elemente.

BEISPIEL

> Es seien die Buchstaben a, b, c gegeben. Wir überlegen nun, wie viele verschiedene Anordnungen dieser drei Buchstaben möglich sind? Zuerst ordnen wir die Buchstaben alphabethisch an. Jede weitere Anordnung erhalten wir, indem wir jeweils zwei Buchstaben vertauschen. Insgesamt ergeben sich 6 Permutationen der drei Buchstaben:
>
> | | | |
> |---|---|---|
> | $a\,b\,c$ | $b\,a\,c$ | $c\,a\,b$ |
> | $a\,c\,b$ | $b\,c\,a$ | $c\,b\,a$ |

Für die Berechnung gilt allgemein der Satz:

> **Anzahl der Permutationen**
>
> Die Anzahl der Permutationen von n verschiedenen Elementen beträgt
>
> $$n! := 1 \cdot 2 \cdot 3 \cdot \ldots \cdot n \qquad \text{(gesprochen: "}n\text{ Fakultät")}$$

Das Ausrufungszeichen ist das Symbol für die **Fakultät**. Die Fakultät der natürlichen Zahl n bedeutet das Produkt der natürlichen Zahlen von 1 bis n.

---

[1] lat. permutatio = Tausch, Wechsel

Beweis:

Es gibt n Möglichkeiten, den 1. Platz in der Anordnung zu besetzen. Es bleiben dann noch $n-1$ Elemente übrig, mit denen der 2. Platz besetzt werden kann. Für die Besetzung des 3. Platzes gibt es dann noch $n-2$ Möglichkeiten usw. Schließlich bleibt für die Besetzung des letzten Platzes nur noch ein Element übrig.

BEISPIELE

1. Wie groß ist die Zahl der Permutationen der Buchstaben des Wortes WISO?

   $n! = 4! = 24$

2. An einer Klausur nehmen 10 Studenten teil. Wie groß ist die Wahrscheinlichkeit dafür, dass die Klausuren in alphabetischer Reihenfolge abgegeben werden?

   Es gibt

   $n! = 10! = 3.628.800$

   gleichmögliche Anordnungen der 10 Klausuren, die sich gegenseitig ausschließen. Die Wahrscheinlichkeit für eine bestimmte Anordnung beträgt

   $$P = \frac{1}{3.628.800} = 0{,}000000276 \approx 0{,}0000003$$

Sind die n Elemente nicht alle verschieden, dann gilt:

Permutationen von n nicht verschiedenen Elementen

Gegeben seien n Elemente, die nicht alle verschieden sind, sondern aus c Klassen untereinander gleicher Elemente bestehen.

Die 1. Klasse enthalte n_1, die 2. Klasse n_2 usw. und die c-te Klasse n_c Elemente ($n_1 + n_2 + \ldots + n_c = n$). Dann beträgt die Anzahl der Permutationen dieser n Elemente

$$\boxed{\frac{n!}{n_1! n_2! \ldots n_c!}} \quad ; \, n_1 + n_2 + \ldots + n_c = n$$

Beweis:

Wenn die Elemente alle verschieden sind, gibt es $n!$ Permutationen. Die n_1 Elemente der 1. Klasse sind nun aber alle gleich; an die Stelle der $n_1!$ Permutationen dieser n_1 Elemente tritt daher eine einzige. All die Permutationen, die aus der Vertauschung dieser n_1 Elemente untereinander ohne Änderung der Anordnung der übrigen Elemente entstehen, fallen in eine einzige zusammen. Übrig bleiben noch $n!/n_1!$ Permutationen.

Ebenso fallen durch die Gleichheit der n_2 Elemente der 2. Klasse die $n_2!$ Permutationen, die auf der Vertauschung der n_2 Elemente untereinander beruhen, in eine einzige zusammen. Damit bleiben nur noch $n!/(n_1!\,n_2!)$ Permutationen übrig usw.

BEISPIELE

1. Wie groß ist die Zahl der Permutationen der Buchstaben des Wortes STATISTIK?

   Es handelt sich um 9 Buchstaben, die in 5 Klassen von untereinander gleichen Buchstaben zerfallen

   A II K SS TTT

   Die Zahl der Permutationen beträgt

   $$\frac{n!}{n_1!\,n_2!\,n_3!\,n_4!\,n_5!} = \frac{9!}{1!\,2!\,1!\,2!\,3!} = \frac{362.880}{24} = 15.120$$

   Die Wahrscheinlichkeit aus einer Urne mit den Buchstaben des Wortes STATISTIK zufällig (ohne Zurücklegen) die Buchstaben in dieser Reihenfolge zu ziehen, wäre

   $$P = \frac{1}{15.120}$$

   Das folgt auch aus dem Multiplikationssatz

   $$P = \frac{2}{9} \cdot \frac{3}{8} \cdot \frac{1}{7} \cdot \frac{2}{6} \cdot \frac{2}{5} \cdot \frac{1}{4} \cdot \frac{1}{3} \cdot \frac{1}{2} \cdot \frac{1}{1} = \frac{24}{9!} = \frac{1}{15.120}$$

   mit

   $$P(A_1 \cap A_2 \cap \ldots \cap A_9) = P(A_1) P(A_2 / A_1) P(A_3 / A_2 \cap A_1) \ldots$$

   Dabei bedeutet:

   A_1 : S beim 1. Zug
   A_2 : T beim 2. Zug
   A_3 : A beim 3. Zug
   $\vdots$
   A_9 : K beim 9. Zug

2. Wie viele Permutationen der vier Buchstaben a, b, c, c gibt es?

Durch die Vertauschung der vier Buchstaben ergeben sich die folgenden Anordnungen. Nicht aufgeführt sind die Anordnungen, die dadurch entstehen, dass die beiden gleichen Buchstaben c untereinander vertauscht werden.

$$\begin{array}{cccc} abcc & bacc & cabc & cbac \\ acbc & bcac & cacb & cbca \\ accb & bcca & ccab & ccba \end{array}$$

Die Zahl der Permutationen beträgt 12, wie auch die Berechnung zeigt:

$$\frac{n!}{n_1! n_2! n_3!} = \frac{4!}{1! 1! 2!} = \frac{24}{2} = 12$$

Es gelten folgende **Regeln für die Fakultät:**

1. Definition

   $$0! := 1$$

   Es wird festgelegt, dass die Fakultät von 0 den Wert 1 hat.

2. Rekursionsformel

   $$(n + 1)! = (n + 1) \, n!$$

   Die Fakultät von $n+1$ ergibt sich aus der Fakultät von n durch Multiplikation mit $n+1$. Die Fakultät jeder natürlichen Zahl lässt sich rekursiv aus der Fakultät der vorangehenden natürlichen Zahl berechnen.

3. Näherungsformel von Stirling[2]

   $$n! \approx \sqrt{2\pi n} \cdot n^n \cdot e^{-n} = \sqrt{2\pi n} \cdot \left(\frac{n}{e}\right)^n$$

   Die Stirling-Formel vereinfacht die Berechnung großer Fakultäten und erleichtert den algebraischen Umgang mit Fakultäten.

4.2 Kombinationen ohne Wiederholung

Von den Permutationen, bei denen stets alle n Elemente in die Anordnung einbezogen werden, zu unterscheiden sind die Kombinationen. Bei einer Kombination wird stets nur eine Auswahl der n Elemente in die Anordnung einbezogen. Wir sprechen daher auch von Auswahlproblemen im Unterschied zu den Anordnungsproblemen bei der Permutation.

---

[2] James Stirling 1692–1770, engl. Mathematiker. Die Formel geht auf Abraham de Moivre zurück.

Kombination k-ter Ordnung

Gegeben seien n verschiedene Elemente; werden nun k ($\leq n$) Elemente ausgewählt und in irgendeiner Reihenfolge angeordnet, dann bezeichnen wir die Anordnung als Kombination k-ter Ordnung der gegebenen n Elemente.

Kombination mit/ohne Berücksichtigung der Anordnung

Werden zwei Kombinationen, die dieselben k Elemente in verschiedener Reihenfolge enthalten, als verschieden aufgefasst, so spricht man von Kombinationen mit Berücksichtigung der Anordnung oder **Variationen**, andernfalls von Kombinationen ohne Berücksichtigung der Anordnung.

BEISPIEL

Gegeben seien die drei Buchstaben a, b, c. Wir bilden die Kombinationen 2. Ordnung dieser drei Buchstaben, indem wir jeweils zwei Buchstaben auswählen und auf alle möglichen Weisen anordnen:

$a\,b$ $\quad\quad$ $a\,c$ $\quad\quad$ $b\,c$
$b\,a$ $\quad\quad$ $c\,a$ $\quad\quad$ $c\,b$

Mit Berücksichtigung der Anordnung erhalten wir also 6 Kombinationen.

Ohne Berücksichtigung der Anordnung gelten jeweils die beiden untereinander stehenden Kombinationen als gleich, da sie dieselben Buchstaben in verschiedener Reihenfolge enthalten. Es bleiben dann nur 3 Kombinationen übrig.

Schließlich müssen wir unterscheiden, ob die Elemente wiederholt ausgewählt werden können oder nicht. Wir beschränken uns zunächst auf die Fälle, in denen die Wiederholung ausgeschlossen ist und daher alle Elemente verschieden sind. Wir sprechen dann von **Kombinationen ohne Wiederholung**.

Wir betrachten zunächst die Kombinationen mit Berücksichtigung der Anordnung. Für die Berechnung der Anzahl gilt folgende Regel:

Kombinationen ohne Wiederholung mit Berücksichtigung der Anordnung

Seien n verschiedene Elemente gegeben. Die Anzahl der Kombinationen k-ter Ordnung **mit Berücksichtigung der Anordnung** beträgt

$$n(n-1)(n-2)\ldots(n-k+1) = \frac{n!}{(n-k)!}$$

Beweis:

Es gibt n Möglichkeiten den 1. Platz der Kombination zu besetzen; dann sind noch $n-1$ Elemente übrig, den 2. Platz zu besetzen usw.

Für den letzten, das ist der k-te Platz, stehen noch $n-(k-1)=n-k+1$ Elemente zur Verfügung.

Die Formel erhält man nach Erweiterung mit $(n-k)!$ mit Hilfe der Rekursionsformel für die Fakultät:

$$\frac{n(n-1)\ldots(n-k+1)\cdot(n-k)!}{(n-k)!} = \frac{n!}{(n-k)!}$$

BEISPIELE

1. Wie viele Möglichkeiten gibt es, aus den Ziffern 0 bis 9 dreistellige Zahlen zu bilden, wenn sich die Ziffern nicht wiederholen dürfen?

$$\frac{n!}{(n-k)!} = \frac{10!}{(10-3)!} = \frac{10!}{7!} = \frac{3.628.800}{5.040} = 720$$

2. Beim Pferdetoto müssen die drei erstplatzierten Pferde in der richtigen Reihenfolge vorhergesagt werden. Es seien 20 Pferde am Start; wie viele Platzierungslisten gibt es?

$$\frac{n!}{(n-k)!} = \frac{20!}{(20-3)!} = \frac{20!}{17!} = 6.840$$

3. Aus einem Skatspiel werden nacheinander 5 Karten gezogen (ohne Zurücklegen). Wie groß ist die Wahrscheinlichkeit, Kreuz 10, Bube, Dame, König, Ass in dieser Reihenfolge zu ziehen?

$$P = \frac{1}{\frac{n!}{(n-k)!}} = \frac{1}{\frac{32!}{(32-5)!}} = \frac{1}{\frac{2,6313\cdot 10^{35}}{1,08886945\cdot 10^{28}}} = \frac{1}{24.165.120}$$

Mit dem Multiplikationssatz ergibt sich

$$P = \frac{1}{32}\cdot\frac{1}{31}\cdot\frac{1}{30}\cdot\frac{1}{29}\cdot\frac{1}{28} = \frac{1}{24.165.120}$$

Wir müssen nun zwischen den Fällen, in denen wir die Anordnung berücksichtigen und den Fällen, in denen die Anordnung unberücksichtigt bleiben soll, unterscheiden. Wenn es auf die Reihenfolge nicht ankommt und daher alle Anordnungen als gleich gelten, die dieselben Elemente in verschiedener Reihenfolge enthalten, dann handelt es sich um

Kombinationen ohne Wiederholung und ohne Berücksichtigung der Anordnung

Seien n verschiedene Elemente gegeben. Die Anzahl der Kombinationen k-ter Ordnung **ohne Berücksichtigung der Anordnung** beträgt

$$\binom{n}{k} = \frac{n!}{k!\,(n-k)!} = \frac{n(n-1)(n-2)\ldots(n-k+1)}{1\cdot 2\cdot 3\cdot\ldots\cdot k}$$

Das Symbol $\binom{n}{k}$ heißt **Binomialkoeffizient** (gesprochen: "n über k").

Beweis:

All die Kombinationen, die dieselben k Elemente in unterschiedlicher Reihenfolge enthalten, fallen nun in eine zusammen. Daher wird durch die Zahl der Permutationen $k!$ dieser k Elemente dividiert.

BEISPIELE

1. Wie viele Möglichkeiten gibt es, 6 Zahlen aus der Menge der Zahlen 1 bis 49 zu ziehen?

   $$\binom{n}{k} = \binom{49}{6} = \frac{49!}{6!\,43!} = 13.983.816$$

2. Wie viele Möglichkeiten gibt es, 10 Karten aus einem Skatspiel zu geben?

   $$\binom{n}{k} = \binom{32}{10} = \frac{32!}{10!\,22!} = 64.512.240$$

3. Sie haben 5 verschiedene Münzen im Portemonnaie. Wie viele verschiedene Geldbeträge können Sie bilden?

   $$\binom{n}{1} + \binom{n}{2} + \ldots + \binom{n}{n} = 2^n - 1$$
   $$\binom{5}{1} + \binom{5}{2} + \binom{5}{3} + \binom{5}{4} + \binom{5}{5} = 5 + 10 + 10 + 5 + 1 = 31$$

Dabei gilt

$$(a+b)^n = \sum_{k=0}^{n} \binom{n}{k} a^{n-k} b^k = 2^n \qquad \text{für } a = b = 1$$

$$(1+1)^n = \sum_{k=0}^{n} \binom{n}{k} 1^{n-k} 1^k = \sum_{k=0}^{n} \binom{n}{k} = \sum_{k=1}^{n} \binom{n}{k} + 1$$

4. Wie viele Möglichkeiten gibt es, aus 8 Personen einen Ausschuss mit 3 Mitgliedern zu bilden?

$$\binom{n}{k} = \binom{8}{3} = \frac{8!}{3!5!} = 56$$

5. Wie groß ist die Wahrscheinlichkeit, 2 Buben im Skat zu finden?

$$|M| = \binom{32}{2} = 496$$
$$|A| = \binom{4}{2} = 6$$
$$\Rightarrow P(A) = \frac{|A|}{|M|} = \frac{\binom{4}{2}}{\binom{32}{2}} = \frac{6}{496} = 0{,}012$$

Mit dem Multiplikationssatz ergibt sich:

$$P(A) = \frac{4}{32} \cdot \frac{3}{31} = \frac{12}{992}$$

6. Wie groß ist die Wahrscheinlichkeit, beim Zahlenlotto (6 aus 49) 4 Richtige zu haben?

$$P = \frac{\binom{6}{4} \cdot \binom{43}{2}}{\binom{49}{6}} = \frac{15 \cdot 903}{13.983.816} = \frac{13.545}{13.983.816} = 0{,}00097$$

4.3 Kombinationen mit Wiederholung

Bei den bisher betrachteten Kombinationen ohne Wiederholung (Ziehen ohne Zurücklegen!) konnte jedes Element höchstens einmal auftreten.

Bei den **Kombinationen mit Wiederholung** kann jedes Element mehrmals auftreten (das entspricht dem Ziehen mit Zurücklegen!).

BEISPIEL

Gegeben seien die 3 Buchstaben a, b, c. Wir können dann die folgenden 9 Kombinationen 2. Ordnung mit Wiederholung bilden:

$a\,b$	$a\,c$	$b\,c$
$b\,a$	$c\,a$	$c\,b$
$a\,a$	**$b\,b$**	**$c\,c$**

Zu den Kombinationen ohne Wiederholung hinzugekommen sind die drei Kombinationen aa, bb, cc, die dadurch entstehen, dass zweimal derselbe Buchstabe genommen wird.

4.3 Kombinationen mit Wiederholung

Mit Berücksichtigung der Anordnung sind das $3^2 = 9$ und ohne Berücksichtigung der Anordnung 6 Kombinationen.

Wir betrachten wieder zuerst die Kombinationen mit Berücksichtigung der Anordnung. Für die Berechnung der Anzahl gilt folgende Regel:

Kombinationen mit Wiederholung und mit Berücksichtigung der Anordnung

Die Anzahl der Kombinationen k-ter Ordnung von n verschiedenen unbeschränkt wiederholbaren Elementen **mit Berücksichtigung** der Anordnung beträgt

$$n^k = \underbrace{n \cdot n \cdot n \cdot \ldots \cdot n}_{k-\text{mal}}$$

Beweis:

Bei der Besetzung des 1. Platzes gibt es n Möglichkeiten.

Bei der Besetzung des 2. Platzes gibt es n Möglichkeiten.

⋮

Bei der Besetzung des k-ten Platzes gibt es n Möglichkeiten.

BEISPIELE

1. Wie viele dreistellige Zahlen können aus den Ziffern 0 bis 9 gebildet werden?

   $n^k = 10^3 = 1.000$

2. Wie viele Tippreihen gibt es bei der 11er Wette des Fußballtotos?

   $n^k = 3^{11} = 177.147$

3. Wie viele Kfz-Kennzeichen können vergeben werden, wenn jedes aus 5 Symbolen besteht, von denen die ersten beiden Buchstaben, die letzten drei Ziffern sind?

   $26^2 \cdot 10^3 = 676 \cdot 1000 = 676.000$

   Wenn die Ziffernfolge 000 nicht vergeben wird, sind es:

   $26^2 \cdot (10^3 - 1) = 676 \cdot 999 = 675.324$

   Analog ergibt sich mit vier Ziffern:

   $26^2 \cdot 10^4 = 676 \cdot 10.000 = 6.760.000$
   $26^2 \cdot (10^4 - 1) = 676 \cdot 9.999 = 6.759.324$

Wenn die Reihenfolge der Elemente in der Anordnung wieder beliebig ist, dann sprechen wir von

Kombinationen mit Wiederholung und ohne Berücksichtigung der Anordnung

Gegeben seien n verschiedene unbeschränkt oft wiederholbare Elemente. Die Anzahl der Kombinationen k-ter Ordnung **ohne Berücksichtigung** der Anordnung beträgt

$$\binom{n+k-1}{k} = \frac{(n+k-1)(n+k-2)\ldots(n+1)n}{1 \cdot 2 \cdot \ldots \cdot k}$$

Beweis:

Der Beweis wird durch vollständige Induktion geführt und findet sich im Anhang zu diesem Kapitel.

BEISPIELE

1. Ein Händler führt 10 Sorten Schokolade. Für ein Angebot stellt er Dreierpackungen zusammen. Wie viele Kombinationsmöglichkeiten gibt es?

$$\binom{n+k-1}{k} = \binom{10+3-1}{3} = \binom{12}{3} = 220$$

2. Ein Gastgeber hat 6 Sorten Wein im Keller. Für seine Gäste will er drei Flaschen bereitstellen. Wie viele Möglichkeiten gibt es?

$$\binom{n+k-1}{k} = \binom{6+3-1}{3} = \binom{8}{3} = 56$$

3. Für ein Amt gibt es 5 Kandidaten. Jeder Wahlberechtigte hat 3 Stimmen. Kumulation der Stimmen ist möglich. Wie viele Möglichkeiten der Stimmabgabe gibt es?

$$\binom{n+k-1}{k} = \binom{5+3-1}{3} = \binom{7}{3} = 35$$

Wie viele Möglichkeiten gibt es, wenn die Stimmenthaltung zulässig ist?

Die Möglichkeit der Stimmenthaltung bedeutet eine zusätzliche Option. Sie ist zu behandeln wie ein weiterer Kandidat. Daher gibt es nun nicht mehr 5 sondern 6 Wahlmöglichkeiten:

$$\binom{n+k-1}{k} = \binom{6+3-1}{3} = \binom{8}{3} = 56$$

4.4 Eigenschaften des Binomialkoeffizienten[3]

Die Binomialkoeffizienten werden so bezeichnet, weil sie als Koeffizienten in der binomischen Reihenentwicklung (I. Newton) auftreten:

$$(a+b)^n = \sum_{k=0}^{n} \binom{n}{k} a^{n-k} b^k = \binom{n}{0} a^{n-0} b^0 + \binom{n}{1} a^{n-1} b^1 + \ldots + \binom{n}{n} a^0 b^n$$

Im einfachsten Fall für $n = 2$ ergibt sich daraus die 1. Binomische Formel:

$$(a+b)^2 = \sum_{k=0}^{2} \binom{2}{k} a^{2-k} b^k = \binom{2}{0} a^{2-0} b^0 + \binom{2}{1} a^{2-1} b^1 + \binom{2}{2} a^0 b^2$$
$$= a^2 + 2ab + b^2$$

Für den Binomialkoeffizienten

$$\binom{n}{k} = \frac{n(n-1)(n-2)\ldots(n-k+1)}{1 \cdot 2 \cdot \ldots \cdot k} = \frac{n!}{k!(n-k)!} \qquad 0 < k \leq n$$

gelten folgende **Rechenregeln:**

1. $\binom{n}{0} := 1 \qquad$ für $n \geq 0 \qquad \Rightarrow \qquad \binom{0}{0} := 1$

2. $\binom{n}{k} := 0 \qquad$ für $k > n$

3. $\binom{n}{1} = n$

4. $\binom{n}{n} = 1$

5. $\binom{n}{k} = \binom{n}{n-k}$

6. $\binom{n}{k} + \binom{n}{k+1} = \binom{n+1}{k+1}$

   Beweis:

   Es gilt offenbar

   $$\binom{n+1}{k+1} = \frac{(n+1)!}{(k+1)!(n+1-k-1)!} = \frac{(n+1)!}{(k+1)!(n-k)!}$$

---
[3] Binom = Summe zweier Zahlen

Damit folgt

$$\binom{n}{k}+\binom{n}{k+1}=\frac{n!}{k!\,(n-k)!}+\frac{n!}{(k+1)!\,(n-k-1)!}$$

$$=\frac{n!(k+1)}{(k+1)!\,(n-k)!}+\frac{n!(n-k)}{(k+1)!\,(n-k)!}$$

$$=\frac{n!(k+1)+n!(n-k)}{(k+1)!\,(n-k)!}$$

$$=\frac{n!(k+1+n-k))}{(k+1)!\,(n-k)!}$$

$$=\frac{n!(n+1)}{(k+1)!\,(n-k)!}$$

$$=\frac{(n+1)!}{(k+1)!(n+1-k-1)!}=\binom{n+1}{k+1}$$

Mit Hilfe von Regel 6 kann der Binomialkoeffizient rekursiv errechnet werden.

Ein einfaches Berechnungsschema, das auf dieser Rekursionsformel beruht, ist das Pascalsche Dreieck.

Pascalsches Dreieck

```
                    1
                  1   1
                1   2   1
              1   3   3   1
            1   4   6   4   1
          1   5   10  10  5   1
        1   6   15  20  15  6   1
```

Dem Pascalschen Dreieck liegt folgendes Bildungsgesetz zugrunde:

- n steigt mit 0 beginnend von Zeile zu Zeile um 1
- k durchläuft in jeder Zeile die Werte von 0 bis n.

Folglich

- steht auf beiden Schenkeln des Dreiecks nur die 1.
- ergibt sich jeder innere Wert wegen der Rekursionsformel als Summe der schräg über ihm entstehenden Werte.

4.5 Urnenmodell

Das Urnenmodell ist eine Verallgemeinerung der **Kombination k-ter Ordnung ohne Wiederholung und ohne Berücksichtigung der Anordnung**.

Es gilt:

> **Urnenmodell**
>
> Eine Urne enthalte N Kugeln, davon W weiße und S schwarze ($W \geq 0$, $S \geq 0$, $W + S = N$).
>
> Es werden n Kugeln ($1 \leq n \leq N$) ohne Zurücklegen gezogen. Die Wahrscheinlichkeit dafür, dass unter den n Kugeln w weiße und s schwarze sind ($w \geq 0$, $s \geq 0$, $w + s = n$) beträgt:
>
> $$P(A) = \frac{\binom{W}{w}\binom{S}{s}}{\binom{N}{n}}$$

Beweis:

$|M| = \binom{N}{n}$ ist die Zahl der Möglichkeiten, aus N Kugeln n Kugeln zu ziehen.

$|A| = \binom{W}{w}\binom{S}{s}$ ist die Zahl der Fälle, in denen unter den n Kugeln genau w weiße und s schwarze sind.

Dabei bedeutet:

$\binom{W}{w}$ die Zahl der Möglichkeiten, aus W weißen Kugeln w zu ziehen und

$\binom{S}{s}$ die Zahl der Möglichkeiten, aus S schwarzen Kugeln s zu ziehen.

Mit der Definition der klassischen Wahrscheinlichkeit

$$P(A) = \frac{|A|}{|M|} = \frac{\binom{W}{w}\binom{S}{s}}{\binom{N}{n}}$$

folgt die Formel.

BEISPIELE

1. In einer Urne seien 4 weiße und 6 schwarze Kugeln. Drei Kugeln werden nacheinander ohne Zurücklegen gezogen.

   Wie groß ist die Wahrscheinlichkeit

   a. drei weiße Kugeln zu ziehen?

   $$P_3 = \frac{\binom{4}{3}\binom{6}{0}}{\binom{10}{3}} = \frac{4}{120} = \frac{1}{30} = 0,0\overline{3}$$

   b. zwei weiße und eine schwarze Kugel zu ziehen?

   $$P_2 = \frac{\binom{4}{2}\binom{6}{1}}{\binom{10}{3}} = \frac{6 \cdot 6}{120} = \frac{36}{120} = 0,3$$

   c. mindestens eine weiße Kugel zu ziehen (nicht 3 schwarze Kugeln)?

   Wir berechnen die Komplementärwahrscheinlichkeit, 3 schwarze Kugeln zu ziehen:

   $$\overline{P} = \frac{\binom{4}{0}\binom{6}{3}}{\binom{10}{3}} = \frac{20}{120} = \frac{1}{6} = 0,1\overline{6}$$

   Die Wahrscheinlichkeit, nicht drei schwarze Kugeln zu ziehen, also mindestens eine weiße Kugel zu ziehen, beträgt dann:

   $$P = 1 - \overline{P} = 1 - \frac{1}{6} = \frac{5}{6} = 0,8\overline{3}$$

   Die Wahrscheinlichkeit, mindestens eine weiße Kugel zu ziehen, kann auch berechnet werden als Summe der Wahrscheinlichkeiten eine, zwei oder drei weiße Kugeln zu ziehen. Dazu muß noch die Wahrscheinlichkeit, eine weiße Kugel zu ziehen, berechnet werden:

   $$P_1 = \frac{\binom{4}{1}\binom{6}{2}}{\binom{10}{3}} = \frac{4 \cdot 15}{120} = \frac{60}{120} = \frac{1}{2} = 0,5$$

   Dann ergibt sich

   $$P = P_1 + P_2 + P_3 = 0,5 + 0,3 + 0,0\overline{3} = 0,8\overline{3}$$

2. Eine Warenlieferung von 20 Einheiten enthalte 10 % Ausschuss. Bei der Qualitätskontrolle werden drei Einheiten überprüft.

   Wie groß ist die Wahrscheinlichkeit, dass alle drei fehlerfrei sind?

   Die Warenlieferung entspricht einer Urne mit 20 Kugeln. Die 10 % Ausschuss sind dann 2 schwarzen Kugeln. Die Wahrscheinlichkeit, dass alle drei gezogenen Kugeln weiß sind, beträgt:

   $$P(A) = \frac{\binom{2}{0}\binom{18}{3}}{\binom{20}{3}} = \frac{816}{1140} = 0{,}716$$

3. Wie groß ist die Wahrscheinlichkeit, beim Skat ein Blatt mit 4 Buben zu bekommen? Unter den 32 Karten eines Skatspiels sind 4 Buben. Daher beträgt die Wahrscheinlichkeit, alle 4 Buben zu bekommen:

   $$P(A) = \frac{\binom{4}{4}\binom{28}{6}}{\binom{32}{10}} = \frac{376.740}{64.512.240} = 0{,}00584$$

4.6 Zusammenfassung der Formeln

Permutationen (Anordnungsprobleme)

Anordnung	n verschiedene Elemente	c Klassen gleicher Elemente
Anzahl	$n!$	$\dfrac{n!}{n_1!\,n_2!\ldots n_c!}$

Kombinationen (Auswahlprobleme)

Wiederholung \ Anordnung	mit Berücksichtigung	ohne Berücksichtigung
ohne	$\dfrac{n!}{(n-k)!}$	$\binom{n}{k} = \dfrac{n!}{k!\,(n-k)!}$
mit	n^k	$\binom{n+k-1}{k}$

4.7 Anhang: Beweise

Satz

Die Anzahl der Kombinationen k-ter Ordnung von n verschiedenen unbeschränkt oft wiederholbaren Elementen ohne Berücksichtigung der Anordnung beträgt

$$\binom{n+k-1}{k} = \frac{(n+k-1)(n+k-2)\ldots(n+1)n}{1 \cdot 2 \cdot \ldots \cdot k}$$

Beweis:

Der Beweis erfolgt durch vollständige Induktion[4]

Induktionsanfang

Die Behauptung ist offenkundig richtig für $k=1$

$$\binom{n+1-1}{1} = \binom{n}{1} = n$$

Induktionsvoraussetzung

Wir nehmen nun an, die Behauptung sei für eine beliebige positive ganze Zahl k richtig

$$\binom{n+k-1}{k}$$

Induktionsschluß

Wir zeigen nun, dass diese Behauptung auch für $k+1$ gilt, d.h. dass die Anzahl der Kombinationen $(k+1)$-ter Ordnung

$$\binom{n+k+1-1}{k+1} = \binom{n+k}{k+1}$$

beträgt. Dann gilt die Behauptung für alle $n \in \mathbf{N}$!

Alle Kombinationen $(k+1)$-ter Ordnung, die mit dem gleichen Element beginnen, werden zu einer Klasse zusammengefaßt.

Die Anzahl der Kombinationen, die mit dem Element 1 beginnen, beträgt

---

[4] Blaise Pascal (1623–1662)

$$1 \cdot \binom{n+k-1}{k} = \binom{n+k-1}{k}$$

Auf das 1. Element folgen weitere k Plätze. An jeder Stelle können alle n Elemente stehen. Auf das 1. Element können also alle Kombinationen k-ter Ordnung aller n Elemente 1, 2, ... , n folgen.

Die Anzahl der Kombinationen, die mit dem Element 2 beginnen, beträgt

$$1 \cdot \binom{(n-1)+k-1}{k} = \binom{n+k-2}{k}$$

Auf das Anfangsglied 2 können jetzt nur noch die Kombinationen k-ter Ordnung der $n-1$ Elemente 2, 3, ... , n folgen. Denn die Kombinationen $(k+1)$-ter Ordnung, die auch das Element 1 enthalten, gehören bereits zur 1. Klasse.

Die Anzahl der Kombinationen $(k+1)$-ter Ordnung, die mit dem Element 3 beginnen, beträgt

$$1 \cdot \binom{(n-2)+k-1}{k} = \binom{n+k-3}{k}$$

Auf das Anfangsglied 3 können jetzt nur noch die Kombinationen k-ter Ordnung der restlichen $n-2$ Elemente 3, 4, ... , n folgen.

So werden nacheinander die weiteren Element 4, 5, ... etc. als Anfangsglied gewählt. Schließlich erhalten wir für das letzte Anfangsglied n

$$1 \cdot \binom{(n-(n-1))+k-1}{k} = \binom{n+k-n}{k} = \binom{k}{k} = 1$$

Alle Plätze sind jetzt mit demselben Element n besetzt.

Die Gesamtzahl der Kombinationen $(k+1)$-ter Ordnung ergibt sich dann als Summe der n Klassen und beträgt:

$$\binom{k}{k} + \binom{k+1}{k} + \binom{k+2}{k} + \ldots + \binom{n+k-1}{k} = \sum_{s=0}^{n-1} \binom{k+s}{k}$$

Es gilt nun die folgende Summenformel für den Binomialkoeffizienten

$$\sum_{s=0}^{n-1} \binom{k+s}{k} = \binom{n+k}{k+1} \qquad k \geq 0, \; n \geq 1$$

mit der die Behauptung folgt.

Satz

Es gilt die folgende Summenformel für den Binomialkoeffizienten:

$$\sum_{s=0}^{n-1} \binom{k+s}{k} = \binom{n+k}{k+1}$$

Beweis:

Induktionsanfang

Die Formel gilt für $n=1$:

$$\sum_{s=0}^{1-1} \binom{k+s}{k} = \binom{k+0}{k} = \binom{k}{k} = \binom{1+k}{k+1} = 1$$

Induktionsvoraussetzung

Die Formel gilt für ein beliebiges n:

$$\sum_{s=0}^{n-1} \binom{k+s}{k} = \binom{n+k}{k+1}$$

Induktionsschluss

Die Formel gilt dann auch für $n+1$:

$$\sum_{s=0}^{n} \binom{k+s}{k} = \sum_{s=0}^{n-1} \binom{k+s}{k} + \binom{k+n}{k}$$

$$= \binom{n+k}{k+1} + \binom{k+n}{k}$$

$$= \binom{n+k+1}{k+1}$$

$$= \binom{(n+1)+k}{k+1}$$

Hier wird die Rekursionsformel für Binomialkoeffizienten (Regel 6) verwendet

$$\binom{n}{k} + \binom{n}{k+1} = \binom{n+1}{k+1}$$

Beweis: Kapitel 4.4 Seite 71!

ÜBUNG 4 (Kombinatorik)

1. Wie viele Möglichkeiten gibt es, fünf verschiedenfarbige Perlen auf eine Schnur zu ziehen?

2. In einer Urne liegen 10 von 1 bis 10 nummerierte Kugeln. Wie groß ist die Wahrscheinlichkeit, die 10 Kugeln zufällig in dieser Reihenfolge zu ziehen?

3. Wie viele Möglichkeiten gibt es, sieben Bücher auf einem Bücherregal anzuordnen?

4. Bei einem Quiz bestehe die Aufgabe darin, sechs Bildern die sechs richtigen Titel zuzuordnen. Wie groß ist die Wahrscheinlichkeit, zufällig die Titel richtig zuzuordnen?

5. Wie groß ist die Zahl der Permutationen der Buchstaben des Wortes

    "MISSISSIPPI"?

6. In einer Urne liegen fünf weiße, zwei rote und drei blaue Kugeln.
   Wie viele verschiedene Anordnungen dieser 10 Kugeln gibt es,
   a. wenn die Reihenfolge beliebig ist?
   b. wenn die gleichfarbigen Kugeln immer nebeneinander angeordnet werden müssen?

7. Auf einem Regal sollen sechs verschiedene BWL-, vier verschiedene VWL- und zwei verschiedene Statistik-Bücher angeordnet werden.
   Wie viele Möglichkeiten gibt es, wenn
   a. die Anordnung beliebig ist?
   b. die Bücher aus jedem Fachgebiet zusammenstehen müssen?
   c. nur die VWL-Bücher zusammenstehen müssen?

8. Auf wie viele Arten können sich 10 Personen auf eine Bank setzen, die nur vier Sitzplätze hat?

9. An einem Wettkampf nehmen 10 Mannschaften teil. Wie viele Siegerlisten, d.h. Anordnungen der Plätze 1 bis 3, gibt es?

10. Wie groß ist die Wahrscheinlichkeit, die sechs Tabellenersten der Bundesliga in der richtigen Reihenfolge vorherzusagen?

11. Wie viele fünfstellige Zahlen können aus den Ziffern 1 bis 9 ohne Wiederholung gebildet werden, wenn
    a. jede Zahl zulässig ist?
    b. die Zahlen gerade sein sollen?
    c. wenn die ersten beiden Ziffern jeder Zahl ungerade sein sollen?

12. Wie groß ist die Wahrscheinlichkeit dafür, dass von 10 zufällig ausgewählten Personen mindestens zwei am gleichen Tag Geburtstag haben?

13. Wie groß war beim früheren Mittwochs-Lotto die Wahrscheinlichkeit, sechs Richtige zu haben (6 aus 36, zwei Ziehungen)?

14. Wie viele Möglichkeiten gibt es, fünf Karten aus einem Skatspiel zu geben?

15. Einem Fachbereich gehören sieben Betriebswirte und fünf Volkswirte an. Es soll ein Ausschuss aus drei Betriebswirten und zwei Volkswirten gebildet werden. Wie viele Möglichkeiten gibt es, wenn
    a. jeder gewählt werden kann?
    b. ein bestimmter Betriebswirt im Ausschuss sein muss?
    c. zwei bestimmte Volkswirte nicht im Ausschuss sein können?

16. Bei einer Klausur müssen von 10 Fragen fünf in beliebiger Reihenfolge beantwortet werden. Wie viele Auswahlmöglichkeiten gibt es?

17. Aus einem Skatspiel werden fünf Karten gezogen (gegeben). Wie groß ist die Wahrscheinlichkeit, dass darunter
    a. vier Asse sind?
    b. drei Zehnen und zwei Buben sind?
    c. 10, Bube, Dame, König, Ass in beliebiger Folge sind?
    d. wenigstens ein Ass ist?

18. In einer Urne seien acht rote, drei weiße und neun blaue Kugeln. Drei Kugeln werden zufällig gezogen (ohne Zurücklegen). Wie groß ist die Wahrscheinlichkeit
    a. zwei rote und eine weiße
    b. eine rote, eine blaue und eine weiße
    c. nur weiße Kugeln zu ziehen?

19. Wie groß ist die Wahrscheinlichkeit beim Zahlenlotto (6 aus 49)
    a. drei Richtige zu haben?
    b. fünf Richtige und die Zusatzzahl zu haben?

20. Eine Warenlieferung bestehe aus 20 Einheiten. Bei der Qualitätskontrolle werden drei Einheiten zufällig entnommen. Die Lieferung wird zurückgewiesen, wenn mehr als eine überprüfte Einheit fehlerhaft ist. Wie groß ist die Wahrscheinlichkeit, dass eine Lieferung mit 25% Ausschuss akzeptiert wird?

21. Ein Fahrrad sei mit einem dreistelligen Zahlenschloss gesichert. Wie groß ist die Wahrscheinlichkeit, dass ein Dieb das Schloss beim ersten Versuch öffnet?

22. Jemand versucht, mit einer gestohlenen Scheckkarte an einem Geldautomaten Geld abzuheben. Der Automat zieht die Scheckkarte nach drei falschen Eingaben der vierstelligen Pin-Nummer ein. Wie groß ist die Wahrscheinlichkeit, bei drei Versuchen die richtige Pin-Nummer zu finden?

23. Ein Autoradio ist durch einen fünfstelligen Zahlencode gegen Diebstahl gesichert. Nach der ersten falschen Eingabe des Codes muss bis zum nächsten Versuch 15 Minuten gewartet werden. Nach jeder Falscheingabe verdoppelt sich die Zeit. Wie groß ist die Wahrscheinlichkeit, innerhalb von 24 Stunden den richtigen Code zu finden?

5 Wahrscheinlichkeitsverteilungen

Bisher haben wir uns darauf konzentriert, die Wahrscheinlichkeit für einzelne Ereignisse eines Zufallsexperiments zu berechnen. Wir wollen nun der Frage nachgehen

- wie sich die **Wahrscheinlichkeiten** bei einem Zufallsexperiment **auf die verschiedenen Ereignisse verteilen** und
- wie sich der **Zusammenhang** zwischen den **Ereignissen** und den ihnen zugeordneten **Wahrscheinlichkeiten** formalisieren lässt.

Das führt uns zum Begriff der Wahrscheinlichkeitsverteilung.

5.1 Zufallsvariablen

Bei der mathematischen Analyse von Zufallsexperimenten hat es sich als zweckmäßig erwiesen, die **Ergebnisse** eines Zufallsexperiments **durch reelle Zahlen zu kennzeichnen**.

Bei vielen Zufallsexperimenten sind die Ergebnisse selbst Zahlenwerte. So ergeben sich z.B. beim Werfen eines Würfels die Augenzahlen 1, 2, . . . , 6. Wir ordnen also den sechs Seiten des Würfels (den Elementarereignissen) diese reellen Zahlen zu, indem wir die Augen auf den Seiten auszählen.

In den Fällen, in denen die Ergebnisse selbst keine Zahlenwerte sind, können den Ergebnissen Zahlenwerte zugeordnet werden. Beim Werfen einer Münze ergeben sich die Elementarereignisse *Zahl = Z* und *Kopf = K*. Betrachten wir das Ereignis "Anzahl Kopf", dann ordnen wir dem Ereignis "Zahl" die 0 zu und dem Ereignis "Kopf" die 1.

Die Zuordnungsvorschrift, durch die den Ergebnissen eines Zufallsexperiments reelle Zahlen zugeordnet werden, bezeichnen wir als Zufallsvariable und definieren:

> **Zufallsvariable, stochastische Variable**
>
> Eine Funktion X, die den Elementen der Ergebnismenge M eines Zufallsexperiments reelle Zahlen zuordnet, heißt Zufallsvariable
>
> $$x_i = X(e_i)$$

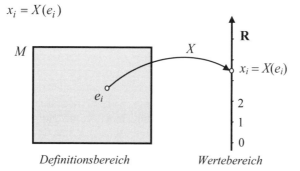

Definitionsbereich   *Wertebereich*

Durch die Zufallsvariable wird also die Ergebnismenge auf die reelle Zahlengerade abgebildet. Die Ergebnismenge M kann daher als Definitionsbereich und die Menge der zugewiesenen reellen Zahlen $x_i = X(e_i)$ als Wertebereich aufgefasst werden.

Da das Ergebnis eines Zufallsexperiments e_i vom Zufall abhängt, man also im Voraus nicht mit Sicherheit sagen kann, welches Ergebnis eintreten wird, gilt das auch für den Wert der Zufallsvariablen $x_i = X(e_i)$. Der Wert der Variablen X hängt also vom Zufall ab. Deshalb wird X als Zufallsvariable oder stochastische Variable bezeichnet.

Die einzelnen Werte, die die Zufallsvariable X annehmen kann, heißen **Realisationen** (Ausprägungen) der Zufallsvariablen und werden mit x bezeichnet.

Tritt bei einem Zufallsexperiment das Ereignis e_i ein, dem der Zahlenwert a der Zufallsvariablen X entspricht

$$X(e_i) = x_i = a$$

so sagen wir

- der Wert $X = a$ der Zufallsvariablen sei beobachtet oder realisiert worden oder kurz
- das Ereignis $X = a$ sei eingetreten.

BEISPIEL

Zufallsexperiment: Zweimaliges Werfen einer Münze

Zufallsvariable: Anzahl "Kopf"

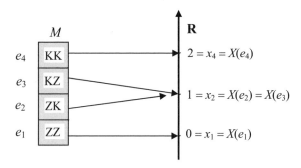

Bei diesem Zufallsexperiment treten 4 Elementarereignisse auf. Wir ordnen den Elementarereignissen als Wert der Zufallsvariablen die Anzahl "Kopf" zu. Dem Ereignis ZZ, bei dem "Kopf" gar nicht eintritt, ordnen wir die Zahl 0 zu, den Ereignissen ZK und KZ die Zahl 1 und dem Ereignis KK die Zahl 2.

Wir bezeichnen nun mit

$P(X=a)$ die Wahrscheinlichkeit des Ereignisses $X=a$
(X nimmt den Wert a an)

$P(a<X<b)$ die Wahrscheinlichkeit des Ereignisses $a<X<b$
(X nimmt einen Wert zwischen a und b an)

$P(X\le c)$ die Wahrscheinlichkeit des Ereignisses $X\le c$
(X nimmt höchstens den Wert c an)

$P(X>c)$ die Wahrscheinlichkeit des Ereignisses $X>c$
(X nimmt einen Wert an, der größer als c ist)

Es gilt die folgende wichtige Regel

Komplementärereignis

Die Wahrscheinlichkeit $P(X>c)$ des Komplementärereignisses des Ereignisses $X\le c$ hat den Wert

$$P(X>c) = 1 - P(X\le c)$$

Beweis:

Für die Wahrscheinlichkeit des Komplementärereignisses $\overline{A}$ gilt die Folgerung 1 aus den Axiomen (Kapitel 3.2)

$$P(\overline{A}) = 1 - P(A)$$

Das Ereignis, dass X Werte annimmt, die größer als c sind, ist das Komplementärereignis des Ereignisses, dass X Werte annimmt, die höchstens gleich c sind. Daher gilt auch

$$P(X>c) = 1 - P(X\le c)$$

BEISPIEL (Fortsetzung)

$$P(X=1) = \frac{2}{4} \quad ; \quad P(X\le 1) = \frac{3}{4} \quad ; \quad P(X>1) = \frac{1}{4}$$

$$P(0<X<2) = \frac{3}{4}$$

$$P(-\infty<X<\infty) = 1$$

$$P(X>1) = 1 - P(X\le 1) = 1 - \frac{3}{4} = \frac{1}{4}$$

5.2 Diskrete Verteilungen, Wahrscheinlichkeitsfunktion

Diskrete Zufallsvariable

Eine Zufallsvariable, die nur endlich viele oder abzählbar unendlich[1] viele Werte annehmen kann, heißt diskrete Zufallsvariable.

Der Wertebereich einer diskreten Zufallsvariablen ist endlich oder abzählbar unendlich.

Bei allen bisher betrachteten Beispielen von Zufallsexperimenten waren die Ergebnismengen endlich. Die über ihnen definierten Zufallsvariablen hatten daher auch nur endlich viele Ausprägungen (Realisationen), waren also diskret.

Diskrete Zufallsvariablen treten bei Zufallsexperimenten auf, bei denen **gezählt** werden kann (Augenzahl beim Werfen eines Würfels, Anzahl Kopf beim Werfen einer Münze, Anzahl Ausschussstücke in der Produktion etc.).

Wir interessieren uns nun

- nicht nur dafür, **welche** Werte eine Zufallsvariable annehmen kann,
- sondern auch für die **Wahrscheinlichkeiten**, mit denen eine Zufallsvariable ihre Werte annimmt.

Die Wahrscheinlichkeitsfunktion einer diskreten Zufallsvariablen gibt für jede Ausprägung der Zufallsvariablen (das Ereignis $X = x_i$) die Wahrscheinlichkeit ihres Eintretens an.

Wir definieren die

Wahrscheinlichkeitsfunktion (Massenfunktion)

Gegeben seien die Werte der diskreten Zufallsvariablen X

$$x_1, x_2, x_3, \ldots, x_n$$

und die zugehörigen Wahrscheinlichkeiten

$$p_1, p_2, p_3, \ldots, p_n \quad \text{mit } p_i = P(X = x_i)$$

Dann bezeichnen wir die Funktion

$$f(x) = \begin{cases} p_i & \text{für } x = x_i, \ i = 1, 2, 3, \ldots, n \\ 0 & \text{für alle anderen } x \end{cases}$$

als Wahrscheinlichkeitsfunktion der Zufallsvariablen X.

---

[1] Die Zahl der Werte ist zwar unendlich, doch lässt sich jedem Wert eine natürliche Zahl (durch Abzählen) zuordnen.

Da jedem Ergebnis des Zufallsexperiments eine Realisation der Zufallsvariablen entspricht, nimmt X stets (mit Sicherheit) einen Wert x_i an; folglich gilt

$$\sum_i f(x_i) = 1 \qquad \text{(siehe auch Folgerung 4)}$$

und

$$f(x_i) \geq 0$$

Die Summe der Wahrscheinlichkeiten aller Ausprägungen der Zufallsvariablen ist gleich eins und die Wahrscheinlichkeitsfunktion nimmt nur nichtnegative Werte an, da die Wahrscheinlichkeit nur positiv oder null sein kann (Axiom 1).

Mit Hilfe der Wahrscheinlichkeitsfunktion kann für jeden Wert der Zufallsvariablen X die Wahrscheinlichkeit berechnet werden. Wir unterscheiden Punktwahrscheinlichkeiten und Intervallwahrscheinlichkeiten:

Punktwahrscheinlichkeit

Die Wahrscheinlichkeit für einen einzelnen Wert der Zufallsvariablen $X = a$ wird als Punktwahrscheinlichkeit bezeichnet

$$P(X = a) = f(a)$$

Intervallwahrscheinlichkeit

Die Wahrscheinlichkeit dafür, dass die Zufallsvariable X Werte in einem beliebigen Intervall $a < x \leq b$ annimmt, wird als Intervallwahrscheinlichkeit bezeichnet

$$P(a < X \leq b) = \sum_{a < x_i \leq b} f(x_i) = \sum_{a < x_i \leq b} p_i$$

Die Intervallwahrscheinlichkeit ist gleich der Summe der Wahrscheinlichkeiten p_i der Werte x_i der Zufallsvariablen X im Intervall.

Durch die Wahrscheinlichkeitsfunktion $f(x)$ ist die Verteilung einer diskreten Zufallsvariablen X vollständig bestimmt. Die Verteilung einer diskreten Zufallsvariablen heißt **diskrete Wahrscheinlichkeitsverteilung**.

Diskrete Verteilung

Ist X eine diskrete Zufallsvariable mit dem Wertebereich W, so heißt die Menge der geordneten Zahlenpaare

$$(x_i, P(X = x_i)) \text{ mit } x_i \in W$$

die Wahrscheinlichkeitsverteilung der Zufallsvariablen X.

BEISPIELE

1. Zufallsexperiment: Zweimaliges Werfen einer Münze
   Zufallsvariable X: Anzahl "Kopf"

e	$P(e)$	$X=x$	$f(x)$	$F(x)$
$e_1=ZZ$	1/4	$x_1=0$	1/4	1/4
$e_2=ZK$	1/4	$x_2=1$	1/2	3/4
$e_3=KZ$	1/4			
$e_4=KK$	1/4	$x_3=2$	1/4	1

Die Werte der Zufallsvariablen beruhen auf der Darstellung auf Seite 82.

Die Wahrscheinlichkeiten ergeben sich nach dem klassischen Wahrscheinlichkeitsbegriff, indem wir die Zahl der Fälle, in denen eine Realisation der Zufallsvariablen eintritt, durch die Gesamtzahl der Fälle dividieren. Die Zufallsvariable Anzahl "Kopf" hat nur in einem von vier möglichen Fällen den Wert 0. Die Wahrscheinlichkeit $f(0)$ beträgt daher 1/4. Die Zufallsvariable X hat in zwei von vier möglichen Fällen den Wert 1. Die Wahrscheinlichkeit $f(1)$ beträgt daher 1/2. Schließlich hat X in einem von vier Fällen den Wert 2. Die Wahrscheinlichkeit $f(2)$ beträgt daher 1/4.

Die Wahrscheinlichkeitsfunktion (bzw. die Verteilung) der Zufallsvariablen X kann durch ein **Stabdiagramm** grafisch dargestellt werden.

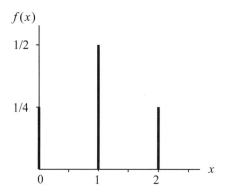

Auf der x-Achse werden die Ausprägungen der Zufallsvariablen und auf der y-Achse die zugeordneten Wahrscheinlichkeiten abgetragen.

In diesem Beispiel nimmt die Zufallsvariable nur die Werte 0, 1 und 2 an. Die zugeordneten Wahrscheinlichkeiten werden an diesen Stellen durch einen Stab mit entsprechender Länge dargestellt.

5.2 Diskrete Verteilungen, Wahrscheinlichkeitsfunktion

Durch diese Darstellungsform wird deutlich, dass die Wahrscheinlichkeitsfunktion eine diskrete Funktion der Zufallsvariablen ist und nur für die endliche Zahl der Ausprägungen von null verschiedene Werte annimmt.

2. Zufallsexperiment: Dreimaliges Werfen einer Münze

   Zufallsvariable X: Anzahl "Kopf"

e	$P(e)$	$X=x$	$f(x)$	$F(x)$
ZZZ	1/8	0	1/8	1/8
ZZK	1/8			
ZKZ	1/8	1	3/8	4/8
KZZ	1/8			
ZKK	1/8			
KZK	1/8	2	3/8	7/8
KKZ	1/8			
KKK	1/8	3	1/8	1

Die Zufallsvariable X hat für das Ereignis ZZZ, bei dem "Kopf" gar nicht auftritt, den Wert 0.

Die Zufallsvariable X hat den Wert 1 für die Elementarereignisse ZZK, ZKZ, KZZ, bei denen "Kopf" einmal eintritt.

Für die Elementarereignisse ZKK, KZK, KKZ, bei denen "Kopf" zweimal eintritt, hat X den Wert 2.

Schließlich nimmt X den Wert 3 an, wenn das Ereignis KKK eintritt.

Die Wahrscheinlichkeiten ergeben sich, indem wir die Zahl der Elementarereignisse für jeden Wert der Zufallsvariablen durch die Gesamtzahl 8 der Möglichkeiten dividieren. Das Stabdiagramm weist nur für die Ausprägungen der Zufallsvariablen X, also an den Stellen 0, 1, 2 und 3 positive Werte auf:

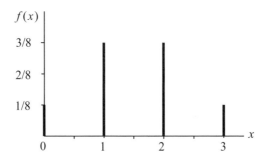

3. Zufallsexperiment: Zweimaliges Werfen eines Würfels
   Zufallsvariable X: Augenzahl

$X=x$	$f(x)$	$F(x)$
2	1/36	1/36
3	2/36	3/36
4	3/36	6/36
5	4/36	10/36
6	5/36	15/36
7	6/36	21/36
8	5/36	26/36
9	4/36	30/36
10	3/36	33/36
11	2/36	35/36
12	1/36	36/36

In der links angeordneten Matrix stehen die Elementarereignisse dieses Zufallsexperiments, die geordneten Augenpaare des 1. und 2. Wurfs.

Es gibt $n^k = n^2 = 36$ gleichmögliche Fälle. Die Wahrscheinlichkeit der einzelnen Elementarereignisse beträgt $P(e_i) = 1/36$ ($i = 1, \ldots, 36$).

In den Diagonalfeldern sind die Augenpaare mit gleicher Augensumme angeordnet. Das Ereignis $X = 2$ tritt einmal ein, hat also die Wahrscheinlichkeit $P(X = 2) = 1/36$.

Das Ereignis $X = 3$ tritt zweimal ein, also ist $P(X = 3) = 2/36$ usw.

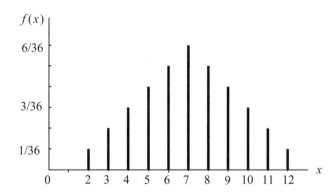

Mit Hilfe der Wahrscheinlichkeitsfunktion können wir Punkt- und Intervallwahrscheinlichkeiten berechnen. Insbesondere können wir für jede gegebene reelle Zahl x die Wahrscheinlichkeit

$$P(X \leq x)$$

angeben, mit der die Zufallsvariable X höchstens den Wert x annimmt. Da diese Wahrscheinlichkeit nur von der oberen Intervallgrenze x abhängt, können wir sie als Funktion von x auffassen und schreiben:

$$F(x) = P(X \leq x)$$

Diese Funktion, die für alle reellen Zahlen $x \in \mathbf{R}$ definiert ist, bezeichnen wir als Verteilungsfunktion.

Verteilungsfunktion

Die Verteilungsfunktion $F(x)$ einer Zufallsvariablen X gibt die Wahrscheinlichkeit dafür an, dass die Zufallsvariable X höchstens den Wert x annimmt:

$$F(x) = P(X \leq x)$$

Zwischen der Wahrscheinlichkeitsfunktion einer **diskreten** Zufallsvariablen und der Verteilungsfunktion besteht ein enger Zusammenhang. Für die Wahrscheinlichkeit des Ereignisses $X \leq x$ gilt

$$P(X \leq x) = \sum_{x_i \leq x} f(x_i)$$

Die Verteilungsfunktion erhält man folglich durch Summation der Wahrscheinlichkeitsfunktion über dem halboffenen Intervall $(-\infty, x]$. Es gilt:

Verteilungsfunktion (diskrete Zufallsvariable)

Die Verteilungsfunktion $F(x)$ einer diskreten Zufallsvariablen X lautet:

$$\boxed{F(x) = \sum_{x_i \leq x} f(x_i)}$$

Die Wahrscheinlichkeit des Ereignisses $X \leq x$ ist gleich der Summe der Wahrscheinlichkeiten aller Ausprägungen der Zufallvariablen x_i, die kleiner oder gleich x sind.

Zur Illustration betrachten wir erneut die Beispiele 1–3 und stellen die Wahrscheinlichkeitsfunktionen $f(x)$ und die Verteilungsfunktionen $F(x)$ grafisch dar. Die Verteilungsfunktion ergibt sich grafisch durch schrittweise Addition der "Stäbe" der Wahrscheinlichkeitsfunktion. $F(x)$ nimmt bis zur ersten Ausprägung der Zufallsvariablen den Wert null an und wird mit der letzten Ausprägung eins.

BEISPIELE

1. Zufallsexperiment: Zweimaliges Werfen einer Münze
   Zufallsvariable X: Anzahl "Kopf"

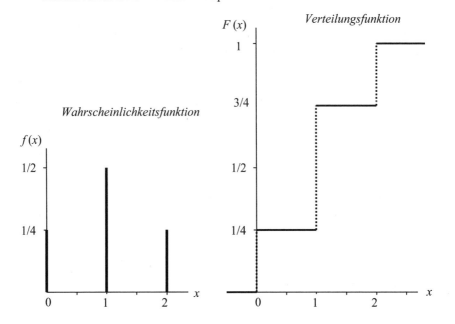

2. Zufallsexperiment: Dreimaliges Werfen einer Münze
   Zufallsvariable X: Anzahl "Kopf"

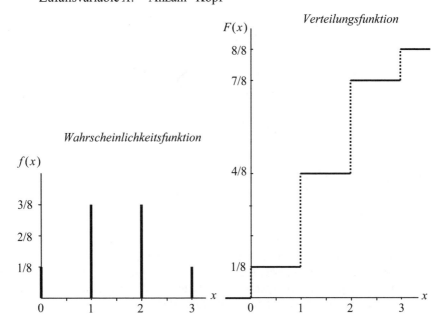

3. Zufallsexperiment: Zweimaliges Werfen eines Würfels
   Zufallsvariable X: Augenzahl

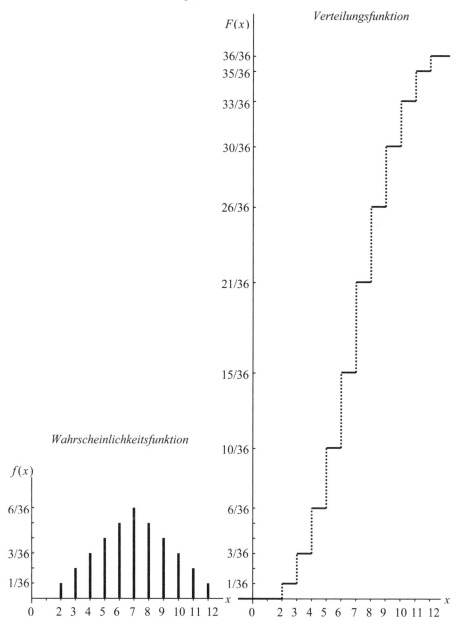

Wird für beide Funktion derselbe Maßstab verwendet, dann wächst mit der Zahl der Ausprägungen ("Stäbe") der Größenunterschied zwischen der Wahrscheinlichkeits- und der Verteilungsfunktion, weil in der Verteilungsfunktion die "Stäbe" der Wahrscheinlichkeitsfunktion kumuliert werden.

Die Verteilungsfunktionen diskreter Zufallsvariablen sind **Treppenfunktionen**, die an den Stellen $x_i \in W$ (das sind die möglichen Werte von X) **Sprungstellen** aufweisen und dazwischen konstant sind (weil $f(x_i) = 0$ für $x_i \notin W$).

Die Verteilungsfunktion, die die kumulierte Wahrscheinlichkeit angibt, ist weniger anschaulich als die Wahrscheinlichkeitsfunktion, bietet aber rechnerische Vorteile bei der Ermittlung von Intervallwahrscheinlichkeiten.

Die speziellen Verteilungen, die wir kennenlernen werden, sind daher überwiegend in Form der Verteilungsfunktion tabelliert.

Durch die Verteilungsfunktion $F(x)$ ist die Wahrscheinlichkeitsverteilung oder kurz die Verteilung der Zufallsvariablen X eindeutig bestimmt.

Eigenschaften der Verteilungsfunktion (Regeln)

1. Die Wahrscheinlichkeit, dass die Zufallsvariable X Werte annimmt, die größer als a und höchstens gleich b sind, ist gleich der Differenz der Werte der Verteilungsfunktion an den Stellen b und a. Damit vereinfacht sich die Berechnung von Intervallwahrscheinlichkeiten:

$$P(a < x \leq b) = F(b) - F(a)$$

Beweis:

Seien $A = \{X \mid X \leq a\}$
$B = \{X \mid X \leq b\}$
$C = \{X \mid a < X \leq b\}$

Dann ist

$B = A \cup C \quad ; \quad A \cap C = \emptyset$

Da A und C disjunkt sind, folgt mit Axiom 3

$P(B) = P(A) + P(C)$

und nach Umformung

$P(C) = P(B) - P(A) = F(b) - F(a)$

BEISPIELE

1. Zufallsexperiment: Zweimaliges Werfen einer Münze

$P(1 < X \leq 2) = F(2) - F(1) = 1 - 3/4 = 1/4$

2. Zufallsexperiment: Dreimaliges Werfen einer Münze

$$P(0 < X \leq 2) = F(2) - F(0) = 7/8 - 1/8 = 6/8$$
$$P(0{,}5 < X \leq 2{,}5) = F(2{,}5) - F(0{,}5) = 7/8 - 1/8 = 6/8$$

3. Zufallsexperiment: Zweimaliges Werfen eines Würfels

$$P(3 < X \leq 8) = F(8) - F(3) = 26/36 - 3/36 = 23/36$$
$$P(3 < X < 8) = F(7) - F(3) = 21/36 - 3/36 = 18/36$$
$$P(4{,}7 < X \leq 9) = F(9) - F(4{,}7) = 30/36 - 6/36 = 24/36$$

Außerdem gelten die folgenden Regeln für Verteilungsfunktionen diskreter Zufallvariablen:

2. $F(x)$ ist **monoton steigend**:

$$x_1 < x_2 \Rightarrow F(x_1) \leq F(x_2)$$

Mit wachsendem x steigt die Wahrscheinlichkeit, dass die Zufallsvariable höchstens den Wert x annimmt.

3. $F(x)$ ist in jedem Punkt **rechtsseitig stetig**:

$$\lim_{x \to a_+} f(x) = f(a) \qquad a \in W$$

An den Sprungstellen sind der linksseitige und der rechtsseitige Grenzwert verschieden, der rechtsseitige Grenzwert aber gleich dem Funktionswert. Daher ist die Verteilungsfunktion einer diskreten Zufallsvariablen an den Ausprägungen der Zufallsvariablen nur rechtsseitig stetig.

4. Die Verteilungsfunktion ist **nichtnegativ und höchstens gleich eins**:

$$0 \leq F(x) \leq 1$$

5. Der **Grenzwert** der Verteilungsfunktion **für $x \to -\infty$ ist null**. Mit fallendem x geht die Wahrscheinlichkeit, dass die Zufallsvariable X höchstens den Wert x annimmt, gegen null:

$$\lim_{x \to -\infty} F(x) = 0$$

6. Der **Grenzwert** der Verteilungsfunktion **für $x \to \infty$ ist eins**. Mit wachsendem x geht die Wahrscheinlichkeit, dass die Zufallsvariable X höchstens den Wert x annimmt, gegen eins:

$$\lim_{x \to \infty} F(x) = 1$$

5.3 Stetige Verteilungen, Dichtefunktion

Stetige Zufallsvariable

Eine Zufallsvariable, die in jedem endlichen (oder unendlichen) Intervall (der Zahlengeraden) jeden beliebigen Zahlenwert annehmen kann, heißt stetige (kontinuierliche) Zufallsvariable.

Im Gegensatz zu den diskreten Zufallsvariablen nehmen stetige Zufallsvariablen nicht nur endlich viele, sondern sämtliche reellen Zahlenwerte in einem Intervall an. Der Wertebereich einer stetigen Zufallsvariablen ist also stets unendlich.

Stetige Zufallsvariablen sind Größen, die **gemessen** werden, wie die Brenndauer einer Glühbirne, die Körpergröße eines Menschen, die Länge eines Werkstücks, der Zeitaufwand für die Lösung einer Statistikaufgabe.

Der Wahrscheinlichkeitsfunktion bei diskreten Zufallsvariablen entspricht die **Wahrscheinlichkeitsdichte** oder **Dichtefunktion** bei stetigen Zufallsvariablen.

Die Dichtefunktion wird im Unterschied zur Wahrscheinlichkeitsfunktion ohne Bezugnahme auf Zufallsexperimente ausschließlich durch ihre formalen Eigenschaften definiert.

Dichtefunktion

Die Dichtefunktion $f(x)$ ist eine stetige Funktion[2] mit den Eigenschaften

$$\int_{-\infty}^{\infty} f(x)\,dx = 1$$

$f(x) \geq 0 \quad$ für alle $x \in \mathbf{R}$

Die Dichtefunktion nimmt nur nichtnegative Werte an. Der Graph der Dichtefunktion verläuft oberhalb oder auf der x-Achse und die Fläche zwischen dem Graphen und der x-Achse ist 1.

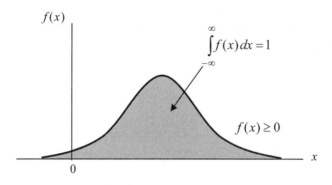

---

[2] bis auf endlich viele Unstetigkeitsstellen

5.3 Stetige Verteilungen, Dichtefunktion

Die Werte der Dichtefunktion $f(x)$ sind keine Wahrscheinlichkeiten (wie bei der Wahrscheinlichkeitsfunktion). Die Dichtefunktion kann daher auch Werte annehmen, die größer als 1 sind.

Mit Hilfe der Dichtefunktion können aber **Intervallwahrscheinlichkeiten** berechnet werden. Die Wahrscheinlichkeit dafür, dass die Zufallsvariable im Intervall $a < X \leq b$ liegt, ergibt sich durch bestimmte Integration der Dichtefunktion über dem abgeschlossenen Intervall von a bis b:

$$P(a < X \leq b) = \int_a^b f(x)\,dx$$

Die Wahrscheinlichkeit des Ereignisses $a < X \leq b$ ist also gleich der Fläche unter der Dichtefunktion $f(x)$ von a bis b.

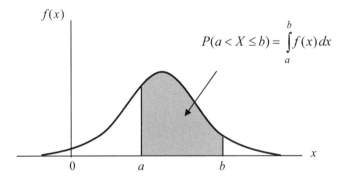

Da eine stetige Zufallsvariable unendlich viele Werte annehmen kann, ist die Wahrscheinlichkeit für jede einzelne Ausprägung null. Für die **Punktwahrscheinlichkeit** gilt also

$$P(X = a) = P(a \leq X \leq a) = \int_a^a f(x)\,dx = 0$$

Für den Wert der Intervallwahrscheinlichkeit ist es daher unerheblich, ob die Intervallgrenzen a und b in das Intervall einbezogen werden oder nicht, ob wir ein abgeschlossenes oder offenes Intervall betrachten:

$$P(a \leq X \leq b) = P(a < X < b)$$

Die Tatsache, dass die Punktwahrscheinlichkeit für jedes Ereignis $X = a$ null ist, bedeutet natürlich nicht, dass $X = a$ das unmögliche Ereignis ist. Denn sonst wären ja alle einzelnen Ausprägungen der Zufallsvariablen unmögliche Ereignisse.

Einer der unendlich vielen Werte der Zufallsvariablen wird aber stets realisiert. Die Wahrscheinlichkeit für jeden einzelnen Wert ist bei einem einzigen Versuch praktisch null.

Die Wahrscheinlichkeit, dass die Zufallsvariable X höchstens den Wert x annimmt beträgt:

$$P(X \leq x) = \int_{-\infty}^{x} f(t)\, dt$$

Wir erhalten daher die Verteilungsfunktion $F(x) = P(X \leq x)$ durch Integration der Dichtefunktion über dem unendlichen Intervall $(-\infty, x]$.

Verteilungsfunktion

Die Verteilungsfunktion einer stetigen Zufallsvariablen X ist die Integralfunktion

$$F(x) = \int_{-\infty}^{x} f(t)\, dt$$

und es gilt

$$F'(x) = f(x)$$

Die Dichtefunktion ist die Ableitung der Verteilungsfunktion.

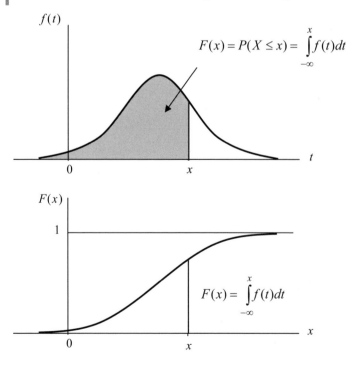

Die Wahrscheinlichkeitsverteilung einer stetigen Zufallsvariablen ist sowohl durch die Dichtefunktion als auch durch die Verteilungsfunktion eindeutig bestimmt. Für jedes Ereignis lässt sich die Wahrscheinlichkeit mit Hilfe der Dichte- oder der Verteilungsfunktion berechnen.

Die Verteilungsfunktion einer stetigen Zufallsvariablen hat die folgenden Eigenschaften. Sie entsprechen den Eigenschaften der Verteilungsfunktion diskreter Zufallsvariablen.

Eigenschaften der Verteilungsfunktion (Regeln)

1. Die Wahrscheinlichkeit dafür, dass die Zufallsvariable X Werte zwischen a und b annimmt, ist gleich der Differenz der Werte der Verteilungsfunktion an den Stellen b und a.

$$P(a < X < b) = \int_a^b f(x)\,dx = F(b) - F(a)$$

Diese Eigenschaft beruht auf dem Hauptsatz der Differential- und Integralrechnung, der es erlaubt, das bestimmte Integral der Dichtefunktion $f(x)$ mit Hilfe ihrer Stammfunktion, also der Verteilungsfunktion $F(x)$, zu berechnen.

2. $F(x)$ ist **monoton steigend**, d.h.

$$x_1 < x_2 \Rightarrow F(x_1) \leq F(x_2)$$

Mit wachsendem x steigt die Wahrscheinlichkeit, dass die Zufallsvariable höchstens den Wert x annimmt.

3. $F(x)$ ist **stetig** für alle $x \in \mathbb{R}$ (bis auf endlich viele Unstetigkeitsstellen).

4. Die Verteilungsfunktion ist **nichtnegativ und höchstens gleich eins**.

$$0 \leq F(x) \leq 1$$

5. Der **Grenzwert** der Verteilungsfunktion **für $x \to -\infty$ ist null**. Mit fallendem x geht die Wahrscheinlichkeit, dass die Zufallsvariable X höchstens den Wert x annimmt, gegen null.

$$\lim_{x \to -\infty} F(x) = 0$$

6. Der **Grenzwert** der Verteilungsfunktion **für $x \to \infty$ ist eins**. Mit wachsendem x geht die Wahrscheinlichkeit, dass die Zufallsvariable X höchstens den Wert x annimmt, gegen eins.

$$\lim_{x \to \infty} F(x) = 1$$

BEISPIELE

1. Zufallsexperiment: Drehen des Zeigers bei einem Glücksrad (Roulette)
   Zufallsvariable X: Winkel des Zeigers in der Endstellung ($0 \leq X < 2\pi$)

   Bei einem Glücksspiel werde der Zeiger eines Glücksrads gedreht. Die Höhe des Gewinns hänge ab von der Endstellung des Zeigers.

   Bei einem fairen Glücksrad ist die Wahrscheinlichkeit, dass der Zeiger in einem Winkel zwischen 0 und x stehenbleibt, gleich dem Verhältnis des Winkels x zum gesamten Winkel 2π (Kreisumfang des Einheitskreises).

   $$P(X \leq x) = \frac{x}{2\pi} \qquad 0 \leq x \leq 2\pi$$

   Wir erhalten also die **Verteilungsfunktion**

   $$F(x) = \begin{cases} 0 & \text{für} \quad x < 0 \\ \dfrac{x}{2\pi} & \text{für} \quad 0 \leq x \leq 2\pi \\ 1 & \text{für} \quad x > 2\pi \end{cases}$$

   und durch Differentiation die **Dichtefunktion**

   $$f(x) = \begin{cases} 0 & \text{für} \quad x < 0 \\ \dfrac{1}{2\pi} & \text{für} \quad 0 \leq x \leq 2\pi \\ 0 & \text{für} \quad x > 2\pi \end{cases}$$

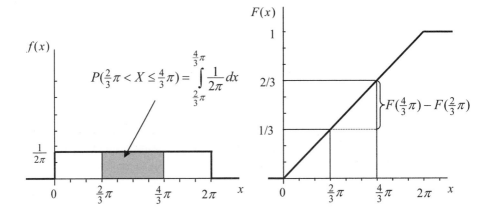

Dichtefunktion   *Verteilungsfunktion*

5.3 Stetige Verteilungen, Dichtefunktion

Eine solche Verteilung heißt **Rechteckverteilung** oder stetige **Gleichverteilung**.

Wie groß ist die Wahrscheinlichkeit dafür, dass der Zeiger im mittleren Drittel (beim Roulette: douze milieu 13-24) stehenbleibt?

$$P\left(\frac{1}{3}2\pi < x < \frac{2}{3}2\pi\right) = F\left(\frac{2}{3}2\pi\right) - F\left(\frac{1}{3}2\pi\right)$$

$$= \frac{\frac{2}{3}2\pi}{2\pi} - \frac{\frac{1}{3}2\pi}{2\pi} = \frac{2}{3} - \frac{1}{3} = \frac{1}{3}$$

Um zu zeigen, dass es sich bei der Funktion $f(x)$ tatsächlich um die Dichtefunktion handelt, ist zu prüfen, ob die Fläche unter dem Graphen der Funktion eins ergibt:

$$\int_{-\infty}^{\infty} \frac{1}{2\pi} dx \stackrel{?}{=} 1$$

$$\int_{-\infty}^{\infty} \frac{1}{2\pi} dx = \int_{0}^{2\pi} \frac{1}{2\pi} dx = \frac{x}{2\pi}\bigg|_{0}^{2\pi} = \frac{2\pi}{2\pi} - \frac{0}{2\pi} = 1$$

2. Eine Straßenbahn verkehre im 10-Minutentakt. Für einen Fahrgast, der den Fahrplan nicht kennt und daher zufällig an der Haltestelle eintrifft, ist die Wartezeit ein Zufallsereignis.

Die Wahrscheinlichkeit, höchstens x Minuten warten zu müssen, ist gleich dem Verhältnis von x zur maximalen Wartezeit von 10 Minuten, beträgt also

$$P(X \leq x) = \frac{x}{10} \qquad 0 \leq x \leq 10$$

Damit lautet die **Verteilungsfunktion**

$$F(x) = \begin{cases} 0 & \text{für} \quad x < 0 \\ \frac{x}{10} & \text{für} \quad 0 \leq x \leq 10 \\ 1 & \text{für} \quad x > 10 \end{cases}$$

Die **Dichtefunktion** ergibt sich daraus durch Differentiation

$$f(x) = \begin{cases} 0 & \text{für} \quad x < 0 \\ \frac{1}{10} & \text{für} \quad 0 \leq x \leq 10 \\ 0 & \text{für} \quad x > 10 \end{cases}$$

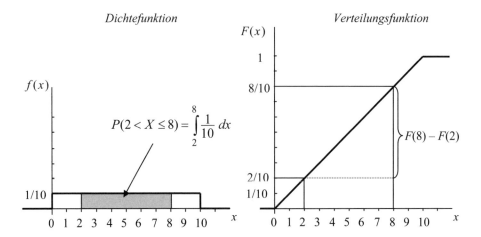

Mit Hilfe der Verteilungsfunktion können Wahrscheinlichkeiten berechnet werden:

a. Wie groß ist die Wahrscheinlichkeit, höchstens 3 Minuten warten zu müssen?

$$P(X \leq 3) = F(3) = \frac{3}{10} = 0{,}3$$

b. Wie groß ist die Wahrscheinlichkeit, zwischen 2 und 8 Minuten warten zu müssen?

$$P(2 < X \leq 8) = F(8) - F(2) = \frac{8}{10} - \frac{2}{10} = \frac{6}{10} = 0{,}6$$

Schließlich prüfen wir wieder, ob die Funktion $f(x)$ tatsächlich eine Dichtefunktion ist:

a. Die Nichtnegativitätsbedingung ist aufgrund der Definition erfüllt:

$$f(x) \geq 0$$

b. Die Fläche unter der Dichtfunktion ist 1:

$$\int_{-\infty}^{\infty} f(x)\,dx = \int_{0}^{10} \frac{1}{10}\,dx = \frac{x}{10}\Big|_{0}^{10} = \frac{1}{10}(10-0) = \frac{10}{10} = 1$$

Da die Dichtefunktion für $x < 0$ und für $x > 10$ null ist, müssen wir nur das bestimmte Integral über dem abgeschlossenen Intervall von 0 bis 10 berechnen.

3. Gegeben sei die Dichtefunktion

$$f(x) = \begin{cases} 0 & \text{für} \quad x < 0 \\ \dfrac{3}{8}(x-2)^2 & \text{für} \quad 0 \leq x \leq 2 \\ 0 & \text{für} \quad x > 0 \end{cases}$$

Wir prüfen zuerst die **Eigenschaften** der Dichtefunktion

$$\int_{-\infty}^{\infty} f(x)\,dx = \int_{0}^{2} \frac{3}{8}(x-2)^2\,dx = \frac{3}{8} \cdot \frac{1}{3}(x-2)^3 \Big|_{0}^{2}$$

$$= \frac{1}{8}(2-2)^3 - \frac{1}{8}(0-2)^3 = \frac{1}{8} \cdot 0 - \frac{1}{8}(-2)^3 = 1$$

$f(x) \geq 0$ folgt aus der Definition

Durch Integration errechnen wir die **Verteilungsfunktion**

$$F(x) = \int_{-\infty}^{x} f(t)\,dt = \int_{0}^{x} \frac{3}{8}(t-2)^2\,dt = \frac{3}{8} \cdot \frac{1}{3}(t-2)^3 \Big|_{0}^{x}$$

$$= \frac{1}{8}(x-2)^3 - \frac{1}{8}(0-2)^3 = \frac{1}{8}(x-2)^3 + 1$$

Daraus folgt

$$F(x) = \begin{cases} 0 & \text{für} \quad x < 0 \\ \dfrac{1}{8}(x-2)^3 + 1 & \text{für} \quad 0 \leq x \leq 2 \\ 1 & \text{für} \quad x > 2 \end{cases}$$

Grafik

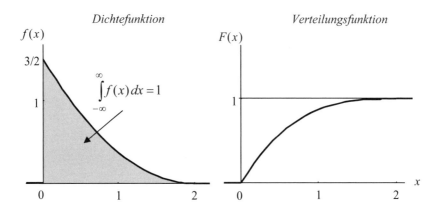

ÜBUNG 5 (Wahrscheinlichkeitsverteilungen)

1. Bestimmen und zeichnen Sie die Wahrscheinlichkeitsfunktionen und die Verteilungsfunktionen der folgenden Zufallsvariablen und berechnen Sie die angegebenen Wahrscheinlichkeiten

    a. Augenzahl beim Werfen eines Würfels: $P(3)$, $P(2 < X \leq 4)$.
    b. Augensumme beim Werfen dreier Würfel: $P(3)$, $P(6 \leq X \leq 12)$.
    c. Anzahl der Münzwürfe bis zum Eintreffen der ersten Zahl: $P(2)$, $P(0 < X < 5)$.
    d. Anzahl "Kopf" beim viermaligen Werfen einer Münze: $P(0)$, $P(1 < X \leq 3)$.

2. Angenommen Knaben- und Mädchengeburten seien gleich wahrscheinlich. Ermitteln und skizzieren Sie die Wahrscheinlichkeitsfunktion und die Verteilungsfunktion der Zufallsvariablen "Anzahl der Mädchen bei drei Einzelgeburten". Bestimmen Sie die Wahrscheinlichkeiten $P(1)$ und $P(0 < X \leq 3)$!

3. In einer Urne liegen sechs weiße und vier rote Kugeln. Bestimmen Sie die Wahrscheinlichkeitsfunktion und die Verteilungsfunktion für die Zufallsvariable "Anzahl der roten Kugeln bei dreimaligem Ziehen ohne Zurücklegen". Wie groß sind die Wahrscheinlichkeiten $P(0 < X \leq 1)$ und $P(0{,}5 < X < 4)$?

4. Gegeben sei die Dichtefunktion:

$$f(x) = \begin{cases} \dfrac{1}{b-a} & \text{für } a \leq x \leq b \\ 0 & \text{für alle anderen } x \end{cases}$$

    a. Zeigen Sie, dass $f(x)$ eine Dichtefunktion ist!
    b. Bestimmen Sie die Verteilungsfunktion $F(x)$!
    c. Stellen Sie $f(x)$ und $F(x)$ grafisch dar! (Setzen Sie dazu $a = 1$ und $b = 4$!)

5. Gegeben sei die Dichtefunktion:

$$f(x) = \begin{cases} 2x & \text{für } 0 \leq x \leq 1 \\ 0 & \text{für alle anderen } x \end{cases}$$

    a. Zeigen Sie, dass $f(x)$ eine Dichtefunktion ist!
    b. Bestimmen Sie die Verteilungsfunktion!
    c. Stellen Sie die Funktionen grafisch dar!
    d. Bestimmen Sie die Wahrscheinlichkeiten $P(0{,}2 \leq X \leq 0{,}6)$ und $P(X > 0{,}7)$!

6. Gegeben sei die Dichtefunktion:

$$f(x) = \begin{cases} k e^{-0{,}5x} & x \geq 0 \\ 0 & x < 0 \end{cases}$$

    a. Wie groß muß k sein, wenn $f(x)$ eine Dichtefunktion ist?
    b. Bestimmen Sie die Verteilungsfunktion!
    c. Stellen Sie die Dichtefunktion und Verteilungsfunktion grafisch dar!
    d. Berechnen Sie die Wahrscheinlichkeiten $P(1 \leq X \leq 3)$ und $P(X > 2)$!

6 Maßzahlen

Die Wahrscheinlichkeitsverteilung einer Zufallsvariablen kann durch gewisse Konstanten, ihre Maßzahlen (oder Parameter), charakterisiert werden. Sie entsprechen den Maßzahlen der Häufigkeitsverteilungen in der deskriptiven Statistik. An die Stelle der Häufigkeitsverteilung einer statistischen Variablen treten bei diskreten Zufallsvariablen die Wahrscheinlichkeitsfunktion und bei stetigen Zufallsvariablen die Dichtefunktion.

Die drei wichtigsten Maßzahlen sind:

- der Erwartungswert (Mittelwert) μ
- die Varianz σ^2
- die Schiefe γ

6.1 Erwartungswert

Der Erwartungswert oder Mittelwert einer Zufallsvariablen entspricht dem arithmetischen Mittel als Lageparameter einer Häufigkeitsverteilung. Die einzelnen Ausprägungen der Zufallsvariablen werden nun nicht mit den relativen Häufigkeiten, sondern mit ihren Wahrscheinlichkeiten bzw. Dichten gewichtet.

Der Erwartungswert wird mit $E(x)$ oder mit μ bezeichnet und wie folgt definiert:

> **Erwartungswert**[1]
>
> Der Erwartungswert $E(x)$ bzw. μ
>
> - einer diskreten Zufallsvariablen X mit der Wahrscheinlichkeitsfunktion $f(x)$ ist
>
> $$E(X) = \sum_i x_i f(x_i)$$
>
> - einer stetigen Zufallsvariablen X mit der Dichtefunktion $f(x)$ ist
>
> $$E(X) = \int_{-\infty}^{\infty} x f(x) dx$$

Unter dem Erwartungswert verstehen wir den Wert der Zufallsvariablen X, der sich im Durchschnitt, d.h. bei häufiger Wiederholung des Zufallsexperiments, ergibt. Da es sich um eine Durchschnittsgröße handelt, kann der Erwartungswert bei diskreten Zufallsvariablen auch zwischen den Realisationen, d.h. den möglichen Ergebnissen des Zufallsexperiments, liegen.

---

[1] Die Idee des Erwartungswertes geht auf Christian Huygens (1629–1695) zurück, der ihn in seiner Abhandlung "Vom Rechnen in Glücksspielen" erstmals verwendet hat. Die Bezeichnung hat sich erst später herausgebildet.

BEISPIELE

1. Zufallsexperiment: Werfen eines Würfels
   Zufallsvariable X: Augenzahl
   Wahrscheinlichkeitsfunktion
   $$f(x) = \frac{1}{6} \quad ; \; x = 1, 2, 3, 4, 5, 6$$
   Erwartungswert
   $$E(X) = \sum_{i=1}^{6} x_i f(x_i) = 1 \cdot \frac{1}{6} + 2 \cdot \frac{1}{6} + 3 \cdot \frac{1}{6} + 4 \cdot \frac{1}{6} + 5 \cdot \frac{1}{6} + 6 \cdot \frac{1}{6} = \frac{21}{6} = 3{,}5$$

   Der Erwartungswert 3,5 ist die im Durchschnitt zu erwartende Augenzahl, die sich bei einer großen Zahl von Versuchen ergeben würde. Dieser Wert kann bei einem einzelnen Versuch nicht eintreten, da die Zufallsvariable X nur ganzzahlige Werte annehmen kann.

   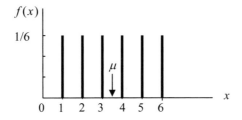

2. Zufallsexperiment: Zweimaliges Werfen einer Münze
   Zufallsvariable X: Anzahl "Kopf"
   Erwartungswert
   $$E(X) = \sum_{i=1}^{3} x_i f(x_i) = \sum_{x=0}^{2} x f(x) = 0 \cdot \frac{1}{4} + 1 \cdot \frac{1}{2} + 2 \cdot \frac{1}{4} = \frac{4}{4} = 1$$

   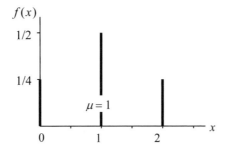

   Wird der Versuch oft wiederholt, dann wird im Durchschnitt bei einem von zwei Versuchen "Kopf" eintreten. In diesem Beispiel fällt also der Erwartungswert mit einer Realisation der Zufallsvariablen zusammen.

3. Rechteckverteilung

   Dichtefunktion

   $$f(x) = \begin{cases} \dfrac{1}{b-a} & x \in [a,b] \\ 0 & x \notin [a,b] \end{cases}$$

   Erwartungswert

   $$E(X) = \int_{-\infty}^{\infty} x f(x)\,dx = \int_a^b x \frac{1}{b-a}\,dx = \frac{1}{b-a}\int_a^b x\,dx = \frac{1}{b-a}\left[\frac{x^2}{2}\right]_a^b$$

   $$= \frac{1}{b-a}\left(\frac{b^2}{2} - \frac{a^2}{2}\right) = \frac{1}{b-a} \cdot \frac{b^2 - a^2}{2} = \frac{a+b}{2}$$

   Der Erwartungswert ist gleich dem arithmetischen Mittel der Intervallgrenzen a und b, liegt also genau in der Mitte zwischen a und b.

   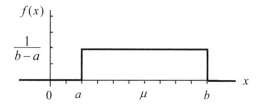

Symmetrie

Eine Wahrscheinlichkeits- oder Dichtefunktion $f(x)$ heißt **symmetrisch** bezüglich $x = c$, wenn für jedes a gilt:

$$f(c+a) = f(c-a)$$

Erwartungswert einer symmetrischen Verteilung

Der Erwartungswert einer bezüglich $x = c$ symmetrischen Verteilung beträgt

$$E(X) = c$$

Beweis:

Es gilt

$$\int_{-\infty}^{\infty} x f(x)\,dx = \int_{-\infty}^{c} x f(x)\,dx + \int_{c}^{\infty} x f(x)\,dx$$

Wir setzen

$$x = c - t \Rightarrow dx = -dt$$
$$x = c \Rightarrow t = 0$$
$$x = -\infty \Rightarrow t = \infty$$

und

$$x = c + t \Rightarrow dx = dt$$
$$x = c \Rightarrow t = 0$$
$$x = \infty \Rightarrow t = \infty$$

Dann folgt

$$\int_{-\infty}^{\infty} x f(x)\,dx = -\int_{\infty}^{0} (c-t)\,\underbrace{f(c-t)}_{=f(c+t)}\,dt + \int_{0}^{\infty} (c+t) f(c+t)\,dt$$

$$= \int_{0}^{\infty} (c-t) f(c+t)\,dt + \int_{0}^{\infty} (c+t) f(c+t)\,dt$$

$$= \int_{0}^{\infty} (c - t + c + t) f(c+t)\,dt$$

$$= c \cdot 2 \underbrace{\int_{0}^{\infty} f(c+t)\,dt}_{=1}$$

$$= c$$

BEISPIELE

1. X: Augensumme beim zweimaligen Werfen eines Würfels (siehe 5.2)

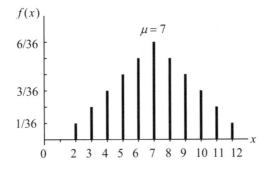

Die Wahrscheinlichkeitsverteilung ist symmetrisch. Für $\mu + c = 7 + c$ und $\mu - c = 7 - c$ ($c = 1, 2, 3, 4, 5$) nimmt $f(x)$ dieselben Werte an.

2. X: stetige Zufallsvariable

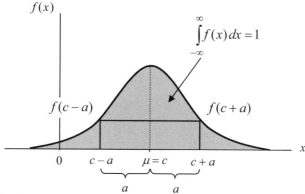

Die Dichtefunktion nimmt für jeden beliebigen Abstand a zum Erwartungswert rechts und links vom Erwartungswert denselben Wert an.

6.2 Mathematische Erwartung

Der Erwartungswert kann nicht nur für die Zufallsvariable X selbst, sondern auch für jede **reelle Funktion**

$$Y = g(X)$$

der Zufallsvariablen X definiert werden. Y wird dabei ebenfalls als Zufallsvariable aufgefasst, da der Wert von Y von X und damit vom zufälligen Ergebnis eines Zufallexperiments abhängt. Der Erwartungswert von $g(X)$ wird als mathematische Erwartung bezeichnet. Wir definieren

Mathematische Erwartung

Der Erwartungswert einer reellen Funktion $Y = g(X)$ der Zufallsvariablen X heißt mathematische Erwartung und beträgt:

- $E(Y) = E(g(X)) = \sum_i g(x_i) f(x_i)$, wenn X diskret ist.

- $E(Y) = E(g(X)) = \int_{-\infty}^{\infty} g(x) f(x) dx$, wenn X stetig ist.

Wir erinnern uns daran, dass die Wahrscheinlichkeitstheorie ihren Ausgangspunkt beim Glücksspiel hatte.

Auch der Begriff der mathematischen Erwartung geht darauf zurück. Die Abkürzung $E(X)$ bedeutete dennoch ursprünglich nicht den Erwartungswert, sondern die **"Hoffnung" (espérance)** eines Spielers auf Gewinn, dessen Chancen von der Wahrscheinlichkeitsverteilung einer Zufallsvariablen X abhängen.

BEISPIELE

1. Angenommen Ihnen werde folgendes Spiel (Lotterie) angeboten.

    Für einen Einsatz von 5.- € nehmen Sie an einer Ausspielung teil. Dabei wird eine Münze geworfen und Sie erhalten 10.- €, wenn "Kopf" fällt und nichts, wenn "Zahl" fällt, verlieren also Ihren Einsatz.

    Wie groß ist die Gewinnerwartung?

    Die Tabelle der Wahrscheinlichkeitsfunktion und der Gewinnfunktion $g(x)$ lautet:

e	x	$g(x)$	$f(x)$
$e_1=K$	1	10	1/2
$e_2=Z$	0	0	1/2

    Die Gewinnerwartung beträgt

    $$E(g(X)) = \sum_{i=1}^{2} g(x_i) f(x_i) = 10 \cdot \frac{1}{2} + 0 \cdot \frac{1}{2} = 5$$

    Im Durchschnitt, also bei oftmaliger Wiederholung des Spiels, beträgt die Gewinnaussicht 5 €, entspricht also dem Einsatz oder Lospreis. Wir sprechen dann von einem fairen Spiel oder einer fairen Lotterie. Für den risikoneutralen Spieler gilt daher das

    Kriterium der Gewinnerwartung (Jakob Bernoulli)[2]

    Setze in einem Spiel gerade soviel, wie Deine Gewinnerwartung $E(g(X))$ beträgt, denn dann wirst Du auf Dauer und im Durchschnitt nichts gewinnen und nichts verlieren.

2. Betrachten wir eine Lotterie mit 1.000 Losen. Jedes Los koste 2,50 €. Der Hauptgewinn sei 1.000.- €, außerdem seien 10 Preise à 100.- € zu gewinnen.

    Die Gewinnerwartung beträgt

    $$E(g(X)) = 1.000 \cdot \frac{1}{1.000} + 100 \cdot \frac{10}{1.000} + 0 \cdot \frac{989}{1.000} = 2$$

    Die mathematische Erwartung des Gewinns wird auch als **fairer Lospreis** bezeichnet. Der tatsächliche Lospreis ist bei dieser Lotterie höher als der faire Lospreis. Bei einem Lospreis von 2,50 € verliert der Spieler im Durchschnitt 0,50 €.

---

[2] Jakob Bernoulli 1654–1705

3. Zufallsexperiment: Werfen eines Würfels

   Zufallsvariable X: Augenzahl

   Die Gewinnfunktion $g(x)$ sei wie folgt gegeben:

e	x	$g(x)$	$f(x)$
1	1	1	1/6
2	2	1	1/6
3	3	2	1/6
4	4	2	1/6
5	5	4	1/6
6	6	8	1/6

   Die Gewinnerwartung beträgt:

   $$E(g(X)) = 1 \cdot \frac{1}{6} + 1 \cdot \frac{1}{6} + 2 \cdot \frac{1}{6} + 2 \cdot \frac{1}{6} + 4 \cdot \frac{1}{6} + 8 \cdot \frac{1}{6} = \frac{18}{6} = 3$$

4. Ein Investitionsprojekt (z.B. die Einführung eines neuen Produkts) sei mit Anschaffungskosten in Höhe von $I = 70.000.-$ € verbunden. Der Erfolg des Projekts hänge von zufälligen exogenen Einflussgrößen (Szenarien) ab und ist daher selbst eine Zufallsvariable.

x	$g(x)$	$f(x)$	$g(x)f(x)$
1	80.000	0,6	48.000
2	40.000	0,3	12.000
3	10.000	0,1	1.000
Σ		1,0	61.000

   Die Szenarien können sein:

   (1) Alles bleibt gleich (ceteris paribus): Keine Konkurrenz, keine gesetzlichen Maßnahmen oder andere exogene Veränderungen, die den Erfolg des Projekts beeinträchtigen könnten.

   (2) Konkurrenz: Kurz nach der Markteinführung kommt ein Wettbewerber mit einem gleichwertigen Produkt heraus.

   (3) Gesetzliche Maßnahmen: die Verwendung des Produkts wird beschränkt.

Die Gewinne sind in dieser Lotterie die Ertragswerte der drei Szenarien. Die Gewinnerwartung (ökonomisch also die **Ertragserwartung**) beträgt:

$$E(g(X)) = \sum_{i=1}^{3} g(x_i) f(x_i)$$
$$= 80.000 \cdot 0{,}6 + 40.000 \cdot 0{,}3 + 10.000 \cdot 0{,}1 = 61.000$$

Der risikoneutrale Investor wird das Projekt nicht realisieren, da die Investitionskosten größer als die Ertragserwartung sind:

$$I = 70.000 > 61.000 = E(g(x))$$

Aus der Definition der mathematischen Erwartung ergeben sich folgende Rechenregeln für den Erwartungswert:

REGELN

1. $E(g(X)) = E(c) = c$

   Der Erwartungswert einer Konstanten ist gleich der Konstanten (c ist das sichere Ereignis).

   Beweis:

   $$E(c) = \int_{-\infty}^{\infty} c \cdot f(x) dx = c \underbrace{\int_{-\infty}^{\infty} f(x) dx}_{=1} = c$$

   Wenn $f(x)$ die Dichtefunktion ist, dann ist das uneigentliche Integral über $f(x)$ von $-\infty$ bis ∞ gleich 1.

2. $E(b \cdot X) = b \cdot E(X)$

   Wird jeder Wert einer Zufallsvariablen mit einer Konstanten multipliziert, so wird auch der Erwartungswert mit dieser Konstanten multipliziert.

   Der Erwartungswert eines Vielfachen einer Zufallsvariablen ist gleich dem Vielfachen des Erwartungswertes.

   Beweis:

   $$E(bX) = \int_{-\infty}^{\infty} b x f(x) dx = b \int_{-\infty}^{\infty} x f(x) dx = b E(X)$$

3. $E(a + X) = a + E(X)$

   Wird zu jedem Wert einer Zufallsvariablen eine Konstante a addiert, so wird auch zum Erwartungswert die Konstante addiert.

Beweis:

$$E(a+X) = \int_{-\infty}^{\infty}(a+x)f(x)dx = \underbrace{\int_{-\infty}^{\infty}a f(x)dx}_{=a} + \underbrace{\int_{-\infty}^{\infty}x f(x)dx}_{=E(X)}$$

$$= a + E(X)$$

4. $E(a+bX) = a + b E(X)$

   Der Erwartungswert der linearen Transformation einer Zufallsvariablen ist gleich der linearen Transformation des Ertragswertes (folgt aus den Regeln 2 und 3).

5. $E(g(X)+h(X)) = E(g(X)) + E(h(X))$

   Der Erwartungswert der Summe zweier Funktionen einer Zufallsvariablen X ist gleich der Summe der Erwartungswerte.

   Beweis:

   $$E(g(X)+h(X)) = \int_{-\infty}^{\infty}(g(x)+h(x))f(x)dx$$

   $$= \int_{-\infty}^{\infty}g(x)f(x)dx + \int_{-\infty}^{\infty}h(x)f(x)dx$$

   $$= E(g(X)) + E(h(X))$$

6. $E(X+Y) = E(X) + E(Y)$

   Der Erwartungswert der Summe zweier Zufallsvariablen ist gleich der Summe ihrer Erwartungswerte (ohne Beweis).

7. $E(X \cdot Y) = E(X) \cdot E(Y)$, wenn X und Y unabhängig sind

   Der Erwartungswert des Produkts zweier **stochastisch unabhängiger** Zufallsvariablen ist gleich dem Produkt ihrer Erwartungswerte (ohne Beweis).

BEISPIEL

Zufallsvariable X: Augenzahl beim Werfen zweier Würfel

Erwartungswert: $E(X) = 7$

Wir betrachten die lineare Transformation $Z = X - \mu$ der Zufallsvariablen X. Der Erwartungswert der Zufallsvariablen Z beträgt dann

$$E(X - \mu) = E(X - 7) = E(X) - 7 = 0$$

6 Maßzahlen

Der Erwartungswert der Zufallsvariablen, die wir erhalten, wenn wir von jedem Wert der Zufallsvariablen X den Erwartungswert μ subtrahieren, ist null.

Die Subtraktion der Konstanten μ bewirkt eine Verschiebung der Wahrscheinlichkeitsfunktion um μ nach links.

x	$x-\mu$	$f(x) = f(x-\mu)$
2	−5	1/36
3	−4	2/36
4	−3	3/36
5	−2	4/36
6	−1	5/36
7	0	6/36
8	1	5/36
9	2	4/36
10	3	3/36
11	4	2/36
12	5	1/36

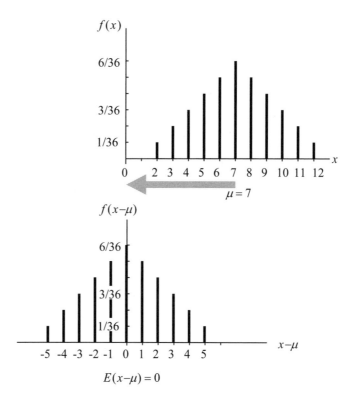

6.3 Varianz

Die Varianz einer Zufallsvariablen (einer Verteilung) ist ein Maß für die Streuung (Streuungsparameter) der Zufallsvariablen um den Erwartungswert. Ihrer Konstruktion nach entspricht sie der mittleren quadratischen Abweichung einer Häufigkeitsverteilung.

Die Varianz wird mit $Var(X)$ oder σ^2 bezeichnet und wie folgt definiert:

> **Varianz**
>
> Die Varianz der Zufallsvariablen X mit der Wahrscheinlichkeits- bzw. Dichtefunktion $f(x)$ ist:
>
> - $Var(X) = \sum_i (x_i - E(X))^2 f(x_i)$, wenn X diskret ist.
>
> - $Var(X) = \int_{-\infty}^{\infty} (x - E(X))^2 f(x) dx$, wenn X stetig ist.

Die Varianz ist also der Erwartungswert der quadrierten Abweichungen der Zufallsvariablen X von ihrem Erwartungswert μ.

Sie gibt das durchschnittliche Abweichungsquadrat vom Mittelwert μ an, mit dem bei häufiger Wiederholung des Zufallsexperiments zu rechnen ist.

Die Varianz einer diskreten Zufallsvariablen ergibt sich als Summe der mit ihren Wahrscheinlichkeiten gewichteten Abweichungsquadrate der einzelnen Ausprägungen vom Erwartungswert. Bei stetigen Zufallsvariablen tritt an die Stelle der Summation die Integration.

Die positive Quadratwurzel der Varianz heißt **Standardabweichung**

$$\sigma = \sqrt{Var(X)}$$

Ist die Varianz einer diskreten Zufallsvariablen klein, so sind die Werte der Zufallsvariablen um den Mittelwert konzentriert, besitzen also Werte, die weit von μ entfernt sind, eine geringe Wahrscheinlichkeit. Ist die Varianz dagegen groß, können nicht alle Werte x_i dicht bei μ liegen, sind also große Abweichungen vom Mittelwert wahrscheinlich.

Die Varianz ist stets **positiv**

$$\sigma^2 > 0$$

mit Ausnahme des trivialen Falles, bei dem die Zufallsvariable X nur einen einzigen Wert mit der Wahrscheinlichkeit 1 annehmen kann.

BEISPIELE

1. Zufallsvariable X: Augenzahl beim Werfen eines Würfels

   Erwartungswert
   $$E(X) = \sum_i x_i f(x_i) = 3{,}5$$

   Varianz
   $$Var(X) = (1-3{,}5)^2 \cdot \frac{1}{6} + (2-3{,}5)^2 \cdot \frac{1}{6} + (3-3{,}5)^2 \cdot \frac{1}{6}$$
   $$+ (4-3{,}5)^2 \cdot \frac{1}{6} + (5-3{,}5)^2 \cdot \frac{1}{6} + (6-3{,}5)^2 \cdot \frac{1}{6}$$
   $$= ((-2{,}5)^2 + (-1{,}5)^2 + (-0{,}5)^2 + 0{,}5^2 + 1{,}5^2 + 2{,}5^2) \cdot \frac{1}{6}$$
   $$= (6{,}25 + 2{,}25 + 0{,}25) \cdot \frac{2}{6} = 8{,}75 \cdot \frac{1}{3} = 2{,}91\overline{6}$$

2. Zufallsvariable X: Anzahl "Kopf" bei zweimaligem Werfen einer Münze

   Erwartungswert
   $$E(X) = \sum_i x_i f(x_i) = 1$$

   Varianz
   $$Var(X) = \sum_i (x_i - \mu)^2 f(x_i)$$
   $$= (0-1)^2 \cdot \frac{1}{4} + (1-1)^2 \cdot \frac{2}{4} + (2-1)^2 \cdot \frac{1}{4} = \frac{1}{4} + \frac{1}{4} = \frac{2}{4} = \frac{1}{2}$$

3. Rechteckverteilung

   Dichtefunktion
   $$f(x) = \begin{cases} \dfrac{1}{b-a} & x \in [a,b] \\ 0 & x \notin [a,b] \end{cases}$$

   Erwartungswert
   $$E(X) = \frac{b+a}{2} \qquad \text{(Siehe S. 105)}$$

   Varianz
   $$Var(X) = \int_{-\infty}^{\infty} (x-\mu)^2 f(x)\,dx = \int_a^b (x - \frac{b+a}{2})^2 \frac{1}{b-a}\,dx = \frac{(b-a)^2}{12}$$

Beweis:

$$Var(X) = \int_a^b (x - \frac{b+a}{2})^2 \frac{1}{b-a} dx = \frac{1}{b-a} \int_a^b (x - \frac{b+a}{2})^2 dx$$

Die Integration mit der vereinfachten Substitutionsregel[3] ergibt

$$= \frac{1}{b-a} \left[\frac{1}{3} \left(x - \frac{b+a}{2} \right)^3 \right]_a^b$$

Nach dem Hauptsatz der Differential- und Integralrechnung wird die Differenz der Werte der Stammfunktion an der oberen Integrationsgrenze b und an der unteren Integrationsgrenze a gebildet

$$= \frac{1}{(b-a)} \frac{1}{3} \left[\left(b - \frac{b+a}{2} \right)^3 - \left(a - \frac{b+a}{2} \right)^3 \right]$$

Dann werden die Brüche gleichnamig gemacht und zusammengefasst

$$= \frac{1}{3(b-a)} \left[\left(\frac{2b-b-a}{2} \right)^3 - \left(\frac{2a-b-a}{2} \right)^3 \right]$$

$$= \frac{1}{3(b-a)} \cdot \frac{(b-a)^3 - (a-b)^3}{2^3}$$

Die 3. Potenzen spalten wir auf in das Produkt der 1. und der 2. Potenz

$$= \frac{1}{24(b-a)} \left[(b-a)(b-a)^2 - (a-b)(a-b)^2 \right]$$

Dann klammern wir $b-a$ aus und kürzen $b-a$

$$= \frac{1}{24(b-a)} (b-a) \left[(b-a)^2 + (a-b)^2 \right]$$

$$= \frac{1}{24} \left[(b-a)^2 + (a-b)^2 \right] \qquad \text{mit } (a-b)^2 = (b-a)^2$$

$$= \frac{1}{24} \cdot 2(b-a)^2 = \frac{1}{12} \cdot (b-a)^2$$

---

[3] $\int f(ax+b) dx = \frac{1}{a} \int f(u) du$; siehe Senger: Mathematik, S. 334

REGELN

1. $Var(X) = E\left[(X - E(x))^2\right]$

   Die Varianz einer Zufallsvariablen X kann auch als Erwartungswert der Funktion $Y = g(X) = (X - \mu)^2$ aufgefasst werden.

   Beweis:
   $$Var(X) = \int_{-\infty}^{\infty} (x - \mu)^2 f(x) \, dx = E((X - \mu)^2)$$

2. $Var(X) = E(X^2) - (E(X))^2 = E(X^2) - \mu^2$ (Verschiebungssatz[4])

   Die Varianz läßt sich auch dadurch berechnen, dass der Erwartungswert der quadrierten Zufallsvariablen ermittelt und davon das Quadrat des Erwartungswertes abgezogen wird. Das ist bei diskreten Variablen dann einfacher, wenn die x_i ganzzahlig und die Werte der Abweichungen $x_i - \mu$ nicht ganzzahlig sind.

   Beweis:
   $$\begin{aligned} Var(X) &= E((X - E(X))^2) \\ &= E(X^2 - 2X \cdot E(X) + (E(X))^2) \\ &= E(X^2) - 2E(X) \cdot E(X) + (E(X))^2 \\ &= E(X^2) - (E(X))^2 \end{aligned}$$

BEISPIELE

1. X: Augenzahl beim Werfen eines Würfels

   $$E(X) = \frac{1}{6}(1 + 2 + 3 + 4 + 5 + 6) = \frac{7}{2} = 3{,}5$$

   $$E(X^2) = \frac{1}{6}(1^2 + 2^2 + 3^2 + 4^2 + 5^2 + 6^2) = \frac{91}{6}$$

   $$Var(X) = E(X^2) - (E(X))^2 = \frac{91}{6} - \frac{49}{4} = \frac{182 - 147}{12} = \frac{35}{12} = 2{,}91\overline{6}$$

---

[4] Analogie in der Physik:

    σ^2:   Trägheitsmoment bei Rotation um den Schwerpunkt μ

    $E(X^2)$:   Trägheitsmoment bei Rotation um den Nullpunkt

2. X: Anzahl "Kopf" bei zweimaligem Werfen einer Münze

$$E(X) = 0 \cdot \frac{1}{4} + 1 \cdot \frac{2}{4} + 2 \cdot \frac{1}{4} = 1$$

$$E(X^2) = 0^2 \cdot \frac{1}{4} + 1^2 \cdot \frac{2}{4} + 2^2 \cdot \frac{1}{4} = \frac{6}{4} = \frac{3}{2}$$

$$Var(X) = E(X^2) - (E(X))^2 = \frac{3}{2} - 1 = \frac{1}{2}$$

REGELN (Fortsetzung)

3. $Var(a + bX) = b^2 Var(X)$

   Bei einer linearen Transformation der Zufallsvariablen wird die Varianz mit b^2 multipliziert.

   Die additive Konstante a (d.h. die Verschiebung der Verteilung) hat keinen Einfluß auf die Streuung.

   Die Varianz ist **invariant** gegenüber Nullpunktverschiebungen.

Beweis:

$$\begin{aligned}
Var(a+bX) &= E((a+bX)^2) - (E(a+bX))^2 \\
&= E(a^2 + 2abX + b^2 X^2) - (a + bE(X))^2 \\
&= a^2 + 2abE(X) + b^2 E(X^2) - a^2 - 2abE(X) - b^2 (E(X))^2 \\
&= b^2 E(X^2) - b^2 (E(X))^2 \\
&= b^2 \left[E(X^2) - (E(X))^2 \right] \\
&= b^2 Var(X)
\end{aligned}$$

Die lineare Transformation bewirkt eine

- Verschiebung der Verteilung um $a > 0$ nach rechts bzw. um $a < 0$ nach links.
- Streckung der Verteilung um den Faktor $|b| > 1$ bzw. Stauchung um den Faktor $|b| < 1$.

Durch die Streckung oder Stauchung ändert sich die Streuung und damit die Varianz um den Faktor b^2.

Ein wichtiger Anwendungsfall der linearen Transformation einer Zufallsvariablen ist die Standardisierung (Normierung) der Zufallsvariablen.

Standardisierte Zufallsvariable

Hat die Zufallsvariable X den Mittelwert μ und die Varianz σ^2, dann hat die standardisierte Zufallsvariable

$$Z = \frac{X - \mu}{\sigma}$$

den Mittelwert 0 und die Varianz 1.

Beweis:

$$E(Z) = E\left(\frac{X-\mu}{\sigma}\right) = E\left(\frac{1}{\sigma} \cdot X - \frac{\mu}{\sigma}\right) = \frac{1}{\sigma} \cdot E(X) - \frac{\mu}{\sigma} = \frac{1}{\sigma} \cdot \mu - \frac{\mu}{\sigma} = 0$$

$$Var(Z) = Var\left(\frac{X-\mu}{\sigma}\right) = Var\left(\frac{1}{\sigma} \cdot X - \frac{\mu}{\sigma}\right) = \frac{1}{\sigma^2} \cdot Var(X) = \frac{1}{\sigma^2} \cdot \sigma^2 = 1$$

BEISPIEL

X: Anzahl "Kopf" beim zweimaligen Werfen einer Münze

x	z	f(z)
0	−1,4142	1/4
1	0	2/4
2	1,4142	1/4

$$z = \frac{x-\mu}{\sigma} = \frac{x-1}{\sqrt{0,5}} = (x-1) \cdot 1{,}41$$

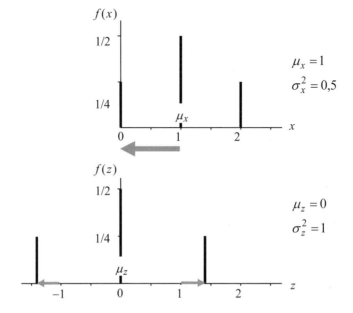

Durch die Standardisierung wird die Verteilung der Zufallsvariablen X um μ nach links verschoben und um den Faktor $1/\sigma = 1{,}41$ gestreckt.

Die lineare Transformation kann interpretiert werden als Maßstabstransformation mit σ als neuer Maßeinheit auf des Abszisse.

6.4 Momente

Erwartungswert und Varianz sind Spezialfälle einer allgemeinen Klasse von Maßzahlen, die wir als Momente einer Verteilung (bzw. Zufallsvariablen) bezeichnen. Wir definieren:

> **Gewöhnliche Momente**
>
> Das gewöhnliche Moment k-ter Ordnung (m_k) einer Zufallsvariablen X mit der Wahrscheinlichkeits- bzw. Dichtefunktion $f(x)$ ist:
>
> - $E(X^k) = \sum_i x_i^k f(x_i)$, wenn X diskret ist.
> - $E(X^k) = \int_{-\infty}^{\infty} x^k f(x)\,dx$, wenn X stetig ist.

Die gewöhnlichen Momente sind die Erwartungswerte der Funktion

$$Y = g(X) = X^k$$

der Zufallsvariablen X, also der k-ten Potenz von X. Es gilt:

> **Gewöhnliches Moment 1. Ordnung**
>
> Der Erwartungswert $E(X)$ ist das 1. gewöhnliche Moment der Zufallsvariablen X:
>
> $$E(X) = \mu$$

Auch das 2. gewöhnliche Moment $E(X^2)$ haben wir bereits bei der Berechnung der Varianz mit Hilfe des Verschiebungssatzes benutzt:

$$Var(X) = E(X^2) - (E(X))^2 = E(X^2) - \mu^2$$

Von den gewöhnlichen Momenten zu unterscheiden, sind die zentralen Momente:

Wenn wir die gewöhnlichen Momente als Momente bezüglich des Nullpunktes interpretieren, dann sind die zentralen Momente die Momente bezüglich des Mittelwerts. An die Stelle der k-ten Potenz der Zufallsvariablen selbst tritt nun die k-te Potenz der Abweichungen vom Mittelwert.

Zentrale Momente

Das zentrale Moment k-ter Ordnung (μ_k) einer Zufallsvariablen X mit der Wahrscheinlichkeits- bzw. Dichtefunktion $f(x)$ ist:

- $E((X-\mu)^k) = \sum_i (x_i - \mu)^k f(x_i)$, wenn X diskret ist.

- $E((X-\mu)^k) = \int_{-\infty}^{\infty} (x-\mu)^k f(x) dx$, wenn X stetig ist.

Die zentralen Momente sind die Erwartungswerte der Funktion

$$Y = g(X) = (X-\mu)^k$$

der Zufallsvariablen X. Sie haben die folgenden Eigenschaften.

EIGENSCHAFTEN

1. Das **1. zentrale Moment hat den Wert null** (wenn es existiert):

   $$E(X-\mu) = 0$$

   Der Erwartungswert der Abweichung der Zufallsvariablen X von ihrem Erwartungswert ist null.

   Beweis:

   $$E(X-\mu) = E(X) - \mu = 0 \qquad \text{(Regel 3 für Erwartungswerte)}$$

2. Das **2. zentrale Moment ist die Varianz** der Zufallsvariablen X:

   $$E((X-\mu)^2) = \sigma^2 \qquad \text{(Regel 1 für Varianzen)}$$

3. Die **zentralen Momente lassen sich durch die gewöhnlichen Momente $E(X), E(X^2), \ldots$ darstellen**.

   Insbesondere gilt für das **2. zentrale Moment** der Verschiebungssatz

   $$E((X-\mu)^2) = E(X^2) - \mu^2$$

   und für das 3. zentrale Moment

   $$E((X-\mu)^3) = E(X^3) - 3\mu E(X^2) + 2\mu^3$$

Beweis:

$$\begin{aligned}
E((X-\mu)^3) &= E(X^3 - 3X^2\mu + 3X\mu^2 - \mu^3) \\
&= E(X^3) - 3\mu E(X^2) + 3\mu^2 \underbrace{E(X)}_{=\mu} - \mu^3 \\
&= E(X^3) - 3\mu E(X^2) + 3\mu^3 - \mu^3 \\
&= E(X^3) - 3\mu E(X^2) + 2\mu^3
\end{aligned}$$

Die zentralen Momente können verallgemeinert werden. Wir beziehen die Momente nun nicht mehr auf den Mittelwert, sondern auf eine beliebige Konstante c. An die Stelle der Abweichungen vom Erwartungswert treten nun die Abweichungen von der Konstanten c. Wir definieren

> **Momente um c**
>
> Das k-te Moment der Zufallsvariablen X bezüglich der Konstanten c ist:
>
> $$m_k(c) = E((X-c)^k)$$

Es gilt:

> **2. Moment um c**
>
> Das 2. Moment von X bezüglich c nimmt genau dann seinen kleinsten Wert an, wenn $c = \mu$
>
> $$E((X-\mu)^2) = \operatorname{Min} E((X-c)^2)$$

Beweis:

$$\begin{aligned}
E((X-c)^2) &= E((X-\mu) + (\mu-c))^2 \\
&= E((X-\mu)^2 + 2(X-\mu)(\mu-c) + (\mu-c)^2) \\
&= E((X-\mu)^2) + 2(\mu-c)\underbrace{E(X-\mu)}_{=0} + (\mu-c)^2 \\
&= \underbrace{E((X-\mu)^2)}_{\sigma^2 = \text{constant}} + (\mu-c)^2 \quad \text{minimal für } \mu = c
\end{aligned}$$

6.5 Momenterzeugende Funktion

Bei der Berechnung der Momente einer Zufallsvariablen (Verteilung) benutzen wir entweder

- die Definitionsgleichung der Momente oder
- eine geeignete Hilfsfunktion, die sog. momenterzeugende Funktion.

Die Berechnung der Momente mit Hilfe der Definitionsgleichung ist häufig schwierig und führt nicht immer zum Ergebnis. In vielen Fällen führt der auf den ersten Blick umständliche Weg über die momenterzeugende Funktion schneller zum Ergebnis als die Definitionsgleichung. Wir definieren:

Momenterzeugende Funktion

Der Erwartungswert $E(e^{tX})$ heißt momenterzeugende Funktion der Zufallsvariablen X und wird mit $G(t)$ bezeichnet

$$G(t) = E(e^{tX}) \qquad t \in \mathbf{R}$$

Die momenterzeugende Funktion lautet

- $G(t) = \sum_i e^{tx_i} f(x_i)$, wenn X diskret ist.

- $G(t) = \int_{-\infty}^{\infty} e^{tx} f(x)\, dx$, wenn X stetig ist.

Die momenterzeugende Funktion $G(t)$ ist eine reelle Funktion der Hilfsvariablen $t \in \mathbf{R}$. Daher können wir $G(t)$ nach t differenzieren, in dem wir unter dem Summen- bzw. Integralzeichen differenzieren.

Einmalige Differentiation nach t ergibt:

$$\frac{dG}{dt} = G'(t) = \sum_i x_i e^{x_i t} f(x_i) \qquad \text{, wenn } X \text{ diskret ist}$$

$$\text{bzw.} \qquad = \int_{-\infty}^{\infty} x e^{xt} f(x)\, dx \qquad \text{, wenn } X \text{ stetig ist.}$$

k-malige Differentiation nach t ergibt:

$$\frac{d^k G}{dt^k} = G^{(k)}(t) = \sum_i x_i^k e^{x_i t} f(x_i) \qquad \text{, wenn } X \text{ diskret ist.}$$

$$\text{bzw.} \qquad = \int_{-\infty}^{\infty} x^k e^{xt} f(x)\, dx \qquad \text{, wenn } X \text{ stetig ist.}$$

Für $t = 0$ folgt $e^{tx} = e^{0x} = 1$ und wir erhalten das k-te gewöhnliche Moment

$$G^{(k)}(0) = \sum_i x_i^k f(x_i) \qquad \text{, wenn } X \text{ diskret ist.}$$

$$\text{bzw.} \qquad = \int_{-\infty}^{\infty} x^k f(x)\, dx \qquad \text{, wenn } X \text{ stetig ist.}$$

Es gilt also der Satz:

> **Berechnung der Momente**
>
> Die k-te Ableitung der momenterzeugenden Funktion an der Stelle $t = 0$ ist gleich dem k-ten gewöhnlichen Moment der Zufallsvariablen X
>
> $$E(X^k) = G^{(k)}(0)$$
>
> Insbesondere ist für $k = 1$
>
> $$E(X) = G'(0)$$

6.6 Charakteristische Funktion

Die Berechnung der Momente mit Hilfe der momenterzeugenden Funktion setzt voraus, dass die auftretenden Reihen (Summen) bzw. die uneigentlichen Integrale konvergieren. Die Methode ist also nicht anwendbar, wenn die Summen oder Integrale nicht konvergieren.

Das Konvergenzproblem läßt sich dadurch umgehen, dass man statt der momenterzeugenden Funktion $G(t)$ die sog. charakteristische Funktion benutzt.

> **Charakteristische Funktion**
>
> Der Erwartungswert $E(\mathrm{e}^{itX})$ heißt charakteristische Funktion der Zufallsvariablen X und wird mit $\varphi(t)$ bezeichnet:
>
> $$\varphi(t) = E(\mathrm{e}^{itX})$$
>
> Die charakteristische Funktion lautet:
>
> - $\varphi(t) = \sum_j \mathrm{e}^{itx_j} f(x_j)$, wenn X diskret ist.
>
> - $\varphi(t) = \int_{-\infty}^{\infty} \mathrm{e}^{itx} f(x)\,dx$, wenn X stetig ist.

Die charakteristische Funktion $\varphi(t)$ ist eine komplexe Funktion von $t \in \mathbf{R}$.

Die Reihe bzw. das Integral konvergieren für jedes $t \in \mathbf{R}$. D.h. die charakteristische Funktion existiert für jede diskrete oder stetige Zufallsvariable.

k-malige Differentiation nach t ergibt:

$$\frac{d^k \varphi}{dt^k} = \varphi^{(k)}(t) = \sum_j i^k x_j^k \mathrm{e}^{itx_j} f(x_j) \quad , \text{wenn } X \text{ diskret ist}$$

bzw. $\quad = \int_{-\infty}^{\infty} i^k x^k e^{itx} f(x)\,dx \quad$, wenn X stetig ist.

Für $t = 0$ folgt $e^{itx} = e^0 = 1$; ziehen wir i^k vor die Summe bzw. das Integral, so erhalten wir

$$\varphi^{(k)}(0) = i^k \sum_j x_j^k f(x_j) \quad \text{, wenn } X \text{ diskret ist}$$

bzw. $\quad = i^k \int_{-\infty}^{\infty} x^k f(x)\,dx \quad$, wenn X stetig ist.

Nach Division durch i^k ergeben sich die k-ten Momente

$$\varphi^{(k)}(0) = i^k E(X^k)$$
$$E(X^k) = \frac{\varphi^{(k)}(0)}{i^k}$$

Für die Berechnung der Momente durch die charakteristische Funktion gilt also:

Berechnung der Momente

Die k-te Ableitung der charakteristischen Funktion $\varphi(t)$ an der Stelle $t = 0$, dividiert durch i^k, ist gleich dem k-ten gewöhnlichen Moment der Zufallsvariablen X

$$E(X^k) = \frac{\varphi^{(k)}(0)}{i^k}$$

Insbesondere ergibt sich daraus für $k = 1$ wieder der Erwartungswert von X

$$E(X) = \frac{\varphi'(0)}{i}$$

6.7 Schiefe

Eine weniger gebräuchliche Maßzahl ist die Schiefe einer Zufallsvariablen (bzw. Verteilung).

Definition der Schiefe

Wir bezeichnen eine Verteilung als **schief**, wenn sie **nicht symmetrisch** ist.

Für symmetrische Verteilungen gilt:

6.7 Schiefe

Notwendige Bedingung für Symmetrie

Ist eine Verteilung symmetrisch bezüglich $x = c$, dann ist das 3. zentrale Moment der Verteilung null, wenn es existiert:

$$E((X-\mu)^3) = 0$$

Beweis:

$$E((X-\mu)^3) = \int_{-\infty}^{\infty} (x-\mu)^3 f(x)\,dx$$

Setze

$$t = x - c = x - \mu \quad \text{wegen } \mu = c$$

dann folgt

$$dt = dx$$
$$f(x) = f(c+t) = f(c-t)$$

und es gilt:

$$E((X-\mu)^3) = \int_{-\infty}^{0} \tau^3 f(c+\tau)\,d\tau + \int_{0}^{\infty} t^3 f(c+t)\,dt$$

Mit $\tau = -t$ folgt

$$E((X-\mu)^3) = \int_{\infty}^{0} (-t)^3 \underbrace{f(c-t)}_{=f(c+t)} (-dt) + \int_{0}^{\infty} t^3 f(c+t)\,dt$$

$$= -\int_{\infty}^{0} \underbrace{(-t)^3}_{-t^3} f(c+t)\,dt + \int_{0}^{\infty} t^3 f(c+t)\,dt$$

$$= -\int_{0}^{\infty} t^3 f(c+t)\,dt + \int_{0}^{\infty} t^3 f(c+t)\,dt = 0$$

Das Vorzeichen des dritten zentralen Moments ist also ein Maß für die Symmetrie oder Asymmetrie einer Verteilung.

Wir bezeichnen eine Verteilung mit

$$E((X-\mu)^3) = \mu_3 \begin{cases} > 0 & \text{als rechtsschief} \\ = 0 & \text{als symmetrisch} \\ < 0 & \text{als linksschief} \end{cases}$$

Das 3. zentrale Moment selbst ist aber noch keine geeignete Maßzahl für die Schiefe, da sie sowohl von der Maßeinheit der Zufallsvariablen X, als auch von der Streuung beeinflusst wird. Wir kontrollieren diese Einflüsse, indem wir das 3. zentrale Moment durch die 3. Potenz der Standardabweichung σ dividieren.

Die Maßzahl für die Schiefe wird daher wie folgt definiert:

Schiefe

Die Schiefe γ einer Zufallsvariablen X ist die Maßzahl:

$$\gamma = \frac{1}{\sigma^3} E((X-\mu)^3) = \frac{\mu_3}{\sigma^3}$$

Eine Wahrscheinlichkeitsverteilung wird als (näherungsweise) symmetrisch bezeichnet, wenn

$$-0,5 < \gamma < 0,5$$

und als ausgeprägt schief, wenn $|\gamma| > 1$

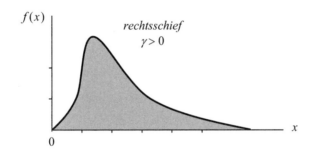

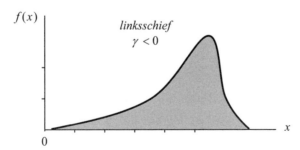

BEISPIELE

1. Zufallsexperiment: Ziehen von 3 Kugeln (ohne Zurücklegen) aus einer Urne mit 6 weißen und 4 roten Kugeln.

   Zufallsvariable X: Anzahl der roten Kugeln

6.7 Schiefe

Die Wahrscheinlichkeitsfunktion dieser diskreten Verteilung wurde bereits in Übung 5/3 berechnet. Wir übernehmen die Werte und berechnen die Momente anhand der folgenden Tabelle:

x	$f(x)$	$xf(x)$	$x-\mu$	$(x-\mu)^2$	$(x-\mu)^3$	$(x-\mu)^2 f(x)$	$(x-\mu)^3 f(x)$
0	$0,1\overline{6}$	0	−1,2	1,44	−1,728	0,240	−0,2880
1	0,50	0,5	−0,2	0,04	−0,008	0,020	−0,0040
2	0,30	0,6	0,8	0,64	0,512	0,192	0,1536
3	$0,0\overline{3}$	0,1	1,8	3,24	5,832	0,108	0,1944
		$\mu = 1,2$				$\sigma^2 = 0,560$	$\mu_3 = 0,056$
						$\sigma = 0,748$	

Die Schiefe dieser Verteilung beträgt:

$$\gamma = \frac{\mu_3}{\sigma^3} = \frac{0,056}{0,42} = 0,13\overline{3} > 0$$

Die Verteilung ist also rechtsschief, da γ positiv ist. Die Asymmetrie ist aber gering, so dass wir die Verteilung als näherungsweise symmetrisch bezeichnen können.

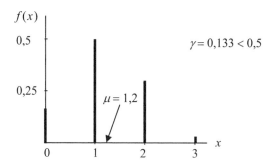

2. Gegeben sei die folgende Dichtefunktion

$$f(x) = \begin{cases} 2x & 0 \leq x \leq 1 \\ 0 & \text{sonst} \end{cases}$$

Es handelt sich hier um das Beispiel einer stetigen Verteilung, die wir bereits in Übung 5/5 kennengelernt haben. Wir berechnen zuerst die gewöhnlichen und dann die zentralen Momente.

Gewöhnliche Momente

$$E(X) = \int_0^1 x\,2x\,dx = 2\int_0^1 x^2\,dx = 2\left[\frac{1}{3}x^3\right]_0^1 = 2\cdot\frac{1}{3} = \frac{2}{3}$$

$$E(X^2) = \int_0^1 x^2\,2x\,dx = 2\int_0^1 x^3\,dx = 2\left[\frac{1}{4}x^4\right]_0^1 = 2\cdot\frac{1}{4} = \frac{1}{2}$$

$$E(X^3) = \int_0^1 x^3\,2x\,dx = 2\int_0^1 x^4\,dx = 2\left[\frac{1}{5}x^5\right]_0^1 = 2\cdot\frac{1}{5} = \frac{2}{5}$$

Zentrale Momente

$$E((X-\mu)^2) = \int_{-\infty}^{\infty} (x-\mu)^2 f(x)\,dx = E(X^2) - \mu^2$$

$$= \frac{1}{2} - \left(\frac{2}{3}\right)^2 = \frac{1}{2} - \frac{4}{9} = \frac{1}{18}$$

$$E((X-\mu)^3) = \int_{-\infty}^{\infty} (x-\mu)^3 f(x)\,dx = E(X^3) - 3\mu E(X^2) + 2\mu^3$$

$$= \frac{2}{5} - 3\cdot\frac{2}{3}\cdot\frac{1}{2} + 2\left(\frac{2}{3}\right)^3 = \frac{2}{5} - 1 + \frac{16}{27} = -\frac{3}{5} + \frac{16}{27}$$

$$= -0{,}6 + 0{,}5925 = -0{,}0074$$

Schiefe

$$\gamma = \frac{\mu_3}{\sigma^3} = \frac{-0{,}0074}{0{,}01309} = -0{,}56 < 0$$

Die Verteilung ist also linksschief, da γ negativ und kleiner als $-0{,}5$ ist.

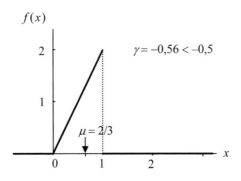

ÜBUNG 6 (Maßzahlen)

1. Berechnen Sie den Erwartungswert und die Varianz für die Wahrscheinlichkeitsverteilungen in Übung 5!

2. Gegeben sei die folgende Wahrscheinlichkeitsverteilung:

x	8	12	16	20	24
$f(x)$	1/8	1/6	3/8	1/4	1/12

   Berechnen Sie den Erwartungswert und die Varianz!

3. Die Anzahl der stündlich in einer Werkstatt abgefertigten PKW habe folgende Wahrscheinlichkeitsverteilung:

x	0	1	2
$f(x)$	0,5	0,3	0,2

   Berechnen Sie den Erwartungswert und die Varianz der stündlich reparierten PKW!

4. In einer Warenlieferung von 8 Einheiten seien zwei defekte Einheiten. Es werde eine Stichprobe von drei Einheiten ohne Zurücklegen entnommen.
   a. Ermitteln Sie die Wahrscheinlichkeitsfunktion und die Verteilungsfunktion der Zufallsvariablen "Anzahl fehlerhafter Stücke"!
   b. Berechnen Sie den Erwartungswert und die Varianz!

5. Eine Maschine produziere Bolzen. Der Solldurchmesser betrage 1 cm. Der tatsächliche Durchmesser X der Bolzen unterliege zufälligen Schwankungen. Die Dichtefunktion von X sei

   $$f(x) = \begin{cases} 750(x-0{,}9)(1{,}1-x) & \text{für } 0{,}9 < x < 1{,}1 \\ 0 & \text{für alle anderen } x \end{cases}$$

   a. Bestimmen Sei den Erwartungswert und die Varianz!
   b. Mit wie viel Prozent Ausschuss ist zu rechnen, wenn alle Bolzen, die mehr als 0,6 mm vom Sollwert abweichen, als Ausschuss gewertet werden?
   c. Wie müssten die Toleranzgrenzen gewählt werden, wenn der Ausschuss nicht mehr als 10% betragen soll?

6. In einer Lotterie kann man mit einem Los einen 1. Preis von 5000,- € mit der Wahrscheinlichkeit 0,001 und einen 2. Preis von 2000,- € mit einer Wahrscheinlichkeit von 0,003 gewinnen. Wie groß ist die Gewinnerwartung beim Kauf eines Loses, wie hoch wäre der faire Lospreis?

7. Bei einem Glücksspiel werden zwei Würfel geworfen. Der Spieler A erhalte vom Spieler B den Euro-Betrag, der der Augensumme der beiden Würfel entspricht. Wie hoch wäre der faire Preis, den A an B für ein Spiel zahlen müsste?

8. Wie hoch ist die Gewinnerwartung eines Tipps beim Zahlenlotto, wenn die Quoten für 3, 4, 5, 5+1, 6 Richtige 5, 100, 10.000, 100.000, 1.000.000 € betragen?

9. Sei X die Zufallsvariable "Anzahl Kopf" beim viermaligen Werfen einer Münze (Übung 5/3). Bestimmen Sie die Wahrscheinlichkeitsfunktion der standardisierten Zufallsvariablen

$$Z = \frac{X - E(X)}{\sqrt{Var(X)}}$$

Stellen Sie die Wahrscheinlichkeitsfunktion grafisch dar!

10. Gegeben sei die Dichtefunktion

$$f(x) = \begin{cases} 0{,}75(1-x^2) & \text{für } -1 \leq x \leq 1 \\ 0 & \text{sonst} \end{cases}$$

Nehmen Sie an, die Zufallsvariable X werde der folgenden linearen Transformation unterworfen

$$Z = 2X - 2$$

a. Welchen Mittelwert und welche Varianz hat die Zufallsvariable Z?

b. Zeigen Sie, dass $f(x)$ eine Dichtefunktion ist, ermitteln Sie die Verteilungsfunktion und stellen Sie die Funktionen grafisch dar.

c. Ermitteln Sie die Dichtefunktion und die Verteilungsfunktion von Z und stellen Sie die Funktionen grafisch dar.

7 Spezielle diskrete Verteilungen

Diskrete Wahrscheinlichkeitsverteilungen sind Verteilungen von Zufallsvariablen mit abzählbaren Ergebnismengen.

Wir wollen uns nun mit den drei speziellen diskreten Verteilungen befassen, die für die statistische Praxis besonders wichtig sind. Das sind:

- die Binomialverteilung,
- die Poissonverteilung und
- die Hypergeometrische Verteilung.

7.1 Binomialverteilung

Die Binomialverteilung (auch Bernoulli-Verteilung genannt) geht auf Jakob Bernoulli (1654–1705)[1] zurück, der sie in seiner postum veröffentlichten Schrift "Ars conjectandi" (Die Kunst des Vorhersagens)[2] zuerst abgeleitet hat.

Die Binomialverteilung ist die Wahrscheinlichkeitsverteilung der Zufallsvariablen bei einem Bernoulli-Experiment[3] mit folgenden Eigenschaften:

Eigenschaften des Bernoulli-Experiments

- Es liegt ein Zufallsexperiment zugrunde, bei dem nur zwei Ereignisse A (Erfolg) und $\overline{A}$ (Misserfolg) eintreten können.
- Die Wahrscheinlichkeiten dieser beiden Ereignisse sind konstant

    $P(A) = p$ und $P(\overline{A}) = 1 - p$

    ändern sich also nicht von Versuch zu Versuch; das heißt die einzelnen Versuche sind unabhängig von einander.

    p heißt Erfolgswahrscheinlichkeit und $1-p$ Misserfolgswahrscheinlichkeit.
- Das Zufallsexperiment wird n-mal wiederholt.

Die Wahrscheinlichkeit, dass das Ereignis A bei diesem Bernoulli-Experiment x-mal eintritt, beträgt dann

$$P(X = x) = f(x) = \binom{n}{x} p^x (1-p)^{n-x}$$

---

[1] Jakob Bernoulli (1654–1705) gilt als ein Begründer der modernen Statistik. Er war Professor in Basel und bewies u.a. auch das "Gesetz der großen Zahlen".
[2] Von seinem Neffen Nikolaus Bernoulli herausgegeben
[3] Bereits früher definiert als ein Experiment, bei dem ein Zufallsexperiment n-mal wiederholt wird und bei dem die einzelnen Versuche unabhängig voneinander sind (siehe Kapitel 3.5).

BEISPIELE

1. Zufallsexperiment: $n = 4$-maliges Werfen einer Münze

   Zufallsvariable X: Anzahl A = Kopf

   Erfolgs- und Misserfolgswahrscheinlichkeiten

   $$P(A) = p = \frac{1}{2} \qquad P(\overline{A}) = 1 - p = q = \frac{1}{2}$$

   Die Wahrscheinlichkeit, dass bei 4 Versuchen das Ereignis "Kopf" genau dreimal eintritt, beträgt dann

   $$f(x=3) = \binom{4}{3} \cdot 0{,}5^3 \cdot 0{,}5^1 = 4 \cdot 0{,}125 \cdot 0{,}5 = 0{,}25$$

   Die Elementarereignisse, bei denen "Kopf" dreimal geworfen wird, unterscheiden sich nur durch die Reihenfolge, in der "Kopf" und "Zahl" fallen. Die Elementarereignisse und ihre Wahrscheinlichkeiten sind:

   $$\binom{n}{x} = \binom{4}{3} = 4 \begin{cases} A & A & A & \overline{A} & \quad 0{,}5^3 \cdot 0{,}5^1 = p^3 \cdot q^{4-3} = p^x q^{n-x} \\ A & A & \overline{A} & A & \quad 0{,}5^3 \cdot 0{,}5^1 = p^3 \cdot q^{4-3} \\ A & \overline{A} & A & A & \quad 0{,}5^3 \cdot 0{,}5^1 = p^3 \cdot q^{4-3} \\ \overline{A} & A & A & A & \quad 0{,}5^3 \cdot 0{,}5^1 = p^3 \cdot q^{4-3} \end{cases}$$

   Es gibt also $\binom{4}{3} = 4$ Elementarereignisse, bei denen das Ereignis "Kopf" genau dreimal eintritt. Alle haben die gleiche Wahrscheinlichkeit

   $$p^x q^{n-x} = p^3 \cdot q^{4-3} = 0{,}5^3 \cdot 0{,}5^1$$

2. Zufallsexperiment: $n = 10$-maliges Werfen eines Würfels

   Zufallsvariable X: Anzahl A = Augenzahl 6

   Erfolgs- und Misserfolgswahrscheinlichkeiten

   $$P(A) = p = \frac{1}{6} \qquad P(\overline{A}) = 1 - p = \frac{5}{6}$$

   Die Wahrscheinlichkeit, dass bei 10 Versuchen das Ereignis $A = 6$ genau zweimal eintritt, beträgt dann

   $$f(x=2) = \binom{10}{2} \cdot \left(\frac{1}{6}\right)^2 \cdot \left(\frac{5}{6}\right)^8 = 45 \cdot 0{,}02\overline{7} \cdot 0{,}233 = 0{,}29$$

7.1 Binomialverteilung

Eines der möglichen Elementarereignisse und seine Wahrscheinlichkeit ist:

$$\underbrace{A\,A}_{\text{2-mal}} \underbrace{\overline{A}\,\overline{A}\,\overline{A}\,\overline{A}\,\overline{A}\,\overline{A}\,\overline{A}\,\overline{A}}_{\text{8-mal}} \quad \underbrace{\frac{1}{6}\cdot\frac{1}{6}}_{\text{2-mal}}\cdot\underbrace{\frac{5}{6}\cdot\frac{5}{6}\cdot\frac{5}{6}\cdot\frac{5}{6}\cdot\frac{5}{6}\cdot\frac{5}{6}\cdot\frac{5}{6}\cdot\frac{5}{6}}_{\text{8-mal}} = \left(\frac{1}{6}\right)^2 \cdot \left(\frac{5}{6}\right)^8$$

Die anderen Elementarereignisse, bei denen die Augenzahl 6 genau zweimal eintritt, unterscheiden sich nur durch die Reihenfolge, in der die 6 und andere Augenzahlen geworfen werden.

Jedes andere Elementarereignis ergibt sich also aus der Änderung der Anordnung. Insgesamt gibt es

$$\frac{10!}{2!\cdot(10-2)!} = \frac{10!}{2!\cdot 8!} = \binom{10}{2} = 45$$

Anordnungen dieser 10 Elemente, die aus zwei Klassen mit 2 und 8 untereinander gleichen Elementen bestehen und die alle dieselbe Wahrscheinlichkeit besitzen

$$p^x q^{n-x} = \left(\frac{1}{6}\right)^2 \cdot \left(\frac{5}{6}\right)^8 = 0{,}02\overline{7} \cdot 0{,}233 = 0{,}00646$$

Wir wollen die in den Beispielen angestellten Überlegungen nun verallgemeinern.

BEWEIS

Sei X die Anzahl der Versuche, in denen das Ereignis A bei n Ausführungen des Zufallsexperiments eintritt. Dann ist ein Elementarereignis, bei dem das Ereignis A genau x-mal eintritt

$$\underbrace{A\,A\,A\ldots A}_{x\text{ - mal}} \underbrace{\overline{A}\,\overline{A}\,\overline{A}\ldots\overline{A}}_{(n-x)\text{ - mal}}$$

Hier treten in den ersten x Versuchen der Erfolg und in den folgenden $n-x$ Versuchen der Misserfolg ein.

Da die einzelnen Versuche **unabhängig** voneinander sind, ergibt sich die Wahrscheinlichkeit dieses Ereignisses als Produkt der Einzelwahrscheinlichkeiten (**Multiplikationssatz**):

$$\underbrace{p\,p\,p\ldots p}_{x\text{ - mal}} \cdot \underbrace{q\,q\,q\ldots q}_{(n-x)\text{ - mal}} = p^x q^{n-x}$$

Alle anderen Elementarereignisse, bei denen das Ereignis A genau x-mal eintritt, ergeben sich durch Vertauschung der Reihenfolge. Die Anzahl möglicher Anordnungen beträgt:

$$\binom{n}{x} = \frac{n!}{x!(n-x)!}$$

Das ist die Anzahl der Permutationen von n Elementen, die aus zwei Klassen untereinander gleicher Elemente n und $n-x$ bestehen. Sie ist gleich der Anzahl der Kombinationen x-ter Ordnung von n verschiedenen Elementen ohne Berücksichtigung der Anordnung.

Da diese $\binom{n}{x}$ Elementarereignisse sich gegenseitig ausschließen (**disjunkt** sind), ergibt sich nach dem **Additionssatz** die Wahrscheinlichkeit dafür, dass eines dieser Ereignisse eintritt als Summe der Einzelwahrscheinlichkeiten:

$$P(X = x) = f(x) = \binom{n}{x} p^x q^{n-x} \qquad x = 0, 1, 2, \ldots, n$$

Die Wahrscheinlichkeit des Ereignisses $X = x$ hängt bei der Binomialverteilung offenbar von der Anzahl der Versuche n und der Wahrscheinlichkeit $P(A) = p$ des Ereignisses A bei jedem Versuch ab. Für jeden Wert dieser Parameter n und p ergibt sich eine andere Verteilung, die durch n und p eindeutig bestimmt ist. Die Binomialverteilung mit den Parametern n und p wird daher auch kurz als $B(n; p)$-Verteilung bezeichnet. Die Werte der Wahrscheinlichkeits- und Verteilungsfunktion für gebräuchliche Parameterwerte finden sich im Tabellenanhang.

Für eine $B(n; p)$-verteilte Zufallsvariable X gilt die

Wahrscheinlichkeitsfunktion

$$f(x) = \binom{n}{x} p^x q^{n-x} \qquad x = 0, 1, 2, \ldots, n$$

Verteilungsfunktion

$$F(x) = P(X \leq x) = \sum_{k=0}^{x} \binom{n}{k} p^k q^{n-k} \qquad 0 \leq x \leq n$$

BEISPIEL

3. Zufallsexperiment: $n = 8$-maliges Ziehen (m. Z.) aus einer Urne mit
   $N = 100$ Kugeln, davon
   $M = 30$ weiße und $N - M = 70$ schwarze

7.1 Binomialverteilung

Zufallsvariable X: Anzahl weiße Kugeln (A)

$$P(A) = p = \frac{M}{N} = \frac{30}{100} = 0{,}3$$

$$P(\overline{A}) = q = \frac{N-M}{N} = \frac{70}{100} = 0{,}7$$

Binomialverteilung

$$B(n; p) = B(8; 0{,}3)$$

Wahrscheinlichkeitsfunktion

$$f(x) = \binom{8}{x} 0{,}3^x \, 0{,}7^{8-x} \qquad x = 0, 1, 2, \ldots, 8$$

Verteilungsfunktion

$$F(x) = \sum_{k=0}^{x} \binom{8}{k} 0{,}3^k \, 0{,}7^{8-k} \qquad 0 \leq x \leq 8$$

x	$f(x)$	$F(x)$
0	0,0576	0,0576
1	0,1977	0,2553
2	0,2965	0,5518
3	0,2541	0,8059
4	0,1361	0,9420
5	0,0467	0,9887
6	0,0100	0,9987
7	0,0012	0,9999
8	0,0001	1,0000

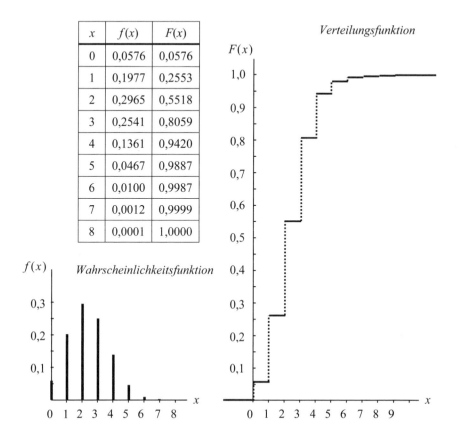

Wahrscheinlichkeiten

Die Wahrscheinlichkeit, dass unter den 8 gezogenen Kugeln 2 weiße Kugeln sind, beträgt:

$$P(X=2) = f(2) = \binom{8}{2} 0{,}3^2\, 0{,}7^6 = 0{,}2965$$

Die Wahrscheinlichkeit, dass unter den 8 gezogenen Kugeln höchstens 3 weiße Kugeln sind, beträgt:

$$P(X \le 3) = F(3) = \sum_{0 \le k \le 3} \binom{8}{k} 0{,}3^k\, 0{,}7^{8-k} = 0{,}8059$$

Die Wahrscheinlichkeit, dass unter den 8 gezogenen Kugeln mehr als 2 und höchstens 4 weiße Kugeln sind, beträgt:

$$P(2 < X \le 4) = F(4) - F(2) = \sum_{2 < k \le 4} \binom{8}{k} \cdot 0{,}3^k \cdot 0{,}7^{8-k}$$
$$= 0{,}9420 - 0{,}5518 = 0{,}3902 \approx 0{,}39$$

Es bleibt der Nachweis zu führen, dass $f(x)$ tatsächlich eine Wahrscheinlichkeitsfunktion ist und die Maßzahlen der Binomialverteilung zu berechnen.

EIGENSCHAFTEN

1. Die Wahrscheinlichkeitsfunktion der $B(n; p)$-Verteilung erfüllt die **Definition der Wahrscheinlichkeitsfunktion**, da

$$\sum_{x=0}^{n} \binom{n}{x} p^x q^{n-x} = 1$$
$$\binom{n}{x} p^x q^{n-x} \ge 0 \qquad (x = 0, 1, \ldots, n)$$

Beweis:

Es gilt der Binomische Lehrsatz (siehe auch Kap. 4.4)

$$\sum_{x=0}^{n} \binom{n}{x} p^x q^{n-x} = (p+q)^n = 1^n = 1 \qquad \text{da } p + q = 1$$

Die Nichtnegativität der Summanden folgt aus der Definition der Faktoren. Sowohl der Binomialkoeffizient $\binom{n}{x}$ als auch die Wahrscheinlichkeiten p und $q = 1-p$ sind nichtnegativ!

7.1 Binomialverteilung

2. Der **Erwartungswert** (Mittelwert) der $B(n; p)$-Verteilung beträgt

$$\mu = E(X) = np$$

Beweis:

Die momenterzeugende Funktion lautet (siehe Kap 6.5)

$$G(t) = E(e^{tX}) = \sum_{x=0}^{n} e^{tx} \binom{n}{x} p^x q^{n-x}$$

$$= \sum_{x=0}^{n} \binom{n}{x} (e^t p)^x q^{n-x}$$

Mit dem binomischen Lehrsatz folgt:

$$G(t) = (e^t p + q)^n$$

Differentiation nach t ergibt mit der Kettenregel

$$G'(t) = n(e^t p + q)^{n-1} \cdot e^t p$$

Für $t = 0$ folgt $e^t = e^0 = 1$. Daher vereinfacht sich die Ableitung zu

$$G'(0) = n(p+q)^{n-1} p = np \quad \text{da } p + q = 1$$

Die Ableitung der momenterzeugenden Funktion an der Stelle $t = 0$ ist gleich dem 1. gewöhnlichen Moment:

$$G'(0) = E(X) = np$$

3. Die **Varianz** der Binomialverteilung beträgt

$$\sigma^2 = E((X-\mu)^2) = npq$$

Beweis:

Wir benutzen den Verschiebungssatz zur Berechnung der Varianz:

$$\sigma^2 = E(X^2) - \mu^2$$

Das 2. gewöhnliche Moment $E(X^2)$ bestimmen wir mit Hilfe der momenterzeugenden Funktion. Dazu berechnen wir die 2. Ableitung der momenterzeugenden Funktion an der Stelle $t = 0$.

Zweimalige Differentiation von $G(t)$ nach t ergibt mit der Produktregel

$$G''(t) = \frac{d}{dt}\left[n(e^t p + q)^{n-1} \cdot e^t p\right]$$

$$= (n-1)n(e^t p + q)^{n-2} e^t p \cdot e^t p + n(e^t p + q)^{n-1} e^t p$$

Für $t = 0$ folgt

$$G''(0) = (n-1)n\underbrace{(p+q)^{n-2}}_{=1} p^2 + n\underbrace{(p+q)^{n-1}}_{=1} p$$

$$= (n-1)n p^2 + n p = E(X^2)$$

Eingesetzt in σ^2

$$\sigma^2 = E(X^2) - \mu^2$$
$$= (n-1)np^2 + np - (np)^2$$
$$= n^2 p^2 - np^2 + np - n^2 p^2$$
$$= np(1-p)$$
$$= npq$$

4. Es gilt die **Rekursionsformel**

$$\boxed{f(x+1) = \frac{n-x}{x+1} \cdot \frac{p}{q} f(x)}$$

Beweis:

$$f(x+1) = \binom{n}{x+1} \cdot p^{x+1} q^{n-x-1} = \binom{n}{x+1} \cdot p^x q^{n-x} \cdot \frac{p}{q}$$

Es ist

$$\binom{n}{x+1} = \frac{n!}{(x+1)!(n-x-1)!} = \frac{n!(n-x)}{x!(x+1)(n-x)(n-x-1)!}$$

$$= \frac{n!}{x!(n-x)!} \cdot \frac{n-x}{x+1} = \binom{n}{x} \cdot \frac{n-x}{x+1}$$

Eingesetzt

$$f(x+1) = \frac{n-x}{x+1} \cdot \frac{p}{q} \underbrace{\binom{n}{x} \cdot p^x q^{n-x}}_{= f(x)} = \frac{n-x}{x+1} \cdot \frac{p}{q} \cdot f(x)$$

BEISPIELE (Fortsetzung)

1. Binomialverteilung $B(4; 1/2)$

$$\mu = np = 4 \cdot \frac{1}{2} = 2$$

$$\sigma^2 = npq = 4 \cdot \frac{1}{2} \cdot \frac{1}{2} = 1$$

2. Binomialverteilung $B(10; 1/6)$

$$\mu = np = 10 \cdot \frac{1}{6} = \frac{10}{6} = \frac{5}{3} = 1,\overline{6}$$

$$\sigma^2 = npq = 10 \cdot \frac{1}{6} \cdot \frac{5}{6} = \frac{5}{3} \cdot \frac{5}{6} = \frac{25}{18} = 1,3\overline{8}$$

3. Binomialverteilung $B(8; 0,3)$

$$\mu = np = 8 \cdot 0,3 = 2,4$$

$$\sigma^2 = npq = 8 \cdot 0,3 \cdot 0,7 = 1,68$$

Die Binomialverteilung stellt die Wahrscheinlichkeitsverteilung für das Urnenmodell mit Zurücklegen dar:

> **Urnenmodell mit Zurücklegen**
>
> Die Wahrscheinlichkeitsfunktion für das Ziehen mit Zurücklegen aus einer Urne mit N Kugeln, von denen M weiß und $N-M$ schwarz sind, lautet
>
> $$f(x) = \binom{n}{x} \left(\frac{M}{N}\right)^x \left(\frac{N-M}{N}\right)^{n-x}$$
>
> wobei x die Anzahl der weißen Kugeln ist, die bei n-maligem Ziehen auftritt.

Der praktisch wichtigere Fall ist das Ziehen ohne Zurücklegen. Die entsprechende Verteilung (die Hypergeometrische Verteilung) ist komplizierter als die Binomialverteilung.

Ist die Zahl der gezogenen Kugeln n klein im Verhältnis zu N, M und $N-M$, dann unterscheiden sich die beiden Verteilungen nur wenig und wird daher die einfachere Binomialverteilung benutzt. Als Faustregel gilt ein Auswahlsatz von höchstens fünf Prozent:

$$\frac{n}{N} \leq 0,05$$

ÜBUNG 7.1 (Binomialverteilung)

1. Stellen Sie die Wahrscheinlichkeitsfunktion der Binomialverteilung für $n=10$ und
$$p = 0{,}1;\ 0{,}25;\ 0{,}5;\ 0{,}75;\ 0{,}9$$
grafisch dar! Ermitteln Sie den Erwartungswert und die Varianz!

2. Ein Würfel werde fünfmal geworfen. Wie groß ist die Wahrscheinlichkeit
    a. zweimal die Sechs zu werfen?
    b. mindestens dreimal die Sechs zu werfen?

3. Eine Münze werde zehnmal geworfen. Wie groß ist die Wahrscheinlichkeit
    a. viermal "Kopf",
    b. höchstens dreimal "Kopf",
    c. mindestens einmal "Kopf" zu werfen?

4. In einer Urne seien 20 Kugeln, davon 8 weiße und 12 schwarze. Es werden 6 Kugeln mit Zurücklegen gezogen. Wie groß ist die Wahrscheinlichkeit
    a. eine weiße,
    b. zwei bis vier weiße,
    c. mindestens drei weiße Kugeln zu ziehen?

5. Aus einem Skatspiel werden sechs Karten mit Zurücklegen gezogen.
   Wie groß ist die Wahrscheinlichkeit
    a. kein Ass zu ziehen?
    b. mehr als zwei Asse zu ziehen?

6. Wie groß ist die Wahrscheinlichkeit, dass in einer Familie mit vier Kindern
    a. zwei Jungen und zwei Mädchen,
    b. drei Jungen und ein Mädchen,
    c. nur Jungen

   sind, wenn Jungen- und Mädchengeburten gleich wahrscheinlich sind?

7. Eine Maschine produziere 5% Ausschuss. Die Produktion der einzelnen Stücke sei unabhängig voneinander. Zur Qualitätskontrolle werden 10 Stücke zufällig mit Zurücklegen aus der laufenden Produktion entnommen.
    a. Wie lautet die Wahrscheinlichkeitsfunktion für die Zufallsvariable "Anzahl der Ausschussstücke"? Unter welcher Voraussetzung ist die Zufallsvariable auch dann binomialverteilt, wenn ohne Zurücklegen gezogen wird?
    b. Wie groß ist die Wahrscheinlichkeit, dass unter den 10 entnommenen Stücken drei Ausschuss sind?
    c. Stellen Sie die Wahrscheinlichkeitsfunktion für die Zufallsvariable grafisch dar und ermitteln Sie Erwartungswert und Varianz.

7.2 Poissonverteilung

Die Poissonverteilung wurde erstmals 1837 von Siméon Denis Poisson[4] abgeleitet und später (1898) von Ladislaus v. Bortkiewicz[5] irreführend als "Gesetz der kleinen Zahlen" bezeichnet.

Bei vielen Bernoulli-Experimenten ist die Erfolgswahrscheinlichkeit p des einzelnen Versuchs klein und die Anzahl der Ausführungen n sehr groß. Der Erfolg ist daher auch bei einer großen Zahl von Versuchen ein seltenes Ereignis.

Die Anwendung der Binomialverteilung ist in diesen Fällen umständlich, weil die Berechnung der Binomialkoeffizienten für große n mit erheblichem Rechenaufwand verbunden ist.

Es liegt daher nahe, die Binomialverteilung in diesem Falle durch die Verteilung zu ersetzen, die sich ergibt, wenn n gegen ∞ und p gegen 0 geht; der Mittelwert aber einen endlichen Wert $\mu = np$ annimmt.

Die Grenzverteilung der Binomialverteilung, die sich so ergibt, ist die Poissonverteilung. Ihre **Wahrscheinlichkeitsfunktion** lautet:

$$f(x) = \frac{\mu^x}{x!} e^{-\mu} \quad ; \quad x = 0, 1, 2, \ldots$$

Beweis:

Wir leiten die Poissonverteilung als Grenzfall der Binomialverteilung her.

Der Erwartungswert der Binomialverteilung ist

$$\mu = np$$

Wir lösen die Gleichung nach p unter der Annahme auf, dass μ konstant ist

$$p = \frac{\mu}{n}$$

bilden die x-te Potenz von p

$$p^x = \left(\frac{\mu}{n}\right)^x = \frac{\mu^x}{n^x}$$

und die $(n-x)$-te Potenz von q

$$q^{n-x} = (1-p)^{n-x} = \left(1 - \frac{\mu}{n}\right)^{n-x} = \left[1 - \frac{\mu}{n}\right]^n \left[1 - \frac{\mu}{n}\right]^{-x}$$

---

[4] 1781–1840; französischer Mathematiker und Physiker
[5] 1868–1931; russischer Statistiker, seit 1907 Prof. in Berlin

Dann setzen wir beide Ausdrücke in die Wahrscheinlichkeitsfunktion der Binomialverteilung ein und erhalten:

$$f_B(x) = \binom{n}{x} p^x q^{n-x}$$

$$= \frac{n(n-1)(n-2)\ldots(n-x+1)}{x!} \cdot \frac{\mu^x}{n^x} \left[1-\frac{\mu}{n}\right]^n \left[1-\frac{\mu}{n}\right]^{-x}$$

$$= \frac{n(n-1)(n-2)\ldots(n-x+1)}{n^x} \cdot \frac{\mu^x}{x!} \left[1-\frac{\mu}{n}\right]^n \left[1-\frac{\mu}{n}\right]^{-x}$$

Dabei vertauschen wir die Nenner der ersten beiden Brüche $x!$ und n^x.

Schließlich lassen wir n gegen unendlich gehen, bilden also den Grenzwert:

$$\lim_{n\to\infty} f_B(x) = \lim_{n\to\infty} \underbrace{\frac{n(n-1)(n-2)\ldots(n-x+1)}{n^x}}_{\to 1} \cdot \frac{\mu^x}{x!} \underbrace{\left[1-\frac{\mu}{n}\right]^n}_{\to e^{-\mu}} \underbrace{\left[1-\frac{\mu}{n}\right]^{-x}}_{\to 1}$$

Für die Teilausdrücke ergeben sich die folgenden Grenzwerte:

(1) $\lim_{n\to\infty} \frac{n(n-1)(n-2)\ldots(n-x+1)}{n^x} = \lim_{n\to\infty} \frac{n}{n} \cdot \frac{n-1}{n} \cdot \ldots \cdot \frac{n-x+1}{n}$

$$= \lim_{n\to\infty} 1 \cdot \underbrace{(1-\frac{1}{n})}_{\to 1} \cdot \ldots \cdot \underbrace{(1-\frac{x-1}{n})}_{\to 1}$$

$$= 1 \cdot 1 \cdot \ldots \cdot 1 = 1$$

(2) $\lim_{n\to\infty} \left(1-\frac{\mu}{n}\right)^n = \left[\underbrace{\lim_{m\to\infty} \left(1-\frac{1}{m}\right)^m}_{e^{-1}}\right]^\mu = (e^{-1})^\mu = e^{-\mu}$

mit $\frac{\mu}{n} = \frac{1}{m} \Rightarrow n = m\mu$ und $n \to \infty \Rightarrow m \to \infty$

(3) $\lim_{n\to\infty} \left(1-\frac{\mu}{n}\right)^{-x} = (1-0)^{-x} = 1^{-x} = 1$

Folglich lautet der Grenzwert der Wahrscheinlichkeitsfunktion $f_B(x)$ der Binomialverteilung

$$\lim_{n\to\infty} f_B(x) = f_{Ps}(x) = \frac{\mu^x}{x!} e^{-\mu}$$

7.2 Poissonverteilung

Die Poissonverteilung kann also als Grenzfall der Binomialverteilung für $n \to \infty$, $p \to 0$ aufgefasst werden.

Die Poissonverteilung stellt auch für endliche Werte von n eine gute Approximation der Binomialverteilung dar und wird anstelle der Binomialverteilung verwendet, wenn n hinreichend groß und np hinreichend klein sind. Als Faustregel gilt:

$n \geq 50$

$np \leq 5$

Eine poissonverteilte Zufallsvariable X hat die

Wahrscheinlichkeitsfunktion

$$f(x) = \frac{\mu^x}{x!} \cdot e^{-\mu} \quad ; \quad x = 0, 1, 2, 3, \ldots$$

Verteilungsfunktion

$$F(x) = P(X \leq x) = \sum_{k=0}^{x} \frac{\mu^k}{k!} \cdot e^{-\mu} = e^{-\mu} \sum_{k=0}^{x} \frac{\mu^k}{k!} \quad ; x \geq 0$$

Maßzahlen

$$\mu = \mu$$
$$\sigma^2 = \mu$$
$$\gamma = \frac{1}{\sqrt{\mu}}$$

Die Poissonverteilung $Ps(\mu)$ ist durch den Parameter μ eindeutig bestimmt. Für gebräuchliche Parameterwerte finden sich die Werte der Wahrscheinlichkeitsfunktion und der Verteilungsfunktion im Tabellenanhang.

Im Unterschied zur Binomialverteilung hat die Poissonverteilung **abzählbar unendlich** viele Ausprägungen x mit positiven Wahrscheinlichkeiten.

BEISPIELE

1. Zufallsexperiment: $n = 100$-maliges Ziehen (m. Z.) aus einer Urne, die 1% weiße Kugeln enthält

   Zufallsvariable X: Anzahl weiße Kugeln

   $p = 0{,}01 \; ; \; q = 0{,}99$

   $\mu = np = 100 \cdot 0{,}01 = 1$

Wahrscheinlichkeitsverteilung

$$B(100; 0{,}01) \approx Ps(1)$$

Wahrscheinlichkeitsfunktion

$$f_B(x) = \binom{100}{x} 0{,}01^x \, 0{,}99^{n-x} \approx \frac{1^x}{x!} e^{-1} = \frac{1}{x!} e^{-1} = f_{Ps}(x)$$

Die binomialverteilte Zufallsvariable X ist approximativ poissonverteilt. Der Vergleich der Werte zeigt, dass die Wahrscheinlichkeitsfunktion der Poissonverteilung erst in der 3. Stelle Abweichungen von der Binomialverteilung aufweist.

	$B(100; 0{,}01)$	$Ps(1)$
x	$f_B(x)$	$f_{Ps}(x)$
0	0,366	0,368
1	0,370	0,368
2	0,185	0,184
3	0,061	0,061
4	0,015	0,015
5	0,003	0,003

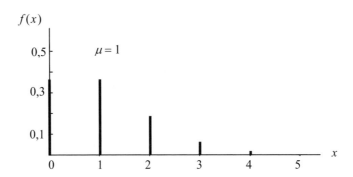

Wahrscheinlichkeiten

$$P(X \geq 1) = 1 - P(X \leq 0) = 1 - f_{Ps}(0) = 1 - \frac{1^0}{0!} \cdot e^{-1}$$

$$= 1 - e^{-1} = 1 - 0{,}368 = 0{,}632$$

$$P(X \geq 2) = 1 - P(X \leq 1) = 1 - F_{Ps}(1) = 1 - 0{,}736 = 0{,}264$$

$$F_{Ps}(1) = \sum_{x=0}^{1} \frac{1^x}{x!} \cdot e^{-1} = 0{,}736$$

2. Schrauben werden in Packungen à 1000 Stück verkauft. Es sei bekannt, dass der Ausschussanteil bei der Produktion ca. 0,5% betrage.

   Wie groß ist die Wahrscheinlichkeit, dass in einer bestimmten Packung mehr als 5 unbrauchbare Schrauben sind?

   Zufallsexperiment: $n = 1000$-malige Entnahme einer Schraube

   Zufallsvariable X: Anzahl unbrauchbare Schrauben (A)

   $$p = 0{,}005 \quad ; \quad q = 0{,}995$$
   $$\mu = np = 1000 \cdot 0{,}005 = 5$$

Poissonverteilung

$$B(1000;\ 0{,}005) \approx Ps(5)$$

Wahrscheinlichkeitsfunktion

$$f_B(x) = \binom{1000}{x} 0{,}005^x\, 0{,}995^{n-x} \approx \frac{5^x}{x!} e^{-5} = f_{Ps}(x)$$

Wahrscheinlichkeiten

$$P(X > 5) = \sum_{x=6}^{1000} \binom{1000}{x} \cdot 0{,}005^x \cdot 0{,}995^{1000-x}$$

$$\approx e^{-5} \sum_{x=6}^{\infty} \frac{5^x}{x!} = 1 - e^{-5} \sum_{x=0}^{5} \frac{5^x}{x!} = 1 - 0{,}616 = 0{,}384$$

$$P(X > 5) = 1 - P(X \leq 5) = 1 - F_{Ps}(5) = 1 - 0{,}616 = 0{,}384$$

$$P(X < 5) = P(X \leq 4) = F_{Ps}(4) = 0{,}4405$$

Bemerkung:

Streng genommen handelt es sich hier um den Fall des "Ziehens ohne Zurücklegen". Die Binomialverteilung ist dennoch anwendbar, wenn man annimmt

- dass n klein ist im Verhältnis zu N (der Gesamtproduktion)
- dass die Produktion der einzelnen Stücke unabhängig von einander ist (Bernoulli-Experiment)

und folglich die Wahrscheinlichkeit für jede Schraube unbrauchbar zu sein, $p = 0{,}005$ beträgt.

3. Wie groß ist die Wahrscheinlichkeit dafür, dass von den 1095 Studenten des Fachbereichs Wirtschaftswissenschaften

   a. wenigstens einer am 24. Dezember Geburtstag hat?
   b. mehr als 2 am 3. Oktober Geburtstag haben?

Zufallsexperiment: $n = 1095$-malige Ermittlung des Geburtstages

Zufallsvariable X: Anzahl der Studenten mit Geburtstag 24.12. (3.10.)

Erfolgswahrscheinlichkeit

$$p = \frac{1}{365}, \quad q = \frac{364}{365}$$

Dabei nehmen wir an, dass der Geburtstag ein Zufallsereignis ist, d.h. jeder Tag im Jahr dieselbe Wahrscheinlichkeit hat. Wir vernachlässigen also die möglichen Einflüsse der Jahreszeit auf die Zeugung und der Wochentage auf die Entbindung.

Erwartungswert

$$\mu = np = 1095 \cdot \frac{1}{365} = 3$$

Poissonverteilung

$$B(1095; 1/365) \approx Ps(3)$$

Wahrscheinlichkeitsfunktion

$$f_{Ps}(x) = \frac{3^x}{x!} e^{-3}$$

Wahrscheinlichkeiten

a. $P(X \geq 1) = 1 - P(X \leq 0) = 1 - F_{Ps}(0) = 1 - 0{,}0498 = 0{,}9502$

$$F_B(0) = f_B(0) = \binom{1095}{0}\left(\frac{1}{365}\right)^0 \left(\frac{364}{365}\right)^{1095} = \left(\frac{364}{365}\right)^{1095} = 0{,}0496$$

$$F_{Ps}(0) = f_{Ps}(0) = \frac{3^0}{0!} \cdot e^{-3} = e^{-3} = 0{,}04979$$

b. $P(X > 2) = 1 - P(X \leq 2) = 1 - F_{Ps}(2) = 1 - 0{,}4232 = 0{,}5768$

$$F_B(2) = \sum_{x=0}^{2} \binom{1095}{x}\left(\frac{1}{365}\right)^x \left(\frac{364}{365}\right)^{1095-x}$$

$$\approx F_{Ps}(2) = e^{-3} \sum_{x=0}^{2} \frac{3^x}{x!} = 0{,}4232$$

4. Die Wahrscheinlichkeit dafür, dass ein bestimmtes Medikament gesundheitliche Nebenwirkungen auslöst, betrage $p = 0{,}001$ (0,1%).

   Wie groß ist die Wahrscheinlichkeit, dass von 4000 behandelten Patienten

   a. keiner eine Nebenwirkung zeigt?
   b. höchstens zwei eine Nebenwirkung zeigen?
   c. mehr als drei eine Nebenwirkung zeigen?
   d. mehr als sechs eine Nebenwirkung zeigen?

   Die Voraussetzungen für die Anwendung der Poissonverteilung sind erfüllt:
   $$B(4000; 0{,}001) \approx Ps(4)$$

   Die Wahrscheinlichkeiten betragen:

   a. $P(0) = f(0) = 0{,}0183$
   b. $P(X \leq 2) = F(2) = 0{,}2381$
   c. $P(X > 3) = 1 - P(X \leq 3) = 1 - F(3) = 1 - 0{,}4335 = 0{,}5665$
   d. $P(X > 6) = 1 - P(X \leq 6) = 1 - F(6) = 1 - 0{,}8893 = 0{,}1107$

Die Poissonverteilung wird auch als die **Verteilung der seltenen Ereignisse** bezeichnet, weil sie immer dann anwendbar ist (und sich empirisch bestätigt), wenn bei einem Bernoulli-Experiment

- die Erfolgswahrscheinlichkeit p klein ist, das Ereignis also sehr unwahrscheinlich ist (wenn der Versuch nur einmal durchgeführt wird) und daher

- das Ereignis auch dann nur selten eintritt, wenn n groß ist, der Versuch also oft wiederholt wird.

Die Poissonverteilung ist aber auch auf eine andere Klasse "seltener Ereignisse", die bei sogenannten **Poisson-Prozessen** auftreten, anwendbar. Es handelt sich dabei um Zufallsprozesse, bei denen stochastisch unabhängige Ereignisse mit konstanter Wahrscheinlichkeit im Zeitablauf eintreten. Das Auftreten von Warteschlangen am Bankschalter, an der Kasse im Supermarkt oder an der Tankstelle hängt offenbar davon ab, wie viele Kunden oder Fahrzeuge pro Zeiteinheit eintreffen. Wenn die Kunden im Zeitablauf zufällig und unabhängig voneinander eintreffen, handelt es sich um einen Poisson-Prozess. Die Anzahl der Kunden oder Fahrzeuge pro Zeiteinheit ist daher poissonverteilt.

Poisson-Prozess

Ein Zufallsprozess mit folgenden Eigenschaften heißt Poisson-Prozess:

- Ein Ereignis tritt zufällig im Zeitablauf auf.
- Die einzelnen Ereignisse sind unabhängig voneinander.
- Die durchschnittliche Anzahl der pro Zeiteinheit eintretenden Ereignisse μ ist klein.

Die Anzahl X der pro Zeiteinheit eintretenden Ereignisse ist dann poissonverteilt.

BEISPIELE

1. Die Anzahl der PKW, die pro Zeiteinheit an einer Tankstelle eintreffen.
2. Die Anzahl der LKW, die pro Zeiteinheit eine Kreuzung passieren.
3. Die Anzahl der Anrufe, die pro Zeiteinheit in einem Callcenter eingehen.
4. Die Anzahl der Schadensfälle, die pro Zeiteinheit von einer Versicherung zu regulieren sind.
5. Die Anzahl "Sechs Richtige" pro Ziehung im Zahlenlotto.

In diesen Beispielen ist die Bezugsgröße der Ereignisse die Zeit. An die Stelle der Zeiteinheit kann aber auch jedes andere Kontinuum treten, z.B. eine Flächeneinheit, Raumeinheit oder Mengeneinheit. Beispiele dafür sind:

6. Die Anzahl der Druckfehler pro Seite in einem Buch.
7. Die Anzahl der Unkrautsamen pro Mengeneinheit im Weizen.
8. Die Anzahl der Rosinen pro Volumeneinheit in einem Kuchen.
9. Die Anzahl der Bomben pro Planquadrat in einem Zielgebiet.

Wir leiten die Wahrscheinlichkeitsfunktion für diese seltenen Ereignisse her, indem wir auf der Zeitachse jede Zeiteinheit in n Teilabschnitte der Länge

$$\Delta t = \frac{1}{n}$$

zerlegen. Die Zahl der Teilintervalle n wählen wir so groß, dass das Ereignis A (z.B. die Ankunft eines Kunden) höchstens einmal in einem Teilintervall eintritt.

Das Ereignis A kann daher in einem Teilintervall Δt eintreten oder nicht eintreten ($\bar{A}$).

Die Wahrscheinlichkeit dafür, dass das Ereignis A in einem Teilintervall eintritt, hängt dann von der Länge der Teilintervalle ab und beträgt

$$p = \frac{\mu}{n}$$

Dabei ist μ die durchschnittliche Anzahl der Ereignisse pro Zeiteinheit, die auch als **mittlere Ankunftsrate** bezeichnet wird.

Da das Ereignis A zufällig im Zeitablauf eintritt, ist die Wahrscheinlichkeit dafür, dass das Ereignis eintritt, in jedem Teilintervall Δt gleich p.

Außerdem sind die Ereignisse stochastisch unabhängig. Die Wahrscheinlichkeit für das Eintreten des Ereignisses in einem Teilintervall ist unabhängig davon, ob es in anderen Teilintervallen eingetreten ist. D.h. die Wahrscheinlichkeit p ist konstant.

Es handelt sich um ein Bernoulli-Experiment. Die Anzahl der Ereignisse X pro Zeiteinheit ist dann $B(n; p)$-verteilt mit dem Erwartungswert

$$E(X) = np = n\frac{\mu}{n} = \mu$$

Die Anzahl der Intervalle n entspricht der Anzahl der Versuche und die Wahrscheinlichkeit p, dass das Ereignis in einem Zeitintervall Δt eintritt, ist gleich der Erfolgswahrscheinlichkeit. Wenn wir in der Wahrscheinlichkeitsfunktion der Binomialverteilung p durch μ/n ersetzen, dann erhalten wir dieselbe Schreibweise, wie in der Ausgangsgleichung bei der Herleitung der Poissonverteilung (S. 142):

$$f_B(x) = \binom{n}{x} p^x (1-p)^{n-x} = \binom{n}{x}\left(\frac{\mu}{n}\right)^x \left(1-\frac{\mu}{n}\right)^{n-x}$$

Lassen wir nun die Zahl der Teilintervalle n gegen ∞ gehen, dann geht ihre Länge Δt und damit die Erfolgswahrscheinlichkeit p gegen null. Als Grenzwert ergibt sich wieder die Wahrscheinlichkeitsfunktion der Poissonverteilung:

$$f_B(x) = \binom{n}{x}\left(\frac{\mu}{n}\right)^x \left(1-\frac{\mu}{n}\right)^{n-x} \xrightarrow{n\to\infty} \frac{\mu^x}{x!}\cdot e^{-\mu} = f_{Ps}(x)$$

BEISPIELE

1. Die Anzahl der Telefonanrufe, die im Durchschnitt pro Minute in einer Telefonzentrale ankommen, sei $\mu = 1$.

    Die Zufallsvariable X "Anzahl der Anrufe pro Minute" ist dann poissonverteilt

    $$Ps(\mu) = Ps(1)$$

    Wie groß ist die Wahrscheinlichkeit, dass in der Minute

    a. höchstens 1 Anruf ankommt?

        $$P(X \leq 1) = F_{Ps}(1) = 0{,}7358$$

    b. mindestens 2 Anrufe ankommen?

        $$P(X \geq 2) = 1 - P(X \leq 1) = 1 - F_{Ps}(1) = 1 - 0{,}7358 = 0{,}2642$$

    c. in 5 Minuten genau 5 Anrufe ankommen?

        Da die durchschnittliche Anzahl pro Minute $\mu = 1$ ist, beträgt sie für die Zeiteinheit 5 Minuten $\mu_5 = 5$. An die Stelle der $Ps(1)$-Verteilung tritt nun die $Ps(5)$-Verteilung:

        $$P(X = 5) = f_{Ps}(5) = 0{,}1755 \qquad \text{mit } Ps(\mu) = Ps(5)$$

2. Die Anzahl "Sechs Richtige" pro Ziehung betrage beim Zahlenlotto im Durchschnitt $\mu = 2$.

    Die Zufallsvariable X "Anzahl 'Sechs Richtige' beim Lotto" ist poissonverteilt

    $$Ps(\mu) = Ps(2)$$

    Wie groß ist die Wahrscheinlichkeit, dass

    a. niemand sechs Richtige hat?

        $$P(0) = f_{Ps}(0) = 0{,}1353$$

    b. höchstens 2 Spieler sechs Richtige haben?

        $$P(X \leq 2) = F_{Ps}(2) = 0{,}6767$$

    c. mehr als 2 Spieler sechs Richtige haben?

        $$P(X > 2) = 1 - P(X \leq 2) = 1 - F_{Ps}(2) = 1 - 0{,}6767 = 0{,}3233$$

EIGENSCHAFTEN

1. Die Wahrscheinlichkeitsfunktion der $Ps(\mu)$-Verteilung erfüllt die **Definition der Wahrscheinlichkeitsfunktion**, da

    a. $\sum_{x=0}^{\infty} f(x) = \sum_{x=0}^{\infty} \frac{\mu^x}{x!} \cdot e^{-\mu} = 1$

    b. $f(x) = \frac{\mu^x}{x!} \cdot e^{-\mu} > 0$

    Beweis a:

    Es gilt die folgende Reihenentwicklung der e-Funktion:

    $$e^x := 1 + x + \frac{x^2}{2!} + \frac{x^3}{3!} + \ldots = \sum_{k=0}^{\infty} \frac{x^k}{k!}$$

    Wenn wir x durch μ ersetzen gilt also auch

    $$e^\mu = 1 + \mu + \frac{\mu^2}{2!} + \frac{\mu^3}{3!} + \ldots = \sum_{x=0}^{\infty} \frac{\mu^x}{x!}$$

    Eingesetzt:

    $$\sum_{x=0}^{\infty} f(x) = \sum_{x=0}^{\infty} \frac{\mu^x}{x!} \cdot e^{-\mu} = e^\mu e^{-\mu} = 1$$

    Beweis b:

    $f(x) = \frac{\mu^x}{x!} \cdot e^{-\mu} > 0 \qquad$ folgt aus $0! = 1$, $e^{-\mu} > 0$, $\mu^x > 0$

2. Der **Erwartungswert** der Poissonverteilung beträgt:

    $$\boxed{E(X) = \mu}$$

    Beweis:

    Die momenterzeugende Funktion wird mit Hilfe der Reihenentwicklung der e-Funktion vereinfacht zu

    $$G(t) = E(e^{tX}) = \sum_{x=0}^{\infty} e^{tx} \frac{\mu^x}{x!} \cdot e^{-\mu} = \underbrace{\sum_{x=0}^{\infty} \frac{(e^t \mu)^x}{x!}}_{e^{e^t \mu}} \cdot e^{-\mu} = e^{e^t \mu} \cdot e^{-\mu}$$

Differentiation nach t ergibt mit der Ableitungsregel für die e-Funktion

$$G'(t) = \mu e^t e^{\mu e^t} \cdot e^{-\mu} = \mu e^t G(t)$$

Für $t = 0$ folgt $e^t = e^0 = 1$ und die Ableitung vereinfacht sich zu

$$G'(0) = \mu e^0 e^{\mu e^0} \cdot e^{-\mu} = \mu e^\mu \cdot e^{-\mu} = \mu$$

Die Ableitung der momenterzeugenden Funktion an der Stelle $t = 0$ ist gleich dem 1. gewöhnlichen Moment:

$$G'(0) = E(X) = \mu$$

3. Die **Varianz** der Poissonverteilung beträgt:

$$\boxed{\sigma^2 = E((X-\mu)^2) = \mu}$$

Beweis:

Nach dem Verschiebungssatz gilt:

$$\sigma^2 = E(X^2) - \mu^2$$

Das 2. gewöhnliche Moment $E(X^2)$ wird mit Hilfe der momenterzeugenden Funktion bestimmt. Dazu wird die 2. Ableitung der momenterzeugenden Funktion an der Stelle $t = 0$ berechnet.

Zweimalige Differentiation von $G(t)$ nach t ergibt mit der Produktregel

$$G''(t) = \mu e^t G(t) + \mu e^t G'(t) = \mu e^t (G(t) + G'(t))$$

Für $t = 0$ folgt mit $e^t = e^0 = 1$

$$G''(0) = \mu e^0 G(0) + \mu e^0 G'(0) = \mu G(0) + \mu G'(0)$$
$$= \mu(G(0) + G'(0)) = \mu(1+\mu)$$

Das 2. gewöhnliche Moment ist

$$G''(0) = E(X^2) = \mu + \mu^2$$

Damit folgt für die Varianz

$$\sigma^2 = \mu + \mu^2 - \mu^2 = \mu$$

7.2 Poissonverteilung

4. Die **Schiefe** der Poissonverteilung beträgt:

$$\boxed{\gamma = \frac{\mu_3}{\sigma^3} = \frac{1}{\sqrt{\mu}}}$$

Beweis:

Das 3. zentrale Moment lässt sich durch die gewöhnlichen Momente darstellen

$$\mu_3 = E((X-\mu)^3) = E(X^3) - 3\mu E(X^2) + 2\mu^3$$

Wir berechnen das 3. gewöhnliche Moment $E(X^3)$ mit Hilfe der momenterzeugenden Funktion:

$$G'''(t) = \mu e^t (G(t) + G'(t)) + \mu e^t (G'(t) + G''(t))$$
$$= \mu e^t (G(t) + 2G'(t) + G''(t))$$
$$G'''(0) = \mu(1 + 2\mu + \mu + \mu^2) = \mu + 3\mu^2 + \mu^3$$
$$G'''(0) = E(X^3) = \mu + 3\mu^2 + \mu^3$$

Eingesetzt

$$\mu_3 = E(X^3) - 3\mu E(X^2) + 2\mu^3$$
$$= \mu + 3\mu^2 + \mu^3 - 3\mu(\mu^2 + \mu) + 2\mu^3$$
$$= \mu + 3\mu^2 + \mu^3 - 3\mu^3 - 3\mu^2 + 2\mu^3$$
$$= \mu$$

Damit ergibt sich die Schiefe

$$\gamma = \frac{\mu_3}{\sigma^3} = \frac{\mu}{\sqrt{\mu}^3} = \frac{\mu}{\mu^{\frac{3}{2}}} = \frac{1}{\sqrt{\mu}}$$

5. Es gilt die **Rekursionsformel**:

$$\boxed{f(x+1) = \frac{\mu}{x+1} \cdot f(x)}$$

Beweis:

$$f(x+1) = \frac{\mu^{x+1}}{(x+1)!} \cdot e^{-\mu} = \frac{\mu}{x+1} \cdot \frac{\mu^x}{x!} \cdot e^{-\mu} = \frac{\mu}{x+1} \cdot f(x)$$

7.3 Hypergeometrische Verteilung[6]

Wir erinnern uns daran, dass die Binomialverteilung die Wahrscheinlichkeitsverteilung für das Urnenmodell mit Zurücklegen ist.

Die hypergeometrische Verteilung ist die Wahrscheinlichkeitsverteilung für das **Urnenmodell ohne Zurücklegen**[7].

Beim Ziehen ohne Zurücklegen sind die einzelnen Versuche nicht unabhängig voneinander. Vielmehr ändert sich mit jedem Zug die Zahl der Kugeln in der Urne und die Zusammensetzung der Urne (je nachdem, ob eine weiße oder keine weiße Kugel gezogen wurde). Die Wahrscheinlichkeit für das Ereignis "Ziehen einer weißen Kugel" ist daher nicht konstant, sondern ändert sich mit jedem Versuch. Die Binomialverteilung ist folglich nicht anwendbar. Es gilt die

Hypergeometrische Verteilung

Eine Urne enthalte N Kugeln, davon M weiße und $N-M$ schwarze.

Es werden n ($1 \leq n \leq N$) Kugeln ohne Zurücklegen gezogen. Die Zufallsvariable X ="Anzahl der gezogenen weißen Kugeln" ist dann hypergeometrisch verteilt mit der

Wahrscheinlichkeitsfunktion

$$f(x) = \frac{\binom{M}{x}\binom{N-M}{n-x}}{\binom{N}{n}} \qquad \begin{array}{l} x = 0, 1, 2, 3, \ldots \\ x \leq M \\ n - x \leq N - M \end{array}$$

Verteilungsfunktion

$$F(x) = P(X \leq x) = \sum_{k=0}^{x} \frac{\binom{M}{k}\binom{N-M}{n-k}}{\binom{N}{n}} \qquad x = 0, 1, 2, \ldots, n$$

Maßzahlen

$$\mu = n \cdot \frac{M}{N} = np \qquad \text{mit } p = \frac{M}{N}$$

$$\sigma^2 = n \cdot \frac{M}{N} \cdot \frac{N-M}{N} \cdot \frac{N-n}{N-1} = npq \cdot \frac{N-n}{N-1} \qquad \text{mit } q = \frac{N-M}{N}$$

---

[6] Die zugehörige momenterzeugende Funktion lässt sich durch eine hypergeometrische Funktion (Gaußsche Differentialgleichung) ausdrücken.
[7] Siehe Kapitel 4.5.

7.3 Hypergeometrische Verteilung

Der Erwartungswert der Hypergeometrischen Verteilung stimmt mit dem Erwartungswert der Binomialverteilung überein, wenn wir den anfänglichen Anteilswert als Wahrscheinlichkeit interpretieren.

Die Varianz der Hypergeometrischen Verteilung enthält den Korrekturfaktor

$$\frac{N-n}{N-1} \leq 1$$

und ist daher stets kleiner als die Varianz der Binomialverteilung

$$\sigma_H^2 \leq \sigma_B^2$$

Die Gleichheit gilt nur für den trivialen Fall, dass nur eine Kugel gezogen wird!

Die hypergeometrische Verteilung $H(N; M; n)$ ist durch ihre drei Parameter N, M und n eindeutig bestimmt. Es handelt sich also um eine dreiparametrige Verteilung.

Für große N, M, $N-M$ und relativ dazu kleinen Werten von n verschwindet der Unterschied zwischen dem Ziehen mit und ohne Zurücklegen. Die hypergeometrische Verteilung wird dann gut durch die Binomialverteilung mit $p = M/N$ approximiert.

Als **Faustregel** für die Approximation der hypergeometrischen Verteilung durch die Binomialverteilung gilt ein Auswahlsatz von höchstens 5%:

$$\frac{n}{N} \leq 0{,}05$$

BEISPIEL

1. Zufallsexperiment: $n = 4$-maliges Ziehen (o. Z.) aus einer Urne mit

    $N = 10$ Kugeln, davon

    $M = 3$ weiße und $N - M = 7$ schwarze

    Zufallsvariable X: Anzahl weiße Kugeln (A)

    $$p = \frac{M}{N} = \frac{3}{10} = 0{,}3$$

    $$q = \frac{N-M}{N} = \frac{7}{10} = 0{,}7$$

    Hypergeometrische Verteilung

    $$H(N; M; n) = H(10; 3; 4)$$

Wahrscheinlichkeitsfunktion

$$f(x) = \frac{\binom{M}{x}\binom{N-M}{n-x}}{\binom{N}{n}} = \frac{\binom{3}{x}\binom{10-3}{4-x}}{\binom{10}{4}} \qquad x = 0, 1, 2, 3$$

Verteilungsfunktion

$$F(x) = \sum_{k=0}^{x} \frac{\binom{M}{k}\binom{N-M}{n-k}}{\binom{N}{n}} = \sum_{k=0}^{x} \frac{\binom{3}{k}\binom{10-3}{4-k}}{\binom{10}{4}} \qquad 0 \leq x \leq 4$$

Maßzahlen

$$\mu = n \cdot \frac{M}{N} = np = 4 \cdot 0{,}3 = 1{,}2$$

$$\sigma^2 = npq \cdot \frac{N-n}{N-1} = 4 \cdot 0{,}3 \cdot 0{,}7 \cdot \frac{10-4}{10-1} = 0{,}84 \cdot \frac{6}{9} = 0{,}56$$

x	$\binom{3}{x}\binom{7}{4-x}$	$\binom{10}{4}$	$f_H(x)$	$F_H(x)$
0	1·35	210	0,166	0,166
1	3·35	210	0,500	0,666
2	3·21	210	0,300	0,966
3	1·7	210	0,033	1,000
4	nicht definiert	210	0	1,000

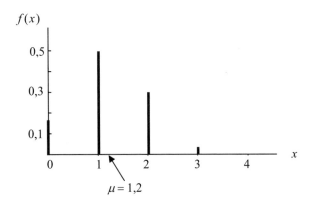

7.3 Hypergeometrische Verteilung

2. Beim Zahlenlotto werden aus einer Urne mit 49 Kugeln ohne Zurücklegen 6 Gewinnzahlen gezogen. Für den Spieler besteht die Urne daher aus 6 Gewinnzahlen und 43 Nicht-Gewinnzahlen. Die Zufallsvariable "Anzahl richtige Gewinnzahlen" ist daher hypergeometrisch verteilt.

Zufallsexperiment: $n = 6$-maliges Ziehen (o. Z.) aus einer Urne mit

$N = 49$ Zahlen, davon

$M = 6$ Gewinnzahlen und $N - M = 43$ Nicht-Gewinnzahlen

Zufallsvariable X: Anzahl Gewinnzahlen auf einem Tipp (A)

$$p = \frac{M}{N} = \frac{6}{49} = 0{,}12245$$

$$q = \frac{N-M}{N} = \frac{43}{49} = 0{,}87755$$

Hypergeometrische Verteilung

$$H(N; M; n) = H(49; 6; 6)$$

Wahrscheinlichkeitsfunktion

$$f(x) = \frac{\binom{M}{x}\binom{N-M}{n-x}}{\binom{N}{n}} = \frac{\binom{6}{x}\binom{49-6}{6-x}}{\binom{49}{6}} \qquad x = 0, 1, 2, \ldots, 6$$

Verteilungsfunktion

$$F(x) = \sum_{k=0}^{x} \frac{\binom{M}{k}\binom{N-M}{n-k}}{\binom{N}{n}} = \sum_{k=0}^{x} \frac{\binom{6}{k}\binom{49-6}{6-k}}{\binom{49}{6}} \qquad 0 \leq x \leq 6$$

Maßzahlen

$$\mu = n \cdot \frac{M}{N} = np = 6 \cdot \frac{6}{49} = 0{,}735$$

$$\sigma^2 = npq \cdot \frac{N-n}{N-1} = 6 \cdot \frac{6}{49} \cdot \frac{43}{49} \cdot \frac{49-6}{49-1} = 0{,}577572$$

Im Durchschnitt wird ein Spieler bei häufiger Teilnahme an der Lotterie 0,735 Gewinnzahlen auf einem Tipp haben bei einer Standardabweichung von $\sigma = 0{,}760$.

$X=x$	$f(x)$	$F(x)$
0	$\dfrac{\binom{6}{0}\binom{43}{6}}{\binom{49}{6}} = \dfrac{1 \cdot 6.096.454}{13.983.816} = \dfrac{6.096.454}{13.983.816} = 0,435964976$	0,435964976
1	$\dfrac{\binom{6}{1}\binom{43}{5}}{\binom{49}{6}} = \dfrac{6 \cdot 962.598}{13.983.816} = \dfrac{5.715.588}{13.983.816} = 0,413019450$	0,848984426
2	$\dfrac{\binom{6}{2}\binom{43}{4}}{\binom{49}{6}} = \dfrac{15 \cdot 123.410}{13.983.816} = \dfrac{1.851.150}{13.983.816} = 0,132378029$	0,981362455
3	$\dfrac{\binom{6}{3}\binom{43}{3}}{\binom{49}{6}} = \dfrac{20 \cdot 12.341}{13.983.816} = \dfrac{246.820}{13.983.816} = 0,017650404$	0,999012859
4	$\dfrac{\binom{6}{4}\binom{43}{2}}{\binom{49}{6}} = \dfrac{15 \cdot 903}{13.983.816} = \dfrac{13.545}{13.983.816} = 0,000968620$	0,999981479
5	$\dfrac{\binom{6}{5}\binom{43}{1}}{\binom{49}{6}} = \dfrac{6 \cdot 43}{13.983.816} = \dfrac{258}{13.983.816} = 0,000018450$	0,999999928
6	$\dfrac{\binom{6}{6}\binom{43}{0}}{\binom{49}{6}} = \dfrac{1 \cdot 1}{13.983.816} = \dfrac{1}{13.983.816} = 0,000000072$	1,000000000

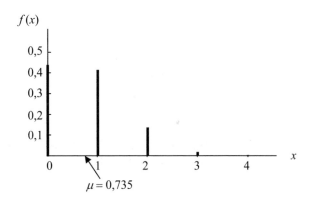

7.4 Geometrische Verteilung

Die geometrische Verteilung ist die Wahrscheinlichkeitsverteilung für ein Bernoulli-Experiment mit folgenden Eigenschaften:

Eigenschaften des Bernoulli-Experiments

- Es liegt ein Zufallsexperiment zugrunde, bei dem nur zwei Ereignisse A (= Erfolg) und $\overline{A}$ (= Misserfolg) eintreten können.
- Die Wahrscheinlichkeiten der beiden Ereignisse sind konstant; d.h. die einzelnen Versuche sind unabhängig voneinander (Ziehen mit Zurücklegen).

$$P(A) = p \ , \ P(\overline{A}) = 1 - P(A) = 1 - p = q$$

- Das Experiment wird so oft wiederholt, bis der Erfolg eintritt.
- Die Wahrscheinlichkeit dafür, dass der Erfolg nach x Misserfolgen eintritt, also beim $(x+1)$-ten Versuch, beträgt dann:

$$P(X = x) = (1-p)^x \, p$$

Dann lautet die

Wahrscheinlichkeitsfunktion

$$f(x) = (1-p)^x \, p \qquad\qquad x = 0, 1, 2, \ldots$$

Verteilungsfunktion

$$F(x) = 1 - (1-p)^{x+1} \qquad\qquad x = 0, 1, 2, \ldots$$

Beweis:

$$\begin{aligned}
F(x) &= P(X \leq x) \\
&= p + qp + q^2 p + \ldots + q^{x-1} p + q^x p \\
&= (1 + q + q^2 + \ldots + q^{x-1} + q^x) \cdot p
\end{aligned}$$

Für die geometrische Reihe in der Klammer gilt die Summenformel:

$$s_x = 1 + q + q^2 + \ldots + q^{x-1} + q^x = \frac{1-q^x}{1-q} + q^x = \frac{1-q^{x+1}}{1-q}$$

Damit folgt die Verteilungsfunktion

$$F(x) = \frac{1-q^{x+1}}{1-q} \cdot p = \frac{1-q^{x+1}}{p} \cdot p = 1 - q^{x+1}$$

Maßzahlen

$$E(X) = \mu = \frac{1-p}{p}$$

$$Var(X) = \sigma^2 = \frac{1-p}{p^2}$$

BEISPIELE

1. Zufallsexperiment: Ziehen (mit Zurücklegen) aus einer Urne, die 10% weiße Kugeln enthält

   Zufallsvariable X: Anzahl der Misserfolge ($\overline{A}$ = schwarze Kugel) bis die 1. weiße Kugel (A) gezogen wird

   $$P(A) = p = 0{,}1 \; ; \; P(\overline{A}) = q = 0{,}9$$

   Wahrscheinlichkeitsfunktion:

   $$f(x) = (1-p)^x p = 0{,}9^x \cdot 0{,}1 \qquad x = 0, 1, 2, \ldots$$

   Verteilungsfunktion:

   $$F(x) = 1 - (1-p)^{x+1} = 1 - 0{,}9^{x+1} \qquad x = 0, 1, 2, \ldots$$

   Maßzahlen:

   $$\mu = \frac{1-p}{p} = \frac{0{,}9}{0{,}1} = 9 \; ; \; \sigma^2 = \frac{1-p}{p^2} = \frac{0{,}9}{0{,}1^2} = 90$$

x	$f(x)$	$F(x)$
0	0,1	0,1
1	0,09	0,19
2	0,081	0,271
3	0,0729	0,3439
4	0,0656	0,4095
5	0,0591	0,4686
6	0,0531	0,5217
7	0,0478	0,5695
8	0,0431	0,6126
9	0,0387	0,6513
10	0,0349	0,6862

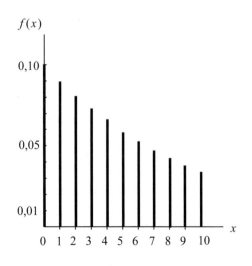

2. Beim Petersburger Spiel wird eine Münze so lange geworfen, bis erstmals Zahl fällt. Die Anzahl der Fehlversuche ist dann geometrisch verteilt.

Zufallsexperiment: Werfen einer Münze, bis "Zahl" erstmals fällt.

Zufallsvariable X: Anzahl der Misserfolge ($\overline{A}$ = "Kopf") bis erstmals "Zahl" (A) geworfen wird.

$$P(A) = p = 0,5 \; ; \; P(\overline{A}) = q = 0,5$$

Wahrscheinlichkeitsfunktion:

$$f(x) = (1-p)^x \, p = 0,5^x \cdot 0,5 = 0,5^{x+1} \qquad x = 0, 1, 2, \ldots$$

Verteilungsfunktion:

$$F(x) = 1 - (1-p)^{x+1} = 1 - 0,5^{x+1} \qquad x = 0, 1, 2, \ldots$$

Maßzahlen:

$$\mu = \frac{1-p}{p} = \frac{0,5}{0,5} = 1 \; ; \; \sigma^2 = \frac{1-p}{p^2} = \frac{0,5}{0,5^2} = \frac{1}{0,5} = 2$$

x	$f(x)$	$F(x)$
0	0,5	0,5
1	0,25	0,75
2	0,125	0,875
3	0,0625	0,9375
4	0,0313	0,9688
5	0,0156	0,9844
6	0,0078	0,9922
7	0,0039	0,9961
8	0,0020	0,9980
9	0,0010	0,9990
10	0,0005	0,9995

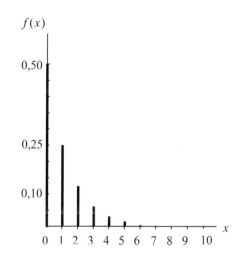

Wie groß ist die Wahrscheinlichkeit, dass "Zahl" erst beim dritten Versuch fällt, also nach 2 Fehlversuchen?

$$P(X = 2) = f(2) = 0,5^{2+1} = 0,125$$

Wie groß ist die Wahrscheinlichkeit, dass "Zahl" erst nach mehr als zwei Versuchen fällt, also frühestens beim dritten Versuch?

$$P(X > 1) = 1 - P(X \leq 1) = 1 - F(1) = 1 - (1 - 0,5^{1+1}) = 0,25$$

EIGENSCHAFTEN

1. Die Wahrscheinlichkeitsfunktion der Geometrischen Verteilung erfüllt die **Definition der Wahrscheinlichkeitsfunktion**, da

$$\sum_{x=0}^{\infty} f(x) = \sum_{x=0}^{\infty} (1-p)^x p = \lim_{x \to \infty} \frac{1-q^{x+1}}{1-q} p = \frac{1}{1-q} p = \frac{p}{p} = 1$$

Die geometrische Reihe konvergiert, da $q = 1 - p < 1$.

2. Der **Erwartungswert** der geometrischen Verteilung ist

$$\boxed{E(X) = \mu = \frac{1-p}{p}}$$

Beweis:

Momenterzeugende Funktion

$$G(t) = E(e^{tX}) = \sum_{x=0}^{\infty} e^{tx} (1-p)^x p = \sum_{x=0}^{\infty} e^{tx} q^x p$$

$$= \sum_{x=0}^{\infty} (e^t q)^x p$$

$$= \lim_{x \to \infty} \frac{1 - (e^t q)^{x+1}}{1 - e^t q} p$$

Wir betrachten $G(t)$ in der Umgebung der Stelle $t = 0$. Für hinreichend kleine Werte von t ist $e^t q < 1$ und die geometrische Reihe konvergiert:

$$G(t) = \lim_{x \to \infty} \frac{1 - (e^t q)^{x+1}}{1 - e^t q} p = \frac{1}{1 - e^t q} p$$

Differentiation nach t mit der Quotientenregel ergibt:

$$G'(t) = \frac{-(-e^t q)}{(1 - e^t q)^2} p$$

Für $t = 0$ ist $e^t = e^0 = 1$ und die Ableitung der momenterzeugenden Funktion gleich dem 1. gewöhnlichen Moment $E(X)$:

$$G'(0) = \frac{q}{(1-q)^2} p = \frac{q}{p^2} p = \frac{q}{p} = \frac{1-p}{p}$$

7.4 Geometrische Verteilung

3. Die **Varianz** der geometrischen Verteilung ist

$$Var(X) = \sigma^2 = \frac{1-p}{p^2}$$

Beweis:

Wir benutzen den Verschiebungssatz

$$Var(X) = E(X^2) - \mu^2$$

Das 2. gewöhnliche Moment $E(X^2)$ wird mit Hilfe der momenterzeugenden Funktion berechnet. Dazu wird $G'(t)$ erneut nach t abgeleitet:

$$G''(t) = \frac{d}{dt}\left(\frac{e^t q}{(1-e^t q)^2} \cdot p\right)$$

$$= \frac{e^t q (1-e^t q)^2 - e^t q \cdot 2(1-e^t q)(-e^t q)}{(1-e^t q)^4} \cdot p \quad |:(1-e^t q)$$

$$= \frac{e^t q (1-e^t q) - e^t q \cdot 2(-e^t q)}{(1-e^t q)^3} \cdot p$$

$$= \frac{e^t q - (e^t q)^2 + 2(e^t q)^2}{(1-e^t q)^3} \cdot p$$

$$= \frac{e^t q + (e^t q)^2}{(1-e^t q)^3} \cdot p = \frac{e^t q (1 + e^t q)}{(1-e^t q)^3} \cdot p$$

Für $t = 0$ folgt:

$$G''(0) = \frac{q(1+q)}{(1-q)^3} \cdot p = \frac{q(1+q)}{p^3} \cdot p = \frac{q(1+q)}{p^2}$$

Eingesetzt:

$$Var(X) = \frac{q(1+q)}{p^2} - \frac{q^2}{p^2}$$

$$= \frac{q + q^2 - q^2}{p^2}$$

$$= \frac{q}{p^2} = \frac{1-p}{p^2}$$

ÜBUNG 7.2 (Poissonverteilung, Hypergeometrische Verteilung)

1. Eine Brücke werde stündlich im Durchschnitt von drei Fahrzeugen passiert. Wie groß ist die Wahrscheinlichkeit, dass stündlich
   a. weniger als zwei Fahrzeuge die Brücke passieren?
   b. zwei bis vier Fahrzeuge die Brücke passieren?
   c. mehr als fünf Fahrzeuge die Brücke passieren?

2. In einer Gemeinde leben 1.825 Einwohner. Wie groß ist die Wahrscheinlichkeit dafür, dass
   a. genau einer am 17.06. Geburtstag hat,
   b. mehr als drei am 01.04. Geburtstag haben,
   c. keiner am 24.12. Geburtstag hat,

   wenn alle Geburtstage gleich wahrscheinlich sind?

3. Eine Versicherung reguliere täglich zwei Schadensfälle. Wie groß ist die Wahrscheinlichkeit, dass an einem Tag
   a. kein Schaden reguliert werden muss?
   b. nur ein Schaden reguliert werden muss?
   c. mehr als fünf Schäden reguliert werden müssen?

4. In einer Packung mit 500 Kondensatoren seien erfahrungsgemäß 0,8 % Ausschuss. Wie groß ist die Wahrscheinlichkeit, dass eine Packung
   a. fehlerfrei ist?
   b. höchstens zwei defekte Kondensatoren enthält?
   c. mehr als vier defekte Kondensatoren enthält?

5. Aus einem Skatspiel werden nacheinander sechs Karten ohne Zurücklegen gezogen. Wie groß ist die Wahrscheinlichkeit, dass mindestens drei der gezogenen Karten Asse sind?

6. In einer Urne seien 20 Kugeln, davon 8 weiße und 12 schwarze. Es werden 6 Kugeln ohne Zurücklegen gezogen. Wie groß ist die Wahrscheinlichkeit
   a. eine weiße zu ziehen?
   b. zwei bis vier weiße zu ziehen?
   c). mindestens drei weiße Kugeln zu ziehen?

7. Eine Firma beziehe von einem Vorlieferanten Glühbirnen in Packungen à 100 Stück. Nach dem Liefervertrag darf jede Packung höchstens 10 % Ausschuss enthalten. Aus jeder Packung werden 10 zufällig entnommene Glühbirnen überprüft. Eine Packung werde zurückgewiesen, wenn die Stichprobe mehr als eine defekte Glühbirne enthält. Wie groß ist die Wahrscheinlichkeit, dass eine Packung zurückgewiesen wird, die den Lieferbedingungen entspricht?

8 Spezielle stetige Verteilungen

Die stetigen Wahrscheinlichkeitsverteilungen sind die Verteilungen von Zufallsvariablen mit überabzählbar unendlichen Ergebnismengen. Wir haben bereits in Kapitel 5 bei der Definition der Dichte- und Verteilungsfunktion die einfachste stetige Verteilung, die Gleichverteilung, kennengelernt und in den Übungen 5 und 6 als weiteres Beispiel für stetige Verteilungen die Exponentialverteilung.

Wir wollen daher zunächst die Eigenschaften dieser beiden Verteilungen zusammentragen und uns dann ausführlicher der wichtigsten stetigen Verteilung, der Normalverteilung, widmen.

8.1 Gleichverteilung (Rechteckverteilung)

Die Rechteckverteilung ist die stetige Entsprechung der diskreten Gleichverteilung, die uns bei einfachen Zufallsexperimenten, wie dem Werfen eines Würfels oder einer Münze, wiederholt begegnet ist.

Eine gleichverteilte stetige Zufallsvariable X hat die

Dichtefunktion (Übung 5/4)

$$f(x) = \begin{cases} \dfrac{1}{b-a} & \text{für } a \leq x \leq b \\ 0 & \text{für alle anderen } x \end{cases}$$

Verteilungsfunktion

$$F(x) = \begin{cases} 0 & \text{für } x < a \\ \dfrac{x-a}{b-a} & \text{für } a \leq x \leq b \\ 1 & \text{für } x > b \end{cases}$$

Beweis:

$$F(x) = \int_{-\infty}^{x} f(t)\,dt = \int_{a}^{x} \frac{1}{b-a}\,dt = \left.\frac{t}{b-a}\right|_{a}^{x} = \frac{x}{b-a} - \frac{a}{b-a} = \frac{x-a}{b-a}$$

Maßzahlen

$$\mu = \frac{a+b}{2} \qquad \text{(siehe Kap. 6.1)}$$

$$\sigma^2 = \frac{(b-a)^2}{12} \qquad \text{(siehe Kap. 6.3)}$$

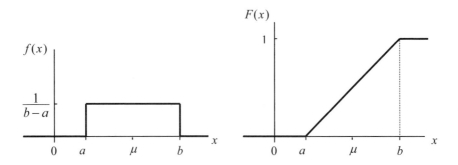

Die Dichtefunktion hat im Intervall $[a, b]$ den konstanten Wert $1/(b-a)$ und die Wahrscheinlichkeitsfunktion die Steigung $1/(b-a)$. Jede Intervallwahrscheinlichkeit ist daher proportional zur Länge des Intervalls $b-a$.

Die stetige Gleichverteilung ist eine **zweiparametrige** Wahrscheinlichkeitsverteilung. Ihre Parameter sind die Intervallgrenzen a und b.

BEISPIEL

Ein Shuttel-Bus verkehre im 20-Minuten-Takt. Die Wartezeit von Fahrgästen, die zufällig an der Haltestelle eintreffen, ist gleichverteilt im Intervall $[0, 20]$.

Dichtefunktion

$$f(x) = \begin{cases} 0 & \text{für} \quad x < 0 \\ \dfrac{1}{20} & \text{für} \quad 0 \leq x \leq 20 \\ 0 & \text{für} \quad x > 20 \end{cases}$$

Verteilungsfunktion

$$F(x) = \begin{cases} 0 & \text{für} \quad x < 0 \\ \dfrac{x}{20} & \text{für} \quad 0 \leq x \leq 20 \\ 1 & \text{für} \quad x > 20 \end{cases}$$

Die Wahrscheinlichkeit, höchstens 10 Minuten warten zu müssen, beträgt

$$P(X \leq 10) = F(10) = \frac{10}{20} = 0{,}5$$

Die Wahrscheinlichkeit, zwischen 10 und 15 Minuten warten zu müssen

$$P(10 < X \leq 15) = F(15) - F(10) = \frac{15}{20} - \frac{10}{20} = \frac{5}{20} = 0{,}25$$

8.1 Gleichverteilung (Rechteckverteilung)

EIGENSCHAFTEN

1. Die Dichtefunktion der Gleichverteilung erfüllt die **Definition der Dichtefunktion**, d.h.

   a. $\int_{-\infty}^{\infty} f(x)dx = \int_{a}^{b} \frac{1}{b-a} dx = 1$

   b. $f(x) = \frac{1}{b-a} \geq 0 \quad \text{für } x \in [a,b]$

Beweis a:

$$\int_{-\infty}^{\infty} f(x)dx = \int_{a}^{b} \frac{1}{b-a} dx = \frac{x}{b-a}\bigg|_{a}^{b} = \frac{b}{b-a} - \frac{a}{b-a} = \frac{b-a}{b-a} = 1$$

Beweis b:

$$f(x) = \frac{1}{b-a} \geq 0 \quad \text{folgt wegen } a < b$$

2. Der **Erwartungswert** der Gleichverteilung beträgt

$$E(X) = \mu = \frac{a+b}{2}$$

Beweis: (siehe Kapitel 6.1)

$$E(X) = \int_{-\infty}^{\infty} x f(x)dx = \int_{a}^{b} x \frac{1}{b-a} dx = \frac{1}{b-a}\left[\frac{x^2}{2}\right]_{a}^{b} = \frac{a+b}{2}$$

3. Die **Varianz** der Gleichverteilung beträgt

$$Var(X) = \sigma^2 = \frac{(b-a)^2}{12}$$

Beweis: (siehe Kapitel 6.3)

$$Var(X) = \int_{a}^{b} (x - \frac{b+a}{2})^2 \frac{1}{b-a} dx = \frac{1}{b-a}\left[\frac{1}{3}\left(x - \frac{b+a}{2}\right)^3\right]_{a}^{b}$$

$$= \frac{1}{3(b-a)}\left[\left(\frac{2b-b-a}{2}\right)^3 - \left(\frac{2a-b-a}{2}\right)^3\right]$$

$$= \frac{1}{3(b-a)} \cdot \frac{(b-a)^3 - (a-b)^3}{2^3} = \frac{(b-a)^2}{12}$$

8.2 Exponentialverteilung

Die Exponentialverteilung ist die stetige Entsprechung der Poissonverteilung und die Grenzverteilung der geometrischen Verteilung. Betrachtet man bei Poissonprozessen nicht die Zahl der zufällig über die Zeit verstreuten Ereignisse, sondern die Zeit als Zufallsvariable, die zwischen dem Eintritt zweier Ereignisse vergeht, dann erhält man eine Exponentialverteilung. Typische Beispiele für exponential verteilte Zufallsvariablen sind daher die Abfertigungszeit von Kunden, die Beladezeit von LKW, die Reparaturdauer in einer Werkstatt. Exponential verteilt sind auch Lebensdauer von Verschleißteilen, von Maschinen oder Haushaltsgeräten.

Eine exponentialverteilte Zufallsvariable X hat die

Dichtefunktion (Übung 5/6)

$$f(x) = \begin{cases} 0 & \text{für } x < 0 \\ \lambda e^{-\lambda x} & \text{für } x \geq 0 \; ; \; \lambda > 0 \end{cases}$$

Verteilungsfunktion

$$F(x) = \begin{cases} 0 & \text{für } x < 0 \\ 1 - e^{-\lambda x} & \text{für } x \geq 0 \end{cases}$$

Maßzahlen (Übung 6/1(6))

$$\mu = \frac{1}{\lambda}$$

$$\sigma^2 = \frac{1}{\lambda^2}$$

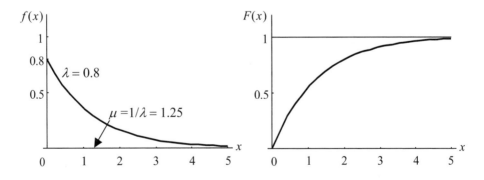

Die Exponentialverteilung ist eine **einparametrige** Wahrscheinlichkeitsverteilung mit dem Parameter λ und wird mit $Ex(\lambda)$ bezeichnet.

8.2 Exponentialverteilung

BEISPIELE

1. Die durchschnittliche Wartezeit an einem Bankschalter betrage 5 Minuten. Die Wartezeit sei näherungsweise exponentialverteilt mit

$$\lambda = \frac{1}{\mu} = \frac{1}{5}$$

und der Dichte- und Verteilungsfunktion

$$f(x) = \frac{1}{5} e^{-\frac{1}{5}x} \qquad x \geq 0$$

$$F(x) = 1 - e^{-\frac{1}{5}x} \qquad x \geq 0$$

a. Wie groß ist die Wahrscheinlichkeit, höchstens 5 Minuten warten zu müssen?

$$P(X \leq 5) = F(5) = 1 - e^{-\frac{1}{5} \cdot 5} = 1 - e^{-1} = 1 - 0{,}3679 = 0{,}6321$$

b. Wie groß ist die Wahrscheinlichkeit, mehr als 10 Minuten warten zu müssen?

$$P(X > 10) = 1 - P(X \leq 10)$$

$$= 1 - F(10) = 1 - (1 - e^{-\frac{1}{5} \cdot 10}) = e^{-2} = 0{,}1353$$

c. Wie groß ist die Wahrscheinlichkeit, mindestens weitere 5 Minuten warten zu müssen, nachdem man schon vergeblich mindestens 5 Minuten gewartet hat?

$$P((X > 5+5)/(X > 5)) = \frac{P((X > 10) \cap (X > 5))}{P(X > 5)} = \frac{P(X > 10)}{P(X > 5)}$$

$$= \frac{1 - F(10)}{1 - F(5)} = \frac{1 - (1 - e^{-\frac{1}{5} \cdot 10})}{1 - (1 - e^{-\frac{1}{5} \cdot 5})}$$

$$= \frac{e^{-2}}{e^{-1}} = e^{-1} = 0{,}3679$$

$$= P(X > 5)$$

Die bedingte Wahrscheinlichkeit, mindestens weitere 5 Minuten warten zu müssen, beträgt 0,3679 und ist damit genauso groß, wie die Wahrscheinlichkeit für die ersten 5 Minuten.

Die bedingte Wahrscheinlichkeit ist völlig **unabhängig von der bereits verstrichenen Wartezeit**.

Die Exponentialverteilung wird daher als **"Verteilung ohne Gedächtnis"** bezeichnet.

Allgemein gilt:

$$P((X > x+a)/(X > a)) = \frac{P((X > x+a) \cap (X > a))}{P(X > a)} = \frac{P(X > x+a)}{P(X > a)}$$

$$= \frac{1-(1-e^{-\lambda \cdot (x+a)})}{1-(1-e^{-\lambda \cdot a})}$$

$$= \frac{e^{-\lambda \cdot (x+a)}}{e^{-\lambda \cdot a}} = e^{-\lambda \cdot x}$$

$$= 1-(1-e^{-\lambda \cdot x})$$

$$= 1 - F(X)$$

$$= P(X > x)$$

Die bedingte Wahrscheinlichkeit, mindestens weitere x Minuten warten zu müssen, nachdem man bereits a Minuten gewartet hat, ist genauso groß wie die Wahrscheinlichkeit mindestens x Minuten warten zu müssen.

Die bedingte Wahrscheinlichkeit ist also gleich der unbedingten Wahrscheinlichkeit.

2. Die durchschnittliche Lebensdauer eines Rußfilters betrage 2000 Betriebsstunden. Die Lebensdauer sei exponentialverteilt

$$Ex(\lambda) = Ex(1/2000)$$

mit der Dichte- und Verteilungsfunktion

$$f(x) = \frac{1}{2000} e^{-\frac{1}{2000}x} \qquad x \geq 0$$

$$F(x) = 1 - e^{-\frac{1}{2000}x} \qquad x \geq 0$$

a. Wie groß ist die Wahrscheinlichkeit, dass der Filter bereits innerhalb der ersten 1000 Betriebsstunden defekt wird?

$$P(X \leq 1000) = F(1000) = 1 - e^{-\frac{1}{2000} \cdot 1000}$$

$$= 1 - e^{-0,5} = 1 - 0,6065 = 0,3935$$

b. Wie groß ist die Wahrscheinlichkeit, dass der Filter mehr als 3000 Betriebsstunden hält?

$$P(X > 3000) = 1 - P(X \leq 3000) = 1 - F(3000)$$

$$= 1 - (1 - e^{-\frac{1}{2000} \cdot 3000}) = e^{-\frac{3}{2}} = 0,2231$$

c. Wie groß ist die Wahrscheinlichkeit, dass der Filter mindestens weitere 1000 Betriebsstunden hält, nachdem er bereits 2000 Stunden überlebt hat?

$$P(X > 1000 + 2000 \,/\, X > 2000) = \frac{1 - F(3000)}{1 - F(2000)}$$

$$= \frac{1 - (1 - e^{-\frac{1}{2000} \cdot 3000})}{1 - (1 - e^{-\frac{1}{2000} \cdot 2000})}$$

$$= e^{-\frac{1}{2000} \cdot 1000} = e^{-\frac{1}{2}} = 0,6065$$

$$= P(X > 1000)$$

Das bedeutet: Von den Filtern, die bereits 2000 Betriebsstunden gehalten haben, werden 60,65% auch noch mindestens weitere 1000 Stunden intakt bleiben.

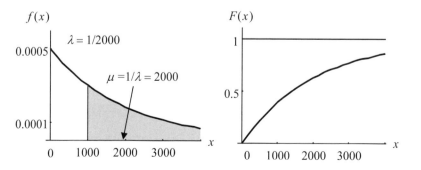

EIGENSCHAFTEN

1. Die Wahrscheinlichkeitsfunktion der Exponentialverteilung erfüllt die **Definition der Wahrscheinlichkeitsfunktion**, da

   a. $\int_{-\infty}^{\infty} f(x)\,dx = \int_0^{\infty} \lambda e^{-\lambda x}\,dx = 1$

   b. $f(x) = \lambda e^{-\lambda x} \geq 0$

Beweis a:

$$\int_{-\infty}^{\infty} f(x)\,dx = \int_0^{\infty} \lambda e^{-\lambda t}\,dt$$

$$= \lim_{b \to \infty} \left[\lambda \frac{1}{-\lambda} e^{-\lambda t} \right]_0^b$$

$$= \lim_{b \to \infty} (-e^{-\lambda b} + \underbrace{e^{-\lambda \cdot 0}}_{=1})$$

$$= \lim_{b \to \infty} -e^{-\lambda b} + 1$$

$$= 0 + 1$$

$$= 1$$

Beweis b:

$$f(x) = \lambda e^{-\lambda x} \geq 0 \quad \text{folgt wegen } \lambda > 0 \text{ und } e^{-\lambda x} > 0$$

2. Berechnung der Verteilungsfunktion

$$F(x) = \int_{-\infty}^{x} f(t)\,dt = \int_0^x \lambda e^{-\lambda t}\,dt$$

$$= \left[-\frac{1}{\lambda} \lambda e^{-\lambda t} \right]_0^x$$

$$= -e^{-\lambda x} + e^{-\lambda \cdot 0}$$

$$= -e^{-\lambda x} + 1$$

Daraus folgt

$$F(x) = \begin{cases} 1 - e^{-0,5x} & x \geq 0 \\ 0 & x < 0 \end{cases}$$

3. Der **Erwartungswert** der Exponentialverteilung beträgt

$$E(X) = \mu = \frac{1}{\lambda}$$

Beweis:

Momenterzeugende Funktion

$$G(t) = \int_0^\infty e^{tx} \lambda e^{-\lambda x} dx$$

$$= \lambda \int_0^\infty e^{(t-\lambda)x} dx$$

$$= \lambda \lim_{b \to \infty} \int_0^b e^{(t-\lambda)x} dx$$

$$= \lambda \lim_{b \to \infty} \left[\frac{1}{t-\lambda} e^{(t-\lambda)x} \right]_0^b$$

$$= \lambda \lim_{b \to \infty} \left[\frac{1}{t-\lambda} (e^{(t-\lambda) \cdot b} - \underbrace{e^{(t-\lambda) \cdot 0}}_{=1}) \right]$$

Das uneigentliche Integral konvergiert für $t < \lambda$:

$$G(t) = \frac{\lambda}{t-\lambda} \lim_{b \to \infty} \underbrace{(e^{(t-\lambda)b} - 1)}_{\to 0 \text{ für } t < \lambda}$$

$$= \frac{\lambda}{t-\lambda}(-1) = \frac{-\lambda}{t-\lambda}$$

$$= \frac{\lambda}{\lambda-t}$$

Ableitung nach t

$$G'(t) = -\frac{\lambda(-1)}{(\lambda-t)^2} = \frac{\lambda}{(\lambda-t)^2}$$

$$G'(0) = \frac{\lambda}{\lambda^2} = \frac{1}{\lambda}$$

Erwartungswert

$$G'(0) = E(X) = \frac{1}{\lambda}$$

4. Die **Varianz** der Exponentialverteilung beträgt

$$Var(X) = \sigma^2 = \frac{1}{\lambda^2}$$

Beweis:

Es gilt der Verschiebungssatz:

$$Var(X) = E(X^2) - \mu^2$$

Berechnung von $E(X^2)$ mit Hilfe der momenterzeugenden Funktion:

$$\begin{aligned}G''(t) &= \frac{d}{dt}\left(\frac{\lambda}{(\lambda-t)^2}\right) \\ &= -\frac{\lambda \cdot 2(\lambda-t) \cdot (-1)}{(\lambda-t)^4} \\ &= \frac{2\lambda(\lambda-t)}{(\lambda-t)^4} \\ &= \frac{2\lambda}{(\lambda-t)^3}\end{aligned}$$

Für $t = 0$ folgt

$$G''(0) = \frac{2\lambda}{(\lambda-0)^3} = \frac{2\lambda}{\lambda^3} = \frac{2}{\lambda^2}$$

Das 2. gewöhnliche Moment lautet folglich

$$G''(0) = E(X^2) = \frac{2}{\lambda^2}$$

und die Varianz:

$$Var(X) = E(X^2) - \mu^2 = \frac{2}{\lambda^2} - \frac{1}{\lambda^2} = \frac{1}{\lambda^2}$$

8.3 Normalverteilung

Die Normalverteilung ist die wichtigste statistische Verteilung überhaupt.

Sie wurde bereits 1733 von Abraham DeMoivre[1] als Grenzfall (Approximation) der Binomialverteilung abgeleitet.

Die grundlegenden Arbeiten von Carl Friedrich Gauß[2] (1809/1816), der die Normalverteilung in Zusammenhang mit der Theorie der Messfehler eingeführt hat, sind der Grund dafür, dass die Normalverteilung auch als **Gaußsche Glocken-** oder **Fehlerkurve** bezeichnet wird.

Ihre herausragende Bedeutung in der Wahrscheinlichkeitstheorie und Schließenden Statistik beruht auf folgenden Eigenschaften:

- Viele empirische Zufallsvariablen, die bei Experimenten oder Beobachtungen auftreten, sind entweder

    normalverteilt oder

    näherungsweise normalverteilt oder

    lassen sich in normalverteilte Zufallsvariable transformieren.

- Die Normalverteilung erlaubt die Approximation komplizierter Verteilungen, weil diese sich im Grenzfall für $n \to \infty$ der Normalverteilung annähern (z.B. die Binomialverteilung). Darauf beruhen wichtige Folgerungen wie das "Gesetz der großen Zahlen".

- In statistischen Prüfverfahren treten Variablen auf, die normalverteilt oder approximativ normalverteilt sind.

(1) Definition und Eigenschaften

Dichtefunktion

Eine normalverteilte Zufallsvariable X hat die Dichtefunktion

$$f(x) = \frac{1}{\sigma\sqrt{2\pi}} e^{-\frac{1}{2}\left(\frac{x-\mu}{\sigma}\right)^2} \qquad x \in \mathbf{R},\ \sigma > 0$$

Die Dichtefunktion ist durch die beiden Parameter μ und σ eindeutig bestimmt. Die Normalverteilung mit den Parametern μ und σ wird daher auch kurz als $N(\mu;\sigma)$-Verteilung bezeichnet.

---

[1] 1667–1754, französischer Mathematiker, "Doctrine of Chances" 1718/38/56
[2] 1777–1855, deutscher Mathematiker; gilt neben Archimedes und I. Newton als einer der bedeutendsten Mathematiker aller Zeiten; seit 1807 Direktor der Sternwarte in Göttingen

8 Spezielle stetige Verteilungen

Es lässt sich zeigen, dass der Parameter μ der Mittelwert und der Parameter σ die Standardabweichung der Normalverteilung sind und die Dichtefunktion symmetrisch ist. Die Normalverteilung hat also die

Maßzahlen

$$E(X) = \mu$$
$$Var(X) = \sigma^2$$
$$\gamma = 0$$

Der Graph der Dichtefunktion ist eine glockenförmige Kurve, die sich für $n \to \pm\infty$ asymptotisch an die x-Achse anschmiegt. Die Fläche unter der Dichtefunktion ist, wie der Beweis am Ende des Kapitels zeigt, gleich 1.

Die ausführliche Kurvendiskussion[3] zeigt, dass die Dichtefunktion der Normalverteilung symmetrisch zum Mittelwert μ ist, ein Maximum beim Mittelwert und zwei Wendpunkte im Abstand $\pm\sigma$ zum Mittelwert hat.

Eigenschaften

Für die Dichtefunktion der Normalverteilung gilt:

1. $f(x)$ ist symmetrisch zu μ: $\quad f(\mu + a) = f(\mu - a)$
2. $f(x)$ hat ein Maximum bei: $\quad x = \mu$
3. $f(x)$ hat zwei Wendepunkte bei: $\quad x = \mu - \sigma \; ; \; x = \mu + \sigma$

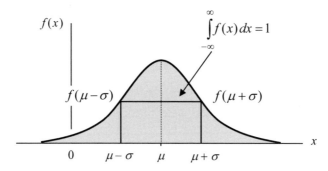

Die Dichtefunktion der Normalverteilung hat im Maximum bei $x = \mu$ den Wert:

$$f(\mu) = \frac{1}{\sigma\sqrt{2\pi}} = \frac{1}{\sigma \cdot 2{,}51} = \frac{1}{\sigma} \cdot 0{,}4$$

Der Wert der Dichtefunktion im Maximum hängt also nur von der Standardabweichung σ ab und ist um so größer, je kleiner die Standardabweichung ist.

---

[3] Die Beweise finden sich auf S.191–194 und die Kurvendiskussion auf S.194 f.

Da die Werte der Dichtefunktion keine Wahrscheinlichkeiten sind, können sie auch größer als 1 sein. Wenn die Standardabweichung der Normalverteilung kleiner als $1/\sqrt{2\pi} = 0{,}4$ ist, nimmt die Dichtefunktion Werte an, die größer als 1 sind.

Den Einfluss der Standardabweichung auf die Dichtefunktion der Normalverteilung verdeutlicht die folgende Grafik, in der die Dichtefunktionen für die σ-Werte 1, 0.5 und 0.25 dargestellt sind.

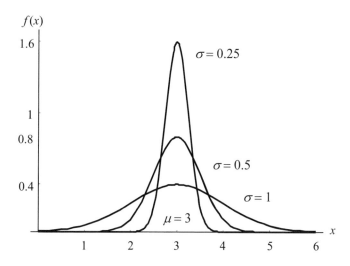

Die Dichtefunktion verläuft um so steiler, je kleiner σ ist und um so flacher je größer σ ist. Der Mittelwert μ beeinflußt nur die Lage und nicht die Gestalt der Dichtefunktion.

Die Integration der Dichtefunktion über dem Intervall von $-\infty$ bis x ergibt die

Verteilungsfunktion

Die Verteilungsfunktion der normalverteilten Zufallsvariablen X lautet:

$$F(x) = P(X \leq x) = \frac{1}{\sigma\sqrt{2\pi}} \int_{-\infty}^{x} e^{-\frac{1}{2}\left(\frac{v-\mu}{\sigma}\right)^2} dv$$

Mit Hilfe der Verteilungsfunktion können wieder Intervallwahrscheinlichkeiten berechnet werden.

Die **Intervallwahrscheinlichkeit** dafür, dass die Zufallsvariable X Werte im Intervall $a < X \leq b$ annimmt, beträgt:

$$P(a < X \leq b) = F(b) - F(a) = \frac{1}{\sigma\sqrt{2\pi}} \int_{a}^{b} e^{-\frac{1}{2}\left(\frac{v-\mu}{\sigma}\right)^2} dv$$

Das Integral kann nicht elementar ausgewertet, d.h. mit Hilfe der Stammfunktion nach dem Hauptsatz der Differential- und Integralrechnung berechnet werden. Durch Variablentransformation lässt sich aber jede $N(\mu;\sigma)$-Verteilung in die Standardnormalverteilung $N(0;1)$ überführen, deren Werte tabelliert sind.

(2) Standardnormalverteilung

Die Normalverteilung $N(0;1)$ mit dem Mittelwert 0 und der Varianz 1 heißt Standardnormalverteilung oder normierte Normalverteilung. Die Standardnormalverteilung ist also eine spezielle Normalverteilung. Sie ergibt sich, wenn wir in der Dichtefunktion der allgemeinen Normalverteilung $\mu = 0$ und $\sigma = 1$ setzen.

Die standardnormalverteilte Zufallsvariable wird mit Z bezeichnet und hat die

Dichtefunktion

$$f(z) = \frac{1}{\sqrt{2\pi}} e^{-\frac{z^2}{2}} \qquad z \in \mathbf{R}$$

Maßzahlen

$$E(Z) = \mu = 0$$
$$Var(Z) = \sigma^2 = 1$$
$$\gamma = 0$$

Eigenschaften

Die Dichtefunktion der Standardnormalverteilung hat die Eigenschaften:

1. $f(z)$ ist symmetrisch zu $\mu = 0$: $\qquad f(z) = f(-z)$
2. $f(z)$ hat ein Maximum bei: $\qquad z = \mu = 0$
3. $f(z)$ hat zwei Wendepunkte bei: $\qquad z = \pm\sigma = \pm 1$

Der Mittelwert der Standardnormalverteilung liegt im Nullpunkt. Die Dichtefunktion ist symmetrisch zum Nullpunkt, nimmt ihr Maximum im Nullpunkt und die Wendpunkte bei -1 und $+1$ an und schmiegt sich für $\pm\infty$ asymptotisch an die x-Achse an.

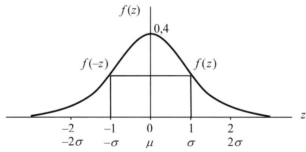

Die Integration der Dichtefunktion über dem Intervall von $-\infty$ bis x ergibt die

Verteilungsfunktion

Die Verteilungsfunktion der standardnormalverteilten Zufallsvariablen Z wird mit $\Phi(z)$ bezeichnet[4]:

$$\Phi(z) = \frac{1}{\sqrt{2\pi}} \int_{-\infty}^{z} e^{-\frac{u^2}{2}} du$$

Das Integral $\Phi(z)$ kann ebenso wenig wie $F(x)$ durch elementare Integrationsmethoden, d.h. durch die Ermittlung der Stammfunktion berechnet werden, weil wir für den Integranden wieder keine Stammfunktion angeben können. Die Tabellierung von $\Phi(z)$ beruht daher auf numerischen Auswertungsmethoden des Integrals.

Mit Hilfe der Tabellen lassen sich die **Intervallwahrscheinlichkeiten** berechnen

$$P(a < Z \leq b) = \Phi(b) - \Phi(a) = \frac{1}{\sqrt{2\pi}} \int_{a}^{b} e^{-\frac{u^2}{2}} du$$

Wegen der Symmetrie der Standardnormalverteilung gilt die Regel:

$$\boxed{\Phi(-z) = 1 - \Phi(z)}$$

Beweis:

$$\Phi(-z) = P(Z \leq -z) \stackrel{\text{Symmetrie}}{=} P(Z \geq z) = 1 - P(Z \leq z) = 1 - \Phi(z)$$

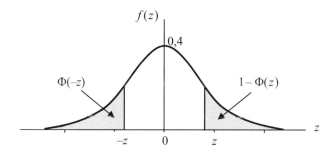

Die Fläche $\Phi(-z)$ unter dem linken Schwanz der Dichtefunktion ist wegen der Symmetrie gleich der Fläche unter dem rechten Schwanz $1-\Phi(z)$. Diese Fläche ergibt sich, wenn wir von der Gesamtfläche 1 die Fläche von $-\infty$ bis z, also $\Phi(z)$ subtrahieren.

---

[4] Das Funktionssymbol Φ (Phi) der Standardnormalverteilung ist das große griechische F.

Anhand einfacher Zahlenbeispiele wollen wir nun die Anwendung der Standardnormalverteilung und die Handhabung der $N(0;1)$-Tabellen einüben.

BEISPIELE

1. Berechnung der Wahrscheinlichkeit (Intervallgrenzen gegeben)

    Zunächst berechnen wir symmetrische Wahrscheinlichkeitsintervalle für ganzzahlige Intervallgrenzen mit Hilfe der Tabelle 7 im Anhang

    $$P(-1 \leq Z \leq 1) = \Phi(1) - \Phi(-1) = 0{,}8413 - 0{,}1587 = 0{,}6827$$

    $$P(-2 \leq Z \leq 2) = \Phi(2) - \Phi(-2) = 0{,}9772 - 0{,}0228 = 0{,}9545$$

    $$P(-3 \leq Z \leq 3) = \Phi(3) - \Phi(-3) = 0{,}9987 - 0{,}0013 = 0{,}9973$$

    und dann einseitige Wahrscheinlichkeitsintervalle

    $$P(Z \leq 0{,}45) = \Phi(0{,}45) = 0{,}6736$$

    $$P(Z \leq -0{,}45) = \Phi(-0{,}45) = 0{,}3264$$

    $$= 1 - \Phi(0{,}45) = 1 - 0{,}6736$$

    $$P(Z \geq 1{,}31) = 1 - P(Z \leq 1{,}31) = 1 - 0{,}9049 = 0{,}0951$$

    $$= P(Z \leq -1{,}31) = 0{,}0951$$

    $$P(Z \geq -0{,}88) = 1 - P(Z \leq -0{,}88) = 1 - \Phi(-0{,}88) = 1 - 0{,}1894 = 0{,}8106$$

    $$= P(Z \leq 0{,}88) = \Phi(0{,}88) = 0{,}8106$$

2. Berechnung der Intervallgrenzen (Wahrscheinlichkeit gegeben)

    Wir ermitteln zuerst symmetrische Wahrscheinlichkeitsintervalle für gebräuchliche "runde" Wahrscheinlichkeiten. Für gegebene Wahrscheinlichkeiten können wir aus der Tabelle 8 für die Quantile der $N(0;1)$-Verteilung die Intervallgrenzen ablesen

    $$P(-1{,}960 \leq Z \leq 1{,}960) = 0{,}95$$

    $$P(-2{,}576 \leq Z \leq 2{,}576) = 0{,}99$$

    $$P(-3{,}290 \leq Z \leq 3{,}290) = 0{,}999$$

    Allgemein gehen wir bei der Berechnung der Intervallgrenze c eines einseitigen Wahrscheinlichkeitsintervalls wie folgt vor

    $$P(Z \leq c) = \Phi(c) = 0{,}9$$

    $$c = \Phi^{-1}(0{,}9) = 1{,}282$$

$$P(Z \geq c) = 1 - P(Z \leq c) = 1 - \Phi(c) = 0,1$$

$$\Phi(c) = 0,9$$

$$c = \Phi^{-1}(0,9) = 1,282$$

Bei der Berechnung der Intervallgrenzen ±c eines symmetrischen Wahrscheinlichkeitsintervalls können wir entweder die symmetrische $N(0;1)$-Tabelle verwenden

$$P(-c \leq Z \leq c) = \Phi(c) - \Phi(-c) = D(c) = 0,9$$

$$c = D^{-1}(0,9) = 1,645$$

Oder wir benutzen die einseitige $N(0;1)$-Tabelle. Dabei verwenden wir die Symmetrieeigenschaft:

$$P(-c \leq Z \leq c) = \Phi(c) - \Phi(-c) = 0,9$$

$$\Phi(c) - 1 + \Phi(c) = 0,9$$

$$\Phi(c) = \frac{1 + 0,9}{2} = 0,95$$

$$c = \Phi^{-1}(0,95) = 1,645$$

Analog mit der symmetrischen $N(0;1)$-Tabelle

$$P(-c \leq Z \leq c) = \Phi(c) - \Phi(-c) = 0,98$$

$$D(c) = 0,98$$

$$c = D^{-1}(0,98) = 2,326$$

oder mit der einseitigen $N(0;1)$-Tabelle

$$\Phi(c) = \frac{1 + 0,98}{2} = 0,99$$

$$c = \Phi^{-1}(0,99) = 2,326$$

Aus der Symmetrieeigenschaft folgt $\Phi(0) = 0,5$. Damit lösen wir die folgende Aufgabe:

$$P(0 \leq Z \leq c) = \Phi(c) - \Phi(0) = 0,48$$

$$\Phi(c) - 0,5 = 0,48$$

$$\Phi(c) = 0,98$$

$$c = \Phi^{-1}(0,98) = 2,054$$

(3) Standardisierung einer beliebigen Normalverteilung

Jede beliebige Normalverteilung $N(\mu;\sigma)$ kann durch die folgende lineare Transformation der Zufallsvariablen X

$$Z = \frac{X-\mu}{\sigma}$$

in die Standardnormalverteilung $N(0;1)$ mit dem Mittelwert 0 und der Varianz 1 überführt werden. Wir sprechen dann auch von der Standardisierung oder Normierung der Zufallsvariablen X.

Dazu nehmen wir in der Verteilungsfunktion

$$F(x) = \frac{1}{\sigma\sqrt{2\pi}} \int_{-\infty}^{x} e^{-\frac{1}{2}\left(\frac{v-\mu}{\sigma}\right)^2} dv$$

die folgende Variablensubstitution vor

$$u = \frac{v-\mu}{\sigma}$$

Dann müssen wir aber auch die Integrationsvariable v und die Integrationsgrenzen ersetzen. Aus der Ableitung

$$\frac{du}{dv} = \frac{1}{\sigma}$$

folgt die Substitution der Integrationsvariablen

$$dv = \sigma \cdot du$$

Das bisherige Integrationsintervall für die Integrationsvariable v

$$-\infty \leq v \leq x$$

geht durch die Substitution der oberen Integrationsgrenze in das Integrationsintervall für u über

$$-\infty \leq u \leq \frac{x-\mu}{\sigma}$$

Die Verteilungsfunktion hat nun die Form

$$F(x) = \frac{1}{\sigma\sqrt{2\pi}} \int_{-\infty}^{\frac{x-\mu}{\sigma}} e^{-\frac{1}{2}u^2} \sigma\, du = \frac{1}{\sqrt{2\pi}} \int_{-\infty}^{\frac{x-\mu}{\sigma}} e^{-\frac{1}{2}u^2} du$$

Rechts steht nun die Verteilungsfunktion der Standardnormalverteilung $\Phi(z)$; folglich gilt

$$F(x) = \Phi\left(\frac{x-\mu}{\sigma}\right) = \Phi(z)$$

Die **Intervallwahrscheinlichkeit** einer beliebigen $N(\mu;\sigma)$-verteilten Zufallsvariablen X können wir also mit Hilfe der Standardnormalverteilung $N(0;1)$ berechnen:

$$\boxed{P(a < X \leq b) = F(b) - F(a) = \Phi\left(\frac{b-\mu}{\sigma}\right) - \Phi\left(\frac{a-\mu}{\sigma}\right)}$$

Die Werte für Φ werden aus der Tabelle der $N(0;1)$-Verteilungsfunktion entnommen. Dabei gehen wir so vor, dass wir zunächst die Intervallgrenzen der linearen Transformation unterwerfen, also den Mittelwert μ subtrahieren und durch die Standardabweichung σ dividieren. Dann werden die Wahrscheinlichkeiten für die transformierten Intervallgrenzen aus der $N(0;1)$-Tabelle abgelesen.

Eine besondere Rolle spielen die ganzzahligen σ-Intervalle um den Mittelwert μ. Es gilt z.B. für die Intervallgrenzen $\mu \pm \sigma$

$$a = \mu - \sigma \implies \Phi\left(\frac{a-\mu}{\sigma}\right) = \Phi\left(\frac{\mu-\sigma-\mu}{\sigma}\right) = \Phi(-1)$$

$$b = \mu + \sigma \implies \Phi\left(\frac{b-\mu}{\sigma}\right) = \Phi\left(\frac{\mu+\sigma-\mu}{\sigma}\right) = \Phi(+1)$$

Das bedeutet, die Verteilungsfunktion der $N(\mu;\sigma)$-Verteilung hat an den Stellen $\mu \pm \sigma$ dieselben Werte wie die Verteilungsfunktion der $N(0;1)$-Verteilung an den Stellen ± 1. Die ganzzahligen σ-Intervalle einer beliebigen Normalverteilung $N(\mu;\sigma)$ entsprechen den ganzzahligen Intervallen der Standardnormalverteilung $N(0;1)$.

Damit erhalten wir für die **zentralen Schwankungsintervalle**

$$P(\mu - \sigma < X \leq \mu + \sigma) = \Phi(1) - \Phi(-1) = 0{,}6827$$
$$P(\mu - 2\sigma < X \leq \mu + 2\sigma) = \Phi(2) - \Phi(-2) = 0{,}9545$$
$$P(\mu - 3\sigma < X \leq \mu + 3\sigma) = \Phi(3) - \Phi(-3) = 0{,}9973$$

Bei einer großen Zahl von Versuchen ist also zu erwarten, dass sich die beobachteten Werte einer normalverteilten Zufallsvariablen wie folgt verteilen:

68,0% der Werte liegen zwischen $\mu - \sigma$ und $\mu + \sigma$
95,5% der Werte liegen zwischen $\mu - 2\sigma$ und $\mu + 2\sigma$
99,7% der Werte liegen zwischen $\mu - 3\sigma$ und $\mu + 3\sigma$

In der Grafik erhalten wir folgendes Bild der zentralen Schwankungsintervalle:

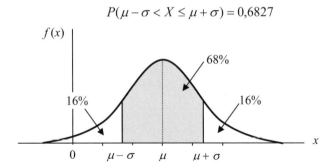

Mit der Wahrscheinlichkeit von 68% nimmt jede normalverteilte Zufallsvariable X Werte zwischen $\mu-\sigma$ und $\mu+\sigma$ an. Eine Abweichung um mehr als $\pm\sigma$ vom Erwartungswert μ ist im Durchschnitt einmal bei 3 Versuchen oder bei 32% der Versuche zu erwarten.

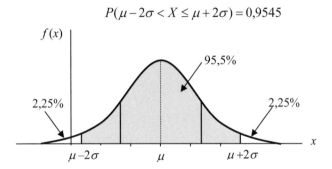

Mit der Wahrscheinlichkeit von 95,5% nimmt jede normalverteilte Zufallsvariable X Werte zwischen $\mu-2\sigma$ und $\mu+2\sigma$ an. Eine Abweichung von mehr als $\pm 2\sigma$ vom Erwartungswert μ ist etwa einmal bei 22 Versuchen oder bei 4,5% der Versuche zu erwarten.

Mit der Wahrscheinlichkeit von 99,7% nimmt jede normalverteilte Zufallsvariable Werte zwischen $\mu-3\sigma$ und $\mu+3\sigma$ an. Eine Abweichung von mehr als $\pm 3\sigma$ vom Mittelwert μ ist nur bei 0,3% der Versuche zu erwarten und daher fast unmöglich. Zwischen den 3σ-Grenzen $\mu \pm 3\sigma$ liegen praktisch alle Werte der Zufallsvariablen.

Umgekehrt kann man nach den σ-Grenzen für gegebene "runde" Wahrscheinlichkeiten fragen. Es gilt:

$$P(\mu-1{,}96\sigma < X \leq \mu+1{,}96\sigma) = 0{,}95$$

$$P(\mu-2{,}58\sigma < X \leq \mu+2{,}58\sigma) = 0{,}99$$

$$P(\mu-3{,}29\sigma < X \leq \mu+3{,}29\sigma) = 0{,}999$$

8.3 Normalverteilung

BEISPIELE

1. Berechnung von Wahrscheinlichkeiten ($\mu = 1$, $\sigma = 2$)

   a. $P(X \leq 2{,}12) = \Phi\left(\dfrac{2{,}12 - 1}{2}\right) = \Phi(0{,}56) = 0{,}7123$

   b. $P(X \leq -1{,}46) = \Phi\left(\dfrac{-1{,}46 - 1}{2}\right) = \Phi(-1{,}23) = 0{,}1093$

   c. $P(X \geq -2{,}7) = 1 - P(X \leq -2{,}7) = 1 - \Phi\left(\dfrac{-2{,}7 - 1}{2}\right)$
   $= 1 - \Phi(-1{,}85) = \Phi(1{,}85) = 0{,}9678$

   d. $P(3 \leq X \leq 7) = \Phi\left(\dfrac{7-1}{2}\right) - \Phi\left(\dfrac{3-1}{2}\right) = \Phi(3) - \Phi(1)$
   $= 0{,}9987 - 0{,}8413 = 0{,}1574$

   e. $P(0 \leq X \leq 4{,}6) = \Phi\left(\dfrac{4{,}6 - 1}{2}\right) - \Phi\left(\dfrac{0-1}{2}\right) = \Phi(1{,}8) - \Phi(-0{,}5)$
   $= 0{,}9641 - 0{,}3085 = 0{,}6556$

2. Berechnung von Intervallgrenzen ($\mu = 2$, $\sigma = 3$)

   a. $P(X \geq c) = 0{,}1$

   $= 1 - P(X \leq c) = 0{,}1$

   $1 - \Phi\left(\dfrac{c-2}{3}\right) = 0{,}1$

   $\Phi\left(\dfrac{c-2}{3}\right) = 0{,}9$

   $\dfrac{c-2}{3} = \Phi^{-1}(0{,}9) = 1{,}282$

   $c = 3 \cdot 1{,}282 + 2 = 5{,}846$

   b. $P(c < X \leq 8) = 0{,}95$

   $= \Phi\left(\dfrac{8-2}{3}\right) - \Phi\left(\dfrac{c-2}{3}\right) = 0{,}95$

   $\Phi(2) - \Phi\left(\dfrac{c-2}{3}\right) = 0{,}95$

   $0{,}9772 - \Phi\left(\dfrac{c-2}{3}\right) = 0{,}95$

$$\Phi\left(\frac{c-2}{3}\right) = 0{,}9772 - 0{,}95 = 0{,}0272$$

$$\frac{c-2}{3} = \Phi^{-1}(0{,}0272) = -1{,}92944$$

$$c = -3 \cdot 1{,}93 + 2 = -3{,}79$$

Da das Quantil für die Wahrscheinlichkeit 2,72 % nicht in der Tabelle aufgeführt ist, berechnen wir einen Näherungswert durch **lineare Interpolation** aus den Quantilen für 2 und 3 %:

$$c(2{,}72) \approx c(2) + \frac{c(3) - c(2)}{100} \cdot 72$$

$$= -2{,}054 + (-1{,}881 + 2{,}054) \cdot \frac{72}{100}$$

$$= -2{,}054 + 0{,}173 \cdot \frac{72}{100}$$

$$= -2{,}054 + 0{,}12456 = -1{,}92944$$

c. $P(2 - c \leq X \leq 2 + c) = 0{,}99$

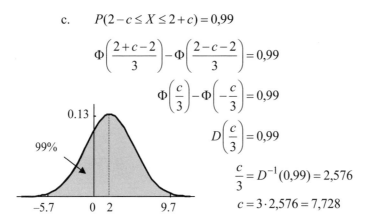

$$\Phi\left(\frac{2+c-2}{3}\right) - \Phi\left(\frac{2-c-2}{3}\right) = 0{,}99$$

$$\Phi\left(\frac{c}{3}\right) - \Phi\left(-\frac{c}{3}\right) = 0{,}99$$

$$D\left(\frac{c}{3}\right) = 0{,}99$$

$$\frac{c}{3} = D^{-1}(0{,}99) = 2{,}576$$

$$c = 3 \cdot 2{,}576 = 7{,}728$$

d. Symmetrisches Wahrscheinlichkeitsintervall um μ

$$P(a \leq X \leq b) = P(\mu - c \leq X \leq \mu + c) = 0{,}9$$

$$P(\mu - c \leq X \leq \mu + c) = \Phi\left(\frac{\mu + c - \mu}{\sigma}\right) - \Phi\left(\frac{\mu - c - \mu}{\sigma}\right)$$

$$= \Phi\left(\frac{c}{\sigma}\right) - \Phi\left(\frac{-c}{\sigma}\right)$$

$$= \Phi\left(\frac{c}{\sigma}\right) - \left(1 - \Phi\left(\frac{c}{\sigma}\right)\right)$$

$$= 2\Phi\left(\frac{c}{\sigma}\right) - 1 = 0{,}9$$

$$2\Phi\left(\frac{c}{\sigma}\right) = 1{,}9$$

$$\Phi\left(\frac{c}{\sigma}\right) = \frac{1{,}9}{2} = 0{,}95$$

$$\frac{c}{\sigma} = \Phi^{-1}(0{,}95)$$

$$c = \sigma\Phi^{-1}(0{,}95) = \sigma \cdot 1{,}645$$

Mit $\sigma = 3$ ergibt sich für c

$$c = 3 \cdot 1{,}645 = 4{,}935$$

und mit $\mu = 2$ für die Intervallgrenzen

$$a = \mu + c = 2 + 4{,}935 = 6{,}935$$
$$b = \mu - c = 2 - 4{,}935 = -2{,}935$$

3. Füllmenge von Limo-Flaschen

Die Füllmenge von Limonaden-Flaschen mit 0,3 l Inhalt, die auf einer bestimmten Maschine befüllt werden, sei normalverteilt mit

$\mu = 310 \text{ cm}^3$ (Sollwert der Maschine)

$\sigma = 4 \text{ cm}^3$ (Maschinenkonstante)

Wie groß ist die Wahrscheinlichkeit, dass eine zufällig überprüfte Flasche

a. mindestens 300 cm^3 enthält?

$$P(X \geq 300) = 1 - P(X \leq 300) = 1 - \Phi\left(\frac{300 - 310}{4}\right)$$
$$= 1 - \Phi(-2{,}5)$$
$$= 1 - 0{,}0062 = 0{,}9938$$

b. weniger als 298 cm^3 enthält?

$$P(X \leq 298) = \Phi\left(\frac{298 - 310}{4}\right) = \Phi(-3) = 0{,}0013$$

c. Auf welchen Sollwert μ muss die Maschine eingestellt werden, wenn der Anteil der Flaschen, die weniger als 295 cm^3 enthalten, auf 2% begrenzt werden soll?

$$P(X \leq 295) = 0{,}02$$
$$= \Phi\left(\frac{295 - \mu}{4}\right) = 0{,}02$$

$$\frac{295-\mu}{4} = \Phi^{-1}(0,02)$$
$$= -2,054$$
$$\mu = 4 \cdot 2,054 + 295$$
$$= 303,216$$

4. Spieldauer von Videobändern

   Ein Hersteller produziere Videobänder mit einer Spieldauer von 180 Minuten (Länge 258 m). Der Herstellungsvorgang unterliegt zufälligen Störeinflüssen, die durch das Material und die Maschine bedingt sind, auf der die Bänder geschnitten werden und die dazu führen, dass die tatsächliche Spieldauer der Bänder um den Sollwert 180 Minuten streuen.

   Die Spieldauer X kann als normalverteilte Zufallsvariable aufgefasst werden. Es sei:

   $\mu = 180$ min   (Sollwert, auf den die Maschine eingestellt ist)

   $\sigma = 2$ min   (Standardabweichung der Maschine)

   a. Wie groß ist die Wahrscheinlichkeit, dass die Spieldauer eines zufällig herausgegriffenen Bandes zwischen 175 und 185 Minuten liegt?

   $$P(175 \le X \le 185) = \Phi\left(\frac{185-180}{2}\right) - \Phi\left(\frac{175-180}{2}\right)$$
   $$= \Phi\left(\frac{5}{2}\right) - \Phi\left(-\frac{5}{2}\right)$$
   $$= \Phi\left(\frac{5}{2}\right) - 1 + \Phi\left(\frac{5}{2}\right)$$
   $$= 2\,\Phi\left(\frac{5}{2}\right) - 1$$
   $$= 2 \cdot 0,9938 - 1 = 0,9876$$

   Die Wahrscheinlichkeit, dass die Spieldauer eines zufällig herausgegriffenen Bandes zwischen 175 und 185 liegt, beträgt 98,76%

   b. Wie groß ist die Wahrscheinlichkeit, dass die Spieldauer eines zufällig herausgegriffenen Bandes höchstens 179 Minuten beträgt?

   $$P(X \le 179) = \Phi\left(\frac{179-180}{2}\right) = \Phi\left(-\frac{1}{2}\right) = 0,3085$$

c. Auf welchen Sollwert muss die Maschine eingestellt werden, damit 99 (99,9)% der Videobänder eine Mindestspieldauer von 180 Minuten haben?

$$P(X \geq 180) = 1 - P(X \leq 180) = 0{,}99 \qquad (0{,}999)$$

$$P(X \leq 180) = 0{,}01 \qquad (0{,}001)$$

$$\Phi\left(\frac{180-\mu}{2}\right) = 0{,}01$$

$$\frac{180-\mu}{2} = \Phi^{-1}(0{,}01)$$

$$180 - \mu = 2\,\Phi^{-1}(0{,}01)$$

$$\mu = 180 - 2\,\Phi^{-1}(0{,}01)$$

$$= 180 - 2\,(-2{,}326) \qquad (-3{,}09)$$

$$= 180 + 4{,}652$$

$$= 184{,}652 \qquad (186{,}18)$$

Die Maschine muß auf den Sollwert $\mu = 184{,}652$ (186,18) eingestellt werden, wenn 99 (99,9)% der Videobänder eine Mindestspieldauer von 180 Minuten haben sollen.

(4) Drei wichtige Eigenschaften

1. **Reproduktivität** der Normalverteilung

   Seien $X_1, X_2, \ldots, X_n$ unabhängige normalverteilte Zufallsvariablen mit den Mittelwerten $\mu_1, \mu_2, \ldots, \mu_n$ und den Varianzen $\sigma_1^2, \sigma_2^2, \ldots, \sigma_n^2$. Dann ist auch die Summe der Zufallsvariablen

   $$X = X_1 + X_2 + \ldots + X_n$$

   normalverteilt mit dem Mittelwert

   $$\mu = \mu_1 + \mu_2 + \ldots + \mu_n$$

   und der Varianz

   $$\sigma^2 = \sigma_1^2 + \sigma_2^2 + \ldots + \sigma_n^2$$

2. **Grenzwertsatz** von Moivre und Laplace

Die Binomialverteilung strebt mit wachsendem Stichprobenumfang gegen die Normalverteilung. Für große Werte von n kann die Binomialverteilung durch die Normalverteilung mit den Parametern

$$\mu = np \quad , \quad \sigma^2 = npq$$

approximiert werden. Bereits für Werte ab

$$np \geq 5 \,, nq \geq 5 \quad \text{(oder } npq \geq 9\text{)}$$

ist die Annäherung so gut, dass die Binomialverteilung anstelle der Normalverteilung verwendet werden kann. Es gilt dann die Wahrscheinlichkeitsfunktion:

$$f(x) = \binom{n}{x} p^x q^{n-x} \approx \frac{1}{\sigma\sqrt{2\pi}} e^{-\frac{1}{2}\left(\frac{x-\mu}{\sigma}\right)^2} \qquad \mu = np \,, \sigma = \sqrt{npq}$$

Intervallwahrscheinlichkeiten können dann mit Hilfe der Standardnormalverteilung $N(0;1)$ berechnet werden:

$$P(a \leq X \leq b) = \sum_{x=a}^{b} \binom{n}{x} p^x q^{n-x} \approx \int_a^b \frac{1}{\sigma\sqrt{2\pi}} e^{-\frac{1}{2}\left(\frac{v-\mu}{\sigma}\right)^2} dv$$

$$\approx \Phi\left(\frac{b-\mu}{\sigma}\right) - \Phi\left(\frac{a-\mu}{\sigma}\right) \qquad \mu = np \,, \sigma = \sqrt{npq}$$

3. Zusammenfassung der **Approximationsregeln**

Die Normalverteilung ist die Grenzverteilung aller behandelten diskreten Verteilungen, neben der Binomialverteilung auch der Poissonverteilung und der Hypergeometrischen Verteilung. Es gelten die folgenden Faustregeln für die näherungsweise Verwendung der Normalverteilung:

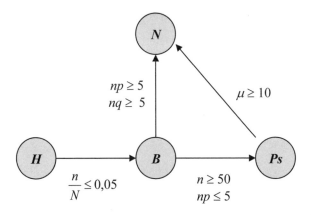

8.3 Normalverteilung

(5) Beweise

1. Die Dichtefunktion der Standardnormalverteilung $N(0;1)$ erfüllt die **Definition der Dichtefunktion**, d.h.

$$\Phi(\infty) = \frac{1}{\sqrt{2\pi}} \int_{-\infty}^{\infty} e^{-\frac{u^2}{2}} du = 1$$

Beweis:

Wir bilden zunächst das Quadrat der Verteilungsfunktion

$$\Phi^2(\infty) = \frac{1}{2\pi} \int_{-\infty}^{\infty} e^{-\frac{u^2}{2}} du \cdot \int_{-\infty}^{\infty} e^{-\frac{v^2}{2}} dv$$

$$= \frac{1}{2\pi} \int_{-\infty}^{\infty} \int_{-\infty}^{\infty} e^{-\frac{1}{2}(u^2+v^2)} du\, dv$$

und transformieren die Variablen in Polarkoordinaten

$$u = r \cos\varphi$$
$$v = r \sin\varphi$$
$$du\, dv = r\, d\varphi\, dr \qquad \text{(Flächendifferential)}$$

mit den Integrationsintervallen

$$0 \leq r \leq \infty \quad \text{und} \quad 0 \leq \varphi \leq 2\pi$$

Das ergibt

$$\Phi^2(\infty) = \frac{1}{2\pi} \int_0^{2\pi} \int_0^{\infty} r\, e^{-\frac{1}{2}r^2}\, dr\, d\varphi$$

$$= \frac{1}{2\pi} \underbrace{\int_0^{2\pi} d\varphi}_{2\pi} \cdot \underbrace{\int_0^{\infty} r\, e^{-\frac{1}{2}r^2}\, dr}_{1}$$

$$= \frac{1}{2\pi} \cdot 2\pi \cdot 1$$

$$= 1$$

Der Wert des ersten Teilintegrals ist 2π und des zweiten Teilintegrals ist 1, wie die folgende Berechnung zeigt.

8 Spezielle stetige Verteilungen

Das 1. Teilintegral lösen wir, indem wir zunächst das unbestimmte Integral durch Substitution berechnen

$$\int r e^{-\frac{1}{2}r^2} dr = \int r e^u \frac{du}{-r} \quad \text{mit } u = -\frac{1}{2}r^2;\ u' = -r;\ dr = \frac{du}{-r}$$

$$= \int -e^u du$$

$$= -e^u + C$$

$$= -e^{-\frac{1}{2}r^2} + C$$

Dann berechnen wir das bestimmte Integral und schließlich den Grenzwert

$$\int_0^\infty r e^{-\frac{1}{2}r^2} dr = \lim_{b \to \infty} \int_0^b r e^{-\frac{1}{2}r^2} dr$$

$$= \lim_{b \to \infty} \left[-e^{-\frac{1}{2}r^2} \right]_0^b$$

$$= \lim_{b \to \infty} (-\underbrace{e^{-\frac{1}{2}b^2}}_{\to 0} + \underbrace{e^{-\frac{1}{2}0}}_{=1}) = 1$$

Das 2. Teilintegral ergibt den Umfang des Einheitskreises:

$$\int_0^{2\pi} d\varphi = \varphi \Big|_0^{2\pi} = 2\pi - 0 = 2\pi$$

2. Der **Erwartungswert** der Normalverteilung beträgt

$$E(X) = \mu$$

Beweis:

Momenterzeugende Funktion

$$G(t) = E(e^{tX}) = E(e^{t\mu} e^{tX - t\mu}) = e^{t\mu} E(e^{t(X-\mu)})$$

$$= e^{t\mu} \int_{-\infty}^{\infty} e^{t(x-\mu)} \frac{1}{\sigma\sqrt{2\pi}} e^{-\frac{1}{2}\left(\frac{x-\mu}{\sigma}\right)^2} dx$$

$$= e^{t\mu} \frac{1}{\sigma\sqrt{2\pi}} \int_{-\infty}^{\infty} e^{t(x-\mu)} e^{-\frac{1}{2}\left(\frac{x-\mu}{\sigma}\right)^2} dx$$

8.3 Normalverteilung

$$G(t) = e^{t\mu} \frac{1}{\sigma\sqrt{2\pi}} \int_{-\infty}^{\infty} e^{t(x-\mu) - \frac{1}{2}\left(\frac{x-\mu}{\sigma}\right)^2} dx$$

$$= e^{t\mu} \frac{1}{\sigma\sqrt{2\pi}} \int_{-\infty}^{\infty} e^{-\frac{1}{2\sigma^2}\left[(x-\mu)^2 - 2\sigma^2 t(x-\mu)\right]} dx$$

Für die eckige Klammer im Exponenten können wir schreiben:

$$(x-\mu)^2 - 2\sigma^2 t(x-\mu) = \underbrace{(x-\mu)^2 - 2\sigma^2 t(x-\mu) + \sigma^4 t^2}_{(x-\mu-\sigma^2 t)^2} - \sigma^4 t^2$$

$$= (x-\mu-\sigma^2 t)^2 - \sigma^4 t^2$$

Eingesetzt in die momenterzeugende Funktion

$$G(t) = e^{t\mu} \frac{1}{\sigma\sqrt{2\pi}} \int_{-\infty}^{\infty} e^{-\frac{1}{2\sigma^2}\left[(x-\mu-\sigma^2 t)^2 - \sigma^4 t^2\right]} dx$$

$$= e^{t\mu} e^{\frac{1}{2}\sigma^2 t^2} \underbrace{\frac{1}{\sigma\sqrt{2\pi}} \int_{-\infty}^{\infty} e^{-\frac{1}{2}\left(\frac{x-\mu-\sigma^2 t}{\sigma}\right)^2} dx}_{=1}$$

Der rechte Teilausdruck ist gleich der Fläche unter der Dichtefunktion der Normalverteilung $N(\mu+\sigma^2 t; \sigma)$, und hat daher den Wert 1.

Damit lautet die momenterzeugende Funktion

$$G(t) = e^{t\mu} \cdot e^{\frac{1}{2}\sigma^2 t^2} = e^{\mu t + \frac{1}{2}\sigma^2 t^2}$$

Die erste Ableitung nach t ist

$$G'(t) = (\mu + \sigma^2 t) \cdot e^{\mu t + \frac{1}{2}\sigma^2 t^2}$$

Die erste Ableitung der momenterzeugenden Funktion an der Stelle $t = 0$ ist das 1. gewöhnliche Moment

$$G'(0) = E(X) = (\mu + \sigma^2 \cdot 0) \cdot e^0 = \mu$$

3. Die **Varianz** der Normalverteilung beträgt

$$Var(X) = \sigma^2$$

Beweis:

$$Var(X) = E(X^2) - \mu^2$$

Das 2. gewöhnliche Moment ist gleich der 2. Ableitung der momenterzeugenden Funktion an der Stelle $t = 0$

$$G''(t) = \sigma^2 e^{\mu t + \frac{\sigma^2 t^2}{2}} + (\mu + \sigma^2 t)^2 \cdot e^{\mu t + \frac{\sigma^2 t^2}{2}}$$

$$G''(0) = \sigma^2 e^0 + (\mu + \sigma^2 \cdot 0)^2 \cdot e^0 = \sigma^2 e^0 + \mu^2 e^0$$

$$= \sigma^2 + \mu^2$$

$$G''(0) = E(X)^2 = \sigma^2 + \mu^2$$

Mit dem Verschiebungssatz folgt für die Varianz:

$$Var(X) = \sigma^2 + \mu^2 - \mu^2 = \sigma^2$$

(6) Eigenschaften der Dichtefunktion

1. Symmetrie

$$f(\mu - a) = \frac{1}{\sigma\sqrt{2\pi}} e^{-\frac{1}{2}\left(\frac{\mu - a - \mu}{\sigma}\right)^2} = \frac{1}{\sigma\sqrt{2\pi}} e^{-\frac{1}{2}\left(\frac{-a}{\sigma}\right)^2} = \frac{1}{\sigma\sqrt{2\pi}} e^{-\frac{1}{2}\left(\frac{a}{\sigma}\right)^2}$$

$$= \frac{1}{\sigma\sqrt{2\pi}} e^{-\frac{1}{2}\left(\frac{\mu + a - \mu}{\sigma}\right)^2} = f(\mu + a)$$

2. Maximum

Bedingung 1. Ordnung

$$f'(x) = \frac{1}{\sigma\sqrt{2\pi}} \cdot \frac{-1}{2} \cdot 2 \left(\frac{x - \mu}{\sigma}\right) \frac{1}{\sigma} e^{-\frac{1}{2}\left(\frac{x - \mu}{\sigma}\right)^2}$$

$$= -\frac{1}{\sigma^2\sqrt{2\pi}} \left(\frac{x - \mu}{\sigma}\right) e^{-\frac{1}{2}\left(\frac{x - \mu}{\sigma}\right)^2} = 0$$

8.3 Normalverteilung

$$\frac{x-\mu}{\sigma}=0$$

$$x=\mu$$

Bedingung 2. Ordnung

$$f''(x)=-\frac{1}{\sigma^2\sqrt{2\pi}}\left[\frac{1}{\sigma}e^{-\frac{1}{2}\left(\frac{x-\mu}{\sigma}\right)^2}-\frac{x-\mu}{\sigma}\left(-\frac{1}{2}\cdot 2\left(\frac{x-\mu}{\sigma}\right)\frac{1}{\sigma}\right)e^{-\frac{1}{2}\left(\frac{x-\mu}{\sigma}\right)^2}\right]$$

$$=-\frac{1}{\sigma^3\sqrt{2\pi}}e^{-\frac{1}{2}\left(\frac{x-\mu}{\sigma}\right)^2}\left[1-\left(\frac{x-\mu}{\sigma}\right)^2\right]$$

An der Stelle $x = \mu$ gilt

$$f''(\mu)=-\frac{1}{\sigma^3\sqrt{2\pi}}e^0[1-0]=-\frac{1}{\sigma^3\sqrt{2\pi}}<0 \qquad \text{da } \sigma>0, \sqrt{2\pi}>0$$

Da die 2. Ableitung der Dichtefunktion der Normalverteilung an der Stelle $x = \mu$ negativ ist, hat die Dichtefunktion an der Stelle ein Maximum.

3. Wendepunkte

Bedingung 1. Ordnung

$$f''(x)=-\frac{1}{\sigma^3\sqrt{2\pi}}e^{-\frac{1}{2}\left(\frac{x-\mu}{\sigma}\right)^2}\left[1-\left(\frac{x-\mu}{\sigma}\right)^2\right]=0$$

$$1-\left(\frac{x-\mu}{\sigma}\right)^2=0$$

$$\left(\frac{x-\mu}{\sigma}\right)^2=1$$

$$\frac{x-\mu}{\sigma}=\pm 1$$

$$x-\mu=\pm\sigma$$

$$x=\mu\pm\sigma$$

Die Dichtefunktion der Normalverteilung hat also zwei Wendepunkte an den Stellen $x = \mu \pm \sigma$. Wie sich leicht zeigen lässt, sind auch die Bedingungen 2. Ordnung $f'''(\mu\pm\sigma) \neq 0$ erfüllt.

ÜBUNG 8 (Normalverteilung)

1. Eine Zufallsvariable X sei normalverteilt mit dem Mittelwert 0 und der Varianz 1. Wie groß sind die folgenden Wahrscheinlichkeiten?
   a. $P(X \leq 2{,}38)$
   b. $P(X \leq -1{,}22)$
   c. $P(X \leq 1{,}92)$
   d. $P(X \geq -2{,}8)$
   e. $P(2 \leq X \leq 10)$

2. Eine Zufallsvariable sei normalverteilt mit dem Mittelwert $\mu = 0{,}8$ und der Varianz $\sigma^2 = 4$. Wie groß sind nun die Wahrscheinlichkeiten aus Aufgabe 1?

3. Eine Zufallsvariable sei normalverteilt mit dem Mittelwert 0 und der Varianz 1. Wie groß muss die Konstante c sein, damit folgende Wahrscheinlichkeiten gelten:
   a. $P(X \geq c) = 10\%$
   b. $P(X \leq c) = 5\%$
   c. $P(0 \leq X \leq c) = 45\%$
   d. $P(-c \leq X \leq c) = 99\%$

4. Eine Zufallsvariable X sei normalverteilt mit dem Mittelwert $\mu = -2$ und der Varianz $\sigma^2 = 0{,}25$. Welchen Wert muss die Konstante c haben, damit folgende Wahrscheinlichkeiten gelten:
   a. $P(X \geq c) = 0{,}2$
   b. $P(-c \leq X \leq -1) = 0{,}5$
   c. $P(-2-c \leq X \leq -2+c) = 0{,}9$
   d. $P(-2-c \leq X \leq -2+c) = 0{,}996$

5. Die Brenndauer von Glühbirnen sei normalverteilt mit dem Mittelwert 900 Std. und der Standardabweichung 100 Std. Wie groß ist die Wahrscheinlichkeit, dass eine zufällig aus der Produktion entnommene Glühbirne
   a. mindestens 1200 Std.
   b. höchstens 650 Std.
   c. zwischen 750 und 1050 Std. brennt?

6. Die Länge der Bolzen, die auf einer bestimmten Maschine erzeugt werden, sei normalverteilt mit $\mu = 100 \, mm$ und $\sigma = 0{,}2 \, mm$. Wie viel Prozent Ausschuss sind zu erwarten, wenn die Bolzen
   a. mindestens 99,7 mm lang sein sollen?
   b. höchstens 100,5 mm lang sein dürfen?
   c. um maximal ±0,3 mm vom Sollwert abweichen dürfen?

7. Bei einer Statistikklausur betrug die mittlere Punktzahl 65 bei einer Standardabweichung von 15. Wie groß war der Anteil der Teilnehmer, die
   a. weniger als 50 Punkte hatten
   b. mindestens 95 Punkte hatten
   c. zwischen 50 und 80 Punkten hatten

   unter der Annahme, dass die Punktzahl annähernd normalverteilt ist?

II Schätz- und Testverfahren

In der Wahrscheinlichkeitstheorie werden **Modellvorstellungen statistischer Gesetzmäßigkeiten** entwickelt, die nun zur **Beurteilung** statistischer Befunde benutzt werden sollen.

In vielen Fällen ist es unmöglich oder unzweckmäßig, alle Elemente einer Grundgesamtheit zu untersuchen. Stattdessen beschränkt man sich auf eine zufällig ausgewählte Teilmenge, eine **Zufallsstichprobe**, mit dem Ziel, aus der Stichprobe allgemeine Aussagen über die Parameter der Grundgesamtheit zu gewinnen.

Aus einer begrenzten Anzahl zufälliger Einzelbeobachtungen werden allgemeine Aussagen über die Grundgesamtheit gefolgert. Dieser Schluss vom Speziellen auf das Generelle wird **Induktionsschluss** genannt (Gegensatz: Deduktionsschluss). Wir sprechen daher auch von der induktiven (schließenden) Statistik.

In der induktiven Statistik interessieren folgende Fragen:

- Welche Schlüsse kann man aus einer Stichprobe auf die Grundgesamtheit ziehen?
- Welche Zuverlässigkeit besitzen solche Schlüsse?

Wir wissen, dass der Induktionsschluss logisch eigentlich nicht möglich ist. Auch aus einer noch so großen endlichen Anzahl von Einzelbeobachtungen lassen sich keine allgemeinen Aussagen gewinnen. Das illustrieren die folgenden Beispiele.

Nehmen wir den Fall des weißen Schwanes:

Durch eine statistische Erhebung soll die Farbe des Schwanes ermittelt werden. Wir beobachten an verschiedenen zufällig ausgewählten Orten Schwäne, 100, 1.000 oder 10.000 Schwäne und stellen fest, dass alle **weißes** Gefieder haben.

Daraus nun zu folgern, dass **alle** Schwäne weiß sind, also die Verallgemeinerung unserer Beobachtung, wäre logisch unzulässig. Die Aussage "Alle Schwäne sind weiß" schließt nämlich alle Schwäne ein, die es jemals gegeben hat, die es heute gibt und die es in der Zukunft geben wird.

Es ist daher nicht ausgeschlossen, dass sich unter den Schwänen, die wir nicht beobachtet haben, ein schwarzer Schwan befindet. Und wenn wir unsere Beobachtungen fortsetzen an anderen Orten zu anderen Zeiten etc. werden wir vielleicht irgendwann auf einen schwarzen Schwan stoßen.

Die wiederholte Beobachtung weißer Schwäne bestärkt uns zwar in der Annahme, dass alle Schwäne weiß sind, sie ist aber längst kein Beweis für die Wahrheit der Allaussage "Alle Schwäne sind weiß".

Die Beobachtungen, die im Einklang mit unserer Behauptung "Alle Schwäne sind weiß" stehen, bestärken uns lediglich im Vertrauen in die Richtigkeit der Aussage, und können nur als konfirmierende Evidenz dieser Aussage aufgefasst werden!

Wird aber auch nur ein einziger schwarzer Schwan gefunden (beobachtet), dann ist die Allaussage widerlegt oder falsifiziert. Beim Induktionsschluss ist es also möglich, dass aus wahren Prämissen (Beobachtungen) ein falscher Schluss ("Alle Schwäne sind weiß") folgt.

Drastischer ist das Beispiel des Mannes, der aus dem 50. Stockwerk eines Hochhauses fällt. Nach einem Stockwerk stellt er fest, dass nichts passiert ist und sagt sich: "Es wird alles gut!" Auch nach dem 2. Stockwerk ist ihm nichts passiert und er fühlt sich in der Erwartung bestätigt, dass alles gut werden wird. Von Stockwerk zu Stockwerk wird er bei seinem Sturz in der Annahme bestärkt "Es wird alles gut, mir passiert nichts", bis er nach 50 Stockwerken auf dem Boden aufschlägt.

Auch der Russelsche[1] Truthahn illustriert den Fehlschluss der Induktion. Am ersten Tag auf der Mastfarm macht der Truthahn die Beobachtung, dass er um 9.00 Uhr gefüttert wird. Diese Beobachtung wiederholt sich am 2. und 3. und an den folgenden Tagen. Jeder neue Tag bringt ihm eine neue Beobachtung und veranlasst ihn zu dem Induktionsschluss: "Ich werde jeden Tag um 9.00 Uhr gefüttert." Am Heiligen Abend aber bekommt er kein Futter, sondern wird geschlachtet.

Das Induktionsprinzip beruht nicht auf einem logisch gültigen Schluss. Aus der Wahrheit der Prämissen folgt hier nicht die Wahrheit der Konklusion. Es ist vielmehr möglich, dass die Konklusion eines Induktionsschlusses falsch ist, obwohl die Prämissen wahr sind. Der Induktionsschluss beruht also darauf, dass wir mehr zu wissen behaupten, als wir tatsächlich wissen (D. Hume).

Daher beschränken wir uns in der induktiven Statistik auf einen Induktionsschluss in eingeschränktem Sinne, den wir als **stochastischen** Induktionsschluss bezeichnen können.

Das fehlende Glied zwischen der Stichprobe und der Allaussage über die Grundgesamtheit liefert die Wahrscheinlichkeitstheorie. Aus den Beobachtungen (Prämissen) folgern wir die Konklusion nicht mit Sicherheit, sondern nur mit **mehr oder weniger großer Wahrscheinlichkeit**. Auf diese Weise gewinnen wir aus der Stichprobe Wahrscheinlichkeitsaussagen, wie die Folgende

"Mit der Wahrscheinlichkeit von 90% sind alle Schwäne weiß"

oder noch eingeschränkter

"Mit der Wahrscheinlichkeit von 90% sind 99% aller Schwäne weiß".

---

[1] Vgl. Bertrand Russel, englischer Philosoph (1872–1970): Probleme der Philosophie 1981 (engl. 1912), Kap. 6; siehe dazu A. F. Chalmers: Wege der Wissenschaft 1982, S. 16f.

9 Grundlagen der Stichprobentheorie

Ein vollständiges Bild und damit sichere Aussagen über die Eigenschaften der Grundgesamtheit gewinnen wir nur durch eine Vollerhebung, die alle Elemente der Grundgesamtheit in die Untersuchung einbezieht. Häufig muss aus Gründen der Zeit- und Kostenersparnis auf eine Vollerhebung verzichtet werden. Wird stattdessen eine Teilerhebung in Form einer Stichprobe durchgeführt, dann sollte die Stichprobe die Grundgesamtheit möglichst gut abbilden. Daher sollte jedes Element der Grundgesamtheit dieselbe Wahrscheinlichkeit haben, in die Stichprobenauswahl zu gelangen. So kommt die Wahrscheinlichkeitstheorie ins Spiel, die uns lehrt, welchen Gesetzmäßigkeiten die Stichprobenauswahl unterliegt und welche Schlüsse auf die Grundgesamtheit zulässig sind.

9.1 Grundbegriffe

Wir definieren zunächst einige Grundbegriffe der Stichprobentheorie: die Grundgesamtheit, die Stichprobe und die uneingeschränkte Zufallsauswahl.

> **Grundgesamtheit**
>
> Die Menge aller Elemente (Merkmalsträger), die ein bestimmtes Merkmal (=Ausprägung einer Zufallsvariablen) aufweisen, bezeichnen wir als Grundgesamtheit.

BEISPIELE

1. Die Menge der im SS 2008 an der Uni K. immatrikulierten Studenten.
2. Die Menge der Wahlberechtigten an einem Wahltag.
3. Die Gesamtproduktion einer Maschine, zu der auch die noch nicht produzierten Einheiten gehören.
4. Die Gesamtheit aller Münzwürfe (mit einer regelmäßigen Münze).

Eine Grundgesamtheit kann also aus **endlich** oder **unendlich** vielen aus **konkreten** oder **hypothetischen** Elementen (den noch nicht produzierten Einheiten, den noch nicht ausgeführten Münzwürfen) bestehen.

In der induktiven Statistik befassen wir uns mit Grundgesamtheiten, deren **Verteilung** ganz oder teilweise **unbekannt** ist.

> **Stichprobe**
>
> Unter einer Stichprobe verstehen wir die zufällige Auswahl einer Teilmenge von n Elementen aus einer gegebenen Grundgesamtheit G.
>
> Da es hierbei auf das Merkmal und weniger auf das Element (den Merkmalsträger) ankommt, **besteht** die Stichprobe **aus n Zahlen** (Stichprobenwerten, den Ausprägungen der Zufallsvariablen).

BEISPIELE

1. Interessiert man sich für den Intelligenzquotienten der Studenten der Uni K., so wird man schon aus Kostengründen aber auch aus Aktualitätsgründen (wegen des enormen Zeitbedarfs) darauf verzichten, alle Studenten einem IQ-Test zu unterwerfen. Stattdessen wird man die Untersuchung auf eine Zufallsauswahl von z.B. $n = 100$ Studenten beschränken.

2. Wird die Brenndauer von Glühbirnen untersucht, so ist es nicht möglich, alle Glühbirnen aus der laufenden Produktion zu überprüfen, da die Glühbirnen danach ihren ursprünglichen Zweck (zu leuchten) nicht mehr erfüllen würden.

3. Interessiert man sich für die Ergebnisse beim Werfen einer Münze, dann ist es unmöglich alle Münzwürfe, die jemals stattgefunden haben oder noch stattfinden werden, in die Untersuchung einzubeziehen. Stattdessen wird man sich auf eine Stichprobe im Umfang von z.B. $n = 400$ Würfen beschränken.

Eine Stichprobe kann nur dann Aufschluss über die Verteilung der Grundgesamtheit geben, wenn die Stichprobenerhebung auf einer (uneingeschränkten) Zufallsauswahl beruht.

> **Zufallsauswahl**
>
> Die Auswahl der Stichprobenelemente erfolgt nach einer **Ziehungsvorschrift**, die sicherstellt, dass jedes Element der Grundgesamtheit die **gleiche** (oder eine ganz bestimmte angebbare) Wahrscheinlichkeit besitzt, in die Stichprobe zu gelangen, d.h. gezogen zu werden.
>
> Die n Ziehungen (oder Ausführungen des Zufallsexperiments), durch die die Stichprobe erzeugt wird, sind voneinander **unabhängig**. D.h. das Ergebnis der einzelnen n Ziehungen (Ausführungen) ist unabhängig von den Ergebnissen der vorangegangenen Ziehungen.

Diese Bedingungen sind erfüllt für eine

1. **Unendliche Grundgesamtheit**

   Bei einer unendlichen Grundgesamtheit bleibt die Zusammensetzung der Grundgesamtheit durch die einzelnen Ziehungen unverändert. Die n Stichprobenwerte

   $$x_1, x_2, x_3, \ldots, x_n$$

   können daher als das Ergebnis von n unabhängigen Ziehungen aus derselben Grundgesamtheit aufgefasst werden. Entsprechend gilt für die:

2. **Endliche Grundgesamtheit mit Zurücklegen**

   Beim **Ziehen mit Zurücklegen** ist die Bedingung der Unabhängigkeit stets erfüllt.

   Durch das Zurücklegen wird vor jeder neuen Ziehung der ursprüngliche Zustand der Grundgesamtheit wieder hergestellt. Die hypothetische Grundgesamtheit besteht aus den Ergebnissen der unendlich vielen möglichen Ziehungen mit Zurücklegen. Das gilt für die Urne ebenso wie für das Werfen einer Münze oder eines Würfels. Beim Werfen einer Münze besteht die Grundgesamtheit aus den Ergebnissen (Kopf = 0, Zahl = 1) der unendlich vielen (hypothetischen) Münzwürfe; beim Werfen eines Würfels aus den Ergebnissen (1, 2, ..., 6) der unendlich vielen möglichen Würfe.

3. **Endliche Grundgesamtheit ohne Zurücklegen**

   Beim **Ziehen ohne Zurücklegen** sind die einzelnen Ziehungen nur dann unabhängig, wenn die Grundgesamtheit unendlich ist.

   Eine Grundgesamtheit gilt als näherungsweise unendlich, wenn sie gegenüber der Stichprobe groß ist, d.h. der Auswahlsatz klein ist:

   $$\frac{n}{N} \leq 0{,}05$$

   Dann kann auch beim Ziehen ohne Zurücklegen näherungsweise die Unabhängigkeit der einzelnen Ziehungen angenommen werden.

   Bei einer Stichprobe von $n = 100$ aus der Studentenschaft der Uni K. ($N = 18.000$) wäre die Bedingung erfüllt, nicht aber wenn die Grundgesamtheit die Studenten des Fachbereichs Wirtschaftswissenschaften wäre ($N = 1000$).

Die Unabhängigkeit der Ziehungen ist also gegeben bei einer

- unendlichen Grundgesamtheit
- endlichen Grundgesamtheit
    a. beim Ziehen mit Zurücklegen.
    b. beim Ziehen ohne Zurücklegen näherungsweise für $\frac{n}{N} \leq 0{,}05$.

Wir werden uns im Folgenden nicht mit den Verfahren der Zufallsauswahl beschäftigen, sondern stets unterstellen, dass die Stichprobenelemente zufällig ausgewählt wurden und die Unabhängigkeit der einzelnen Ziehung zumindest näherungsweise gewährleistet war.

9.2 Stichprobenverteilung des arithmetischen Mittels

Der Zweck einer Stichprobe liegt darin, **Rückschlüsse auf die Verteilung der Grundgesamtheit und ihre Parameter zu ziehen**. Am Beispiel des Mittelwertes μ wollen wir überlegen, welche Rolle die Wahrscheinlichkeitstheorie bei diesen Schlüssen von der Stichprobe auf die Grundgesamtheit spielt.

Nehmen wir an, eine gegebene Stichprobe bestehe aus den n Stichprobenwerten

$$x_1, x_2, x_3, \ldots, x_n$$

mit dem arithmetischen Mittel

$$\bar{x} = \frac{1}{n}(x_1 + x_2 + x_3 + \ldots + x_n)$$

Das arithmetische Mittel der Stichprobe $\bar{x}$ kann man nun als Schätzung des Mittelwerts μ der Grundgesamtheit auffassen. Der Wert von $\bar{x}$ hängt von den Stichprobenwerten $x_1, x_2, \ldots, x_n$ ab. Für jede Stichprobe erhält man folglich einen anderen Wert $\bar{x}$.

Jeden einzelnen Stichprobenwert $x_1, x_2, \ldots, x_n$ können wir als Ergebnis eines Zufallsexperiments, also als Realisierung der Zufallsvariablen $X_1, X_2, \ldots, X_n$ auffassen:

x_1 ist das Ergebnis des 1. Zuges, also eine Realisation von X_1.
x_2 ist das Ergebnis des 2. Zuges, also eine Realisation von X_2.
x_3 ist das Ergebnis des 3. Zuges, also eine Realisation von X_3.
$\vdots$
x_n ist das Ergebnis des n. Zuges, also eine Realisation von X_n.

Wird die Stichprobe wiederholt, so erhalten wir folgendes Bild:

	X_1	X_2	X_3	$\cdots$	X_n	$\bar{X}$
Stichprobe 1	x_{11}	x_{12}	x_{13}	$\cdots$	x_{1n}	$\bar{x}_1$
Stichprobe 2	x_{21}	x_{22}	x_{23}	$\cdots$	x_{2n}	$\bar{x}_2$
Stichprobe 3	x_{31}	x_{32}	x_{33}	$\cdots$	x_{3n}	$\bar{x}_3$
$\vdots$	$\vdots$	$\vdots$	$\vdots$		$\vdots$	
$\vdots$	$\vdots$	$\vdots$	$\vdots$		$\vdots$	
Stichprobe m	x_{m1}	x_{m2}	x_{m3}	$\cdots$	x_{mn}	$\bar{x}_m$

9.2 Stichprobenverteilung des arithmetischen Mittels

Wir sehen in den n Stichprobenwerten der einzelnen Stichprobe also nicht n Realisationen $x_1, x_2, \ldots, x_n$ einer Zufallsvariablen X, sondern je eine Realisation der n Zufallsvariablen $X_1, X_2, \ldots, X_n$.

Da die Stichprobenwerte $x_1, x_2, \ldots, x_n$ jeder Stichprobe alle aus derselben Grundgesamtheit (deren Urzustand nach jeder Ziehung wieder hergestellt wird) stammen und die einzelnen Ziehungen unabhängig voneinander sind, gilt:

Die Zufallsvariablen $X_1, X_2, \ldots, X_n$

- haben alle **dieselbe Verteilungsfunktion** (nämlich diejenige von X) und
- sind **unabhängig** voneinander, weil es sich bei den n Ziehungen der Stichprobenwerte annahmegemäß um n unabhängige Ausführungen des betreffenden Zufallsexperiments handelt.

Das arithmetische Mittel einer Stichprobe

$$\bar{x} = \frac{1}{n}(x_1 + x_2 + \ldots + x_n)$$

kann daher aufgefaßt werden als ein einzelner beobachteter Wert der Zufallsvariablen

$$\bar{X} = \frac{1}{n}(X_1 + X_2 + \ldots + X_n) = \frac{1}{n}\sum_{i=1}^{n} X_i$$

Der Stichprobenmittelwert $\bar{X}$ ist eine Funktion der n unabhängigen Zufallsvariablen $X_1, X_2, X_3, \ldots, X_n$ und damit selbst eine Zufallsvariable. $\bar{X}$ wird daher auch als eine **Stichprobenfunktion** bezeichnet.

Wir interessieren uns nun für

- den Erwartungswert des Stichprobenmittels
  $$E(\bar{X}) = \mu_{\bar{X}}$$
- die Varianz des Stichprobenmittels
  $$Var(\bar{X}) = \sigma_{\bar{X}}^2$$
- die Wahrscheinlichkeitsverteilung des Stichprobenmittels, die auch als Stichprobenverteilung von $\bar{X}$ bezeichnet wird.

(1) Mittelwert und Varianz des arithmetischen Mittels der Stichprobe

Zwischen der Verteilung der Grundgesamtheit (der Zufallsvariablen X) und der Stichprobenverteilung des arithmetischen Mittels $\overline{X}$ der Stichprobe bestehen folgende Beziehungen:

> **Mittelwert und Varianz**
>
> Sei X eine Zufallsvariable mit dem Erwartungswert μ und der Varianz σ^2. Das arithmetische Mittel der Stichprobe (Stichprobenmittelwert)
>
> $$\overline{X} = \frac{1}{n}\sum_{i=1}^{n} X_i$$
>
> hat dann den Erwartungswert:
>
> $$E(\overline{X}) = \mu_{\overline{X}} = \mu$$
>
> und die Varianz:
>
> $$Var(\overline{X}) = \sigma_{\overline{X}}^2 = \frac{\sigma^2}{n}$$

Bei oftmaliger Wiederholung der Stichprobe wird der Mittelwert der Stichprobe im Durchschnitt dem Mittelwert μ der Grundgesamtheit entsprechen. Die Streuung des Stichprobenmittelwerts $\overline{X}$ um μ nimmt mit wachsendem Stichprobenumfang ab.

Beweis:

a. $E(\overline{X}) = E\left[\frac{1}{n}(X_1 + X_2 + \ldots + X_n)\right]$

$= \frac{1}{n} E(X_1 + X_2 + \ldots + X_n)$

$= \frac{1}{n}[\underbrace{E(X_1)}_{=\mu} + \underbrace{E(X_2)}_{=\mu} + \ldots + \underbrace{E(X_n)}_{=\mu}] = \frac{1}{n} \cdot n\mu = \mu$

b. $Var(\overline{X}) = Var\left[\frac{1}{n}(X_1 + X_2 + \ldots + X_n)\right]$

$= \frac{1}{n^2} Var(X_1 + X_2 + \ldots + X_n)$

$= \frac{1}{n^2}[\underbrace{Var(X_1)}_{=\sigma^2} + \underbrace{Var(X_2)}_{=\sigma^2} + \ldots + \underbrace{Var(X_n)}_{=\sigma^2}] = \frac{1}{n^2} \cdot n\sigma^2 = \frac{\sigma^2}{n}$

9.2 Stichprobenverteilung des arithmetischen Mittels

BEISPIEL

X: Augenzahl beim Werfen eines Würfels
G: Menge aller möglichen Würfelwürfe (hypothetische Grundgesamtheit)

Wir betrachten nacheinander die Stichprobenverteilungen des arithmetischen Mittels für Stichproben aus $n = 1$, 2 und 3 Elementen.

1. Wahrscheinlichkeitsfunktion von $\overline{X} = X$ (= Grundgesamtheit)

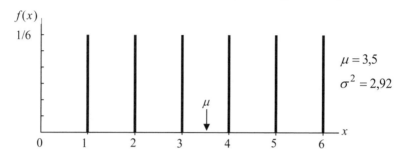

2. Wahrscheinlichkeitsfunktion von $\overline{X} = \frac{1}{2}(X_1 + X_2)$ (siehe Kap. 5.2)

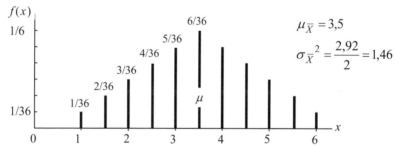

3. Wahrscheinlichkeitsfunktion von $\overline{X} = \frac{1}{3}(X_1 + X_2 + X_3)$ (siehe Üb. 5/1b)

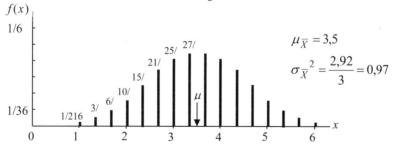

Der Erwartungswert des Stichprobenmittelwerts $\mu_{\overline{X}} = \mu = 3{,}5$ ist unabhängig vom Stichprobenumfang ($n = 1, 2, 3$). Die Varianz des Stichprobenmittelwerts $\sigma_{\overline{X}}^2 = \sigma^2 / n$ nimmt mit dem Stichprobenumfang n ab.

Bei oftmaliger Wiederholung der Stichprobe ist unabhängig vom Stichprobenumfang zu erwarten, dass die durchschnittliche Augenzahl pro Stichprobe 3,5 betragen wird.

Je größer der Stichprobenumfang ist, desto wahrscheinlicher sind Stichprobenmittel, die nahe bei $\mu_{\overline{X}} = \mu = 3{,}5$ liegen und desto unwahrscheinlicher Werte, die stark von μ abweichen.

Das Stichprobenmittel einer einzigen Stichprobe wird in der Regel vom Mittelwert der Grundgesamtheit abweichen. Je größer der Stichprobenumfang ist, desto größer ist die Wahrscheinlichkeit dafür, dass diese Abweichung (der Stichprobenfehler) gering ist.

Benutzt man das Stichprobenmittel als Schätzwert des Mittelwerts μ der Grundgesamtheit, so sind Wahrscheinlichkeitsaussagen über den **Stichprobenfehler** erforderlich.

Dazu muss aber die Wahrscheinlichkeitsverteilung des Stichprobenmittelwertes bekannt sein, von der wir bisher nur die Parameter $\mu_{\overline{X}}$ und $\sigma_{\overline{X}}^2$ kennen.

Es läßt sich zeigen, dass das Stichprobenmittel

- **normalverteilt** ist, wenn die Grundgesamtheit normalverteilt ist.
- **asymptotisch normalverteilt** ist, wenn der Stichprobenumfang hinreichend groß ist, unabhängig davon wie die Grundgesamtheit verteilt ist.

(2) Stichprobenverteilung des arithmetischen Mittels (Normalverteilung)

Im Falle einer normalverteilten Grundgesamtheit ist auch das arithmetische Mittel der Stichprobe normalverteilt. Es gilt die folgende

Stichprobenverteilung

Sei X eine normalverteilte Zufallsvariable mit dem Erwartungswert μ und der Varianz σ^2. Dann ist der Stichprobenmittelwert

$$\overline{X} = \frac{1}{n} \sum_{i=1}^{n} X_i$$

normalverteilt mit dem Erwartungswert $\mu_{\overline{X}} = \mu$ und der Varianz $\sigma_{\overline{X}}^2 = \frac{\sigma^2}{n}$. Die standardisierte Zufallsvariable $Z = \frac{\overline{X} - \mu}{\sigma_{\overline{X}}}$ ist dann $N(0;1)$-verteilt.

Beweis:

Aus der Reproduktivität[2] der Normalverteilung folgt, dass die Zufallsvariable

$$Y = X_1 + X_2 + \ldots + X_n$$

normalverteilt ist mit

$$\mu_Y = \mu_1 + \mu_2 + \ldots + \mu_n = n\mu$$
$$\sigma_Y^2 = \sigma_1^2 + \sigma_2^2 + \ldots + \sigma_n^2 = n\sigma^2$$

Das Stichprobenmittel $\overline{X}$ ist eine lineare Transformation der Zufallsvariablen Y

$$\overline{X} = \frac{1}{n} Y$$

Die lineare Transformation der normalverteilten Zufallsvariablen Y ist normalverteilt mit dem Erwartungswert

$$\mu_{\overline{X}} = \frac{1}{n} \mu_Y = \frac{1}{n} n\mu = \mu$$

und der Varianz

$$\sigma_{\overline{X}}^2 = \frac{1}{n^2} \sigma_Y^2 = \frac{1}{n^2} n\sigma^2 = \frac{\sigma^2}{n}$$

BEISPIEL

Der Benzinverbrauch X eines Autotyps sei normalverteilt mit

$$\mu = 10 \ [\text{l}/100 \text{ km}]$$
$$\sigma = 1 \ [\text{l}/100 \text{ km}]$$

Wir betrachten eine Stichprobe mit dem Umfang

$$n = 25$$

Das könnte der Fuhrpark eines Unternehmens oder die Testflotte einer Automobilzeitschrift sein. Das arithmetische Mittel der Stichprobe ist der durchschnittliche Benzinverbrauch der 25 Autos im Fuhrpark:

---

[2] Die Summe unabhängiger normalverteilter Zufallsvariablen ist normalverteilt. Siehe Kap. 8.3.4.

$$\overline{X} = \frac{1}{25} \sum_{i=1}^{25} X_i$$

Das Stichprobenmittel $\overline{X}$ ist dann normalverteilt mit

$$\mu_{\overline{X}} = \mu = 10$$

$$\sigma_{\overline{X}}^2 = \frac{\sigma^2}{n} = \frac{1}{25}$$

Die standardisierte Zufallsvariable

$$Z = \frac{\overline{X} - \mu}{\sigma_{\overline{X}}} = \frac{\overline{X} - \mu}{\frac{\sigma}{\sqrt{n}}} = \frac{\overline{X} - 10}{\frac{1}{5}} = \frac{\overline{X} - 10}{0,2}$$

ist dann $N(0;1)$ verteilt.

Unter der Annahme, dass wir die Verteilung der Grundgesamtheit kennen, können wir nun die folgenden Fragen beantworten:

a. Wie groß ist die Wahrscheinlichkeit, dass der durchschnittliche Benzinverbrauch in einer Stichprobe von 25 Autos zwischen den Werten 9,8 und 10,2 l/100 km liegt?

$$P(9,8 \le \overline{X} \le 10,2) = \Phi\left(\frac{10,2-10}{0,2}\right) - \Phi\left(\frac{9,8-10}{0,2}\right)$$

$$= \Phi(1) - \Phi(-1) = 0,6827$$

b. Wie groß ist die Wahrscheinlichkeit, dass der durchschnittliche Benzinverbrauch in der Stichprobe mehr als 10,4 l/100 km beträgt?

$$P(\overline{X} > 10,4) = 1 - P(\overline{X} \le 10,4) = 1 - \Phi\left(\frac{10,4-10}{0,2}\right)$$

$$= 1 - \Phi(2) = 1 - 0,9772 = 0,0228$$

$$= \Phi(-2) = 0,0228$$

c. Wie groß ist die Wahrscheinlichkeit, dass der durchschnittliche Benzinverbrauch in der Stichprobe weniger als 9,5 l/100 km beträgt?

$$P(\overline{X} < 9,5) = \Phi\left(\frac{9,5-10}{0,2}\right) = \Phi\left(\frac{-0,5}{0,2}\right) = \Phi(-2,5) = 0,0062$$

Wir erhalten folgendes Bild der Dichtefunktionen der Grundgesamtheit und des Stichprobenmittels:

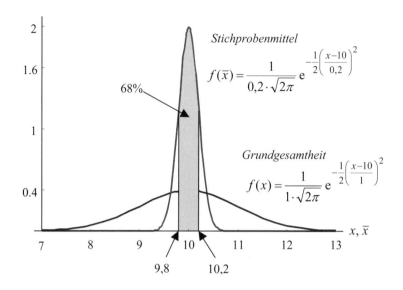

Dichtefunktion der Grundgesamtheit $f(x)$

Maximum: $\quad f(\mu) = f(10) = \dfrac{1}{1 \cdot \sqrt{2\pi}} = 0{,}4$

Wendepunkt: $\quad x = \mu \pm \sigma = 10 \pm 1$

$$f(\mu - \sigma) = f(9) = \frac{1}{1 \cdot \sqrt{2\pi}} \cdot e^{-\frac{1}{2}\left(\frac{9-10}{1}\right)^2} = 0{,}24$$

Dichtefunktion des Stichprobenmittels $f(\bar{x})$

Maximum: $\quad f(\mu_{\bar{X}}) = f(10) = \dfrac{1}{0{,}2 \cdot \sqrt{2\pi}} = \dfrac{1}{0{,}2} \cdot 0{,}4 = 2$

Wendepunkt: $\quad \bar{x} = \mu_{\bar{X}} \pm \sigma_{\bar{X}} = 10 \pm 0{,}2$

$$f(\mu_{\bar{X}} - \sigma_{\bar{X}}) = f(9{,}8) = \frac{1}{0{,}2 \cdot \sqrt{2\pi}} \cdot e^{-\frac{1}{2}\left(\frac{9{,}8-10}{0{,}2}\right)^2} = 1{,}21$$

Da die Standardabweichung des Stichprobenmittels nur 1/5 der Standardabweichung der Grundgesamtheit beträgt, erhalten wir als Dichtefunktion des Stichprobenmittels eine sehr schlanke Normalverteilung mit sehr steilen Flanken. 68% der Stichprobenmittel liegen zwischen 9,8 und 10,2 und praktisch 100% zwischen 9,4 und 10,6. Bei den einzelnen Fahrzeugen der Grundgesamtheit streut der Verbrauch dagegen zwischen 7 und 13 [l/100 km] !

(3) Zentraler Grenzwertsatz (Ljapunoff[3])

Das Stichprobenmittel ist nicht nur für normalverteilte Zufallsvariablen normalverteilt, sondern näherungsweise auch für beliebig verteilte Zufallsvariablen normalverteilt, wenn der Stichprobenumfang hinreichend groß ist.

Unabhängig von der Verteilung der Grundgesamtheit gilt:

Zentraler Grenzwertsatz

Sei X eine beliebig verteilte Zufallsvariable mit dem Mittelwert μ und der Varianz σ^2. Dann ist das Stichprobenmittel

$$\overline{X} = \frac{1}{n}\sum_{i=1}^{n} X_i$$

asymptotisch normalverteilt mit dem Mittelwert $\mu_{\overline{X}} = \mu$ und der Varianz

$$\sigma_{\overline{X}}^2 = \frac{\sigma^2}{n}$$

D.h. mit wachsendem Stichprobenumfang n strebt die Verteilung des arithmetischen Mittels $\overline{X}$ gegen die Normalverteilung $N(\mu; \sigma/\sqrt{n})$.

Die standardisierte Zufallsvariable

$$Z = \frac{\overline{X} - \mu}{\sigma}\sqrt{n}$$

ist dann asymptotisch standardnormalverteilt $N(0;1)$.

Auf einen Beweis wird wegen der mathematischen Schwierigkeit verzichtet. Zur Illustration betrachten wir nochmals das Beispiel X="Augenzahl beim Werfen eines Würfels" auf der Seite 205.

Während die Grundgesamtheit gleichverteilt ist, ist das Stichprobenmittel $\overline{X}$ für $n = 2$ dreiecksverteilt und zeigt die Verteilung von $\overline{X}$ für $n = 3$ bereits die Glockengestalt der Normalverteilung.

Allgemein gilt für die Approximation der Stichprobenverteilung des arithmetischen Mittels durch die Normalverteilung die **Faustregel**:

$n > 30$

Für die Gleichverteilung genügt ein kleinerer Stichprobenumfang von $n > 12$.

---

[3] Aleksander Michailowitsch L., 1857–1918, russischer Mathematiker

9.3 Schätzfunktionen (Punktschätzung)

Wir haben gesehen, wie wir aus den Stichprobenwerten einen Schätzwert für den Mittelwert der Grundgesamtheit berechnen können. Diese Überlegungen wollen wir nun verallgemeinern und sprechen dann von einer Punktschätzung.

> **Punktschätzung**
>
> Die Berechnung eines Näherungswerts $\hat{u}$ (=Schätzwerts) für den unbekannten Parameter u der Grundgesamtheit mit Hilfe der Stichprobenwerte $x_1, x_2, \ldots, x_n$ bezeichnen wir als Punktschätzung.

Für die Berechnung der Schätzwerte (z.B. von μ, σ^2 oder π) benötigen wir eine Schätzfunktion.

> **Schätzfunktion**
>
> Eine Schätzfunktion ist eine Rechenvorschrift g, die angibt, wie aus den Stichprobenwerten der Schätzwert $\hat{U}$ für einen unbekannten Parameter u der Grundgesamtheit bestimmt wird:
>
> $$\hat{U} = g(X_1, X_2, \ldots, X_n)$$
>
> Der Schätzwert $\hat{U}$ ist eine Zufallsvariable und die Schätzfunktion eine Stichprobenfunktion.

Mit Hilfe der Schätzfunktion $\hat{U}$ kann für jede konkrete Stichprobe $x_1, x_2, \ldots, x_n$ (Realisierung der Zufallsvariablen $X_1, X_2, \ldots, X_n$) der Schätzwert

$$\hat{u} = g(x_1, x_2, \ldots, x_n)$$

für den unbekannten Parameter u berechnet werden:

$$u \approx \hat{u}$$

Von einer Schätzfunktion wird verlangt, dass sie eine möglichst zuverlässige Schätzung des unbekannten Parameters liefert.

Als geeignetes Maß für die Güte einer Schätzung gilt der **mittlere quadratische Fehler** (mean square error)

$$E((\hat{U}-u)^2) = Var(\hat{U}) + (E(\hat{U})-u)^2$$

der sich als Summe der Varianz der Schätzfunktion und des Quadrats des Bias (der Verzerrung) darstellen lässt.

Beweis:

$$E((\hat{U}-u)^2) = E(\hat{U}^2 - 2\hat{U}u + u^2)$$

$$= E(\hat{U}^2) - 2uE(\hat{U}) + u^2$$

$$= \underbrace{E(\hat{U}^2) - (E(\hat{U}))^2}_{Var(\hat{U})} + \underbrace{(E(\hat{U}))^2 - 2uE(\hat{U}) + u^2}_{(E(\hat{U})-u)^2}$$

$$= Var(\hat{U}) + (E(\hat{U}) - u)^2$$

Der mittlere quadratische Fehler ist um so kleiner, die Schätzfunktion also um so genauer, je kleiner die Varianz der Schätzfunktion $Var(\hat{U})$ und je kleiner der Bias $(E(\hat{U})-u)^2$ ist.

Daraus leiten sich die folgenden drei Kriterien für die Güte und folglich die Auswahl einer Schätzfunktion ab:

- **Erwartungstreue** $E(\hat{U}) = u$
- **Effizienz** $Var(\hat{U}) \leq Var(\hat{U}^*)$
- **Konsistenz** $\lim\limits_{n \to \infty} E((\hat{U}-u)^2) = 0 \Rightarrow Var(\hat{U}) \to 0$

  $\lim\limits_{n \to \infty} P(|\hat{U}-u| < \varepsilon) = 1$

Wir betrachten die Kriterien etwas genauer und definieren zunächst die erste Güteeigenschaft:

> **Erwartungstreue**
>
> Eine Schätzfunktion
>
> $$\hat{U} = g(X_1, \ldots, X_n)$$
>
> für den Parameter u wird dann als erwartungstreu (unverzerrt, unbiased) bezeichnet, wenn ihr Erwartungswert mit dem wahren Parameterwert u übereinstimmt
>
> $$E(\hat{U}) = u$$
>
> und zwar bei jedem beliebigen Stichprobenumfang n.

Das bedeutet, dass bei häufiger Wiederholung der Stichprobe der Schätzwert $\hat{u}$ im Durchschnitt gleich dem Parameterwert u ist, die Schätzfunktion also im Durchschnitt den Parameter richtig schätzt.

9.3 Schätzfunktionen (Punktschätzung)

Die Erwartungstreue der Schätzfunktion gewährleistet, dass der Schätzfehler im Mittel verschwindet.

BEISPIELE

1. Eine erwartungstreue Schätzfunktion für den Mittelwert μ der Grundgesamtheit ist das **arithmetische Mittel** der Stichprobe

$$\overline{X} = \frac{1}{n}\sum_{i=1}^{n} X_i$$

Beweis:

$$E(\overline{X}) = E\left(\frac{1}{n}\sum_{i=1}^{n} X_i\right) = \frac{1}{n}\sum_{i=1}^{n} E(X_i) = \frac{1}{n} \cdot n\mu = \mu$$

2. Eine erwartungstreue Schätzfunktion für den Anteilswert

$$\pi = \frac{M}{N}$$

einer dichotomen Grundgesamtheit (die aus N Elementen besteht, davon M mit dem Merkmal A) ist der **Anteilswert der Stichprobe**:

$$P = \frac{X}{n}$$

Dabei ist X die Anzahl der Stichprobenelemente in einer Stichprobe vom Umfang n, die das Merkmal A aufweisen.

Beweis:

$$E(P) = E\left(\frac{X}{n}\right) = \frac{E(X)}{n} = \frac{1}{n} \cdot n\pi = \pi$$

Wir wissen, dass die Zufallsvariable X binomialverteilt ist mit dem Erwartungswert $E(X) = n\pi$. Da wir die Parameter der Grundgesamtheit mit griechischen Buchstaben bezeichnen, tritt an die Stelle der Erfolgswahrscheinlichkeit p in der Wahrscheinlichkeitstheorie der Buchstabe π für den Anteilswert der Grundgesamtheit.

3. Eine erwartungstreue Schätzfunktion für die Varianz σ^2 der Grundgesamtheit ist die **Stichprobenvarianz** S^2

$$S^2 = \frac{1}{n-1}\sum_{i=1}^{n}(X_i - \overline{X})^2$$

Zu beachten ist hier, dass die Summe der Abweichungsquadrate nicht durch die Zahl der Stichprobenwerte n, sondern durch $n-1$, die Zahl der Freiheitsgrade, dividiert wird.

Die Zahl der Freiheitsgrade gibt die Anzahl der frei wählbaren Stichprobenwerte X_i an. Da in der Formel neben den Stichprobenwerten auch das Stichprobenmittel $\overline{X}$ und damit die Summe der Stichprobenwerte auftritt, können nur $n-1$ Variablen frei gewählt werden. Mit der Summe ist die n-te Variable bereits bestimmt.

Der Unterschied zwischen n und $n-1$ ist nur bei kleinen Stichproben bedeutend ($n < 30$) und verschwindet mit wachsendem Stichprobenumfang.

Beweis:

$$\begin{aligned}
E(S^2) &= E\left[\frac{1}{n-1}\sum_i (X_i - \overline{X})^2\right] \\
&= \frac{1}{n-1} E\left[\sum_i (X_i - \overline{X})^2\right] \\
&= \frac{1}{n-1} E\left[\sum_i ((X_i - \mu) - (\overline{X} - \mu))^2\right] \\
&= \frac{1}{n-1} E\left[\sum_i ((X_i - \mu)^2 - 2(X_i - \mu)(\overline{X} - \mu) + (\overline{X} - \mu)^2)\right] \\
&= \frac{1}{n-1} E\left[\sum_i (X_i - \mu)^2 - 2(\overline{X} - \mu)\underbrace{\sum_i (X_i - \mu)}_{n\overline{X} - n\mu} + n(\overline{X} - \mu)^2\right] \\
&= \frac{1}{n-1} E\left[\sum_i (X_i - \mu)^2 \underbrace{- 2n(\overline{X} - \mu)^2 + n(\overline{X} - \mu)^2}\right] \\
&= \frac{1}{n-1} E\left[\sum_i (X_i - \mu)^2 - n(\overline{X} - \mu)^2\right] \\
&= \frac{1}{n-1} \left[\sum_i E((X_i - \mu)^2) - nE((\overline{X} - \mu)^2)\right] \\
&= \frac{1}{n-1} \left[\underbrace{n\sigma^2}\ -\ \underbrace{n\frac{\sigma^2}{n}}\right] \\
&= \frac{1}{n-1}(n-1)\sigma^2 \\
&= \sigma^2
\end{aligned}$$

9.3 Schätzfunktionen (Punktschätzung)

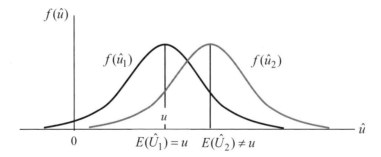

$\hat{U}_1$ ist eine erwartungstreue Schätzfunktion des Parameters u:

$$E(\hat{U}_1) = u$$

$\hat{U}_2$ ist dagegen nicht erwartungstreu, da

$$E(\hat{U}_2) \neq u$$

Die Erwartungstreue ist allein noch kein Maß für die Güte einer Schätzfunktion. Die Erwartungstreue ist eine **Durchschnittseigenschaft einer Schätzfunktion** und besagt nur, dass die Schätzung bei oftmaliger Wiederholung der Stichprobe den unbekannten Parameter u im Durchschnitt richtig schätzt.

Wird aber eine einzige Stichprobe erhoben (wovon i.d.R. auszugehen ist), so ist der gewonnene Schätzwert nur dann verwendbar, **wenn er mit großer Wahrscheinlichkeit nahe bei u liegt**.

Als zweites Kriterium für die Güte einer Schätzfunktion definieren wir die

Effizienz

Eine erwartungstreue Schätzfunktion

$$\hat{U} = g(X_1, \ldots, X_n)$$

heißt wirksam, wenn es keine andere Schätzfunktion

$$\hat{U}^* = g^*(X_1, \ldots, X_n)$$

für u gibt, die eine kleinere Varianz aufweist:

$$Var(\hat{U}) \leq Var(\hat{U}^*)$$

Eine Schätzfunktion heißt also wirksam (effizient), wenn sie

- erwartungstreu ist

$$E(\hat{U}) = u$$

- und ihre Varianz minimal ist

$$Var(\hat{U}) \leq Var(\hat{U}^*)$$

Für eine effiziente Schätzfunktion ist daher auch der mittlere quadratische Fehler

$$E((\hat{U} - u)^2) = E((\hat{U} - E(\hat{U}))^2) = Var(\hat{U})$$

minimal.

Je kleiner $Var(\hat{U})$ ist, desto unwahrscheinlicher ist es, dass der Schätzwert, den man aufgrund einer einzigen Stichprobe gewonnen hat, weit entfernt ist vom wahren Parameterwert u und desto wahrscheinlicher ist es, dass der Schätzwert $\hat{u}$ in der Nähe von u liegt.

BEISPIEL

Eine effiziente Schätzfunktion für μ ist das arithmetische Mittel der Stichprobe $\overline{X}$. Es ist

$$E(\overline{X} - \mu) = 0$$

$$E((\overline{X} - \mu)^2) = Var(\overline{X}) = \frac{\sigma^2}{n}$$

Es lässt sich zeigen, dass $Var(\overline{X})$ minimal ist, d.h. das Stichprobenmittel die kleinste Varianz unter den Schätzfunktionen für den Mittelwert μ aufweist.

Grafisch ergibt sich folgendes Bild:

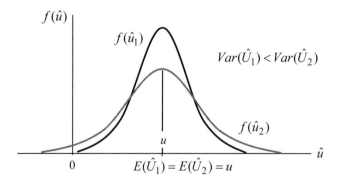

Die Schätzfunktion $\hat{U}_1$ ist effizienter als die Schätzfunktion $\hat{U}_2$. Die Streuung der Schätzwerte von $\hat{U}_1$ ist geringer als die von $\hat{U}_2$.

9.3 Schätzfunktionen (Punktschätzung)

Als drittes Kriterium für die Güte einer Schätzfunktion definieren wir die

Konsistenz

Eine Schätzfunktion heißt konsistent, wenn die Wahrscheinlichkeit dafür, dass der Schätzwert $\hat{U}$ um weniger als einen beliebigen Wert ε vom wahren Parameter u abweicht, mit wachsendem Stichprobenumfang n gegen 1 geht:

$$\lim_{n \to \infty} P(|\hat{U} - u| < \varepsilon) = 1$$

Eine Schätzfunktion ist also dann konsistent, wenn bei hinreichend großem Stichprobenumfang der Schätzwert praktisch mit dem wahren Parameterwert u zusammenfällt, oder wenn mit wachsendem Stichprobenumfang n der mittlere quadratische Fehler stochastisch gegen null strebt:

$$\lim_{n \to \infty} E((\hat{U} - u)^2) = 0$$

Für eine erwartungstreue Schätzfunktion ist der mittlere quadratische Fehler gleich der Varianz der Schätzfunktion. Daher gilt

$$\lim_{n \to \infty} E((\hat{U} - u)^2) = \lim_{n \to \infty} Var(\hat{U}) = 0$$

Der mittlere quadratische Fehler strebt gegen null, wenn die Varianz der Schätzfunktion mit wachsendem Stichprobenumfang n gegen null strebt.

BEISPIEL

Eine konsistente Schätzfunktion für μ ist das arithmetische Mittel der Stichprobe $\overline{X}$.

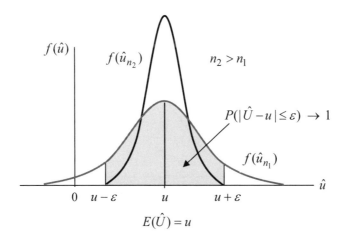

Der mittlere quadratische Fehler des Stichprobenmittels beträgt

$$E((\overline{X} - \mu)^2) = \frac{\sigma^2}{n}$$

da $\overline{X}$ eine erwartungstreue Schätzfunktion für μ ist. Der Grenzwert des mittleren quadratischen Fehlers für $n \to \infty$ ist null:

$$\lim_{n \to \infty} E((\overline{X} - \mu)^2) = \lim_{n \to \infty} Var(\overline{X}) = \lim_{n \to \infty} \frac{\sigma^2}{n} = 0$$

Allgemein bezeichnen wir die Konsistenz der Schätzfunktion $\overline{X}$ für den Mittelwert der Grundgesamtheit als (schwaches) Gesetz der großen Zahlen.

Der Beweis des Gesetzes der großen Zahlen erfolgt in zwei Schritten. Zuerst wird die Tschebyscheffsche Ungleichung bewiesen und dann daraus das Gesetz.

Ungleichung von Tschebyscheff [4]

Sei X eine beliebige Zufallsvariable mit dem Erwartungswert μ und der Varianz σ^2. Dann gilt für jedes $\varepsilon > 0$ die Ungleichung

$$P(|X - \mu| \geq \varepsilon) \leq \frac{\sigma^2}{\varepsilon^2}$$

Beweis (für stetiges X):

Die Wahrscheinlichkeit, dass die Zufallsvariable X Werte annimmt, die um mehr als $\varepsilon > 0$ vom Erwartungswert μ abweichen, die also kleiner als $\mu - \varepsilon$ und größer als $\mu + \varepsilon$ sind, können wir durch das Integral über der Dichtefunktion ausdrücken:

$$P(|X - \mu| \geq \varepsilon) = \int_{|x-\mu| \geq \varepsilon} f(x)dx = \int_{-\infty}^{\mu-\varepsilon} f(x)dx + \int_{\mu+\varepsilon}^{\infty} f(x)dx$$

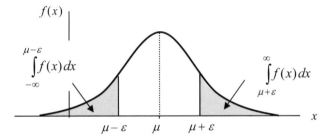

---

[4] Pafnuty Lvovich Tschebyscheff, 1821–1894, russischer Mathematiker

9.3 Schätzfunktionen (Punktschätzung)

Innerhalb der Integrationsgrenzen gilt annahmegemäß

$$|x-\mu| \geq \varepsilon$$

Wir quadrieren die Ungleichung und dividieren durch ε^2

$$(x-\mu)^2 \geq \varepsilon^2 \quad | : \varepsilon^2 > 0$$

$$\frac{(x-\mu)^2}{\varepsilon^2} \geq 1$$

Wenn wir den Integranden mit dem Faktor $(x-\mu)^2 / \varepsilon^2 \geq 1$, der größer oder gleich eins ist, multiplizieren, erhalten wir die Ungleichung:

$$\int_{|x-\mu|\geq\varepsilon} f(x)\,dx \leq \int_{|x-\mu|\geq\varepsilon} \frac{(x-\mu)^2}{\varepsilon^2} f(x)\,dx$$

$$\leq \int_{-\infty}^{\mu-\varepsilon} \frac{(x-\mu)^2}{\varepsilon^2} f(x)\,dx + \int_{\mu+\varepsilon}^{\infty} \frac{(x-\mu)^2}{\varepsilon^2} f(x)\,dx$$

Da der Integrand auch im fehlenden Intervall von $\mu-\varepsilon$ bis $\mu+\varepsilon$ nichtnegativ ist, ist auch das Integral in diesem Intervall nichtnegativ. Wird das Integral von $\mu-\varepsilon$ bis $\mu+\varepsilon$ auf der rechten Seite addiert, folgt die Ungleichung

$$\int_{|x-\mu|\geq\varepsilon} f(x)\,dx \leq \int_{|x-\mu|\geq\varepsilon} \frac{(x-\mu)^2}{\varepsilon^2} f(x)\,dx + \int_{|x-\mu|\leq\varepsilon} \frac{(x-\mu)^2}{\varepsilon^2} f(x)\,dx$$

Damit gilt

$$\int_{|x-\mu|\geq\varepsilon} f(x)\,dx \leq \int_{-\infty}^{\infty} \frac{(x-\mu)^2}{\varepsilon^2} f(x)\,dx = \frac{1}{\varepsilon^2} \underbrace{\int_{-\infty}^{\infty} (x-\mu)^2 f(x)\,dx}_{\sigma^2} = \frac{\sigma^2}{\varepsilon^2}$$

Das Integral auf der rechten Seite ist nun die Varianz von X. Damit folgt die Tschebyscheffsche Ungleichung:

$$P(|X-\mu| \geq \varepsilon) \leq \int_{-\infty}^{\infty} f(x)\,dx \leq \frac{\sigma^2}{\varepsilon^2}$$

Durch Umformung mit Hilfe der Komplementärwahrscheinlichkeit

$$P(|X-\mu| \geq \varepsilon) = 1 - P(|X-\mu| < \varepsilon) = \frac{\sigma^2}{\varepsilon^2}$$

ergibt sich

$$P(|X-\mu|<\varepsilon) \geq 1-\frac{\sigma^2}{\varepsilon^2}$$

Die Tschebyscheffsche Ungleichung erlaubt eine Abschätzung der Wahrscheinlichkeit, dass die Zufallsvariable X Werte im Intervall $|X-\mu|<\varepsilon$ annimmt auch dann, wenn die Verteilung der Zufallsvariablen X unbekannt ist. Diese Wahrscheinlichkeit wird auch als **Mindestwahrscheinlichkeit** bezeichnet:

$$P(\mu-\varepsilon < X \leq \mu+\varepsilon) \geq 1-\frac{\sigma^2}{\varepsilon^2}$$

Sie hängt bei gegebener Intervalllänge ausschließlich von der Streuung der Zufallsvariablen X ab und ist umso größer, je kleiner die Standardabweichung σ ist. Setzen wir $\varepsilon = c\sigma$, so erhalten wir die Mindestwahrscheinlichkeiten der zentralen σ-Intervalle. Sie sind eine Funktion des Faktors c, dem Vielfachen der Standardabweichung, um das X höchstens von seinem Erwartungswert abweichend darf:

$$P(\mu-c\sigma < X \leq \mu+c\sigma) \geq 1-\frac{1}{c^2}$$

BEISPIELE

Für ausgewählte Werte von c erhalten wir die folgenden Mindestwahrscheinlichkeiten:

$$P(\mu-1{,}5\sigma < X \leq \mu+1{,}5\sigma) \geq 1-1/1{,}5^2 = 0{,}5\overline{5}$$
$$P(\mu-2\sigma < X \leq \mu+2\sigma) \geq 1-1/2^2 = 0{,}75$$
$$P(\mu-2{,}5\sigma < X \leq \mu+2{,}5\sigma) \geq 1-1/2{,}5^2 = 0{,}84$$
$$P(\mu-3\sigma < X \leq \mu+3\sigma) \geq 1-1/3^2 = 0{,}8\overline{8}$$

Aus der Tschebyscheffschen Ungleichung folgt das Gesetz der großen Zahlen:

Gesetz der großen Zahlen

Sei X eine beliebige Zufallsvariable mit dem Erwartungswert μ und der Varianz σ^2 und sei $\overline{X}$ das Stichprobenmittel einer Stichprobe im Umfang n. Dann gilt

$$\lim_{n\to\infty} P(|\overline{X}-\mu|<\varepsilon) = 1 \quad ; \quad \lim_{n\to\infty} P(|\overline{X}-\mu|\geq\varepsilon) = 0$$

Wird der Mittelwert μ durch das Stichprobenmittel $\overline{X}$ geschätzt, dann geht die Wahrscheinlichkeit, dass der Schätzfehler kleiner als ein beliebig kleiner Wert ε ist, mit wachsendem Stichprobenumfang gegen 1.

9.3 Schätzfunktionen (Punktschätzung)

Beweis:

Wir wenden die Tschebyscheffsche Ungleichung, die für beliebige Zufallsvariablen X gilt, auf das Stichprobenmittel $\overline{X}$ einer Stichprobe im Umfang n an:

$$P(|\overline{X} - \mu_{\overline{X}}| < \varepsilon) \geq 1 - \frac{\sigma_{\overline{X}}^2}{\varepsilon^2}$$

Mit dem Erwartungswert $\mu_{\overline{X}} = \mu$ und der Varianz $\sigma_{\overline{X}}^2 = \sigma^2/n$ folgt:

$$P(|\overline{X} - \mu| < \varepsilon) \geq 1 - \frac{\frac{\sigma^2}{n}}{\varepsilon^2} = 1 - \frac{\sigma^2}{n\varepsilon^2}$$

Mit wachsendem Stichprobenumfang n wird der Nenner größer und der Bruch immer kleiner. Für $n \to \infty$ geht der Bruch gegen null und wir erhalten den Grenzwert:

$$\lim_{n \to \infty} P(|\overline{X} - \mu| < \varepsilon) \geq \lim_{n \to \infty} \left(1 - \frac{\sigma^2}{n\varepsilon^2}\right) = 1$$

ÜBUNG 9 (Wiederholung)

1. Eine Urne enthalte 3 Kugeln mit der Zahl 10, 5 Kugeln mit der Zahl 15 und 4 Kugeln mit der Zahl 20.
   a. Wie viele Anordnungen dieser Kugeln können beim Ziehen aller Kugeln ohne Zurücklegen unterschieden werden?
   b. Angenommen aus der Urne werden Stichproben im Umfang $k = 3$ ohne Zurücklegen gezogen. Wie viele verschiedene Stichproben gibt es?

2. Für eine fünfköpfige Kommission gibt es zehn Kandidaten.
   a. Wie viele Zusammensetzungen der Kommission sind möglich?
   b. Jeder Wahlberechtigte hat 2 Stimmen, die er nach Belieben auf die Kandidaten verteilen kann. Kumulation ist zulässig. Wie viele verschiedene Möglichkeiten der Stimmabgabe hat ein Wahlberechtigter?
   c. Wie viele verschiedene Möglichkeiten der Stimmabgabe hat ein Wahlberechtigter, wenn die Enthaltung erlaubt ist?

3. Eine Tageszeitung veröffentlicht in ihrer DOCUMENTA-Beilage ein Kreuzworträtsel. Unter den Einsendern des richtigen Lösungsworts werden 10 Dauerkarten à 90 Euro, 35 Documentakataloge (Text- und Bildband) à 60 Euro und 100 Documentaschirme à 15 Euro verlost.
   a. Wie groß ist die Gewinnerwartung bei 30.000 richtigen Lösungen?
   b. Wie viele richtige Lösungen dürfen maximal eingehen, wenn die Gewinnerwartung mindestens dem Postkartenporto (0,45 €) entsprechen soll?

4. Ein Massenprodukt werde in den Werken A und B einer Unternehmung hergestellt. Die Mängelquote in Werk A sei 2% und in Werk B 6%. Im Werk A werden 65% und im Werk B 35% der Gesamtproduktion erzeugt.

   a. Wie groß ist die Wahrscheinlichkeit, dass ein zufällig im Zentrallager überprüftes Stück mangelhaft ist?
   b. Wie groß ist die Wahrscheinlichkeit, dass ein mangelhaftes Stück im Werk A erzeugt wurde?

5. Eine Zufallsvariable X sei binomialverteilt mit den Parametern $n = 6$ und $p = 0{,}25$.

   a. Bestimmen Sie die Wahrscheinlichkeitsfunktion $f(x)$!
   b. Stellen Sie die Wahrscheinlichkeitsfunktion grafisch dar!
   c. Berechnen Sie die Wahrscheinlichkeiten

   $$P(X = \text{ungerade})$$
   $$P(|X - E(X)| \leq 1)$$

6. In einer Urne befinden sich 2 rote, 2 schwarze und 4 blaue Kugeln. Es werden n Kugeln mit Zurücklegen gezogen. Die Zufallsvariable X gibt die Anzahl der gezogenen blauen Kugeln an. Es sei $P(X = n) = 1/8$.

   Berechnen Sie die Varianz von X! (Hinweis: Berechnen Sie zuerst n!)

7. Es sei bekannt, dass in der Entwicklungsabteilung eines Großunternehmens im Durchschnitt jährlich 3 Erfindungen gemacht werden. Jede Erfindung wird mit einer Prämie in Höhe von 5.000,- Euro belohnt. Der dafür eingerichtete Fond verfüge jährlich über 12.000,- Euro.

   a. Berechnen Sie die Wahrscheinlichkeit dafür, dass der Fond in einem Jahr nicht für die Auszahlung der Prämien ausreicht!
   b. Auf welchen Betrag müsste der Fond aufgestockt werden, wenn er mit der Wahrscheinlichkeit von 96,65% für die Auszahlung der Prämien ausreichen soll?

8. Eine Zufallsvariable X sei normalverteilt mit dem Mittelwert $\mu = 10$. Außerdem sei die folgende Wahrscheinlichkeit gegeben

   $$P(5 \leq X \leq 15) = 0{,}9544$$

   Bestimmen Sie die Standardabweichung und die Varianz von X!

9. Bei einem Glücksspiel werde der Würfel dreimal geworfen. Der Spieler wählt eine der Augenzahlen von 1 bis 6 als Glückszahl (A) und gewinnt den Eurobetrag, der der Anzahl der Würfe entspricht, in dem die Glückszahl fällt.

   a. Wie lautet die Wahrscheinlichkeitsfunktion der Zufallsvariablen X = Anzahl A (Glückszahl) und wie die Gewinnfunktion?
   b. Wie hoch ist die Gewinnerwartung bei diesem Spiel?
   c. Handelt es sich um ein faires Spiel, wenn der Spieleinsatz 1 € beträgt?

10 Schätzverfahren (Intervallschätzung)

10.1 Grundbegriffe

Eine Schätzfunktion, die den gestellten Güteanforderungen (Erwartungstreue, Effizienz, Konsistenz) genügt, führt im Durchschnitt bei häufiger Wiederholung der Stichprobe zu richtigen Parameterschätzungen.

Die aus einer einzigen Stichprobe gewonnene Punktschätzung hat dennoch nur einen begrenzten Aussagewert. Die einzelne Punktschätzung ist eine Realisierung einer Zufallsvariablen und wird den wahren Parameter nur zufällig treffen. Sie sagt nichts darüber aus, wie zuverlässig oder genau der Schätzwert ist und wie groß der Schätzfehler ist.

Die Punktschätzung $\hat{U}$ muss daher durch eine **Intervallschätzung** ergänzt werden, die eine Wahrscheinlichkeitsaussage über den **Zufallsfehler** erlaubt, d.h. die Abweichung des Schätzwerts vom wahren Parameterwert.

Eine Intervallschätzung gibt an, in welcher **Umgebung des Schätzwerts** der wahre Parameterwert u mit einer gegebenen Wahrscheinlichkeit $1-\alpha$ liegen wird:

$$P(\hat{U}_1 \leq u \leq \hat{U}_2) = 1-\alpha \qquad \hat{U}_{1/2} = \hat{U} \pm \Delta U$$

Das Intervall

$$\hat{U}_1 \leq u \leq \hat{U}_2$$

heißt **Konfidenzintervall** (Vertrauensintervall), die Intervallgrenzen $\hat{U}_1$ und $\hat{U}_2$ **Konfidenzgrenzen** oder Vertrauensgrenzen. Die Konfidenzgrenzen werden, wie der Schätzwert $\hat{U}$, aus den Stichprobenwerten berechnet und sind damit ebenfalls Zufallsvariablen.

Die Wahrscheinlichkeit $1-\alpha$, mit der der wahre Parameter u im Intervall liegt, heißt **Konfidenzzahl** oder **Sicherheitswahrscheinlichkeit**. Die Komplementärwahrscheinlichkeit α ist die Wahrscheinlichkeit, mit der u nicht im Intervall liegt und wird als **Irrtumswahrscheinlichkeit** bezeichnet.

Die Konfidenzzahl wird willkürlich entsprechend den Sicherheitserfordernissen der konkreten Anwendung gewählt. Gebräuchlich sind die Werte:

$$1-\alpha: \quad 95\%, \; 99\%, \; 99{,}9\%$$

Für eine gegebene Konfidenzzahl, z.B. 95%, sind die Vertrauensgrenzen $\hat{U}_1$ und $\hat{U}_2$ so zu bestimmen, dass das Konfidenzintervall den wahren Parameterwert u mit dieser Wahrscheinlichkeit enthält:

$$P(\hat{U}_1 \leq u \leq \hat{U}_2) = 95\%$$

Dann ist zu erwarten, dass bei 95% der Stichproben das Konfidenzintervall den wahren Parameterwert u enthält, bei 5% aller Stichproben das Konfidenzintervall den wahren Wert u aber nicht enthält.

Offenbar besteht ein **Konflikt zwischen Sicherheit und Genauigkeit**. Bei gegebenem Stichprobenumfang bewirkt die Erhöhung der Sicherheitswahrscheinlichkeit $1-\alpha$ eine Verlängerung des Konfidenzintervalls, d.h. eine Vergrößerung der Ungenauigkeit. Eine Verringerung der Sicherheitswahrscheinlichkeit führt dagegen zu einer Verkürzung des Konfidenzintervalls, also einer Erhöhung der Genauigkeit.

10.2 Konfidenzintervall für den Mittelwert (Varianz bekannt)

Wir nehmen an, dass die Varianz der Grundgesamt σ^2 bekannt ist

- aus früheren Erhebungen oder
- weil sie eine technologische Konstante ist.

Wir haben gesehen, dass das arithmetische Mittel der Stichprobe $\overline{X}$ eine erwartungstreue Schätzfunktion des Mittelwerts μ der Grundgesamtheit ist

$$\hat{\mu} = \overline{X} = \frac{1}{n}\sum_{i=1}^{n} X_i$$

mit dem Erwartungswert und der Varianz

$$E(\overline{X}) = \mu \quad ; \quad Var(\overline{X}) = \sigma_{\overline{X}}^2 = \frac{\sigma^2}{n}$$

Wir wissen außerdem, dass das Stichprobenmittel $\overline{X}$ normalverteilt ist, wenn

- die Grundgesamtheit normalverteilt ist oder
- die Stichprobe hinreichend groß ist ($n > 30$).

Dann ist die standardisierte Zufallsvariable

$$Z = \frac{\overline{X} - \mu}{\sigma_{\overline{X}}} \quad \text{mit} \quad \sigma_{\overline{X}} = \frac{\sigma}{\sqrt{n}}$$

standardnormalverteilt $N(0;1)$.

10.2 Konfidenzintervall für den Mittelwert (Varianz bekannt)

Für eine gegebene (Sicherheits-)Wahrscheinlichkeit $1-\alpha$ können wir dann aus

$$P(-c \leq \frac{\overline{X}-\mu}{\sigma_{\overline{X}}} \leq c) = 1-\alpha$$

die Intervallgrenzen für das symmetrische Wahrscheinlichkeitsintervall $[-c, c]$ berechnen, in dem die standardisierte Zufallsvariable mit der Wahrscheinlichkeit $1-\alpha$ liegen wird.

Unter der Annahme, dass wir μ und σ kennen, formen wir das Wahrscheinlichkeitsintervall um, indem wir zuerst mit $c\sigma_{\overline{X}}$ multiplizieren

$$P(-c\sigma_{\overline{X}} \leq \overline{X}-\mu \leq c\sigma_{\overline{X}}) = 1-\alpha$$

Dann addieren wir μ und erhalten das zentrale $\sigma_{\overline{X}}$-Intervall, in dem das Stichprobenmittel $\overline{X}$ mit der Wahrscheinlichkeit $1-\alpha$ liegen wird

$$P(\mu - c\sigma_{\overline{X}} \leq \overline{X} \leq \mu + c\sigma_{\overline{X}}) = 1-\alpha$$

Wir sprechen in diesem Fall vom **direkten Schluss** oder **Inklusionsschluss** und verstehen darunter den Schluss von der Grundgesamtheit auf die Stichprobe:

- Für eine gegebene Wahrscheinlichkeit gibt er an, in welcher Umgebung von μ das Stichprobenmittel liegen wird.
- Für eine gegebene $\sigma_{\overline{X}}$-Umgebung von μ gibt er die Wahrscheinlichkeit an, mit der das Stichprobenmittel in dieser Umgebung liegen wird.

Für die Konfidenzzahl $1-\alpha = 95\%$ ist $c = 1{,}96$ und das Intervall lautet:

$$P(\mu - 1{,}96\sigma_{\overline{X}} \leq \overline{X} \leq \mu + 1{,}96\sigma_{\overline{X}}) = 0{,}95$$

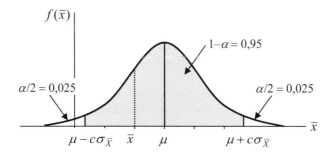

Wenn wir **eine** Stichprobe ziehen, dann liegt das Stichprobenmittel $\overline{x}$ mit der Wahrscheinlichkeit von 95% zwischen $\mu - 1{,}96\sigma_{\overline{X}}$ und $\mu + 1{,}96\sigma_{\overline{X}}$.

Wird die Stichprobe häufig wiederholt, dann ist zu erwarten, dass bei 95% der Stichproben das Stichprobenmittel $\bar{x}$ in der $1{,}96\,\sigma_{\bar{X}}$-Umgebung des wahren Parameterwerts μ liegen wird.

Die Berechnung eines solchen Wahrscheinlichkeitsintervalls setzt aber die Kenntnis des Parameters μ (und σ^2) der Grundgesamtheit voraus, der durch die Stichprobe erst geschätzt werden soll.

Wir ziehen eine Stichprobe, um Aufschluss über den unbekannten Mittelwert μ der Grundgesamtheit und den zu erwartenden Schätzfehler zu gewinnen. D.h. wir suchen kein Wahrscheinlichkeitsintervall für das Stichprobenmittel $\bar{X}$, sondern ein Konfidenzintervall für den Mittelwert der Grundgesamtheit μ. Deshalb überlegen wir uns Folgendes:

Wenn $\bar{X}$ in einer $c\,\sigma_{\bar{X}}$-Umgebung um μ liegt, dann liegt umgekehrt auch μ (mit derselben Wahrscheinlichkeit) in einer $c\,\sigma_{\bar{X}}$-Umgebung um $\bar{X}$.

Ausgehend von der Intervallwahrscheinlichkeit für die standardisierte Zufallsvariable Z

$$P(-c \leq \frac{\bar{X}-\mu}{\sigma_{\bar{X}}} \leq c) = 1-\alpha$$

berechnen wir nun ein Intervall für μ. Wir formen die Ungleichung um, indem wir wieder zuerst mit $c\,\sigma_{\bar{X}}$ multiplizieren und dann $\bar{X}$ subtrahieren

$$P(\,-c\sigma_{\bar{X}} \leq \bar{X}-\mu \leq c\sigma_{\bar{X}}\,) = 1-\alpha$$
$$P(-\bar{X}-c\sigma_{\bar{X}} \leq -\mu \leq -\bar{X}+c\sigma_{\bar{X}}) = 1-\alpha \quad |\cdot(-1)<0$$

Nach Multiplikation mit -1 erhalten wir das gesuchte **Konfidenzintervall** für μ:

$$\boxed{P(\bar{X}-c\frac{\sigma}{\sqrt{n}} \leq \mu \leq \bar{X}+c\frac{\sigma}{\sqrt{n}}) = 1-\alpha} \quad \text{mit } \sigma_{\bar{X}} = \frac{\sigma}{\sqrt{n}}$$

Das Konfidenzintervall ist eine $c\,\sigma_{\bar{X}}$-Umgebung um $\bar{X}$ für die Sicherheitswahrscheinlichkeit $1-\alpha$. Das Konfidenzintervall enthält den wahren Parameterwert μ mit der Wahrscheinlichkeit $1-\alpha$.

Die Berechnung des Konfidenzintervalls beruht auf dem **Umkehr-** oder **Repräsentationsschluss**, d.h. dem Schluss von der Stichprobe auf die Grundgesamtheit.

Für die Sicherheitswahrscheinlichkeit $1-\alpha = 0{,}95$ ergibt sich das Konfidenzintervall:

$$P(\bar{X}-1{,}96\,\sigma_{\bar{X}} \leq \mu \leq \bar{X}+1{,}96\,\sigma_{\bar{X}}) = 0{,}95$$

10.2 Konfidenzintervall für den Mittelwert (Varianz bekannt)

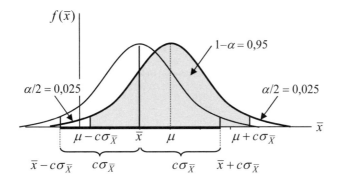

Wenn wir **eine** Stichprobe ziehen, dann enthält die $1{,}96\,\sigma_{\bar{X}}$-Umgebung des Stichprobenmittels $\bar{x}$ den Mittelwert μ der Grundgesamtheit mit der Wahrscheinlichkeit von 95%.

Wird die Stichprobe häufig wiederholt, können wir davon ausgehen, dass bei 95% der Stichproben der unbekannte Parameter μ innerhalb der Konfidenzgrenzen $\bar{X} \pm c\sigma_{\bar{X}} = \bar{X} \pm 1{,}96\sigma_{\bar{X}}$ liegen wird (in 19 von 20 Fällen). Und nur bei 5% der Stichproben wird μ außerhalb des Konfidenzintervalls liegen.

Bei der Bestimmung eines Konfidenzintervalls für μ aus einer gegebenen Stichprobe verfahren wir nach folgendem Schema:

Konfidenzintervall für μ (Varianz bekannt)

1. Festlegung der Konfidenzzahl $1-\alpha$

2. Bestimmung der Quantile $-c\left(\dfrac{\alpha}{2}\right) = c\left(1-\dfrac{\alpha}{2}\right)$ für die Standardnormalverteilung aus der $N(0;1)$-Tabelle

3. Berechnung des Stichprobenmittels $\bar{x} = \dfrac{1}{n}\sum_{i=1}^{n} x_i$

4. Berechnung des Zufallsfehlers $\Delta\mu = c\,\dfrac{\sigma}{\sqrt{n}}$

5. Angabe des Konfidenzintervalls

$$\bar{x} - c\,\frac{\sigma}{\sqrt{n}} \le \mu \le \bar{x} + c\,\frac{\sigma}{\sqrt{n}}$$

6. Interpretation des Konfidenzintervalls

   Mit der Wahrscheinlichkeit $1-\alpha$ liegt der wahre Parameterwert μ der Grundgesamtheit zwischen $\bar{x} - c\sigma_{\bar{X}}$ und $\bar{x} + c\sigma_{\bar{X}}$

BEISPIELE

1. Der Benzinverbrauch X eines Autotyps sei normalverteilt $N(\mu; \sigma=1)$.

   Durch eine Stichprobe soll der durchschnittliche Benzinverbrauch geschätzt werden. Der **Stichprobenumfang** sei

   $$n = 25$$

   Das **Stichprobenmittel** ist der durchschnittliche Verbrauch der 25 Fahrzeuge in der Stichprobe:

   $$\bar{x} = \frac{1}{25}\sum_{i=1}^{25} x_i = 9{,}8 \,[\text{l}/100\,\text{km}]$$

   Das Stichprobenmittel $\bar{X}$ ist dann **normalverteilt** mit

   $$E(\bar{X}) = \mu \;;\; \sigma_{\bar{X}}^2 = \frac{\sigma^2}{n} = \frac{1}{25}$$

   da die Grundgesamtheit annahmegemäß normalverteilt ist.

   Bestimmung eines 95% Konfidenzintervalls für μ:

   [1] **Konfidenzzahl**: $1 - \alpha = 0{,}95$

   [2] **Quantile**: $-c\left(\dfrac{\alpha}{2}\right) = c\left(1 - \dfrac{\alpha}{2}\right) = c\,(0{,}975) = 1{,}96$ aus $N(0;1)$-Tabelle

   [3] **Stichprobenmittel**: $\bar{x} = 9{,}8$

   [4] **Zufallsfehler**: $\Delta\mu = c\,\dfrac{\sigma}{\sqrt{n}} = 1{,}96 \cdot \dfrac{1}{\sqrt{25}} = 1{,}96 \cdot \dfrac{1}{5} = 0{,}392$

   [5] **Konfidenzintervall**:

   $$\bar{x} - \Delta\mu \leq \mu \leq \bar{x} + \Delta\mu$$
   $$9{,}8 - 0{,}392 \leq \mu \leq 9{,}8 + 0{,}392$$
   $$9{,}408 \leq \mu \leq 10{,}192$$

   [6] **Interpretation**:

   Mit der Wahrscheinlichkeit von 95% liegt der durchschnittliche Benzinverbrauch dieses Autotyps, d.h. aller baugleichen Fahrzeuge, zwischen 9,408 und 10,192 l/100 km.

10.2 Konfidenzintervall für den Mittelwert (Varianz bekannt)

2. Durch eine Stichprobe soll das Durchschnittsalter μ der Studierenden der Uni K. geschätzt werden. Die Standardabweichung $\sigma = 2,8$ sei aus früheren Erhebungen bekannt. Der **Stichprobenumfang** sei

$$n = 49 \qquad (N = 18.000)$$

Das **Stichprobenmittel** ist das durchschnittliche Alter der Studierenden in der Stichprobe

$$\bar{x} = \frac{1}{49}\sum_{i=1}^{49} x_i = 24\,[\text{Jahre}]$$

Obwohl keine Angaben über die Verteilung der Grundgesamtheit, das Alter X der Studierenden der Uni K., gemacht werden, wissen wir, dass das arithmetische Mittel der Stichprobe asymptotisch **normalverteilt** ist, da der Stichprobenumfang n größer als 30 ist.

Bestimmung eines 99% Konfidenzintervalls für μ:

[1] **Konfidenzzahl**: $1-\alpha = 0,99$

[2] **Quantile**:

$$-c\left(\frac{\alpha}{2}\right) = c\left(1-\frac{\alpha}{2}\right) = c\,(0,995) = 2,576 \approx 2,58 \text{ aus } N(0;1)\text{-Tabelle}$$

[3] **Stichprobenmittel**: $\bar{x} = 24$

[4] **Zufallsfehler**:

$$\Delta\mu = c\,\frac{\sigma}{\sqrt{n}} = 2,58 \cdot \frac{2,8}{\sqrt{49}} = 2,58 \cdot \frac{2,8}{7} = 2,58 \cdot 0,4 = 1,032$$

[5] **Konfidenzintervall**:

$$\bar{x} - \Delta\mu \leq \mu \leq \bar{x} + \Delta\mu$$

$$24 - 1,03 \leq \mu \leq 24 + 1,03$$

$$22,97 \leq \mu \leq 25,03$$

[6] **Interpretation**:

Mit der Wahrscheinlichkeit von 99% liegt das durchschnittliche Alter der Studierenden der Uni K. (d.h. **aller** am Tag der Erhebung eingeschriebenen Studierenden) zwischen 22,97 und 25,03 Jahren.

10.3 Konfidenzintervall für den Mittelwert (Varianz unbekannt)

Wir nehmen nun an, dass

- die Varianz der Grundgesamtheit σ^2 unbekannt ist,
- die Grundgesamtheit normalverteilt ist,
- der Stichprobenumfang klein ist ($n < 30$).

Dann ist das Stichprobenmittel wieder normalverteilt $N(\mu; \sigma_{\bar{X}})$ und die standardisierte Zufallsvariable

$$Z = \frac{\bar{X} - \mu}{\sigma_{\bar{X}}} = \frac{\bar{X} - \mu}{\frac{\sigma}{\sqrt{n}}}$$

standardnormalverteilt $N(0;1)$.

Da nun aber die Varianz σ^2 unbekannt ist, muss auch σ^2 aus der Stichprobe geschätzt werden. Als Stichprobenfunktion für σ^2 benutzen wir die **erwartungstreue Stichprobenvarianz**:

$$\hat{\sigma}^2 = S^2 = \frac{1}{n-1} \sum_{i=1}^{n} (X_i - \bar{X})^2$$

An die Stelle des (konstanten!) Parameters σ in der Formel für Z tritt nun die Zufallsvariable S.

Wir erhalten die neue standardisierte Zufallsvariable

$$T = \frac{\bar{X} - \mu}{\hat{\sigma}_{\bar{X}}} = \frac{\bar{X} - \mu}{\frac{S}{\sqrt{n}}}$$

die nicht mehr normalverteilt, sondern ***t*-verteilt** ist.

Durch Umformung von T (Erweiterung mit $1/\frac{\sigma}{\sqrt{n}}$) ergibt sich:

$$T = \frac{\frac{\bar{X} - \mu}{\frac{\sigma}{\sqrt{n}}}}{\frac{S}{\sqrt{n}} \cdot \frac{1}{\frac{\sigma}{\sqrt{n}}}} = \frac{\frac{\bar{X} - \mu}{\frac{\sigma}{\sqrt{n}}}}{\frac{S}{\sigma}} = \frac{\frac{\bar{X} - \mu}{\frac{\sigma}{\sqrt{n}}}}{\sqrt{\underbrace{\frac{1}{n-1}(n-1) \cdot \frac{S^2}{\sigma^2}}_{Y}}} = \frac{Z}{\sqrt{\frac{Y}{n-1}}}$$

10.3 Konfidenzintervall für den Mittelwert (Varianz unbekannt)

Im Zähler steht nun die standardnormalverteilte Zufallsvariable Z und unter der Wurzel im Zähler die Zufallsvariable

$$Y = \frac{(n-1)S^2}{\sigma^2} = \frac{n-1}{\sigma^2} \cdot \frac{1}{n-1} \sum_{i=1}^{n}(X_i - \overline{X})^2 = \frac{1}{\sigma^2} \sum_{i=1}^{n}(X_i - \overline{X})^2$$

Y ist eine chi-quadrat[1] verteilte Zufallsvariable mit $v = n-1$ Freiheitsgraden[2]. Die um 1 reduzierte Zahl der Freiheitsgrade erklärt sich wieder daraus, dass mit $\overline{X}$ die Summe der Zufallsvariablen X_i in die Berechnung eingeht und daher nur noch $n-1$ Zufallsvariablen X_i frei wählbar sind.

Es gilt:

> **t-Verteilung**
>
> Sind Z und Y zwei unabhängige Zufallsvariablen und ist Z standardnormalverteilt und Y chi-quadrat verteilt mit $v = n-1$ Freiheitsgraden, dann ist die Zufallsvariable
>
> $$T = \frac{Z}{\sqrt{\frac{Y}{v}}}$$
>
> t-verteilt mit v Freiheitsgraden.

Die t-Verteilung (auch Student-Verteilung[3]) besitzt nur **einen Parameter**, die **Zahl der Freiheitsgrade** $v (= n-1)$, und ist daher mit v eindeutig bestimmt.

Sie hat den Erwartungswert

$$E(T) = 0 \qquad \text{(für } v > 1\text{)}$$

und die Varianz

$$Var(T) = \frac{v}{v-2} \qquad \text{(für } v > 2\text{)}$$

Ihre Dichtefunktion ist eine symmetrische Glockenkurve, die der Normalverteilung ähnlich sieht, aber wegen der größeren Varianz flacher verläuft. Sie konvergiert mit wachsendem v gegen die Normalverteilung und wird bereits für $v > 30$ hinreichend gut durch die Normalverteilung approximiert.

---

[1] Zur Definition der Chi-Quadrat-Verteilung siehe S. 235 f.
[2] Der Buchstabe v (gesprochen Nü) ist das kleine n im griechischen Alphabet.
[3] Wurde 1908 erstmals von dem engl. Statistiker William S. Gosset (1876–1937) in einem Zeitschriftenartikel unter dem Pseudonym "Student" abgeleitet.

Bei einem Stichprobenumfang von $n > 30$ ist das arithmetische Mittel asymptotisch normalverteilt, wenn die Grundgesamtheit nicht normalverteilt ist. Daher kann für $n > 30$, völlig unabhängig davon, wie die Grundgesamtheit verteilt ist, die Normalverteilung anstelle der t-Verteilung verwendet werden.

Für eine gegebene (Sicherheits-)Wahrscheinlichkeit $1-\alpha$ kann aus

$$P(-t \leq \frac{\overline{X}-\mu}{\hat{\sigma}_{\overline{X}}} \leq t) = 1-\alpha$$

das symmetrische Wahrscheinlichkeitsintervall $[-t, t]$ berechnet werden, in dem die t-verteilte Zufallsvariable T mit der Wahrscheinlichkeit $1-\alpha$ liegt.

Durch Umformung der Ungleichung ergibt sich wieder

$$P(\overline{X} - t\hat{\sigma}_{\overline{X}} \leq \mu \leq \overline{X} + t\hat{\sigma}_{\overline{X}}) = 1-\alpha$$

bzw.

$$\boxed{P(\overline{X} - t\frac{S}{\sqrt{n}} \leq \mu \leq \overline{X} + t\frac{S}{\sqrt{n}}) = 1-\alpha} \quad \text{mit } \hat{\sigma}_{\overline{X}} = \frac{S}{\sqrt{n}}$$

Das Konfidenzintervall für μ wird bei unbekannter Varianz wie folgt berechnet:

Konfidenzintervall für μ (Varianz unbekannt)

1. Festlegung der Konfidenzzahl $1-\alpha$

2. Bestimmung der Quantile $-t\left(\frac{\alpha}{2}; n-1\right) = t\left(1-\frac{\alpha}{2}; n-1\right)$ aus der Tabelle der t-Verteilung mit $\nu = n-1$ Freiheitsgraden

3. Berechnung des Stichprobenmittels und der Stichprobenvarianz

$$\overline{x} = \frac{1}{n}\sum_{i=1}^{n} x_i \quad ; \quad s^2 = \frac{1}{n-1}\sum_{i=1}^{n} (x_i - \overline{x})^2$$

4. Berechnung des Zufallsfehlers $\Delta\mu = t\frac{s}{\sqrt{n}}$

5. Angabe des Konfidenzintervalls

$$\overline{x} - t\frac{s}{\sqrt{n}} \leq \mu \leq \overline{x} + t\frac{s}{\sqrt{n}}$$

6. Interpretation

    Mit der Wahrscheinlichkeit $1-\alpha$ liegt der wahre Parameterwert μ der Grundgesamtheit zwischen $\overline{x} - t\hat{\sigma}_{\overline{X}}$ und $\overline{x} + t\hat{\sigma}_{\overline{X}}$.

10.3 Konfidenzintervall für den Mittelwert (Varianz unbekannt)

BEISPIELE

1. Der Benzinverbrauch X eines Autotyps sei normalverteilt $N(\mu;\sigma)$

   Wir modifizieren das Beispiel 1 auf Seite 228, indem wir annehmen, dass die Varianz des Benzinverbrauchs nicht bekannt ist, sondern durch die Stichprobe geschätzt werden muss. An die Stelle von $\sigma = 1$ tritt $s = 1$:

   $n = 25$

   $$\bar{x} = \frac{1}{25}\sum_{1}^{25} x_i = 9{,}8 \; [1/100\,\text{km}]$$

   $$s^2 = \frac{1}{24}\sum_{1}^{25} (x_i - \bar{x})^2 = 1 \; [1/100\,\text{km}]^2$$

   Bestimmung eines 95% Konfidenzintervalls für μ:

   [1] **Konfidenzzahl**: $1 - \alpha = 0{,}95$

   [2] **Quantile**: $t\left(1 - \frac{\alpha}{2}; n-1\right) = t(0{,}975; 24) = 2{,}06$ aus der Tabelle der

   t-Verteilung mit $v = n - 1 = 24$ Freiheitsgraden, da der Stichprobenumfang kleiner als 30 ist.

   [3] **Stichprobenmittel**: $\bar{x} = 9{,}8$, **Stichprobenvarianz**: $s^2 = 1$

   [4] **Zufallsfehler**: $\Delta\mu = t\dfrac{s}{\sqrt{n}} = 2{,}06 \cdot \dfrac{1}{5} = 2{,}06 \cdot \dfrac{1}{\sqrt{25}} = 0{,}412$

   [5] **Konfidenzintervall**:

   $$\bar{x} - \Delta\mu \leq \mu \leq \bar{x} + \Delta\mu$$
   $$9{,}8 - 0{,}412 \leq \mu \leq 9{,}8 + 0{,}412$$
   $$9{,}388 \leq \mu \leq 10{,}212 \qquad (9{,}408 \leq \mu \leq 10{,}192 \text{ mit } \sigma = 1)$$

   [6] **Interpretation**:

   Mit der Wahrscheinlichkeit von 95% liegt der durchschnittliche Benzinverbrauch μ dieses Autotyps zwischen den Werten 9,388 und 10,212 l/100 km.

   Das Konfidenzintervall für den Mittelwert des Benzinverbrauchs μ eines bestimmten Autotyps ist bei unbekannter Varianz der Grundgesamtheit σ^2 größer als bei bekannter Varianz.

   Die t-Werte der Student-Verteilung liegen über den entsprechenden c-Werten der Normalverteilung, wie der Tabellenvergleich zeigt. Der Unterschied ist um so größer, je kleiner die Stichprobe und damit die Zahl der Freiheitsgrade $n - 1$ ist und kann für $n > 30$ vernachlässigt werden.

Die t-Verteilung führt zu größeren Konfidenzintervallen, also ungenaueren Schätzungen, weil sie auf der zusätzlichen Schätzung der unbekannten Standardabweichung $\sigma \approx \hat{\sigma} = s$ beruht.

2. Das Füllgewicht X von Allesklebertuben, die auf einer bestimmten Maschine automatisch abgefüllt werden, sei normalverteilt $N(\mu;\sigma)$.

$$n = 16$$

$$\bar{x} = \frac{1}{16}\sum_{1}^{16} x_i = 34\,[g]$$

$$s^2 = \frac{1}{15}\sum_{1}^{16}(x_i - \bar{x})^2 = 9\,[g^2]$$

Bestimmung eines 99% Konfidenzintervalls für μ:

[1] **Konfidenzzahl**: $1-\alpha = 0{,}99$

[2] **Quantile**: $t\left(1-\dfrac{\alpha}{2}; n-1\right) = t(0{,}995;15) = 2{,}95$ aus der t-Tabelle

[3] **Stichprobenmittel**: $\bar{x} = 34$, **Stichprobenvarianz** $s^2 = 9$

[4] **Zufallsfehler**:

$$\Delta\mu = t\frac{s}{\sqrt{n}} = 2{,}95 \cdot \frac{3}{\sqrt{16}} = 2{,}95 \cdot \frac{3}{4} = 2{,}2125$$

[5] **Konfidenzintervall**:

$$\bar{x} - \Delta\mu \leq \mu \leq \bar{x} + \Delta\mu$$
$$34 - 2{,}21 \leq \mu \leq 34 + 2{,}21$$
$$31{,}79 \leq \mu \leq 36{,}21$$

[6] **Interpretation**

Das durchschnittliche Füllgewicht μ aller Allesklebertuben, die auf dieser Maschine abgefüllt werden, liegt mit der Wahrscheinlichkeit von 99% zwischen 31,79 und 36,21 g.

Vergleich mit der Normalverteilung (Varianz $\sigma^2 = 9$ bekannt):

$$34 - 2{,}576 \cdot \frac{3}{4} \leq \mu \leq 34 + 2{,}576 \cdot \frac{3}{4}$$
$$34 - 1{,}932 \leq \mu \leq 34 + 1{,}932$$
$$32{,}068 \leq \mu \leq 35{,}932$$

10.4 Konfidenzintervall für die Varianz einer Normalverteilung

Wir nehmen nun an, dass

- die Varianz der Grundgesamtheit σ^2 unbekannt ist und
- die Grundgesamtheit normalverteilt ist.

In vielen Fällen ist es wichtig nicht nur den Mittelwert μ, sondern auch die Varianz σ^2 bzw. die Standardabweichung σ aus der Stichprobe zu schätzen. Die Varianz als Streuungsmaß liefert einen gewissen Aufschluss über die Schwankungen der Zufallsvariablen.

Wenn es z.B. darum geht, die Gleichmäßigkeit der Produktion einer Maschine zu beurteilen, ist es nicht nur wichtig,

- ob der Erwartungswert dem Sollwert entspricht, also z.B. der geforderte Durchmesser von Schrauben im Durchschnitt eingehalten wird, sondern auch
- wie groß die Streuung um diesen Sollwert (Mittelwert) ist. Eine kleine Varianz bedeutet, dass die Wahrscheinlichkeit kleiner Abweichungen groß und die Wahrscheinlichkeit großer Abweichungen vom Mittelwert klein ist.

Bei der Konstruktion von Konfidenzintervallen für die Varianz σ^2 einer normalverteilten Zufallsvariablen X gehen wir von der abgeleiteten Zufallsvariablen

$$Y = \frac{(n-1)S^2}{\sigma^2} = \frac{1}{\sigma^2}\sum_{i=1}^{n}(X_i - \overline{X})^2 = \sum_{i=1}^{n}\left(\frac{X_i - \overline{X}}{\sigma}\right)^2$$

aus. Y ist chi-quadrat verteilt mit $n-1$ Freiheitsgraden. Es gilt:

> **Chi-Quadrat-Verteilung**
>
> Seien $X_1, X_2, X_3, \ldots, X_n$ unabhängige normalverteilte Zufallsvariablen mit demselben Mittelwert μ und derselben Varianz σ^2, dann ist die Zufallsvariable
>
> $$Y = (n-1)\frac{S^2}{\sigma^2} = \frac{1}{\sigma^2}\sum_{i=1}^{n}(X_i - \overline{X})^2$$
>
> chi-quadrat verteilt[4] mit $n-1$ Freiheitsgraden. Die chi-quadrat verteilte Zufallsvariable wird mit χ^2 bezeichnet.

---

[4] Eingeführt von F. R. Helmert (1875), Bezeichnung von Karl Pearson (1900). Chi=χ ist der griechische Buchstabe c.

Die Chi-Quadrat-Verteilung besitzt einen Parameter, die Zahl der Freiheitsgrade $v(=n-1)$ und ist für gebräuchliche Werte von P im Anhang tabelliert.

Die Maßzahlen sind:

$$E(Y) = v$$

$$Var(Y) = 2v$$

Die Chi-Quadrat-Verteilung ist asymmetrisch und konvergiert mit wachsendem v gegen die Normalverteilung mit $\mu = v$ und $\sigma^2 = 2v$.

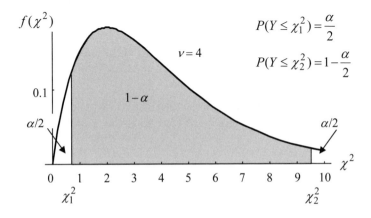

Für eine gegebene (Sicherheits-)Wahrscheinlichkeit $1-\alpha$ kann wieder ein Wahrscheinlichkeitsintervall für die Zufallsvariable Y berechnet werden:

$$P(\chi_1^2 \leq (n-1)\frac{S^2}{\sigma^2} \leq \chi_2^2) = 1-\alpha$$

Dabei werden die Quantile χ_1^2 und χ_2^2 aus der Chi-Quadrat-Verteilung mit $n-1$ Freiheitsgraden so bestimmt, dass

$$P(Y \leq \chi_1^2) = F(\chi_1^2) = \frac{\alpha}{2}$$

$$P(Y \leq \chi_2^2) = F(\chi_2^2) = 1-\frac{\alpha}{2}$$

Durch Umformung der Ungleichung erhält man

$$P\left(\frac{1}{\chi_1^2} \geq \frac{\sigma^2}{(n-1)S^2} \geq \frac{1}{\chi_2^2}\right) = 1-\alpha$$

10.4 Konfidenzintervall für die Varianz einer Normalverteilung   *237*

$$P\left(\frac{n-1}{\chi_1^2}S^2 \geq \sigma^2 \geq \frac{n-1}{\chi_2^2}S^2\right) = 1-\alpha$$

Daraus folgt das Konfidenzintervall für die Varianz σ^2:

$$\boxed{P\left(\frac{n-1}{\chi_2^2}S^2 \leq \sigma^2 \leq \frac{n-1}{\chi_1^2}S^2\right) = 1-\alpha}$$

Bei der Berechnung eines Konfidenzintervalls für σ^2 verwenden wir das folgende Schema:

Konfidenzintervall für die Varianz

1. Festlegung der Konfidenzzahl $1-\alpha$

2. Bestimmung der Quantile

$$\chi_1^2\left(\frac{\alpha}{2}, n-1\right), \; \chi_2^2\left(1-\frac{\alpha}{2}, n-1\right)$$

   aus der Tabelle der Chi-Quadrat-Verteilung mit $n-1$ Freiheitsgraden.

3. Berechnung der Stichprobenvarianz

$$s^2 = \frac{1}{n-1}\sum (x_i - \bar{x})^2$$

4. Berechnung der Konfidenzgrenzen

$$\frac{n-1}{\chi_2^2}s^2 \quad \text{und} \quad \frac{n-1}{\chi_1^2}s^2$$

5. Angabe des Konfidenzintervalls

$$\frac{n-1}{\chi_2^2}s^2 \leq \sigma^2 \leq \frac{n-1}{\chi_1^2}s^2$$

6. Interpretation

   Mit der Wahrscheinlichkeit $1-\alpha$ liegt die Varianz σ^2 der Grundgesamtheit zwischen $\frac{n-1}{\chi_2^2}s^2$ und $\frac{n-1}{\chi_1^2}s^2$.

Daraus gewinnt man ein Konfidenzintervall für die Standabweichung σ

$$\sqrt{\frac{n-1}{\chi_2^2}s^2} \leq \sigma \leq \sqrt{\frac{n-1}{\chi_1^2}s^2}$$

BEISPIEL

1. Der Benzinverbrauch X eines Autotyps sei normalverteilt $N(\mu;\sigma)$.

   Wir nehmen nun an, dass wir die Parameter der Grundgesamtheit nicht kennen und schätzen die Varianz anhand einer kleinen Stichprobe. Es sei der **Stichprobenumfang** wieder

   $$n = 25$$

   und die **Varianz** des Benzinverbrauchs in der **Stichprobe**

   $$s^2 = \frac{1}{24}\sum_{i=1}^{25}(x_i - \bar{x})^2 = 1$$

   Berechnung eines 95% Konfidenzintervalls für die Varianz σ^2

   [1] **Konfidenzzahl** $1-\alpha = 0{,}95$

   [2] **Quantile** $\chi_1^2(0{,}025;24) = 12{,}4$ Chi-Quadrat-Verteilung mit $v = 24$

   $\chi_2^2(0{,}975;24) = 39{,}4$

   [3] **Stichprobenvarianz** $s^2 = 1$

   [4] **Konfidenzgrenzen**

   $$\frac{n-1}{\chi_2^2} \cdot s^2 = \frac{24}{39{,}4} \cdot 1 = 0{,}609$$

   $$\frac{n-1}{\chi_1^2} \cdot s^2 = \frac{24}{12{,}4} \cdot 1 = 1{,}935$$

   [5] **Konfidenzintervall** für die **Varianz**

   $$0{,}609 \leq \sigma^2 \leq 1{,}935$$

   Mit der Wahrscheinlichkeit von 95% liegt die Varianz des Benzinverbrauchs aller Fahrzeuge dieses Typs zwischen 0,609 und 1,935.

   [6] **Konfidenzintervall** für die **Standardabweichung**

   $$0{,}78 \leq \sigma \leq 1{,}39$$

   Mit der Wahrscheinlichkeit von 95% liegt die Standardabweichung des Benzinverbrauchs aller Fahrzeuge dieses Typs zwischen 0,78 und 1,39 [l/100 km].

   Die Intervallschätzung für die Varianz ist bei dem geringen Stichprobenumfang $n = 25$ noch relativ grob und wird mit steigendem Stichprobenumfang genauer.

10.5 Konfidenzintervall für den Anteilswert

Wir betrachten nun eine dichotome Grundgesamtheit, die nur aus 2 Klassen von Elementen besteht. Bei der Ziehung von Stichproben haben wir es dann mit einer Zufallsvariablen zu tun, die nur zwei Ausprägungen annimmt. Es handelt sich also um das Urnenmodell mit Zurücklegen.

Nehmen wir an, aus einer Urne mit M weißen und $N-M$ roten Kugeln werde mit Zurücklegen eine Stichprobe mit n Kugeln entnommen. Der Anteilswert der weißen Kugeln in der Urne

$$\pi = \frac{M}{N}$$

kann durch den Anteilswert P der Stichprobe geschätzt und es kann ein Konfidenzintervall für π konstruiert werden. Die Anzahl der weißen Kugeln X in der Stichprobe ist eine Zufallsvariable und damit der Anteilswert

$$P = \frac{X}{n}$$

Die Zufallsvariable X ist **binominalverteilt** mit

$$E(X) = n\pi$$
$$Var(X) = n\pi(1-\pi)$$

und für einen hinreichend großen Stichprobenumfang ($n\pi \geq 5$, $n(1-\pi) \geq 5$) asymptotisch **normalverteilt** $N(n\pi; \sqrt{n\pi(1-\pi)})$.

Dann ist aber auch die Zufallsvariable $P = \frac{X}{n}$ asymptotisch normalverteilt mit

$$E(P) = E\left(\frac{X}{n}\right) = \frac{1}{n}E(X) = \pi$$

$$Var(P) = Var\left(\frac{X}{n}\right) = \frac{1}{n^2}Var(X) = \frac{\pi(1-\pi)}{n}$$

und die standardisierte Zufallsvariable

$$Z = \frac{P-\pi}{\sigma_P} \quad \text{mit} \quad \sigma_P = \sqrt{\frac{\pi(1-\pi)}{n}}$$

asymptotisch standardnormalverteilt $N(0;1)$.

Ein symmetrisches Konfidenzintervall ergibt sich aus

$$P\left(-c \leq \frac{P-\pi}{\sigma_P} \leq c\right) = 1-\alpha$$

durch Umformung der Ungleichung in der Klammer

$$P(-c\sigma_P \leq P - \pi \leq c\sigma_P) = 1 - \alpha$$
$$P(P - c\sigma_P \leq \pi \leq P + c\sigma_P) = 1 - \alpha$$

Im vorliegenden Fall einer dichotomen Grundgesamtheit ist aber die Varianz

$$\sigma_P^2 = \frac{\pi(1-\pi)}{n}$$

immer unbekannt, da der Anteilswert π der Grundgesamtheit unbekannt ist und durch die Stichprobe erst geschätzt werden soll.

Die Varianz σ_P^2 wird daher mit Hilfe des Anteilswerts P der Stichprobe geschätzt:

$$\hat{\sigma}_P^2 = \frac{P(1-P)}{n-1} \approx \frac{P(1-P)}{n} \qquad (\approx \text{ wenn } n \text{ hinreichend groß ist})$$

Damit erhalten wir das Konfidenzintervall

$$P(P - c\hat{\sigma}_P \leq \pi \leq P + c\hat{\sigma}_P) = 1 - \alpha$$

und mit dem Wert für $\hat{\sigma}_P$:

$$\boxed{P\left(P - c\sqrt{\frac{P(1-P)}{n}} \leq \pi \leq P + c\sqrt{\frac{P(1-P)}{n}}\right) = 1 - \alpha}$$

Wir berechnen das Konfidenzintervall für π in folgenden Schritten:

Konfidenzintervall für den Anteilswert π

1. Festlegung der Konfidenzzahl $1 - \alpha$

2. Bestimmung der Quantile $-c\left(\frac{\alpha}{2}\right) = c\left(1 - \frac{\alpha}{2}\right)$ aus der $N(0;1)$-Tabelle

3. Berechnung des Stichprobenanteils $p = \frac{x}{n}$

4. Berechnung des Zufallsfehlers $\Delta \pi = c \frac{\sqrt{p(1-p)}}{\sqrt{n}}$

5. Angabe des Konfidenzintervalls

$$p - c\frac{\sqrt{p(1-p)}}{\sqrt{n}} \leq \pi \leq p + c\frac{\sqrt{p(1-p)}}{\sqrt{n}}$$

6. Interpretation

10.5 Konfidenzintervall für den Anteilswert

Mit der Wahrscheinlichkeit $1-\alpha$ liegt der wahre Anteilswert π der Grundgesamtheit zwischen $p - c\hat{\sigma}_p$ und $p + c\hat{\sigma}_p$.

BEISPIEL

1. Durch eine Blitzumfrage soll der Anteil der Wähler π geschätzt werden, die eine bestimmte gesetzliche Maßnahme befürworten.

   Die Zufallsvariable X ist die Anzahl der Wähler in einer Stichprobe vom Umfang n, die die Maßnahme befürworten. Es seien 300 Wähler befragt worden, von denen 126 oder 42% für die gesetzliche Maßnahme waren:

   $n = 300$

   $x = 126$

   $p = \dfrac{x}{n} = \dfrac{126}{300} = 0{,}42$

   Es soll ein 95%-Konfidenzintervall für π berechnet werden.

   [1] **Konfidenzzahl**: $1 - \alpha = 0{,}95$

   [2] **Quantile**: $c\left(1 - \dfrac{\alpha}{2}\right) = c(0{,}975) = 1{,}96$ aus der $N(0;1)$-Tabelle

   [3] **Stichprobenanteil**: $p = 0{,}42$

   Standardabweichung

   $$\hat{\sigma}_P = \frac{\sqrt{p(1-p)}}{\sqrt{n}} = \frac{\sqrt{0{,}42 \cdot 0{,}58}}{\sqrt{300}} = \frac{0{,}494}{17{,}32} = 0{,}0285$$

   [4] **Zufallsfehler**:

   $$\Delta\pi = c \cdot \hat{\sigma}_p = 1{,}96 \cdot 0{,}0285 = 0{,}0559$$

   [5] **Konfidenzintervall**:

   $$p - \Delta\pi \leq \pi < p + \Delta\pi$$

   $$0{,}42 - 0{,}056 \leq \pi \leq 0{,}42 + 0{,}056$$

   $$0{,}364 \leq \pi \leq 0{,}476$$

   [6] **Interpretation**:

   Mit einer Wahrscheinlichkeit von 95% liegt der Anteil π aller Wahlberechtigten, die die gesetzliche Maßnahme befürworten, zwischen 36,4 und 47,6%.

Bei einem Stichprobenumfang von $n = 300$ ist die Schätzung noch sehr ungenau $0,42 \pm 0,056$. Der Schätzfehler beträgt $\pm 5,6$ Prozentpunkte. Daher werden in der Praxis größere Stichprobenumfänge gewählt. Der Zufallsfehler nimmt mit dem Stichprobenumfang ab und die Konfidenzintervalle werden kürzer.

Mit $n = 1000$ verringert sich der Zufallsfehler auf $\Delta\pi = 3,1\%$

$$0,389 \leq \pi \leq 0,451 \qquad \pi = 42\% \pm 3,1\%$$

mit $n = 2000$ auf $\Delta\pi = 2,2\%$

$$0,398 \leq \pi \leq 0,442 \qquad \pi = 42\% \pm 2,2\%$$

mit $n = 3000$ auf $\Delta\pi = 1,8\%$

$$0,402 \leq \pi \leq 0,438 \qquad \pi = 42\% \pm 1,8\%$$

2. Durch eine Stichprobe soll der Anteil der Studierenden der Uni K. ermittelt werden, die mit dem Auto zur Hochschule fahren.

Die Zufallsvariable X ist die Anzahl der Studierenden in einer Stichprobe vom Umfang n, die mit dem PKW zur Uni fahren. Es seien 100 Studenten befragt worden, von denen 17 angaben, mit dem Auto zur Uni zu fahren:

$$n = 100 \quad ; \quad x = 17 \quad ; \quad p = \frac{x}{n} = \frac{17}{100} = 0,17$$

Es soll ein 90%-Konfidenzintervalll für π berechnet werden.

[1] **Konfidenzzahl**: $1 - \alpha = 0,9$

[2] **Quantile**: $c\left(1 - \frac{\alpha}{2}\right) = c(0,95) = 1,645$ aus der $N(0;1)$-Tabelle

[3] **Stichprobenanteil**: $p = 0,17$

Standardabweichung

$$\hat{\sigma}_P = \frac{\sqrt{p(1-p)}}{\sqrt{n}} = \frac{\sqrt{0,17 \cdot 0,83}}{\sqrt{100}} = \frac{0,376}{10} = 0,0376$$

[4] **Zufallsfehler**:

$$\Delta\pi = c \cdot \frac{\sqrt{p(1-p)}}{\sqrt{n}} = 1,645 \cdot \frac{0,376}{10} = 0,062$$

[5] **Konfidenzintervall**:

$$p - \Delta\pi \leq \pi \leq p + \Delta\pi$$

$$0{,}17 - 0{,}062 \leq \pi \leq 0{,}17 + 0{,}062$$

$$0{,}108 \leq \pi \leq 0{,}232$$

[6] **Interpretation**:

Mit einer Wahrscheinlichkeit von 90% liegt der Anteil π aller Studierenden der Uni K., die mit dem PKW zur Hochschule fahren, zwischen 10,8% und 23,2%.

10.6 Bestimmung des Stichprobenumfangs

Bei der Berechnung der Konfidenzintervalle für den Mittelwert μ oder den Anteilswert π einer Grundgesamtheit wird vorausgesetzt, dass der Stichprobenumfang n und die Sicherheitswahrscheinlichkeit $1-\alpha$ gegeben sind.

Man kann aber auch die Genauigkeit der Schätzung (den Zufallsfehler), also die Länge des Konfidenzintervalls vorgeben, und bei gegebener Konfidenzzahl $1-\alpha$ den notwendigen Stichprobenumfang n ermitteln.

(1) Mittelwert

Für den Mittelwert μ der Grundgesamtheit ergab sich bei gegebener Konfidenzzahl $1-\alpha$ das Konfidenzintervall

$$\overline{X} - c\sigma_{\overline{X}} \leq \mu \leq \overline{X} + c\sigma_{\overline{X}} \quad \text{mit } \sigma_{\overline{X}} = \frac{\sigma}{\sqrt{n}}$$

$$\overline{X} - \Delta\mu \leq \mu \leq \overline{X} + \Delta\mu \qquad \text{mit } \Delta\mu = c\sigma_{\overline{X}}$$

Dabei wird

$$\Delta\mu = c\sigma_{\overline{X}}$$

als **maximaler Schätzfehler** oder Zufallsfehler (auch absoluter Fehler) bezeichnet; er ist ein Maß für die Genauigkeit der Schätzung.

Die Länge L des Konfidenzintervalls beträgt

$$L = 2\Delta\mu = 2c\sigma_{\overline{X}}$$

Aus der Gleichung

$$\Delta\mu = c\sigma_{\overline{X}} = c\frac{\sigma}{\sqrt{n}}$$

lässt sich der notwendige Stichprobenumfang berechnen. Dazu lösen wir die Gleichung nach n auf:

$$\sqrt{n}\,\Delta\mu = c\sigma$$

$$\sqrt{n} = \frac{c\sigma}{\Delta\mu}$$

$$\boxed{n = c^2\,\frac{\sigma^2}{(\Delta\mu)^2} = \left(\frac{2c\sigma}{L}\right)^2} \qquad \text{mit } L = 2\Delta\mu$$

Der Stichprobenumfang muß also mindestens n betragen, wenn der Schätzfehler nicht größer als $\Delta\mu$ (und die Länge des Konfidenzintervalls nicht größer als $L = 2\Delta\mu$) sein soll.

Die Berechnung des notwendigen Stichprobenumfangs n setzt voraus, dass σ **bekannt** ist. Andernfalls muß σ **geschätzt** werden z.B.

- aufgrund früherer Erhebungen oder
- durch eine kleine Vorstichprobe.

BEISPIEL

1. Durch eine Stichprobe soll die durchschnittliche Füllmenge von 0,3 l Flaschen Limonade bestimmt werden, die auf einer automatischen Abfüllanlage abgefüllt werden. Es sei gegeben:

    $\Delta\mu = 1\ [\text{cm}^3]$ maximaler Schätzfehler

    $1 - \alpha = 0{,}99$ Sicherheitswahrscheinlichkeit

    $s^2 = 25$ Varianz einer früheren Stichprobe

    Wir ermitteln zuerst die Quantile aus der $N(0;1)$-Tabelle

    $$-c\left(\frac{\alpha}{2}\right) = c\left(1 - \frac{\alpha}{2}\right) = c(0{,}995) = 2{,}58$$

    Der notwendige Stichprobenumfang beträgt dann:

    $$n = c^2\,\frac{\sigma^2}{(\Delta\mu)^2} = 2{,}58^2 \cdot \frac{25}{1^2} = 6{,}66 \cdot 25 = 166{,}5 \approx 167$$

    Es müssen also mindestens 167 Flaschen überprüft werden, wenn der Schätzfehler höchstens 1 cm³ betragen darf.

10.6 Bestimmung des Stichprobenumfangs

(2) Anteilswert

Für den Anteilswert π einer dichotomen Grundgesamtheit beträgt das Konfidenzintervall bei gegebener Konfidenzzahl $1-\alpha$:

$$P - c\sigma_P \leq \pi \leq P + c\sigma_P \quad \text{mit} \quad \sigma_P = \sqrt{\frac{\pi(1-\pi)}{n}}$$

mit dem Schätzfehler $\Delta\pi$:

$$\Delta\pi = c\sigma_P = c\sqrt{\frac{\pi(1-\pi)}{n}}$$

Daraus lässt sich der notwendige Stichprobenumfang berechnen. Dazu quadrieren wir die Gleichung und lösen dann nach n auf:

$$(\Delta\pi)^2 = c^2 \frac{\pi(1-\pi)}{n}$$

$$\boxed{n = c^2 \frac{\pi(1-\pi)}{(\Delta\pi)^2}}$$

Da der Anteilswert π der Grundgesamtheit immer unbekannt ist (er soll erst geschätzt werden), müssen Schätzwerte

$$\hat{\pi} = p$$

aus früheren Erhebungen oder einer kleineren Vorstichprobe benutzt werden.

Gibt es keine Vermutungen über $\hat{\pi} = p$, so setzt man $p = 1/2$, weil dann das Produkt

$$p(1-p) = \frac{1}{2} \cdot \frac{1}{2} = \frac{1}{4}$$

den maximalen Wert annimmt.

Beweis:

Wir leiten die Funktion nach p ab und prüfen das Vorzeichen der Nullstelle der 1. Ableitung:

$$y = p(1-p) = p - p^2$$

$$y' = 1 - 2p = 0$$

$$p = \frac{1}{2} \quad ; \quad y''\left(\frac{1}{2}\right) = -2 < 0 \Rightarrow \text{Maximum bei } p = \frac{1}{2}$$

BEISPIELE

2. Durch eine Blitzumfrage soll der Anteil der Wähler, die eine bestimmte gesetzliche Maßnahme befürworten, ermittelt werden. Es sei:

$\Delta \pi = 3\%$ maximaler Schätzfehler

$1-\alpha = 0,95$ Sicherheitswahrscheinlichkeit

Über den Anteilswert π gibt es keine begründeten Vermutungen, daher wird mit $\hat{\pi} = p = 1/2$ gerechnet.

Der notwendige Stichprobenumfang beträgt dann:

$$n = c^2 \frac{p(1-p)}{\Delta \pi^2} = 1,96^2 \frac{0,5 \cdot 0,5}{0,03^2} = 1.067$$

Es müssen also mindestens $n = 1.067$ Wahlberechtigte befragt werden, wenn der Schätzfehler höchstens 3 Prozentpunkte betragen soll.

3. Durch eine Stichprobe soll der voraussichtliche Stimmenanteil einer Partei eine Woche vor einer Landtagswahl ermittelt werden. Es sei:

$\Delta \pi = 0,01\%$ maximaler Schätzfehler

$1-\alpha = 0,99$ Sicherheitswahrscheinlichkeit

$\hat{\pi} = p = 0,07$ Schätzwert für π

Als Schätzwert für π wird der Stimmenanteil p der Partei bei einer früheren Umfrage oder bei der letzen Wahl verwendet.

Der notwendige Stichprobenumfang beträgt dann

$$n = c^2 \frac{p(1-p)}{\Delta \pi^2} = 2,58^2 \frac{0,07 \cdot 0,93}{0,01^2} = 4.333$$

Es müssen also mindestens $n = 4.333$ Wahlberechtigte befragt werden, wenn der Schätzfehler bei der geplanten Erhebung höchstens 1 Prozentpunkt betragen soll.

Durch eine Verdoppelung des maximalen Schätzfehlers auf $\Delta \pi = 0,02$ kann der notwendige Stichprobenumfang auf ein Viertel reduziert werden:

$$n = c^2 \frac{p(1-p)}{\Delta \pi^2} = 2,58^2 \frac{0,07 \cdot 0,93}{2^2 \cdot 0,01^2} = \frac{4.333}{4} = 1.083$$

ÜBUNG 10 (Konfidenzintervalle)

1. Bestimmen Sie das 99 % (95 %) Konfidenzintervall für den Mittelwert einer Normalverteilung bei gegebener Varianz σ^2

   a. $\bar{x} = 18{,}4 \qquad \sigma^2 = 1{,}69 \qquad n = 36$

   b. $\bar{x} = 7{,}26 \qquad \sigma^2 = 5{,}76 \qquad n = 225$

   c. $\bar{x} = 5 \qquad \sigma^2 = 9 \qquad n = 100$

2. Eine Maschine schneide automatisch Bleche auf eine Länge von 80 cm zu. Die Standardabweichung dieser Maschine betrage, unabhängig von der eingestellten Länge, $\sigma = 2{,}2$ cm.

   Mit Hilfe einer Stichprobe im Umfang $n = 40$ soll die Einstellung der Maschine überprüft werden. Das arithmetische Mittel der Stichprobe betrage $\bar{x} = 80{,}5$ cm. Bestimmen Sie ein 95 % Konfidenzintervall für μ!

3. 50 zufällig ausgewählte PKW des gleichen Typs wurden mit der gleichen Kraftstoffmenge ausgestattet. Mit dieser Füllung legten sie im Durchschnitt $\bar{x} = 50$ km bei einer Standardabweichung von $s = 7$ km zurück. Bestimmen Sie ein 95 % Konfidenzintervall für die durchschnittliche Kilometerleistung μ dieses PKW-Typs!

4. Die Messung der Durchmesser einer Zufallsstichprobe von 200 Schrauben, die von einer bestimmten Maschine in einer Woche produziert wurden, ergaben einen Mittelwert von 0,824 cm und eine Standardabweichung von 0,042 cm. Bestimmen Sie ein 95% (99 %) Konfidenzintervall für den mittleren Durchmesser aller Schrauben.

5. Die Befragung einer Zufallsstichprobe von 81 Studierenden der Uni K. ergab ein monatliches Durchschnittseinkommen von 543 Euro bei einer Standardabweichung von 72 Euro. Aus früheren Erhebungen sei bekannt, dass sich das Einkommen der Studierenden annähernd normalverteilt.

   Ermitteln Sie ein 90%-Konfidenzintervall für das durchschnittliche Einkommen der Studierenden der Uni K.!

6. Nehmen Sie in Aufgabe 1. an, die angegebenen Varianzen seien die aus der Stichprobe gewonnenen Schätzwerte und berechnen Sie die angegebenen Konfidenzintervalle.

7. Auf einer Maschine werden 50 g Schokoriegel hergestellt. Aus früheren Erhebungen sei bekannt, dass das Gewicht annähernd normalverteilt ist. Eine Stichprobe im Umfang $n = 5$ liefert die folgenden Werte:

   55, 57, 53, 56, 54 g.

   Bestimmen Sie ein 95 % Konfidenzintervall für das durchschnittliche Gewicht μ aller Schokoriegel, die auf dieser Maschine hergestellt werden.

8. Ein Lebensmittelhersteller will das durchschnittliche Füllgewicht der 1000 g Müslipakete, die auf einer bestimmten Maschine befüllt werden, durch eine Stichprobe schätzen.

   Dazu wird eine Stichprobe von 10 Müslipaketen gewogen und folgende Stichprobenwerte ermittelt:

   1004, 1010, 1001, 1005, 1007, 998, 1012, 1005, 1008, 1010 g.

   a. Bestimmen Sie ein 95% Konfidenzintervall für das durchschnittliche Füllgewicht μ aller Müslipakete, die auf der Maschine befüllt werden! Nehmen Sie dazu an, dass das Füllgewicht näherungsweise normalverteilt ist.

   b. Wie groß müsste der Stichprobenumfang bei einer erneuten Stichprobe gewählt werden, wenn der Zufallsfehler $\Delta\mu$ höchstens 2 g betragen soll?

9. Von den 31.763 Besuchern eines Open-air-Konzerts wurden 196 zufällig ausgewählt und nach ihrem Wohnort befragt. Unter den 196 befragten Besuchern befanden sich 49 Einheimische. Berechnen Sie ein 98 % Konfidenzintervall für den Anteil der einheimischen Besucher bei der Veranstaltung.

10. Eine Stichprobenumfrage bei 100 Wählern, die zufällig aus allen Wahlberechtigten eines bestimmten Wahlkreises ausgewählt worden waren, ergab, dass 55 % von ihnen für einen bestimmten Kandidaten waren.

    Bestimmen Sie ein a) 95%, b) 99 % , c) 99,73 % Konfidenzintervall für den Anteil aller Wähler, die für diesen Kandidaten sind.

11. Würfeln Sie 30-mal und bestimmen Sie ein 90 % Konfidenzintervall für die Wahrscheinlichkeit, bei einem einzelnen Wurf eine 5 oder 6 zu würfeln.

12. Durch eine Stichprobe soll der Marktanteil eines Softwareprodukts geschätzt werden. Bei einer Sicherheitswahrscheinlichkeit von 95% soll der maximale Schätzfehler $\Delta\pi$ = 2% betragen. Der Marktanteil bei einer früheren Erhebung habe 30% betragen.

    a. Berechnen Sie den notwendigen Stichprobenumfang n!

    b. Wie groß wäre der Schätzfehler, wenn der Stichprobenumfang aus Kostengründen auf n = 1000 reduziert werden müsste?

    c. Wie hoch ist in diesem Fall (b) die Irrtumswahrscheinlichkeit?

13. Die Standardabweichung der Brenndauer einer Stichprobe von 50 Glühbirnen betrage 120 Stunden. Bestimmen Sie ein a) 95 % und b) 99 % Konfidenzintervall für die Varianz und Standardabweichung der Grundgesamtheit. Nehmen Sie dabei an, dass die Grundgesamtheit normalverteilt ist.

11 Testverfahren: Parametertests

11.1 Grundbegriffe

Bei den Schätzverfahren des vorangehenden Kapitels ging es darum, mit Hilfe einer Stichprobe die **unbekannten Parameter** einer Grundgesamtheit zu schätzen. Der Grund für die Parameterschätzung war also die Unkenntnis über die Verteilung der Grundgesamtheit. In vielen Fällen hat man aber Vorstellungen oder Vermutungen über die Verteilung einer Zufallsvariablen und ihre Parameter und will diese Vermutungen durch eine Zufallsstichprobe überprüfen (testen).

Unter einer statistischen **Hypothese** verstehen wir eine Annahme (oder Behauptung) über die Verteilung einer Zufallsvariablen. Die Hypothese kann sich auf die Werte der Parameter oder die Art der Verteilung beziehen.

Ein **statistischer Test** ist ein Verfahren zur Überprüfung einer statistischen Hypothese mit Hilfe von Stichproben. Nach der Art der Hypothesen können zwei Klassen von Tests unterschieden werden:

- **Parametertests**, durch die Hypothesen über die unbekannten Parameter einer Grundgesamtheit überprüft werden sollen.

- **Verteilungstests**, durch die Hypothesen über die Art der Verteilung der Grundgesamtheit überprüft werden können, z.B. die Annahme einer normalverteilten Grundgesamtheit.

Die Hypothesen, die durch einen Test überprüft werden sollen, können auf verschiedene Weise gewonnen werden. Die wichtigsten Quellen sind:

- **Erfahrung**

    Aus früheren Untersuchungen oder langjährigen Erfahrungen hat man Vorstellungen über den Parameterwert (z.B. den Ausschussanteil einer Maschine, den Intelligenzquotienten von Studenten, die durchschnittliche Reißfestigkeit eines Materials, die durchschnittliche Brenndauer einer Glühbirne, den Stimmenanteil einer Partei, den Marktanteil eines Produkts etc.).

- **Qualitätsanforderungen**

    Aus gesetzlichen Vorschriften, technischen Normen, vertraglichen Vereinbarungen ergeben sich häufig Sollwerte für die Produktion.

- **Theorie**

    Aus theoretischen Überlegungen folgt z.B. die Gleichwahrscheinlichkeit der sechs Elementarereignisse (Augenzahl) beim Werfen eines Würfels oder die Gleichwahrscheinlichkeit der Knaben- und Mädchengeburten.

11.2 Test für den Mittelwert einer Normalverteilung

Wir nehmen an, es gibt eine Vermutung über den Mittelwert einer normalverteilten Grundgesamtheit (einer beliebig verteilten Grundgesamtheit, wenn $n > 30$ ist), die durch eine Stichprobe überprüft werden soll. Vor der Durchführung des Tests sind die Hypothesen zu formulieren, die getestet werden sollen und es müssen die Testgröße und ihre Verteilung bestimmt werden. Wir führen daher die folgenden Bezeichnungen ein:

Nullhypothese (Ausgangshypothese)

$$H_0: \quad \mu = \mu_0$$

Unter der Nullhypothese verstehen wir eine Aussage (Behauptung) über den Zahlenwert des Parameters μ, die durch eine Stichprobe getestet werden soll. Es wird behauptet, dass der Mittelwert der Grundgesamtheit den Wert μ_0 hat. Das kann z.B. der durchschnittliche Benzinverbrauch eines bestimmten Autotyps sein:

$$H_0: \quad \mu = \mu_0 = 10\,[\text{l}/100\,\text{km}]$$

Diese Hypothese wird durch den Test **bestätigt**, wenn die Ergebnisse der Stichprobe im Einklang mit der Behauptung stehen. Das ist dann der Fall, wenn der Durchschnittsverbrauch in der Stichprobe tatsächlich $10\,[\text{l}/100\text{ km}]$ beträgt oder so wenig davon abweicht, dass die Abweichung durch den Zufall erklärt werden kann.

Diese Hypothese wird durch den Test **widerlegt**, wenn der Durchschnittsverbrauch in der Stichprobe deutlich vom behaupteten Wert von $10\,[\text{l}/100\text{ km}]$ abweicht, also wesentlich darüber oder darunter liegt.

Die Nullhypothese wird also durch den Test bestätigt oder widerlegt. Damit wird aber zugleich eine Aussage über Alternativhypothesen getroffen. Wird die Hypothese H_0 bestätigt, dann wird die Alternativhypothese widerlegt und umgekehrt. Daher wird mit der Nullhypothese H_0 zugleich immer eine relevante Alternativhypothese formuliert.

Alternativhypothese (Gegenhypothese)

Die Alternativhypothese beruht auf der Verneinung der Nullhypothese. Sie behauptet daher das Gegenteil der Nullhypothese, nämlich dass der Mittelwert der Grundgesamtheit nicht den Wert μ_0 hat:

$$H_1: \quad \mu \neq \mu_0 \qquad (\Leftrightarrow \mu > \mu_0 \text{ oder } \mu < \mu_0)$$

Die Alternativhypothese ist wahr, wenn die Nullhypothese falsch ist. Im Falle des Benzinverbrauchs lautet die Alternativhypothese:

$$H_1: \quad \mu \neq \mu_0 = 10\,[\text{l}/100\,\text{km}]$$

Die Alternativhypothese wird bestätigt, wenn der Durchschnittsverbrauch in der Stichprobe deutlich nach oben oder unten von dem behaupteten Wert von 10 [l/100 km] abweicht.

Wird, wie bisher angenommen, ein bestimmter Zahlenwert μ_0 für den Parameter μ der Grundgesamtheit behauptet, dann sprechen wir von einer **Punkthypothese**.

Da größere Abweichungen des Stichprobenmittels vom hypothetischen Wert μ_0 nach oben und nach unten als Widerlegung der Hypothese gelten müssen, wird die Punkthypothese einem **zweiseitigen** Test unterworfen.

Durch einen **zweiseitigen** Test wird geprüft, ob $\mu = \mu_0$ oder $\mu \neq \mu_0$ ist.

Einseitige Hypothesen

Häufig interessiert aber nur die Frage, ob der wahre Parameterwert vielleicht oberhalb oder unterhalb des vermuteten Wertes $\mu = \mu_0$ liegt.

Der vermutete oder behauptete Mittelwert μ_0 der Grundgesamtheit ist dann als Höchst- oder Mindestwert zu interpretieren. Die Angabe des durchschnittlichen Benzinverbrauchs von 10 [l/100 km] beinhaltet die Zusage des Herstellers, dass der Verbrauch nicht höher liegt, ist also ein Höchstwert. Nur eine Überschreitung wird daher als Widerlegung gelten und eine Unterschreitung als Bestätigung.

Die einseitige **Nullhypothese** lautet

$$H_0: \mu \leq \mu_0 \qquad (\mu \geq \mu_0)$$

und behauptet, dass der Parameter μ der Grundgesamtheit höchstens μ_0 ist.

Die einseitige **Alternativhypothese**

$$H_1: \mu > \mu_0 \qquad (\mu < \mu_0)$$

ergibt sich wieder aus der Verneinung der Nullhypothese und drückt die Vermutung aus, dass der Parameter μ der Grundgesamtheit größer als μ_0 ist.

Da die einseitige Hypothese nur eine Obergrenze (Untergrenze) für den Parameter μ der Grundgesamtheit behauptet, können alle Werte des Stichprobenmittels, die kleiner (größer) sind, als Bestätigung der Hypothese H_0 aufgefasst werden. Wir sprechen daher im Unterschied zur Punkthypothese von einer **Intervallhypothese** oder Bereichshypothese.

Die Intervallhypothese wird durch einen **einseitigen Test** geprüft, in dem es nur auf die Abweichung des Stichprobenmittels vom behaupteten Wert μ_0 nach oben (unten) ankommt.

Testgröße

Das Stichprobenmittel, das wir als Schätzwert für den unbekannten Parameterwert μ aus der Stichprobe gewinnen

$$\hat{\mu} = \overline{X} = \frac{1}{n}\sum_{i=1}^{n} X_i$$

wird als Testgröße bezeichnet. Die Testgröße $\hat{\mu} = \overline{X}$ wird mit dem hypothetische Parameterwert μ_0 verglichen und dann entschieden, ob die Hypothese H_0 durch den Test bestätigt und daher angenommen wird oder ob sie durch den Test widerlegt und daher verworfen wird.

Nun ist aber das Stichprobenmittel $\overline{X}$, wie wir wissen, eine Zufallsvariable und wird deshalb auch dann, wenn die Hypothese H_0 wahr ist, von μ_0 abweichen.

Welche Abweichung vom hypothetischen Parameterwert μ_0 ist aber zulässig und kann noch als Bestätigung der Hypothese angesehen werden und welche nicht?

Ist die Abweichung $|\mu_0 - \hat{\mu}|$

- **klein**, so kann sie als **zufällig** angesehen werden. Die Nullhypothese H_0 kann daher trotz der Abweichung als bestätigt gelten und angenommen werden.

- **groß**, so kann sie nicht mehr als zufällig angesehen werden. Die Abweichung wird dann als **signifikant** bezeichnet und die Nullhypothese H_0 verworfen.

Wie groß muss der Unterschied $|\mu_0 - \hat{\mu}| = \Delta\overline{x}$ sein, um nicht mehr als zufallsbedingt, sondern als signifikant zu gelten? Wo liegt die Grenze zwischen zufällig und signifikant?

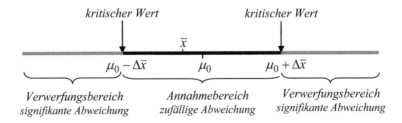

Wir werden die Grenze für die Abweichung des Testwertes $\hat{\mu} = \overline{x}$ vom vermuteten wahren Mittelwert μ_0 der Grundgesamtheit so wählen, dass die **Wahrscheinlichkeit für eine größere Abweichung gering ist**.

Diese Wahrscheinlichkeit wird mit α bezeichnet und heißt **Signifikanzzahl** oder **Signifikanzniveau**. α ist die Wahrscheinlichkeit dafür, dass das Stichprobenmittel zufallsbedingt außerhalb der Annahmegrenzen liegt, obwohl H_0 wahr ist.

α wird daher als **Irrtumswahrscheinlichkeit** bezeichnet und bedeutet die Wahrscheinlichkeit, die Nullhypothese H_0 abzulehnen, obwohl sie wahr ist. Gebräuchliche Werte für α sind: 10%, 5%, 1% und 0,1%.

Testverteilung

Für eine gegebene Signifikanzzahl α können wir den Annahmebereich der Nullhypothese H_0 nur dann bestimmen, wenn wir die **Wahrscheinlichkeitsverteilung der Testgröße** kennen.

Wir wissen, dass die Testgröße $\overline{X}$ normalverteilt ist $N(\mu; \sigma_{\overline{X}})$ und dass die standardisierte Zufallsvariable

$$Z = \frac{\overline{X} - \mu}{\sigma_{\overline{X}}} = \frac{\overline{X} - \mu}{\frac{\sigma}{\sqrt{n}}}$$

standardnormalverteilt $N(0;1)$ ist. Für eine gegebene Signifikanzzahl α erhalten wir das symmetrische Wahrscheinlichkeitsintervall für die Zufallsvariable Z aus der Bedingung

$$P(-c \leq \frac{\overline{X} - \mu}{\frac{\sigma}{\sqrt{n}}} \leq c) = 1 - \alpha$$

Durch Umformung der Ungleichung in der Klammer ergibt sich der **Annahmebereich** für die Nullhypothese $\mu = \mu_0$:

$$\boxed{\mu - c\frac{\sigma}{\sqrt{n}} \leq \overline{X} \leq \mu + c\frac{\sigma}{\sqrt{n}}} \qquad \text{mit } \mu = \mu_0$$

$H_0 : \mu = \mu_0$
$H_1 : \mu \neq \mu_0$

Wenn die Nullhypothese H_0 wahr ist, wird das Stichprobenmittel $\bar{x}$ mit der Wahrscheinlichkeit von $1-\alpha$ zwischen $\mu_0 - c\sigma_{\bar{X}}$ und $\mu_0 + c\sigma_{\bar{X}}$ liegen. Werte des Stichprobenmittels $\bar{x}$ im Annahmebereich sind daher sehr wahrscheinlich und können als Bestätigung der Nullhypothese H_0 angesehen werden.

Werte des Stichprobenmittels außerhalb des Annahmebereichs sind dagegen sehr unwahrscheinlich. Wenn die Nullhypothese H_0 wahr ist, werden solche Werte nur mit der geringen Wahrscheinlichkeit α auftreten. Ein Stichprobenmittel außerhalb des Annahmebereichs spricht daher eher dafür, dass die Nullhypothese H_0 falsch ist und führt dazu, dass die Nullhypothese H_0 verworfen wird.

Formal entspricht der Test für den Mittelwert dem Repräsentationsschluss (siehe 10.2). An die Stelle des tatsächlichen Parameterwerts μ der Grundgesamtheit ist der hypothetische Wert μ_0 getreten. Der Test für μ erfolgt also unter der Annahme, dass die Hypothese H_0 wahr ist.

Bei der Bestimmung des Annahmebereichs für $\bar{x}$ aus einer gegebenen Stichprobe verfahren wir nach folgendem Schema:

> **Zweiseitiger Parametertest für μ (Varianz bekannt)**
>
> 1. Festlegung des Signifikanzniveaus α
>
> 2. Bestimmung der Quantile $-c\left(\dfrac{\alpha}{2}\right) = c\left(1 - \dfrac{\alpha}{2}\right)$ für die Standardnormalverteilung aus der $N(0;1)$-Tabelle
>
> 3. Berechnung des Stichprobenmittels $\bar{x} = \dfrac{1}{n}\sum_{i=1}^{n} x_i$
>
> 4. Berechnung der kritischen Abweichung $\Delta\bar{x} = c \dfrac{\sigma}{\sqrt{n}}$
>
> 5. Bestimmung des Annahmebereichs
>
> $$\mu_0 - c\dfrac{\sigma}{\sqrt{n}} \leq \bar{x} \leq \mu_0 + c\dfrac{\sigma}{\sqrt{n}}$$
>
> 6. Entscheidung über die Annahme oder Verwerfung
>
> $$\mu_0 - c\dfrac{\sigma}{\sqrt{n}} \leq \bar{x} \leq \mu_0 + c\dfrac{\sigma}{\sqrt{n}}$$
>
>   Es wird geprüft, ob das konkrete Stichprobenmittel $\bar{x}$ im Annahmebereich liegt.

Liegt das Stichprobenmittel $\bar{x}$ im Annahmebereich, dann ist die Abweichung vom hypothetischen Mittelwert μ_0 der Grundgesamtheit zufällig. Die Hypothese H_0 wird durch den Test bestätigt und angenommen.

11.2 Test für den Mittelwert einer Normalverteilung

Liegt das Stichprobenmittel $\bar{x}$ nicht im Annahmebereich, dann ist die Abweichung vom hypothetischen Mittelwert μ_0 der Grundgesamtheit nicht mehr zufällig, sondern signifikant. Die Hypothese H_0 wird durch den Test widerlegt und mit der Irrtumswahrscheinlichkeit α verworfen.

BEISPIEL

1. Der Benzinverbrauch X eines Autotyps sei normalverteilt $N(\mu;\sigma=1)$.

   Der Hersteller **garantiere** für diesen Autotyp einen Durchschnittsverbrauch von 10 [l/100 km].

   Die Verbrauchsmessung in einer Stichprobe von $n = 25$ Fahrzeugen ergibt einen Durchschnittsverbrauch in Höhe von

   $$\bar{x} = \frac{1}{25}\sum_{i=1}^{25} x_i = 9{,}8 \,[\text{l}/100\,\text{km}]$$

   Wird die Behauptung des Herstellers bei einem Signifikanzniveau von $\alpha = 0{,}05$ durch die Stichprobe bestätigt oder widerlegt?

   Die **Nullhypothese** lautet

   $$H_0: \quad \mu = \mu_0 = 10\,[\text{l}/100\,\text{km}]$$

   und die **Alternativhypothese**

   $$H_1: \quad \mu \neq \mu_0 = 10\,[\text{l}/100\,\text{km}]$$

Parametertest für den Mittelwert μ:

[1] **Signifikanzniveau**: $\alpha = 0{,}05 \quad \Rightarrow 1 - \alpha = 0{,}95$

[2] **Quantile**:

$$-c\left(\frac{\alpha}{2}\right) = c\left(1 - \frac{\alpha}{2}\right) = c(0{,}975) = 1{,}96 \qquad \text{aus der } N(0;1)\text{-Tabelle}$$

[3] **Stichprobenmittel** (Testgröße):

$$\bar{x} = \frac{1}{25}\sum_{i=1}^{25} x_i = 9{,}8\,[\text{l}/100\,\text{km}]$$

[4] **Berechnung der kritischen Abweichung**:

$$\Delta \bar{x} = c\,\frac{\sigma}{\sqrt{n}} = 1{,}96 \cdot \frac{1}{5} = 0{,}392$$

[5] **Bestimmung des Annahmebereichs:**

$$\mu_0 - c\frac{\sigma}{\sqrt{n}} \leq \bar{x} \leq \mu_0 + c\frac{\sigma}{\sqrt{n}}$$

$$10 - 0{,}392 \leq \bar{x} \leq 10 + 0{,}392$$

$$9{,}608 \leq \bar{x} \leq 10{,}392$$

Wenn die Testgröße $\bar{x}$, der Durchschnittsverbrauch in der Stichprobe, nicht mehr als ±0,392 l vom hypothetischen Wert 10 l/100 km abweicht, dann kann diese Abweichung als zufallsbedingt angesehen werden und die Nullhypothese H_0 als bestätigt gelten.

[6] **Entscheidung über die Annahme**

Es wird nun geprüft, ob die Testgröße $\bar{x}$ der konkreten Stichprobe im Annahmebereich liegt:

$$9{,}608 < \bar{x} = 9{,}8 < 10{,}392$$

Das Stichprobenmittel (die Testgröße) $\bar{x} = 9{,}8$ liegt im Annahmebereich zwischen 9,608 und 10,392.

Die Abweichung vom hypothetischen Wert $\mu_0 = 10\,[l/100\,km]$ ist zufällig und nicht signifikant.

Die Nullhypothese wird bei einem Signifikanzniveau von $\alpha = 5\%$ durch den Test bestätigt und angenommen.

Einseitiger Test

Eine einseitige Hypothese wird durch einen einseitigen Test überprüft. Wird vermutet oder behauptet, dass der Mittelwert der Grundgesamtheit höchstens gleich μ_0 ist, dann lauten die einseitige Nullhypothese und die Alternativhypothese:

$$H_0: \mu \leq \mu_0$$
$$H_1: \mu > \mu_0$$

Bei der rechtsseitigen Nullhypothese wird also behauptet, der Mittelwert μ sei höchstens gleich μ_0, jedenfalls nicht größer. Die Hypothese muss daher verworfen werden, wenn das Stichprobenmittel $\bar{X}$ signifikant über μ_0 liegt.

Hier interessieren also nur Abweichungen vom vermuteten Mittelwert μ_0 in eine Richtung, nach oben. Alle Werte von $\bar{X}$, die unterhalb von μ_0 liegen, bestätigen die Nullhypothese und müssen daher nicht geprüft werden. Für ein gegebenes Signifikanzniveau α müssen wir daher die kritische Obergrenze für das Stichprobenmittel $\bar{X}$ berechnen.

11.2 Test für den Mittelwert einer Normalverteilung

Aus der Bedingung

$$P\left(\frac{\overline{X} - \mu}{\frac{\sigma}{\sqrt{n}}} \leq c\right) = 1 - \alpha$$

für die standardisierte Zufallsvariable Z folgt durch Umformung der Ungleichung

$$P\left(\overline{X} - \mu \leq c\frac{\sigma}{\sqrt{n}}\right) = 1 - \alpha$$

$$P\left(\overline{X} \leq \mu + c\frac{\sigma}{\sqrt{n}}\right) = 1 - \alpha$$

der **Annahmebereich der rechtsseitigen Nullhypothese**:

$$\boxed{\overline{X} \leq \mu + c\frac{\sigma}{\sqrt{n}}} \qquad \text{mit } \mu = \mu_0$$

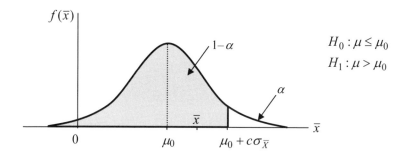

$H_0 : \mu \leq \mu_0$
$H_1 : \mu > \mu_0$

Analog ergibt sich der **Annahmebereich der linksseitigen Nullhypothese**:

$$\boxed{\mu - c\frac{\sigma}{\sqrt{n}} \leq \overline{X}} \qquad \text{mit } \mu = \mu_0$$

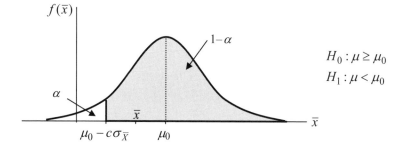

$H_0 : \mu \geq \mu_0$
$H_1 : \mu < \mu_0$

BEISPIELE

2. Der Benzinverbrauch X eines Autotyps sei normalverteilt $N(\mu;\sigma=1)$.

   Der Hersteller garantiere nun für diesen Autotyp einen Durchschnittsverbrauch von **höchstens** 10 [l/100 km].

   Eine Stichprobe von $n = 25$ Fahrzeugen ergibt einen Durchschnittsverbrauch in Höhe von

   $$\bar{x} = \frac{1}{25}\sum_{i=1}^{25} x_i = 10{,}3\,[l/100\,\text{km}]$$

   Wird die Behauptung des Herstellers bei einem Signifikanzniveau von $\alpha = 0{,}01$ durch die Stichprobe widerlegt?

   Die rechtsseitige **Nullhypothese** lautet

   $$H_0: \mu \leq \mu_0 = 10\,[l/100\,\text{km}]$$

   und die **Alternativhypothese**

   $$H_1: \mu > \mu_0 = 10\,[l/100\,\text{km}]$$

   Rechtsseitiger Parametertest für den Mittelwert μ:

   [1] **Signifikanzzahl**:

   $$\alpha = 0{,}01 \quad \Rightarrow 1 - \alpha = 0{,}99$$

   [2] **Quantil**:

   $$c(1-\alpha) = c(0{,}99) = 2{,}326 \quad \text{aus der } N(0;1)\text{-Tabelle}$$

   [3] **Stichprobenmittel** (Testgröße):

   $$\bar{x} = \frac{1}{25}\sum_{i=1}^{25} x_i = 10{,}3\,[l/100\,\text{km}]$$

   [4] **Berechnung der kritischen Abweichung**:

   $$\Delta\bar{x} = c\,\frac{\sigma}{\sqrt{n}} = 2{,}326 \cdot \frac{1}{5} = 0{,}4652$$

   [5] **Bestimmung des Annahmebereichs**:

   $$\bar{x} \leq \mu_0 + \Delta\bar{x}$$

   $$\bar{x} \leq 10 + 0{,}4652 = 10{,}4652$$

11.2 Test für den Mittelwert einer Normalverteilung

[6] **Entscheidung über die Annahme**

$$\bar{x} = 10,3 < 10,4652$$

Das Stichprobenmittel (Testgröße) $\bar{x} = 10,3$ liegt im Annahmebereich. Die Abweichung von $\mu_0 = 10\,[1/100\,\text{km}]$ ist zufällig und nicht signifikant.

Die Nullhypothese H_0 wird bei einem Signifikanzniveau von $\alpha = 1\%$ durch den Test bestätigt und angenommen.

Die Alternativhypothese H_1 wird durch den Test widerlegt.

Alternativ können wir die Entscheidung auch so formulieren, dass sie unmittelbaren Bezug auf den getesteten Sachverhalt, also die Garantie des Herstellers, nimmt:

Der durchschnittliche Benzinverbrauch der Fahrzeuge in der Stichprobe liegt mit $\bar{x} = 10,3$ im Annahmebereich. Die Überschreitung des garantierten Höchstverbrauchs von $\mu_0 = 10\,[1/100\,\text{km}]$ um $0,3\,[1/100\,\text{km}]$ ist zufällig und nicht signifikant.

Die Behauptung des Herstellers, dass der Verbrauch dieses Fahrzeugtyps höchstens $10\,[1/100\,\text{km}]$ beträgt, wird bei einem Signifikanzniveau von $\alpha = 1\%$ durch den Test bestätigt und die Nullhypothese H_0 angenommen.

Die Alternativhypothese H_1, dass der Verbrauch dieses Fahrzeugtyps mehr als $10\,[1/100\,\text{km}]$ beträgt, wird durch den Test widerlegt und daher abgelehnt.

3. Eine Versicherung kalkuliere eine Spartenversicherung auf der Basis einer durchschnittlichen Schadenserwartung von 750 € pro Schadensfall.

    Eine Stichprobe von 100 Schadensfällen ergibt eine durchschnittliche Schadenssumme von 778 € bei einer Standardabweichung von 160 €.

    Kann die Versicherung bei einer Irrtumswahrscheinlichkeit von $\alpha = 10\%$ weiterhin davon ausgehen, dass die durchschnittlichen Kosten eines Schadensfalls höchstens 750 € betragen?

    Wir testen eine rechtsseitige **Nullhypothese**

    $$H_0: \mu \leq \mu_0 = 750\,[\text{€}]$$

    und die **Alternativhypothese**

    $$H_1: \mu > \mu_0 = 750\,[\text{€}]$$

Rechtsseitiger Parametertest für den Mittelwert μ :

[1] **Signifikanzzahl**:

$$\alpha = 0{,}1 \quad \Rightarrow 1-\alpha = 0{,}9$$

[2] **Quantil**:

$$c(1-\alpha) = c(0{,}90) = 1{,}282 \quad \text{aus der } N(0;1)\text{-Tabelle da } n>30$$

[3] **Stichprobenmittel** (Testgröße):

$$\bar{x} = \frac{1}{100}\sum_{i=1}^{100} x_i = 778\,[€]$$

[4] **Berechnung der kritischen Abweichung**:

$$\Delta\bar{x} = c\,\frac{s}{\sqrt{n}} = 1{,}282 \cdot \frac{160}{\sqrt{100}} = 1{,}282 \cdot 16 = 20{,}512$$

[5] **Bestimmung des Annahmebereichs**:

$$\bar{x} \leq \mu_0 + \Delta\bar{x}$$
$$\bar{x} \leq 750 + 20{,}512 = 770{,}512$$

[6] **Entscheidung über die Annahme**

$$\bar{x} = 778 > 770{,}512$$

Das Stichprobenmittel (Testgröße) $\bar{x} = 778\,[€]$ liegt **nicht** im Annahmebereich. Die Abweichung von $\mu_0 = 750\,[€]$ ist signifikant und nicht zufällig.

Die Nullhypothese H_0, dass die durchschnittliche Schadenssumme höchstens $\mu_0 = 750\,[€]$ beträgt, wird bei einer Irrtumswahrscheinlichkeit von $\alpha = 10\%$ durch den Test widerlegt und verworfen.

Die Alternativhypothese H_1, dass die durchschnittliche Schadenssumme bei mehr als $\mu_0 = 750\,[€]$ liegt, wird durch den Test bestätigt und angenommen.

Dieser Test ist mit einem hohen Fehlerrisiko verbunden, das aus der Interessenlage der Versicherung hinnehmbar sein mag. Mit der Wahrscheinlichkeit von $\alpha = 10\%$ kann das Stichprobenmittel zufallsbedingt auch oberhalb des kritischen Werts von 770,5 [€] liegen und wird die H_0 abgelehnt, obwohl sie wahr ist. Eine Reduktion der Irrtumswahrscheinlichkeit auf $\alpha = 5\%$ würde den Annahmebereich verlängern. Der kritische Wert läge dann bei 776,32 [€] und würde weiterhin zur Ablehnung der Nullhypothese führen.

11.3 Test für den Anteilswert

Als Testgröße für den Anteilswert π einer dichotomen Grundgesamtheit wird der Anteilswert P der Stichprobe benutzt.

Wir wissen, dass die standardisierte Zufallsvariable

$$Z = \frac{P - \pi}{\sigma_P} \quad \text{mit } \sigma_P = \sqrt{\frac{\pi(1-\pi)}{n}}$$

standardnormalverteilt $N(0;1)$ ist, wenn der Stichprobenumfang hinreichend groß ist (siehe 10.5).

Für eine gegebene Signifikanzzahl α erhalten wir das Wahrscheinlichkeitsintervall

$$P\left(-c \leq \frac{P - \pi}{\sigma_P} \leq c\right) = 1 - \alpha$$

und daraus durch Umformung den Annahmebereich für den

zweiseitigen Test

$$\pi - c\sigma_P \leq P \leq \pi + c\sigma_P$$

$$\boxed{\pi - c\sqrt{\frac{\pi(1-\pi)}{n}} \leq P \leq \pi + c\sqrt{\frac{\pi(1-\pi)}{n}}} \quad \text{mit } \pi = \pi_0$$

rechtsseitigen Test

$$P \leq \pi + c\sqrt{\frac{\pi(1-\pi)}{n}} \quad \text{mit } \pi = \pi_0$$

linksseitigen Test

$$\pi - c\sqrt{\frac{\pi(1-\pi)}{n}} \leq P \quad \text{mit } \pi = \pi_0$$

BEISPIEL

1. Ein Hersteller von Mikrochips garantiere für seine Lieferungen eine Ausschussquote von maximal 5%.

   Bei einer Stichprobe von 400 zufällig entnommenen Mikrochips werden 32 defekte festgestellt.

Durch einen Test soll die Garantie des Herstellers bei einem Signifikanzniveau von $\alpha = 0{,}01$ überprüft werden.

Die rechtsseitige **Nullhypothese** lautet

$$H_0: \pi \leq \pi_0 = 0{,}05$$

und die **Alternativhypothese**

$$H_1: \pi > \pi_0 = 0{,}05$$

Rechtsseitiger Test für den Anteilswert π:

[1] **Signifikanzzahl**:

$$\alpha = 0{,}01;\ 1 - \alpha = 0{,}99$$

[2] **Quantil**:

$$c(1-\alpha) = c(0{,}99) = 2{,}326 \quad \text{aus der } N(0;1)\text{-Tabelle}$$

[3] **Stichprobenanteilswert** (Testgröße):

$$p = \frac{x}{n} = \frac{32}{400} = 0{,}08$$

[4] **Berechnung der kritischen Abweichung**:

$$\Delta p = c\sigma_P = c\sqrt{\frac{\pi_0(1-\pi_0)}{n}} = 2{,}326\,\frac{\sqrt{0{,}05 \cdot 0{,}95}}{\sqrt{400}} = 2{,}326 \cdot 0{,}0109$$

$$= 0{,}025346 \approx 0{,}025$$

[5] **Bestimmung des Annahmebereichs**:

$$p \leq \pi_0 + c\sigma_P$$

$$p \leq 0{,}05 + 0{,}025 = 0{,}075$$

[6] **Entscheidung über die Annahme**

$$p = 0{,}08 > 0{,}075$$

Der Anteilswert p der Stichprobe liegt über dem kritischen Wert. Bei einer Irrtumwahrscheinlichkeit von 1% ist die Abweichung nicht zufällig, sondern signifikant.

Die Nullhypothese H_0 wird daher abgelehnt und die Alternativhypothese H_1 bestätigt.

11.3 Test für den Anteilswert

Auf den konkreten Sachverhalt bezogen bedeutet die Entscheidung:

Die hohe Ausschussquote in der Stichprobe liegt mit 8% nicht mehr im Annahmebereich. Die Überschreitung der vom Hersteller garantierten Höchstgrenze von 5% um 3% kann nicht mehr durch den Zufall erklärt werden, sondern muss als signifikant eingestuft werden.

Die Behauptung des Herstellers, dass die Ausschussquote maximal 5% beträgt, wird daher durch den Test widerlegt. Die Nullhypothese wird bei einer Irrtumswahrscheinlichkeit von $\alpha = 0{,}01$ verworfen. Die Alternativhypothese, dass die Ausschussquote mehr als 5% beträgt, wird durch den Test bestätigt und angenommen.

2. Der Marktanteil eines Markenartikels betrug bei einer früheren Markterhebung 32%.

   Nach einer Marketingoffensive wird eine erneute Kundenbefragung durchgeführt. Eine repräsentative Stichprobe von 300 Personen ergibt einen Marktanteil von 35%. (105 Personen erklären, dass sie den Artikel bereits kaufen oder zukünftig kaufen würden.)

   Kann man bei einem Signifikanzniveau von $\alpha = 0{,}05$ aus der Erhebung schließen, dass sich der Marktanteil signifikant erhöht hat?

   Wir testen die rechtsseitige Hypothese, dass sich der Marktanteil **nicht** erhöht hat, um herauszufinden, ob die in der Stichprobe beobachtete Erhöhung des Marktanteils durch den Zufall erklärt werden kann oder signifikant ist.

   Die rechtsseitige **Nullhypothese** lautet

   $$H_0: \pi \leq \pi_0 = 32\%$$

   und die **Alternativhypothese**

   $$H_1: \pi > \pi_0 = 32\%$$

Rechtsseitiger Test für den Anteilswert π:

[1] **Signifikanzzahl**:

$$\alpha = 5\% \;;\; 1 - \alpha = 95\%$$

[2] **Quantil**:

$$c(1-\alpha) = c(0{,}95) = 1{,}645 \quad \text{aus der } N(0;1)\text{-Tabelle}$$

[3] **Stichprobenanteilswert** (Testgröße):

$$p = \frac{x}{n} = \frac{105}{300} = 0{,}35$$

[4] **Berechnung der kritischen Abweichung**:

$$\Delta p = c\sigma_P = c \cdot \sqrt{\frac{\pi_0(1-\pi_0)}{n}} = 1{,}645 \cdot \sqrt{\frac{0{,}32 \cdot 0{,}68}{300}}$$

$$= 1{,}645 \cdot 0{,}0269 = 0{,}0443$$

[5] **Bestimmung des Annahmebereichs**:

$$p \leq \pi_0 + c\sigma_P$$

$$\leq 0{,}32 + 0{,}0443$$

$$\leq 0{,}3643 = 36{,}43\%$$

[6] **Entscheidung über die Annahme**

$$p = 0{,}35 < 0{,}3643$$

Der Stichprobenanteil p liegt im Annahmebereich. Die Abweichung von $\mu_0 = 32$ nach oben ist zufällig und nicht signifikant.

Die Nullhypothese H_0 wird bei einem Signifikanzniveau von 5% durch den Test bestätigt, die Alternativhypothese H_1 widerlegt.

Bei einem Signifikanzniveau von 5% kann daher ausgeschlossen werden, dass sich der Marktanteil des Artikels signifikant erhöht hat.

Mit Bezugnahme auf den konkreten Sachverhalt, der getestet wurde, können wir das Testergebnis folgendermaßen formulieren:

Der Marktanteil in der Stichprobe $p = 35\%$ liegt im Annahmebereich. Die Abweichung von dem früher erhobenen Wert von $\mu_0 = 32\%$ kann durch den Zufall erklärt werden und ist daher nicht signifikant.

Die Nullhypothese H_0, dass sich der Marktanteil durch die Marketingmaßnahme nicht erhöht hat, wird durch den Test bei einem Signifikanzniveau von 5% bestätigt und angenommen.

Die Alternativhypothese H_1, dass sich der Marktanteil signifikant erhöht hat, wird durch den Test widerlegt und verworfen.

11.4 Fehler beim Testen (Beispiel Mittelwert)

Beim Testen von Hypothesen sind, wie wir gesehen haben, keine sicheren Aussagen möglich. Wir können nie endgültig sagen, ob eine Hypothese wahr oder falsch ist. Es bleibt immer das Restrisiko, die falsche Entscheidung getroffen zu haben. Bei der Entscheidung über die Annahme oder Ablehnung einer Hypothese sind prinzipiell zwei Klassen von Fehlern zu unterscheiden:

- **Fehler 1. Art (α-Fehler)**
  Die Nullhypothese wird verworfen, obwohl sie wahr ist.

- **Fehler 2. Art (β-Fehler)**
  Die Nullhypothese wird angenommen, obwohl sie falsch ist.

Die Gegenüberstellung der Testentscheidung und des Wahrheitsgehalts der Hypothesen ergibt die folgenden Kombinationsmöglichkeiten:

REALITÄT

		H_0 ist wahr $\mu = \mu_0$	H_1 ist wahr $\mu = \mu_1$
TEST	H_0 annehmen	richtig $P = 1-\alpha$	Fehler 2. Art $P = 1-\beta$
	H_0 verwerfen	Fehler 1. Art $P = \alpha$	richtig $P = \beta$

Die Entscheidung, die Nullhypothese H_0 anzunehmen ist richtig, wenn H_0 wahr ist und falsch, wenn die Alternativhypothese H_1 wahr ist (Fehler 2. Art).

Die Entscheidung, die Nullhypothese H_0 zu verwerfen ist falsch, wenn H_0 wahr ist (Fehler 1. Art), aber richtig, wenn die Alternativhypothese H_1 wahr ist.

Der **Fehler 1. Art** wird auch als α-Fehler bezeichnet. Die Wahrscheinlichkeit für einen solchen Fehler ist gleich der Signifikanzzahl oder der Irrtumswahrscheinlichkeit des Tests α.

Der α-Fehler tritt dann ein, wenn die Hypothese H_0 wahr ist, der wahre Parameterwert also gleich μ_0 ist, das Stichprobenmittel aber außerhalb des Annahmebereichs liegt. Die Wahrscheinlichkeit, die H_0 zu verwerfen unter der Bedingung, dass H_0 wahr ist, beträgt:

$$P(H_0 \text{ verwerfen} \mid H_0) = \alpha$$

$$P(|\overline{X} - \mu| > c\sigma_{\overline{X}} \mid H_0) = \alpha$$

Ist dagegen die Nullhypothese H_0 wahr und liegt das Stichprobenmittel im Annahmebereich, dann wird die Nullhypothese durch den Test bestätigt und mit der Annahme von H_0 die richtige Entscheidung getroffen. Die Wahrscheinlichkeit, dass die Nullhypothese H_0 angenommen wird unter der Bedingung, dass H_0 wahr ist, beträgt $1-\alpha$:

$$P(\ H_0\ annehmen\ |\ H_0) = 1-\alpha$$
$$P(|\overline{X}-\mu| \leq c\sigma_{\overline{X}} | H_0) = 1-\alpha$$

$1-\alpha$ ist also nicht die Wahrscheinlichkeit, dass die Nullhypothese H_0 wahr ist, sondern die Wahrscheinlichkeit, dass die Nullhypothese angenommen wird, wenn sie wahr ist.

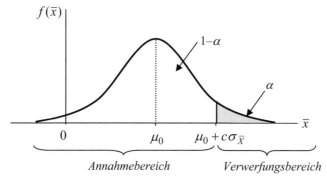

Der **Fehler 2. Art** heißt auch β-Fehler. Die Wahrscheinlichkeit für einen Fehler 2. Art wird mit $1-\beta$ bezeichnet. Dieser Fehler tritt ein, wenn die Nullhypothese H_0 falsch ist, das Stichprobenmittel $\overline{X}$ aber im Annahmebereich liegt.

Der β-Fehler wird also begangen, wenn die Nullhypothese angenommen wird, obwohl die Alternativhypothese H_1 wahr ist.

Die Berechnung des β-Fehlers setzt die Annahme eines konkreten Wertes $\mu = \mu_1$ als Alternativhypothese voraus:

$$H_1:\ \mu = \mu_1 \neq \mu_0$$

Die Wahrscheinlichkeit für den β-Fehler beträgt:

$$P(\ H_0\ annehmen\ |\ H_1) = 1-\beta$$
$$P(|\overline{X}-\mu| \leq c\sigma_{\overline{X}} | H_1) = 1-\beta$$

Ist die Nullhypothese aber falsch, die Alternativhypothese H_1 also wahr und liegt das Stichprobenmittel $\overline{X}$ außerhalb des Annahmebereichs, dann wird die Nullhypothese H_0 verworfen und H_1 angenommen und damit die richtige Entscheidung getroffen.

11.4 Fehler beim Testen (Beispiel Mittelwert)

Die Wahrscheinlichkeit, die Nullhypothese abzulehnen unter der Bedingung, dass H_0 falsch also H_1 wahr ist, beträgt

$$P(H_0 \text{ verwerfen} \mid H_1) = \beta$$
$$P(|\overline{X} - \mu| > c\sigma_{\overline{X}} \mid H_1) = \beta$$

β bedeutet die Wahrscheinlichkeit, einen Fehler 2. Art zu vermeiden und wird als **Macht** oder **Güte** eines Tests bezeichnet.

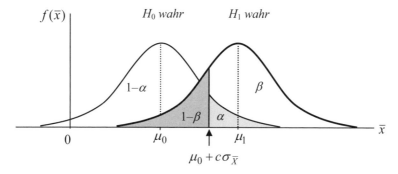

Wenn die Nullhypothese sich z.B. auf die vereinbarten Lieferbedingungen (Länge, Gewicht, Füllmenge von Liefereinheiten) bezieht, die durch einen Test geprüft werden, dann ist der Fehler 1. Art das Risiko, eine Lieferung abzulehnen, obwohl sie den Lieferbedingungen entspricht. Die Wahrscheinlichkeit des Fehlers 1. Art wird daher auch als **Produzentenrisiko** bezeichnet.

Der Fehler 2. Art bedeutet, dass eine Lieferung angenommen wird, obwohl sie den Lieferbedingungen nicht entspricht. Die Wahrscheinlichkeit des Fehlers 2. Art wird daher als **Konsumentenrisiko** bezeichnet.

Bei den bisherigen Tests hatten wir nur, wie in der Praxis üblich, das Signifikanzniveau α vorgegeben und damit die Wahrscheinlichkeit für den Fehler 1. Art kontrolliert. Die gebräuchlichen Werte für α (5% bzw. 1%) bedeuten eine geringe Wahrscheinlichkeit für den Fehler 1. Art.

Nun sollte ein Parametertest aber so beschaffen sein, dass sowohl die Wahrscheinlichkeit für den Fehler 1. Art α als auch für den Fehler 2. Art $1-\beta$ klein ist und die Macht β möglichst groß ist.

Aus der Grafik sehen wir aber, dass eine Wechselbeziehung zwischen α und β besteht. Je kleiner α ist, desto weiter rechts liegt der kritische Wert (Annahmegrenze):

$$k = \mu_0 + c\sigma_{\overline{X}}$$

und desto größer ist die Wahrscheinlichkeit $1-\beta$ für den Fehler 2. Art.

Die nachstehende Grafik zeigt die Wirkung einer Rechtsverschiebung der Annahmegrenze: α nimmt ab und $1-\beta$ nimmt zu.

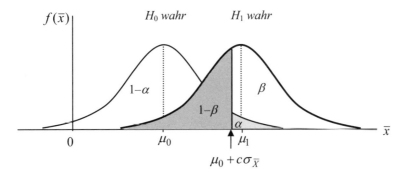

Für ein gegebenes α ist andererseits die Macht des Tests um so größer, je weiter rechts μ_1 liegt oder je größer der Unterschied zwischen μ_0 und μ_1 ist.

Die nachstehende Grafik zeigt die Wirkung einer Rechtsverschiebung von μ_1. Die Wahrscheinlichkeit des β-Fehlers $1-\beta$ nimmt ab und die Güte des Tests β nimmt zu.

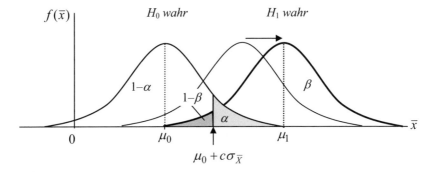

Diese Abhängigkeit der Macht eines Tests von μ_1 wird auch als Machtfunktion oder Gütefunktion bezeichnet.

Machtfunktion

Unter der Machtfunktion eines Tests für μ verstehen wir die Funktion

$$G(\mu) = P(H_0 \text{ verwerfen} \mid \mu)$$

die die Wahrscheinlichkeit, die Nullhypothese zu verwerfen, in Abhängigkeit vom wahren Parameterwert μ angibt.

Die Machtfunktion erlaubt zu beurteilen, wie sehr ein Test geeignet ist, Abweichungen des wahren Parameterwerts $\mu = \mu_1$ vom behaupteten Wert der Nullhypothese $\mu = \mu_0$ aufzudecken.

11.4 Fehler beim Testen (Beispiel Mittelwert)

Für den rechtsseitigen Test des Mittelwerts erhalten wir die Machtfunktion:

$$\beta(\mu) = P(\overline{X} > k) \qquad \text{mit } k = \mu_0 + c\sigma_{\overline{X}}$$

$$= 1 - P(\overline{X} \leq k)$$

$$= 1 - \Phi\left(\frac{k-\mu}{\sigma_{\overline{X}}}\right)$$

Die Macht des rechtsseitigen Tests für den Mittelwert μ ist gleich der Wahrscheinlichkeit, dass das Stichprobenmittel außerhalb des Annahmebereichs also rechts vom kritischen Wert $k = \mu_0 + c\sigma_{\overline{X}}$ liegt.

BEISPIELE

1. Der Benzinverbrauch X eines Autotyps sei normalverteilt $N(\mu;\sigma=1)$.

   Der Hersteller garantiere für diesen Autotyp einen Durchschnittsverbrauch von **höchstens** 10 [l/100 km].

   Eine Stichprobe von $n = 25$ Fahrzeugen ergab einen Durchschnittsverbrauch in Höhe von

   $$\overline{x} = \frac{1}{25}\sum_{i=1}^{25} x_i = 10{,}3 \,[\text{l}/100\,\text{km}]$$

   Der rechtsseitige Test für μ hatte die Behauptung des Herstellers bei einem Signifikanzniveau von $\alpha = 0{,}01$ bestätigt. Getestet wurden die

   Hypothesen

   $$H_0: \quad \mu \leq \mu_0 = 10\,[\text{l}/100\,\text{km}]$$
   $$H_1: \quad \mu > \mu_0 = 10\,[\text{l}/100\,\text{km}]$$

   Bei einem Signifikanzniveau von $\alpha = 0{,}01$ ergab sich die **kritische Abweichung**

   $$\Delta\overline{x} = c\,\frac{\sigma}{\sqrt{n}} = 2{,}326 \cdot \frac{1}{5} = 0{,}4652$$

   und der **Annahmebereich**

   $$\overline{x} \leq k = \mu_0 + c\,\frac{\sigma}{\sqrt{n}} = 10 + 0{,}4652 = 10{,}4652$$

   Die **Gütefunktion** lautet dann für diesen Test

$$\beta(\mu) = P(\overline{X} > k) \qquad \text{mit } k = \mu_0 + c\sigma_{\overline{X}} = 10{,}465$$

$$= 1 - P(\overline{X} \leq 10{,}465)$$

$$= 1 - \Phi\left(\frac{10{,}465 - \mu}{0{,}2}\right)$$

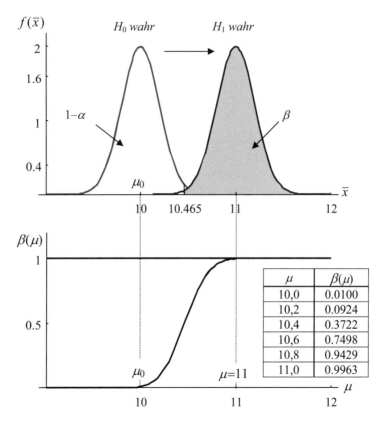

Ist die Nullhypothese H_0 wahr, dann ist $\mu = \mu_0 = 10$ und die beiden Dichten sind deckungsgleich. Für die Macht gilt $\beta = \alpha = 0{,}01$.

Ist dagegen die Alternativhypothese H_1 wahr, dann liegt die Dichtefunktion $f(\overline{x})$ um so weiter rechts, je größer μ ist. Mit wachsendem μ steigt daher die Güte β des Tests. Für $\mu = 11$ ist die Güte bereits $\beta = 99{,}625\%$, die Wahrscheinlichkeit für den β-Fehler also nur noch $1-\beta = 0{,}375\%$.

Wenn der durchschnittliche Benzinverbrauch des getesteten Autotyps tatsächlich bei 11 [l/100 km] liegt, dann beträgt die Wahrscheinlichkeit, dass diese Abweichung durch den Test aufgedeckt wird 99,625%. Die Wahrscheinlichkeit, die Nullhypothese anzunehmen, obwohl sie falsch ist, beträgt nur noch 0,375%.

2. Wir betrachten erneut das Beispiel 3 von Seite 259.

   Eine Spartenversicherung wurde auf der Basis einer durchschnittlichen Schadenserwartung von 750 € pro Schadensfall kalkuliert. Eine Stichprobe von 100 Schadensfällen ergab eine durchschnittliche Schadenssumme von 778 € bei einer Standardabweichung von 160 €.

   Der Test der rechtsseitigen **Nullhypothese**

   $$H_0: \mu \leq \mu_0 = 750 [\text{€}]$$

   ergab beim Signifikanzniveau von $\alpha = 0{,}1$ den **kritischen Wert**

   $$k = \bar{x} + c\sigma_{\bar{X}} = 750 + 1{,}282 \cdot 16 = 770{,}512 \approx 771$$

   und führte zur Ablehnung der Hypothese. Die Wahrscheinlichkeit für den α-Fehler betrug 10%. Mit dieser Wahrscheinlichkeit wird die Nullhypothese abgelehnt, obwohl sie wahr ist.

   Die **Gütefunktion** lautet für diesen Test

   $$\beta(\mu) = P(\bar{X} > k) = 1 - P(\bar{X} \leq 771) = 1 - \Phi\left(\frac{771-\mu}{16}\right)$$

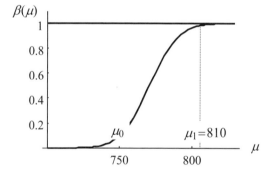

μ	$\beta(\mu)$
750	0.1000
760	0.2558
770	0.4875
780	0.7237
790	0.8885
800	0.9674
810	0.9990

Die Gütefunktion zeigt uns die Wahrscheinlichkeit, die Nullhypothese abzulehnen, wenn sie falsch ist und damit die Fähigkeit des Tests, Abweichungen des tatsächlichen vom behaupteten Parameterwert aufzudecken.

Ist die Nullhypothese H_0 wahr, dann ist $\mu = \mu_0 = 750$ und für die Macht des Tests gilt $\beta = \alpha = 0{,}10$.

Ist dagegen die Alternativhypothese H_1 wahr, dann steigt mit wachsendem μ die Macht β des Tests. Bereits für $\mu = 810$ beträgt die Macht $\beta = 99{,}9\%$ und daher die Wahrscheinlichkeit für den β-Fehler nur noch $1 - \beta = 0{,}1\%$.

Wenn also die durchschnittliche Schadenssumme auf 810 € gestiegen ist, dann beträgt die Wahrscheinlichkeit, dass der Test die Nullhypothese bestätigt, obwohl sie falsch ist, nur noch 0,1%.

11.5 Test für die Varianz (normalverteilte Grundgesamtheit)

Als Testgröße für die Varianz einer normalverteilten Zufallsvariablen X wählen wir die Varianz der Stichprobe S^2 (siehe 10.4).

Wir wissen, dass die Zufallsvariable

$$Y = \frac{(n-1)S^2}{\sigma^2}$$

eine Chi-Quadrat-Verteilung mit $n-1$ Freiheitsgraden aufweist (Testverteilung).

Folglich können wir für eine gegebene Signifikanzzahl α die Quantile des symmetrischen Wahrscheinlichkeitsintervalls für die Zufallsvariable Y

$$P(\chi_1^2 \leq (n-1)\frac{S^2}{\sigma^2} \leq \chi_2^2) = 1-\alpha$$

mittels der Chi-Quadrat-Verteilung bestimmen. Durch Umformung der Ungleichung erhalten wir den **Annahmebereich** für S^2

$$\boxed{\chi_1^2 \frac{\sigma^2}{n-1} \leq S^2 \leq \chi_2^2 \frac{\sigma^2}{n-1}}$$

Da die Chi-Quadrat-Verteilung nicht symmetrisch ist, müssen bei einem zweiseitigen Test jeweils zwei Quantile bestimmt werden. Die Quantile werden so gewählt, dass die Irrtumswahrscheinlichkeit α gleichmäßig auf den unteren und oberen Verwerfungsbereich aufgeteilt wird.

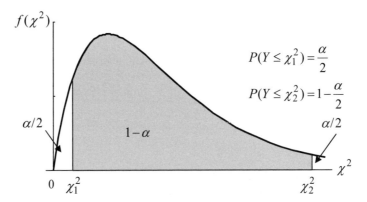

Der Chi-Quadrat-Test ist auch bei großen Stichproben nicht generell auf nichtnormalverteilte Grundgesamtheiten anwendbar, sondern nur dann, wenn

- die Grundgesamtheit G näherungsweise normalverteilt ist und
- der Stichprobenumfang $n > 100$ ist.

11.5 Test für die Varianz (normalverteilte Grundgesamtheit)

BEISPIELE

1. Die Lebensdauer X einer Batteriesorte sei normalverteilt $N(\mu; \sigma)$.

   Durch eine Stichprobe soll geprüft werden, ob die Einführung eines kostengünstigeren Produktionsverfahrens die Varianz der Lebensdauer $\sigma^2 = 0{,}9$ erhöht hat.

   Eine Stichprobe von $n = 21$ Batterien ergibt eine deutlich größere Varianz in Höhe von

   $$s^2 = \frac{1}{21-1} \sum_{i=1}^{21}(x_i - \bar{x})^2 = 1{,}4 \, [\text{Jahr}^2]$$

   Es wird daher die Hypothese getestet, dass sich die Varianz der Lebensdauer nicht erhöht hat.

   Die rechtsseitige **Nullhypothese** lautet

   $$H_0: \ \sigma^2 \leq \sigma_0^2 = 0{,}9 \, [\text{Jahr}^2]$$

   und die **Alternativhypothese**

   $$H_1: \ \sigma^2 > \sigma_0^2 = 0{,}9 \, [\text{Jahr}^2]$$

Rechtsseitiger Parametertest für die Varianz σ^2:

[1] **Signifikanzzahl**:

$$\alpha = 0{,}01 \quad \Rightarrow 1 - \alpha = 0{,}99$$

[2] **Quantil** (der χ^2-Verteilung mit 20 Freiheitsgraden):

$$\chi^2(1-\alpha; n-1) = \chi^2(0{,}99; 20) = 37{,}57 \ \text{ aus der } \chi^2\text{-Tabelle}$$

[3] **Stichprobenvarianz** (Testgröße):

$$s^2 = \frac{1}{21-1} \sum_{i=1}^{21}(x_i - \bar{x})^2 = 1{,}4$$

[4] **Berechnung des kritischen Werts**:

$$\chi^2 \frac{\sigma^2}{n-1} = 37{,}57 \cdot \frac{0{,}9}{20} = 1{,}69$$

[5] **Bestimmung des Annahmebereichs**:

$$s^2 \leq \chi^2 \frac{\sigma^2}{n-1} = 1{,}69$$

[6] Entscheidung über die Annahme

$s^2 = 1{,}4 < 1{,}69$

Die Stichprobenvarianz (Testgröße) liegt im Annahmebereich. Die Abweichung der Stichprobenvarianz s^2 von σ_0^2 nach oben ist zufällig und nicht signifikant.

Die Nullhypothese H_0 wird bei einem Signifikanzniveau von $\alpha = 1\%$ durch den Test bestätigt und angenommen.

Die Alternativhypothese H_1, dass die Varianz gestiegen ist, wird durch den Test widerlegt.

Häufig wird als Prüfgröße anstelle der Stichprobenvarianz aus rechenpraktischen Gründen die weniger anschauliche Zufallsvariable

$$Y = (n-1)\frac{S^2}{\sigma^2}$$

gewählt. Für eine gegebene Signifikanzzahl α erhält man dann aus

$$P(\chi_1^2 \leq (n-1)\frac{S^2}{\sigma^2} \leq \chi_2^2) = 1 - \alpha$$

direkt den Annahmebereich für diese Prüfgröße

$$\boxed{\chi_1^2 \leq (n-1)\frac{S^2}{\sigma^2} \leq \chi_2^2}$$

Der Signifikanztest verläuft dann nach folgendem Schema:

Schema des zweiseitigen Signifikanztests für σ^2

1. Festlegung der Signifikanzzahl α
2. Berechnung der Testgröße

    $$(n-1)\frac{S^2}{\sigma^2}$$

3. Bestimmung der Quantile aus der χ^2-Tabelle

    $$\chi_1^2(\frac{\alpha}{2}; n-1),\ \chi_2^2(1-\frac{\alpha}{2}; n-1)$$

4. Angabe des Annahmebereichs

    $$\chi_1^2 \leq (n-1)\frac{S^2}{\sigma^2} \leq \chi_2^2$$

11.5 Test für die Varianz (normalverteilte Grundgesamtheit)

5. Entscheidung über die Annahme

   Dabei ist zu prüfen, ob die aus den Stichprobenwerten berechnete Realisation der Prüfgröße im Annahmebereich liegt. Die Nullhypothese H_0 wird angenommen, wenn die Testgröße im Annahmebereich liegt, sonst verworfen.

BEISPIELE

1'. Der Test im Beispiel 1 erfolgt dann alternativ in folgenden Schritten:

Rechtsseitiger Signifikanztest für die Varianz σ^2 :

[1] **Signifikanzzahl**:

$$\alpha = 0{,}01 \quad \Rightarrow 1-\alpha = 0{,}99$$

[2] **Testgröße**:

$$(n-1)\frac{s^2}{\sigma^2} = (21-1) \cdot \frac{1{,}4}{0{,}9} = 31{,}11$$

[3] **Quantil** (der χ^2-Verteilung mit 20 Freiheitsgraden):

$$\chi^2(1-\alpha;\, n-1) = \chi^2(0{,}99;\, 20) = 37{,}57 \quad \text{aus der } \chi^2\text{-Tabelle}$$

[4] **Annahmebereich**:

$$(n-1)\frac{s^2}{\sigma^2} \leq \chi^2 = 37{,}57$$

[5] **Entscheidung über die Annahme**

$$(n-1)\frac{s^2}{\sigma^2} = 31{,}11 < 37{,}57$$

Die Testgröße liegt im Annahmebereich. Die Nullhypothese H_0 wird bei einem Signifikanzniveau von $\alpha = 0{,}01$ durch den Test bestätigt und angenommen.

Die Alternativhypothese H_1 wird durch den Test widerlegt.

2. Der Benzinverbrauch X eines Autotyps sei normalverteilt $N(\mu;\sigma=1)$.

   Durch eine Stichprobe soll geprüft werden, ob die Varianz des Benzinverbrauchs $\sigma^2 = 1$ durch eine konstruktive Änderung reduziert worden ist.

   Die Verbrauchsmessung in einer Stichprobe von $n = 25$ Fahrzeugen ergibt eine Stichprobenvarianz unter dem bisherigen Wert:

$$s^2 = \frac{1}{25-1}\sum_{i=1}^{25}(x_i - \bar{x})^2 = 0{,}95\,[(1/100\text{km})^2]$$

Es wird daher die Hypothese getestet, dass die Varianz des Benzinverbrauchs nicht gesunken ist.

Die linksseitige **Nullhypothese** lautet

$$H_0: \sigma^2 \geq \sigma_0^2 = 1$$

und die **Alternativhypothese**

$$H_1: \sigma^2 < \sigma_0^2 = 1$$

Linksseitiger Signifikanztest für die Varianz σ^2:

[1] **Signifikanzzahl**:

$\alpha = 0{,}01$

[2] **Testgröße**:

$$(n-1)\frac{s^2}{\sigma^2} = 24 \cdot \frac{0{,}95}{1} = 22{,}8$$

[3] **Quantil** (der χ^2-Verteilung mit 24 Freiheitsgraden):

$$\chi^2(\alpha\,;\,n-1) = \chi^2(0{,}01\,;\,24) = 10{,}856 \approx 10{,}9 \text{ aus der } \chi^2\text{-Tabelle}$$

[4] **Annahmebereich**:

$$10{,}9 \leq (n-1)\frac{s^2}{\sigma^2}$$

[5] **Entscheidung über die Annahme**

$$10{,}9 < (n-1)\frac{s^2}{\sigma^2} = 22{,}8$$

Die Testgröße liegt im Annahmebereich. Die Abweichung der Stichprobenvarianz s^2 von σ_0^2 nach unten ist daher zufällig und nicht signifikant.

Die Nullhypothese H_0 wird bei einem Signifikanzniveau von $\alpha = 1\%$ durch den Test bestätigt und angenommen. Die Alternativhypothese H_1 wird durch den Test widerlegt.

Aus der Stichprobe kann nicht auf eine signifikante Reduktion der Varianz geschlossen werden.

11.5 Test für die Varianz (normalverteilte Grundgesamtheit)

ÜBUNG 11.1 (Einstichprobentests)

Bei den folgenden Aufgaben seien die Voraussetzungen für die Anwendung der Normalverteilung gegeben

1. Auf einer Maschine werden Plättchen hergestellt, deren Dicke normalverteilt ist mit dem Sollwert $\mu = 0{,}25$ cm. Eine Stichprobe von $n = 10$ Plättchen liefert ein arithmetisches Mittel von $\bar{x} = 0{,}253$ cm bei einer Standardabweichung von $\sigma = 0{,}003$ cm.
   Überprüfen Sie die Hypothese, dass die Maschine noch exakt arbeitet, auf einem Signifikanzniveau von $\alpha = 0{,}05$!

2. Ein Produzent liefert Werkstücke mit einer zugesicherten mittleren Länge von $\mu_0 = 10$ cm. Für die Standardabweichung wird $\sigma = 1$ cm angenommen.
   Bei einem Stichprobenumfang $n = 25$ ergibt sich ein Mittelwert $\bar{x} = 10{,}5$ cm. Überprüfen Sie die Hypothese $\mu_0 = 10$ cm bei einem Signifikanzniveau von $\alpha = 0{,}01$.

3. Es soll überprüft werden, ob 1000 g-Zuckerpakete im Durchschnitt tatsächlich 1000 g enthalten. Die Standardabweichung der Abfüllmaschine sei $\sigma = 15$ g.
   Bei einer Stichprobe von 20 zufällig entnommenen Zuckerpaketen sei ein mittleres Gewicht von $\bar{x} = 993{,}5$ g ermittelt worden. Testen Sie die Nullhypothese
   $$H_0 : \mu \geq \mu_0 = 1000$$
   bei einem Signifikanzniveau von $\alpha = 0{,}05$.

4. Ein Unternehmen garantiert für ein Massenprodukt eine Ausschussquote von maximal 5%. Ein Großhändler testet jeweils 400 Stück und lehnt die Annahme ab, wenn er mehr als 22 Stück Ausschuss feststellt.
   Halten Sie diese Abnahmekontrolle für sinnvoll?

5. Werfen Sie eine Münze 40-mal und testen Sie für $\alpha = 0{,}1$ (0,05), ob die Ergebnisse Kopf und Zahl gleichwahrscheinlich sind.

6. Der Stimmenanteil einer Partei betrug bei den letzten Wahlen 38%. Eine repräsentative Umfrage bei 200 Wählern ergibt, dass 42% die Partei bei den nächsten Wahlen wählen würden. Kann man bei einem Signifikanzniveau von $\alpha = 0{,}05$ ausschließen, dass sich der Wähleranteil dieser Partei signifikant erhöht hat? Testen Sie die einseitige Nullhypothese
   $$H_0 : \pi \leq \pi_0 = 0{,}38$$

7. Der Hersteller der Abfüllmaschine in Aufgabe 3 gibt die Standardabweichung für ein neues Modell mit $\sigma = 12$ g an. Bei einem Probeeinsatz wird in einer Stichprobe von $n = 20$ zufällig entnommenen Zuckerpackungen eine Standardabweichung von $s = 15$ g festgestellt. Testen Sie die Angabe des Herstellers für das Signifikanzniveau $\alpha = 5\%$.

11.6 Differenztest für den Mittelwert: abhängige Stichproben

Häufig interessiert die Frage, ob zwei verschiedene (normalverteilte) Grundgesamtheiten die gleichen oder verschiedene Mittelwerte μ_1 und μ_2 haben.

Dazu wird angenommen, dass die beiden Mittelwerte übereinstimmen

$$H_0: \mu_1 = \mu_2 \quad \text{oder} \quad \mu_1 - \mu_2 = 0$$

oder ihre Differenz null ist. Zur Überprüfung der Hypothese wird aus jeder Grundgesamtheit eine Stichprobe gezogen.

Als Testgröße werden die beiden Stichprobenmittel benutzt (erwartungstreue Schätzfunktion für μ) und geprüft, ob die Differenz der Stichprobenmittel

$$\overline{Z} = \overline{X} - \overline{Y} \quad \text{bzw.} \quad \overline{Z} = \overline{X}_1 - \overline{X}_2$$

signifikant von null verschieden ist, d.h. sich die Stichprobenmittel nur zufällig oder wesentlich voneinander unterscheiden.

Dabei sind zwei Fälle zu unterscheiden:

- Beide Stichproben sind **abhängig** (verbunden); d.h. beide Stichproben sind gleich groß und jedem Element der einen Stichprobe entspricht genau ein Element der anderen Stichprobe.
- Beide Stichproben sind **unabhängig** voneinander (unverbunden) und nicht notwendigerweise gleich groß.

Wir betrachten zunächst den einfacheren Fall der abhängigen Stichproben:

Es gehört dann je ein Wert der einen Stichprobe zu je einem Wert der anderen Stichprobe, d.h. es besteht eine eineindeutige Zuordnung zwischen den Stichprobenwerten. Die Paare von Stichprobenwerten stammen von denselben Individuen oder Merkmalsträgern.

BEISPIELE

1. Messung des Blutzuckergehalts mit zwei verschiedenen Messverfahren; bei jeder Testperson werden zwei Messungen vorgenommen.

2. Bestimmung des Intelligenzquotienten mit zwei Testverfahren. Bei jedem Probanden wird der IQ nacheinander mit zwei verschiedenen Verfahren ermittelt.

3. Messung des Ernteertrags bei verschiedenen Düngemethoden; dabei wird jeweils die eine Hälfte einer Anbaufläche nach der einen und die andere nach der zweiten Düngemethode behandelt.

11.6 Differenztest für den Mittelwert: abhängige Stichproben

Der Vorteil der verbundenen Stichproben liegt darin, dass die Ergebnisse nicht durch Fremdeinflüsse überlagert werden, da dieselben Merkmalsträger zweimal unter denselben Bedingungen getestet werden.

Der Mittelwerttest entspricht in diesem Fall dem Einstichprobentest. Dazu werden die Differenzen

$$z_i = x_i - y_i$$

der entsprechenden Stichprobenwerte x_i und y_i der beiden verbundenen Stichproben gebildet und als Stichprobenwerte **einer** Stichprobe aufgefaßt.

Die Zufallsvariable Z ist wegen der Reproduktivität der Normalverteilung normalverteilt. Der Erwartungswert von Z ist gleich der Differenz der Mittelwerte μ_1 und μ_2 der beiden Grundgesamtheiten, aus denen die Stichproben entnommen wurden:

$$E(Z) = E(X) - E(Y) = \mu_1 - \mu_2$$

Wenn die beiden Mittelwerte μ_1 und μ_2 gleich sind, dann ist der Erwartungswert von Z gleich null.

Getestet wird daher die Hypothese, dass die Grundgesamtheit, aus der die Differenzen stammen, den Mittelwert null hat:

$$H_0 : \mu = \mu_1 - \mu_2 = 0$$

Als Testgröße wird das erwartungstreue Stichprobenmittel der Differenzen

$$\bar{Z} = \frac{1}{n} \sum_{i=1}^{n} Z_i$$

verwendet. Die Vorgehensweise entspricht daher vollständig dem Einstichprobentest für den Mittelwert (siehe Kap. 11.2).

BEISPIELE

1. Zwei Methoden zur Bestimmung des Zuckergehalts sollen miteinander verglichen werden; dazu werden 12 Äpfel halbiert und der Zuckergehalt beider Hälften mit jeweils einer Methode getrennt ermittelt.

   Wir unterscheiden die beiden Zufallsvariablen

   X_i: Zuckergehalt des Apfels i mit Methode A gemessen

   Y_i: Zuckergehalt des Apfels i mit Methode B gemessen

   Die Stichproben im Umfang $n = 12$ haben folgende Differenzen des Zuckergehalts ergeben:

$$z_i = x_i - y_i: \quad 1, 0, 2, 3, -1, 2, 0, 2, -1, 0, 3, 1 \quad [‰]$$

Die mittlere Differenz der Messergebnisse und ihre Varianz betrugen

$$\bar{z} = \frac{1}{12} \sum_{i=1}^{12} z_i = 1{,}0$$

$$s_z^2 = \frac{1}{11} \sum_{i=1}^{12} (z_i - \bar{z})^2 = 2{,}0 \quad ; s_z = \sqrt{s_z^2} = 1{,}4142$$

Die erste Methode hat im Durchschnitt einen höheren Zuckergehalt ergeben als die zweite Methode. Es wird daher die Hypothese getestet, dass sich die Ergebnisse der Messmethoden nicht unterscheiden. Das Signifikanzniveau sei $\alpha = 0{,}01$.

Die **Nullhypothese** lautet

$$H_0: \ \mu = \mu_0 = 0$$

und die **Alternativhypothese**

$$H_1: \ \mu \ne \mu_0 = 0$$

Parametertest für den Mittelwert $\mu = \mu_1 - \mu_2$:

[1] **Signifikanzniveau**:

$$\alpha = 0{,}01 \quad \Rightarrow 1 - \alpha = 0{,}99$$

[2] **Quantile** der t-Verteilung mit $n-1$ Freiheitsgraden, da $n < 30$:

$$-t\left(\frac{\alpha}{2}\right) = t\left(1 - \frac{\alpha}{2}\right) = t(0{,}995) = 3{,}11 \quad \text{aus } t\text{-Tabelle für } n-1 = 11$$

[3] **Stichprobenmittel (Testgröße) und Stichprobenvarianz**:

$$\bar{z} = 1{,}0 \ , \ s^2 = 2{,}0 \ , \ s = 1{,}4142$$

[4] **Berechnung der kritischen Abweichung**:

$$\Delta \bar{z} = t \cdot \hat{\sigma}_{\bar{z}} = t \cdot \frac{s}{\sqrt{n}} = 3{,}11 \cdot \frac{\sqrt{2}}{\sqrt{12}} = 3{,}11 \cdot \frac{1}{\sqrt{6}} = 1{,}2696 \approx 1{,}27$$

[5] **Bestimmung des Annahmebereichs**:

$$\mu - t \cdot \hat{\sigma}_{\bar{z}} \le \bar{z} \le \mu + t \cdot \hat{\sigma}_{\bar{z}}$$

$$-t \cdot \frac{s}{\sqrt{n}} \le \bar{z} \le t \cdot \frac{s}{\sqrt{n}} \qquad \mu = 0 \ !$$

$$-1{,}27 \le \bar{z} \le 1{,}27$$

11.6 Differenztest für den Mittelwert: abhängige Stichproben

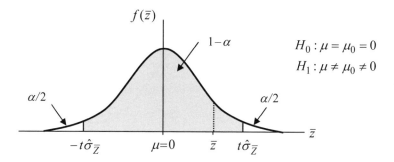

[6] **Entscheidung über die Annahme**

$$-1{,}27 < \bar{z} = 1{,}0 < 1{,}27$$

Das Stichprobenmittel (Testgröße) $\bar{z}$ liegt im Annahmebereich. Der Unterschied zwischen den beiden Stichprobenmittelwerten ist nicht signifikant. Die Nullhypothese, dass beide Messmethoden im Durchschnitt zum selben Resultat führen, wird bei einem Signifikanzniveau von $\alpha = 1\%$ durch den Test bestätigt und angenommen.

Alternativ kann als Testgröße die *t*-verteilte Zufallsvariable

$$\boxed{V = \frac{\bar{Z} - \mu}{\frac{S}{\sqrt{n}}} = \frac{\bar{Z}}{S}\sqrt{n}} \quad \text{mit } \mu = 0$$

gewählt werden. Der Zweistichprobentest verläuft dann in folgenden Schritten

Parametertest für den Mittelwert $\mu = \mu_1 - \mu_2$:

[1] **Signifikanzniveau**: $\alpha = 0{,}01 \quad \Rightarrow 1 - \alpha = 0{,}99$

[2] **Testfunktion**:

$$v = \frac{\bar{z}}{s} \cdot \sqrt{n} = \frac{1{,}0}{\sqrt{2}} \cdot \sqrt{12} = 1{,}0 \cdot \sqrt{6} = 2{,}45$$

[3] **Quantile** (aus *t*-Tabelle):

$$-t\left(\frac{\alpha}{2}; n-1\right) = t\left(1 - \frac{\alpha}{2}; n-1\right) = t(0{,}995; 11) = 3{,}11$$

[4] **Bestimmung des Annahmebereichs**:

$$-3{,}11 \leq v = \frac{\bar{z}}{s} \cdot \sqrt{n} \leq 3{,}11$$

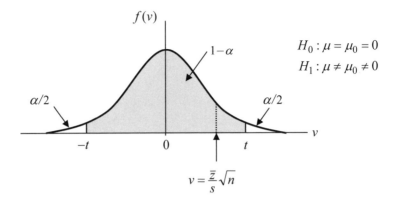

[5] **Entscheidung über die Annahme**

$-3{,}11 < v = 2{,}45 < 3{,}11$

Die Testgröße v liegt im Annahmebereich. Die Nullhypothese wird bei einem Signifikanzniveau von $\alpha = 1\%$ durch den Test bestätigt und angenommen.

2. Durch eine Stichprobe soll der Einfluss der Oktanzahl auf den Kraftstoffverbrauch getestet werden. Dazu werde eine Fahrzeugflotte von 25 baugleichen Pkw nacheinander mit Normalbenzin und mit Superbenzin betankt und ihr Durchschnittsverbrauch auf einer Teststrecke ermittelt.

Wir unterscheiden die beiden normalverteilten Zufallsvariablen

X_i: Verbrauch des Fahrzeugs i mit Normalbenzin

Y_i: Verbrauch des Fahrzeugs i mit Superbenzin

Die Stichprobe im Umfang $n = 25$ habe das folgende Stichprobenmittel ergeben

$$\bar{z} = \frac{1}{25}\sum_{i=1}^{25}(x_i - y_i) = 0{,}6 \;\;;\;\; \bar{x} = 10{,}2 \;\;;\;\; \bar{y} = 9{,}6$$

und die Stichprobenvarianz

$$s_z^2 = \frac{1}{25-1}\sum_{i=1}^{25}(z_i - \bar{z})^2 = 1{,}44$$

Die Fahrzeuge hatten im Durchschnitt mit Normalbenzin einen höheren Verbrauch. Wir testen daher die Hypothese, dass sich der Verbrauch bei Normal- und Superbenzin nicht unterscheidet, die Oktanzahl also keinen Einfluss auf den Verbrauch hat. Das Signifikanzniveau sei $\alpha = 0{,}05$.

11.6 Differenztest für den Mittelwert: abhängige Stichproben

Die **Nullhypothese** lautet

$$H_0: \mu = \mu_1 - \mu_2 = 0$$

und die **Alternativhypothese**

$$H_1: \mu \neq \mu_0 = 0$$

Parametertest für den Mittelwert $\mu = \mu_1 - \mu_2$:

[1] **Signifikanzniveau**:

$$\alpha = 0{,}05 \quad \Rightarrow 1-\alpha = 0{,}95$$

[2] **Testfunktion**:

$$v = \frac{\bar{z}}{s} \cdot \sqrt{n} = \frac{0{,}6}{1{,}2} \cdot \sqrt{25} = \frac{1}{2} \cdot 5 = 2{,}5$$

[3] **Quantile** aus t-Tabelle (da $n < 30$):

$$-t\left(\frac{\alpha}{2}; n-1\right) = t\left(1-\frac{\alpha}{2}; n-1\right) = t(0{,}975; 24) = 2{,}06$$

[4] **Bestimmung des Annahmebereichs**:

$$-2{,}06 \leq \frac{\bar{z}}{s} \cdot \sqrt{n} \leq 2{,}06$$

[5] **Entscheidung über die Annahme**:

$$2{,}06 < 2{,}5 = \frac{\bar{z}}{s} \cdot \sqrt{n}$$

Die Testgröße liegt nicht im Annahmebereich. Der Unterschied zwischen dem Durchschnittsverbrauch mit Normalbenzin und Superbenzin ist signifikant. Die Nullhypothese H_0, dass die Oktanzahl keinen Einfluss auf den Kraftstoffverbrauch der Fahrzeuge hat, wird bei einer Irrtumswahrscheinlichkeit von $\alpha = 5\%$ durch den Test widerlegt und verworfen. Mit der Wahrscheinlichkeit von 5% wird die Nullhypothese also verworfen, obwohl sie wahr ist (Fehler 1. Art). Denn mit dieser Wahrscheinlichkeit kann die Testgröße zufallsbedingt auch außerhalb des Annahmebereichs liegen.

Die Alternativhypothese H_1, dass die Oktanzahl das Verbrauchsverhalten der Fahrzeuge beeinflusst, wird durch den Test bestätigt und daher angenommen.

11.7 Differenztest für den Mittelwert: unabhängige Stichproben

Wenn die Alternative zwischen abhängigen und unabhängigen Stichproben besteht, sollten die abhängigen Stichproben gewählt werden, weil dadurch die Variabilität der Versuchsobjekte eliminiert wird, die Ergebnisse also nicht durch Fremdeinflüsse überlagert werden, die ihre Ursache in der Verschiedenartigkeit der Versuchobjekte haben.

Bei unabhängigen Stichproben gibt es keine Beziehungen zwischen den Stichprobenwerten beider Stichproben.

Seien X und Y zwei normalverteilte Zufallsvariablen (Grundgesamtheiten) mit den Mittelwerten μ_1, μ_2 und den Varianzen σ_1^2, σ_2^2. Aus jeder der beiden Grundgesamtheiten wird eine Zufallsstichprobe im Umfang n_1 und n_2 gezogen. Im Unterschied zu den abhängigen Stichproben, bei denen der Umfang der beiden Stichproben immer gleich ist, können n_1 und n_2 jetzt verschieden sein.

Wir prüfen nun wieder unter welchen Voraussetzungen aus der Differenz der Stichprobenmittel

$$\overline{X} - \overline{Y}$$

auf die Differenz der Mittelwerte der Grundgesamtheiten

$$\mu_1 - \mu_2$$

geschlossen werden kann. Dabei müssen wir bei kleinen Stichproben zwischen dem Fall, dass die Varianzen der Grundgesamtheiten bekannt sind und dem Fall, dass die Varianzen der Grundgesamtheiten unbekannt sind, unterscheiden.

(1) Varianzen bekannt (oder große Stichproben)

Wir nehmen zunächst an, dass die Varianzen der Grundgesamtheiten verschieden und bekannt sind:

$$\sigma_1^2 \neq \sigma_2^2 \;\; ; \;\; \sigma_1^2, \sigma_2^2 \text{ bekannt (oder } n_1, n_2 > 30)$$

Wenn die Varianzen nicht bekannt sind, können sie bei großen Stichproben durch die Stichprobenvarianzen geschätzt werden.

Da beide Grundgesamtheiten normalverteilt sind (bzw. $n_i > 30$), sind die Stichprobenmittel $\overline{X}$ und $\overline{Y}$ normalverteilt (bzw. asymptotisch normalverteilt) mit den Mittelwerten und Varianzen:

$$E(\overline{X}) = \mu_1 \;\; ; \;\; Var(\overline{X}) = \frac{\sigma_1^2}{n_1}$$

$$E(\overline{Y}) = \mu_2 \;\; ; \;\; Var(\overline{Y}) = \frac{\sigma_2^2}{n_2}$$

11.7 Differenztest für den Mittelwert: unabhängige Stichproben

Wegen der Reproduktivität der Normalverteilung ist auch jede Linearkombination der beiden unabhängigen normalverteilten Zufallsvariablen $\overline{X}$ und $\overline{Y}$

$$Z = a\overline{X} + b\overline{Y}$$

normalverteilt mit dem Erwartungswert $E(Z)$ und der Varianz $Var(Z)$:

$$E(Z) = a E(\overline{X}) + b E(\overline{Y})$$
$$Var(Z) = a^2 Var(\overline{X}) + b^2 Var(\overline{Y})$$

Das gilt auch für die Differenz der Stichprobenmittel:

$$E(\overline{X} - \overline{Y}) = E(\overline{X}) + (-1)E(\overline{Y}) = E(\overline{X}) - E(\overline{Y})$$
$$Var(\overline{X} - \overline{Y}) = Var(\overline{X}) + (-1)^2 Var(\overline{Y}) = Var(\overline{X}) + Var(\overline{Y})$$

Während der Erwartungswert der Differenz gleich der Differenz der Erwartungswerte ist, ergibt sich die Varianz der Differenz als Summe der Varianzen. Damit folgt die

Testverteilung der Differenz

Die Differenz der Stichprobenmittel

$$Z = \overline{X} - \overline{Y}$$

zweier unabhängiger Stichproben aus normalverteilten Grundgesamtheiten ist normalverteilt mit dem Erwartungswert

$$E(\overline{X} - \overline{Y}) = \mu_1 - \mu_2$$

und der Varianz

$$Var(\overline{X} - \overline{Y}) = \frac{\sigma_1^2}{n_1} + \frac{\sigma_2^2}{n_2}$$

Die standardisierte Zufallsvariable (Testgröße), die sich unter der Annahme ergibt, dass die Mittelwerte der Grundgesamtheit sich nicht unterscheiden,

$$V = \frac{(\overline{X} - \overline{Y}) - \overbrace{(\mu_1 - \mu_2)}^{0}}{\sqrt{\dfrac{\sigma_1^2}{n_1} + \dfrac{\sigma_2^2}{n_2}}} = \frac{\overline{X} - \overline{Y}}{\sqrt{\dfrac{\sigma_1^2}{n_1} + \dfrac{\sigma_2^2}{n_2}}} \qquad \text{mit } \mu_1 = \mu_2$$

ist dann standardnormalverteilt $N(0;1)$. Die starke Annahme, dass die Varianzen sich unterscheiden, schließt die Möglichkeit nicht aus, dass die Varianzen gleich sind. Die Formel vereinfacht sich dann entsprechend.

Sind die Varianzen unbekannt, so können sie für hinreichend große Stichproben ($n_i > 30$) durch die Stichprobenvarianzen S_1^2 und S_2^2 geschätzt werden.[1]

Daraus ergibt sich folgendes Testverfahren:

Differenztest für den Mittelwert ($\sigma_1^2 \neq \sigma_2^2$ bekannt)

1. Festlegung des Signifikanzniveaus α
2. Berechnung der Testfunktion

$$v = \frac{\bar{x} - \bar{y}}{\sqrt{\dfrac{\sigma_1^2}{n_1} + \dfrac{\sigma_2^2}{n_2}}} \qquad X, Y \text{ normalverteilt; } \sigma_1^2, \sigma_2^2 \text{ bekannt}$$

$$v = \frac{\bar{x} - \bar{y}}{\sqrt{\dfrac{s_1^2}{n_1} + \dfrac{s_2^2}{n_2}}} \qquad \begin{array}{l} X, Y \text{ beliebig verteilt; } \sigma_1^2, \sigma_2^2 \text{ unbekannt} \\ (n_1, n_2 > 30) \end{array}$$

3. Quantile der Testverteilung $N(0;1)$

$$-c\left(\frac{\alpha}{2}\right) = c\left(1 - \frac{\alpha}{2}\right) \quad \text{aus der } N(0;1)\text{-Tabelle}$$

4. Annahmebereich

$$-c \leq v \leq c \quad \text{oder} \quad |v| \leq c$$

5. Entscheidung über Annahme

BEISPIELE

1. Bei einer Statistikklausur werden zwei verschiedene Aufgaben gestellt, die von je einer zufällig ausgewählten Teilgruppe der Teilnehmer bearbeitet werden müssen.

   Es soll geprüft werden, ob ein signifikanter Unterschied zwischen den Ergebnissen beider Gruppen besteht.

   Wir unterscheiden die Zufallsvariablen:

   X: Punktzahl Klausur A

   Y: Punktzahl Klausur B

   Die Stichproben haben ergeben:

   $$n_1 = 36 \quad , \bar{x} = 72 \quad , s_1 = 6 \quad , s_1^2 = 36$$

---

[1] Für $n_i < 30$ ist das Problem ungelöst; sog. Behrens-Fischer-Problem.

$n_2 = 32$, $\bar{y} = 76$, $s_2 = 8$, $s_2^2 = 64$

Die durchschnittliche Punktzahl war in der 2. Stichprobe größer als in der 1. Stichprobe. Wir testen daher die Hypothese, dass die beiden Klausuren gleich schwer waren, der Unterschied in der durchschnittlich erreichten Punktzahl nicht signifikant, sondern zufallsbedingt war. Das Signifikanzniveau sei $\alpha = 0{,}05$.

$$H_0 : \mu_1 = \mu_2 \quad ; \quad H_1 : \mu_1 \neq \mu_2$$

Differenztest für den Mittelwert

[1] **Signifikanzniveau**:

$$\alpha = 0{,}05 \quad \Rightarrow 1 - \alpha = 0{,}95$$

[2] **Testfunktion**:

$$v = \frac{\bar{x} - \bar{y}}{\sqrt{\frac{s_1^2}{n_1} + \frac{s_2^2}{n_2}}} = \frac{72 - 76}{\sqrt{\frac{36}{36} + \frac{64}{32}}} = -\frac{4}{\sqrt{3}} = -2{,}31$$

[3] **Quantile** der Testverteilung $N(0; 1)$

$$-c\left(\frac{\alpha}{2}\right) = c\left(1 - \frac{\alpha}{2}\right) = c(0{,}975) = 1{,}96$$

[4] **Bestimmung des Annahmebereichs**:

$$-1{,}96 \leq v \leq 1{,}96 \qquad |v| \leq 1{,}96$$

[5] **Entscheidung über die Annahme**

$$v = -2{,}31 < -1{,}96$$

Die Testgröße v liegt nicht im Annahmebereich. Die Nullhypothese wird bei einer Irrtumswahrscheinlichkeit von $\alpha = 5\%$ durch den Test widerlegt und verworfen.

Der Unterschied der durchschnittlichen Punktzahlen in beiden Gruppen ist signifikant; die Alternativhypothese H_1 wird durch den Test bestätigt und angenommen.

2. Ein Automobilhersteller testet die durchschnittliche Laufleistung zweier Reifenfabrikate; dazu werden je 40 Fahrzeuge gleichen Typs seines Fuhrparks mit einer der beiden Reifenmarken ausgerüstet.

Wir unterscheiden die Zufallsvariablen:

X: Laufleistung in Tausendkilometern der Reifenmarke A

Y: Laufleistung in Tausendkilometern der Reifenmarke B

Die Stichproben haben ergeben:

$n_1 = 40$, $\bar{x} = 38$, $s_1 = 7,4$, $s_1^2 = 54,76$

$n_2 = 40$, $\bar{y} = 35$, $s_2 = 6,1$, $s_2^2 = 37,21$

Die durchschnittliche Laufleistung war mit 38.000 km in der 1. Stichprobe größer als in der 2. Stichprobe. Wir testen daher die Hypothese, dass die durchschnittliche Laufleistung des Reifenfabrikats A nicht größer ist als die des Reifenfabrikats B, der Unterschied in den Stichproben nicht signifikant, sondern zufallsbedingt war.

Die **Nullhypothese** lautet

$$H_0: \mu_1 \le \mu_2$$

und die **Alternativhypothese**

$$H_1: \mu_1 > \mu_2$$

Rechtsseitiger Differenztest für den Mittelwert:

[1] **Signifikanzniveau**:

$$\alpha = 0,05 \quad \Rightarrow 1-\alpha = 0,95$$

[2] **Testfunktion**:

$$v = \frac{\bar{x}-\bar{y}}{\sqrt{\frac{s_1^2}{n_1}+\frac{s_2^2}{n_2}}} = \frac{\bar{x}-\bar{y}}{\sqrt{s_1^2+s_2^2}} \cdot \sqrt{n} = \frac{38-35}{\sqrt{54,76+37,21}} \cdot \sqrt{40} = 1,978$$

[3] **Quantil** der Testverteilung $N(0;1)$:

$$c(1-\alpha) = c(0,95) = 1,645$$

[4] **Bestimmung des Annahmebereichs**:

$$v \le 1,645$$

[5] **Entscheidung über die Annahme**:

$$v = 1,978 > 1,645$$

Die Testgröße liegt nicht im Annahmebereich. Die Differenz der durchschnittlichen Laufleistung beider Reifenmarken ist signifikant. Die Nullhypothese wird bei einer Irrtumswahrscheinlichkeit von $\alpha = 5\%$ durch den Test widerlegt und verworfen.

Die Alternativhypothese $H_1 : \mu_1 > \mu_2$, dass die durchschnittliche Laufleistung der Reifenmarke A größer ist als die durchschnittliche Laufleistung der Reifenmarke B, wird durch den Test bestätigt und angenommen.

(2) Varianzen unbekannt und gleich (oder große Stichproben)

Wir nehmen nun an, dass die Varianzen der Grundgesamtheiten unbekannt sind. Dann gibt es für kleine Stichproben ($n_i \leq 30$) nur dann eine Lösung des Problems, wenn die Varianzen der beiden Grundgesamtheiten gleich sind:

$$\sigma_1^2 = \sigma_2^2 = \sigma^2 \; ; \; \sigma^2 \text{ unbekannt}$$

Wir nehmen daher nun zusätzlich **Varianzhomogenität** an und wie bisher

- dass die Stichproben unabhängig sind und
- aus normalverteilten Grundgesamtheiten stammen.

Die Zufallsvariable (Testgröße)

$$Z = \frac{(\overline{X} - \overline{Y}) - (\mu_1 - \mu_2)}{\sqrt{\dfrac{\sigma^2}{n_1} + \dfrac{\sigma^2}{n_2}}} = \frac{(\overline{X} - \overline{Y}) - (\mu_1 - \mu_2)}{\sigma \cdot \sqrt{\dfrac{1}{n_1} + \dfrac{1}{n_2}}} = \frac{(\overline{X} - \overline{Y}) - (\mu_1 - \mu_2)}{\sigma \cdot \sqrt{\dfrac{n_1 + n_2}{n_1 n_2}}}$$

ist dann wieder standardnormalverteilt $N(0;1)$.

Da die Varianz der Grundgesamtheiten σ^2 nicht bekannt ist, wird sie mit Hilfe der Stichprobenvarianzen geschätzt.

Als Schätzfunktion wird die "**pooled variance**" benutzt, das gewogene arithmetische Mittel der beiden Stichprobenvarianzen:

$$\hat{\sigma}^2 = S^2 = \frac{(n_1 - 1)S_1^2 + (n_2 - 1)S_2^2}{n_1 + n_2 - 2} = \frac{\sum\limits_{i=1}^{n_1}(X_i - \overline{X})^2 + \sum\limits_{j=1}^{n_2}(Y_j - \overline{Y})^2}{n_1 + n_2 - 2}$$

Sie entspricht der Stichprobenvarianz, die sich durch Zusammenfassung der beiden Stichproben ergibt. Die Summen der Abweichungsquadrate in der 1. Stichprobe und 2. Stichprobe werden addiert und durch die Summe der Freiheitsgrade $n_1 + n_2 - 2$ dividiert. Dabei gehen zwei Freiheitsgrade verloren, weil wir mit $\overline{X}$ und $\overline{Y}$ die Summen der Stichprobenwerte verwenden.

Die standardisierte Zufallsvariable lautet nun

$$T = \frac{\overline{X} - \overline{Y} - \overbrace{(\mu_1 - \mu_2)}^{=0}}{S \cdot \sqrt{\frac{n_1 + n_2}{n_1 n_2}}} = \frac{\overline{X} - \overline{Y}}{S \cdot \sqrt{\frac{n_1 + n_2}{n_1 n_2}}} \qquad \text{für } \mu_1 = \mu_2$$

Sie wird als Testfunktion für die Differenz der Mittelwerte benutzt, wenn die Varianzen gleich sind $\sigma_1^2 = \sigma_2^2 = \sigma^2$ und σ^2 unbekannt ist.

An die Stelle der Konstanten σ im Nenner ist die Zufallsvariable S getreten. Daher ist T nicht mehr $N(0;1)$-verteilt sondern **t-verteilt** mit $n_1 + n_2 - 2$ Freiheitsgraden.

Das lässt sich leicht zeigen. Dazu formen wir T um: Wir erweitern den Nenner mit σ und dann die erste Wurzel im Nenner mit $\nu = n_1 + n_2 - 2$:

$$T = \frac{\overline{X} - \overline{Y}}{S \cdot \sqrt{\frac{n_1 + n_2}{n_1 n_2}}} = \frac{\overline{X} - \overline{Y}}{\sigma \sqrt{\frac{S^2}{\sigma^2}} \cdot \sqrt{\frac{n_1 + n_2}{n_1 n_2}}} = \frac{(\overline{X} - \overline{Y})}{\sigma \sqrt{\frac{(n_1 + n_2 - 2)S^2}{(n_1 + n_2 - 2)\sigma^2}} \sqrt{\frac{n_1 + n_2}{n_1 n_2}}}$$

$$= \frac{\dfrac{(\overline{X} - \overline{Y})}{\sigma \cdot \sqrt{\dfrac{n_1 + n_2}{n_1 n_2}}}}{\sqrt{\dfrac{1}{\nu} \cdot \underbrace{\nu \dfrac{S^2}{\sigma^2}}_{U}}} = \frac{Z}{\sqrt{\dfrac{U}{\nu}}} \qquad \text{mit } \nu = n_1 + n_2 - 2$$

Die Zufallsvariable Z im Zähler ist standardnormalverteilt und die Zufallsvariable U im Nenner ist chi-quadrat-verteilt mit $\nu = n_1 + n_2 - 2$ Freiheitsgraden. Die Zufallsvariablen

$$U_1 = (n_1 - 1)\frac{S_1^2}{\sigma^2} \quad \text{und} \quad U_2 = (n_2 - 1)\frac{S_2^2}{\sigma^2}$$

sind, wie wir wissen, χ^2-verteilt mit $\nu_1 = n_1 - 1$ bzw. $\nu_2 = n_2 - 1$ Freiheitsgraden. Da die Chi-Quadrat-Verteilung reproduktiv ist, gilt allgemein für die Summe chi-quadrat-verteilter Zufallsvariablen:

Summe chi-quadrat-verteilter Zufallsvariablen

Sind U_1 und U_2 unabhängige und χ^2-verteilte Zufallsvariablen mit v_1 bzw. v_2 Freiheitsgraden, so ist die Summe

$$U = U_1 + U_2$$

χ^2-verteilt mit $v = v_1 + v_2$ Freiheitsgraden.

Folglich ist auch im vorliegenden Fall die Zufallsvariable

$$U = U_1 + U_2 = \frac{(n_1 - 1)S_1^2 + (n_2 - 1)S_2^2}{\sigma^2} = (n_1 + n_2 - 2)\frac{S^2}{\sigma^2}$$

χ^2-verteilt mit $v = v_1 + v_2 = n_1 + n_2 - 2$ Freiheitsgraden und daher unsere Testgröße

$$T = \frac{Z}{\sqrt{\dfrac{U}{v}}}$$

t-verteilt mit $v = n_1 + n_2 - 2$ Freiheitsgraden (siehe Kap. 10.3).

Damit erhalten wir folgenden

Differenztest für den Mittelwert ($\sigma_1^2 = \sigma_2^2 = \sigma$ unbekannt)

1. Festlegung des Signifikanzniveaus α
2. Berechnung der Testfunktion

$$v = \frac{\bar{x} - \bar{y}}{s\sqrt{\dfrac{n_1 + n_2}{n_1 n_2}}} \qquad \text{mit } s = \sqrt{\frac{(n_1 - 1)s_1^2 + (n_2 - 1)s_2^2}{n_1 + n_2 - 2}}$$

3. Quantile der Testverteilung (t-Verteilung mit v Freiheitsgraden)

$$t\left(1 - \frac{\alpha}{2},\, n_1 + n_2 - 2\right) \qquad \text{aus } t\text{-Tabelle mit } v = n_1 + n_2 - 2$$

4. Annahmebereich

$$-t \leq v \leq t \quad \text{oder} \quad |v| \leq t$$

5. Entscheidung über Annahme

   H_0 wird bestätigt, wenn $|v| \leq t$.

   H_0 wird verworfen, wenn $|v| > t$.

BEISPIEL

Auf zwei Maschinen werden 50 g Tuben einer Salbe abgefüllt. Es soll geprüft werden, ob die durchschnittlichen Abfüllmengen differieren.

Wir unterscheiden die Zufallsvariablen

X: Abfüllmenge [g] der Maschine 1
Y: Abfüllmenge [g] der Maschine 2

Die Stichproben haben ergeben:

$n_1 = 14$, $\bar{x} = 51$, $s_1 = 3{,}1$, $s_1^2 = 9{,}61$
$n_2 = 13$, $\bar{y} = 48$, $s_2 = 3{,}4$, $s_2^2 = 11{,}56$

Die durchschnittliche Füllmenge war in der 1. Stichprobe größer als in der 2. Stichprobe. Wir testen daher die Hypothese, dass die Füllmengen der Tuben im Durchschnitt auf beiden Maschinen gleich sind, der festgestellte Unterschied in den durchschnittlichen Abfüllmengen nicht signifikant, sondern zufallsbedingt war. Das Signifikanzniveau sei $\alpha = 0{,}01$.

Die **Nullhypothese** lautet

$$H_0: \mu_1 = \mu_2$$

und die **Alternativhypothese**

$$H_1: \mu_1 \neq \mu_2$$

Zweiseitiger Differenztest für den Mittelwert:

[1] **Signifikanzniveau**:

$$\alpha = 0{,}01$$

[2] **Testfunktion**:

Stichprobenvarianz (gepoolt)

$$s = \sqrt{\frac{(n_1-1)s_1^2 + (n_2-1)s_2^2}{n_1 + n_2 - 2}} = \sqrt{\frac{13 \cdot 9{,}61 + 12 \cdot 11{,}56}{25}} = \frac{16{,}24}{5} = 3{,}25$$

Testgröße

$$v = \frac{\bar{x} - \bar{y}}{s\sqrt{\frac{n_1+n_2}{n_1 n_2}}} = \frac{51-48}{s\sqrt{\frac{14+13}{14 \cdot 13}}} = \frac{3}{3{,}25 \cdot 0{,}385} = 2{,}397 \approx 2{,}4$$

[3] **Quantile** der Testverteilung (t-Verteilung mit 25 Freiheitsgraden):

$$t\left(1-\frac{\alpha}{2}; n_1+n_2-2\right) = t(0{,}995;\ 25) = 2{,}787$$

[4] **Bestimmung des Annahmebereichs**:

$$-2{,}787 \le v \le 2{,}787$$

[5] **Entscheidung über die Annahme**:

$$-2{,}787 < v = 2{,}397 < 2{,}787$$

Die Testgröße liegt im Annahmebereich. Der Unterschied zwischen den durchschnittlichen Füllmengen der Tuben in den beiden Stichproben ist nicht signifikant. Die Nullhypothese, dass die Füllmengen der Tuben im Durchschnitt auf beiden Maschinen gleich sind, wird bei einem Signifikanzniveau von $\alpha = 1\%$ durch den Test bestätigt und angenommen.

11.8 Differenztest für den Anteilswert

Gegeben seien zwei dichotome Grundgesamtheiten, aus denen je eine Stichprobe im Umfang von n_1 bzw. n_2 gezogen wird. Für hinreichend große Stichproben ($n_1, n_2 > 30$) sind die Stichprobenanteilswerte

$$P_1 = \frac{X}{n_1} \qquad \text{und} \qquad P_2 = \frac{Y}{n_2}$$

asymptotisch normalverteilt mit dem Erwartungswert und der Varianz

$$E(P_1) = \pi_1 \quad ;\ Var(P_1) = \frac{\pi_1(1-\pi_1)}{n_1}$$

$$E(P_2) = \pi_2 \quad ;\ Var(P_2) = \frac{\pi_2(1-\pi_2)}{n_2}$$

Wegen der Reproduktivität der Normalverteilung (vgl. Seite 285) ist dann auch die Differenz der Stichprobenanteilswerte zweier unabhängiger Stichproben $P_1 - P_2$ (asymptotisch) normalverteilt mit dem Mittelwert

$$E(P_1 - P_2) = \pi_1 - \pi_2$$

und der Varianz

$$Var(P_1 - P_2) = \frac{\pi_1(1-\pi_1)}{n_1} + \frac{\pi_2(1-\pi_2)}{n_2}$$

Die standardisierte Zufallsvariable

$$V = \frac{(P_1 - P_2) - (\pi_1 - \pi_2)}{\sqrt{\dfrac{\pi_1(1-\pi_1)}{n_1} + \dfrac{\pi_2(1-\pi_2)}{n_2}}}$$

ist dann standardnormalverteilt $N(0;1)$.

Für die Nullhypothese $\pi = \pi_1 = \pi_2$ erhalten wir die $N(0;1)$-verteilte Testfunktion

$$V = \frac{P_1 - P_2}{\sqrt{\pi(1-\pi)\left(\dfrac{1}{n_1} + \dfrac{1}{n_2}\right)}} = \frac{P_1 - P_2}{\sqrt{\pi(1-\pi) \cdot \dfrac{n_1 + n_2}{n_1 n_2}}}$$

Sie enthält noch den **unbekannten** Anteilswert π der beiden Grundgesamtheiten. π wird mit Hilfe der Stichprobenanteilswerte P_1 und P_2 geschätzt:

$$\hat{\pi} = P = \frac{n_1 P_1 + n_2 P_2}{n_1 + n_2} = \frac{X + Y}{n_1 + n_2}$$

Unter der Voraussetzung, dass die Nullhypothese $\pi_1 = \pi_2$ wahr ist, kann angenommen werden, dass beide Stichproben aus derselben Grundgesamtheit stammen. Die Schätzfunktion P ist der Anteilswert der zusammengefassten Stichproben mit dem Umfang $n_1 + n_2$ und entspricht dem arithmetischen Mittel von P_1 und P_2.

Damit erhalten wir für $n\pi \geq 5$, $n(1-\pi) \geq 5$ die asymptotisch $N(0;1)$-verteilte Testfunktion für die Differenz der Anteilswerte:

$$\boxed{V = \frac{P_1 - P_2}{\hat{\sigma}_{P_1 - P_2}} = \frac{P_1 - P_2}{\sqrt{P(1-P)}\sqrt{\dfrac{n_1 + n_2}{n_1 n_2}}}}$$

BEISPIELE

1. Auf zwei Maschinen werden elektronische Bauteile gefertigt. Es besteht die Vermutung, dass die Ausschussquoten differieren. Durch einen Differenztest soll geprüft werden, ob ein signifikanter Unterschied zwischen den Ausschussquoten der beiden Maschinen besteht.

   Wir unterscheiden die Zufallsvariablen

   X: Anzahl der Ausschussstücke der Maschine A
   Y: Anzahl der Ausschussstücke der Maschine B

Die Stichproben haben ergeben:

$$n_1 = 400 \quad , \; x = 32 \quad , \; p_1 = \frac{x}{n_1} = \frac{32}{400} = 0{,}08$$

$$n_2 = 300 \quad , \; y = 30 \quad , \; p_2 = \frac{y}{n_2} = \frac{30}{300} = 0{,}10$$

In der Stichprobe der Maschine A beträgt die Ausschussquote 8% und in der Stichprobe der Maschine B 10%. Wir testen daher, ob der in den Stichproben beobachtete Unterschied der Ausschussquoten zufallsbedingt oder signifikant ist. Das Signifikanzniveau sei $\alpha = 0{,}05$.

Die **Nullhypothese** lautet

$$H_0: \; \pi_1 = \pi_2$$

und die **Alternativhypothese**

$$H_1: \; \pi_1 \neq \pi_2$$

Zweiseitiger Differenztest für den Anteilswert:

[1] **Signifikanzniveau**:

$$\alpha = 0{,}05$$

[2] **Testfunktion**:

Schätzwert für π

$$p = \frac{x+y}{n_1 + n_2} = \frac{32+30}{400+300} = \frac{62}{700} = 0{,}0886$$

Testgröße

$$v = \frac{p_1 - p_2}{\sqrt{p(1-p)}\sqrt{\frac{n_1+n_2}{n_1 n_2}}} = \frac{0{,}08 - 0{,}1}{\sqrt{0{,}0886(1-0{,}0886)}\sqrt{\frac{700}{120000}}}$$

$$= \frac{-0{,}02}{\sqrt{0{,}0807}\sqrt{0{,}00583}} = -0{,}9218$$

[3] **Quantile** der Testverteilung ($N(0;1)$-Verteilung):

$$c\left(1 - \frac{\alpha}{2}\right) = c(0{,}975) = 1{,}96 \quad \text{aus } N(0;1)\text{-Tabelle}$$

[4] **Bestimmung des Annahmebereichs**:

$-1{,}96 \leq v \leq 1{,}96$ oder $|v| \leq 1{,}96$

[5] **Entscheidung über die Annahme**:

$-1{,}96 < v = 0{,}9218 < 1{,}96$

Die Testgröße v liegt im Annahmebereich. Der Unterschied zwischen den Ausschussquoten in den beiden Stichproben ist zufällig und nicht signifikant. Die Nullhypothese H_0, dass die Ausschussquoten der beiden Maschinen sich nicht unterscheiden, wird bei einem Signifikanzniveau von $\alpha = 5\%$ durch den Test bestätigt und angenommen.

Die Alternativhypothese H_1 wird durch den Test widerlegt und daher verworfen.

2. Eine Marktanalyse soll klären, ob sich der Marktanteil eines überregional beworbenen Konsumartikels in zwei Verkaufsregionen (Stadt/Land, Nord/Süd) unterscheidet. Dazu wurden in der Region 1 und 2 jeweils n_1 und n_2 zufällig ausgewählte Konsumenten befragt.

Wir unterscheiden die Zufallsvariablen

    X: Anzahl der Käufer des Artikels in der Region 1

    Y: Anzahl der Käufer des Artikels in der Region 2

Die Stichproben ergaben:

$n_1 = 600$, $x = 150$,   , $p_1 = \dfrac{x}{n_1} = \dfrac{150}{600} = 0{,}25$

$n_2 = 400$, $y = 120$,   , $p_2 = \dfrac{y}{n_2} = \dfrac{120}{400} = 0{,}3$

In der Stichprobe der Region 1 betrug der Marktanteil 25% und in der Stichprobe Region 2 30%. Wir testen daher, ob der Unterschied der Marktanteile zufallsbedingt war oder ob der Marktanteil in Region 2 signifikant höher ist als in Region 1. Das Signifikanzniveau sei $\alpha = 0{,}05$.

Die einseitige **Nullhypothese** lautet

    $H_0: \pi_1 \geq \pi_2$

und die **Alternativhypothese**

    $H_1: \pi_1 < \pi_2$

11.8 Differenztest für den Anteilswert

Einseitiger Differenztest für den Anteilswert

[1] **Signifikanzniveau**:

$\alpha = 0{,}05$

[2] **Testfunktion**:

Schätzwert für π

$$p = \frac{x+y}{n_1+n_2} = \frac{150+120}{600+400} = \frac{270}{1000} = 0{,}27$$

Testgröße

$$v = \frac{p_1 - p_2}{\sqrt{p(1-p)}\sqrt{\frac{n_1+n_2}{n_1 n_2}}} = \frac{0{,}25 - 0{,}30}{\sqrt{0{,}27(1-0{,}27)}\sqrt{\frac{600+400}{600 \cdot 400}}}$$

$$= \frac{-0{,}05}{\sqrt{0{,}1971}\sqrt{0{,}0041\overline{6}}} = -1{,}744$$

[3] **Quantil** der Testverteilung ($N(0;1)$-Verteilung):

$c(1-\alpha) = c(0{,}95) = 1{,}645$ aus $N(0;1)$-Tabelle

[4] **Bestimmung des Annahmebereichs**:

$-c \leq v$ \qquad oder $|v| \leq c$

$-1{,}645 \leq v$ \qquad oder $|v| \leq 1{,}645$

[5] **Entscheidung über die Annahme**:

$v = -1{,}744 < -1{,}645$

Die Testgröße v liegt nicht im Annahmebereich. Der Unterschied zwischen den Marktanteilen in den beiden Regionen ist signifikant. Die Nullhypothese H_0, dass der Marktanteil in der Region 2 nicht größer ist als der Marktanteil in der Region 1, wird bei einer Irrtumswahrscheinlichkeit von $\alpha = 5\%$ durch den Test widerlegt und daher verworfen.

Die Alternativhypothese H_1, dass der Marktanteil in der Region 2 größer ist als der Markanteil in der Region 1, wird durch den Test bestätigt und daher angenommen.

11.9 Quotiententest für die Varianz

Von Interesse ist schließlich auch die Frage, ob zwei normalverteilte Grundgesamtheiten dieselbe Varianz oder verschiedene Varianzen haben. Beispielsweise sind wir beim Differenztest für den Mittelwert im Falle der unbekannten Varianz von der Gleichheit der Varianzen ausgegangen. Der Quotiententest bietet uns die Möglichkeit diese Annahme, d.h. die Varianzhomognität, zu überprüfen.

Wir betrachten daher zwei normalverteilte Grundgesamtheiten mit den unbekannten Varianzen σ_1^2 und σ_2^2; die Mittelwerte brauchen nicht bekannt zu sein. Aus jeder der beiden Grundgesamtheiten wird wieder eine Zufallsstichprobe im Umfang n_1 und n_2 gezogen. Die Stichproben seien weiterhin unabhängig voneinander.

Wir prüfen nun, unter welchen Voraussetzungen aus einem Unterschied der Stichprobenvarianzen auf einen Unterschied der Varianzen der Grundgesamtheiten geschlossen werden kann.

Dazu nehmen wir an, dass die Varianzen der beiden Grundgesamtheiten gleich sind (Varianzhomogenität) oder was gleichbedeutend ist, dass ihr Verhältnis 1 ist.

Die Nullhypothese lautet daher

$$H_0 : \sigma_1^2 = \sigma_2^2 \qquad \text{oder} \qquad \frac{\sigma_1^2}{\sigma_1^2} = 1$$

Getestet wird also die **Homogenität** der Varianzen.

Als Testgröße werden die beiden Stichprobenvarianzen benutzt und geprüft, ob der Quotient der Stichprobenvarianzen signifikant von 1 abweicht.

Eine geeignete **Testfunktion** ist daher der Quotient der Stichprobenvarianzen

$$V = \frac{S_1^2}{S_2^2}$$

der eine **F-Verteilung**[2] mit $v_1 = n_1 - 1$ und $v_2 = n_2 - 1$ Freiheitsgraden aufweist.

Die F-Verteilung ist wie die t-Verteilung und die Chi-quadrat-Verteilung eine reine Testverteilung und wurde deshalb in der Wahrscheinlichkeitstheorie nicht behandelt. Sie ist wie alle Testverteilungen für gebräuchliche P-Werte im Anhang tabelliert.

---

[2] Wird auch als Fishersche F-Verteilung oder Varianzquotientenverteilung bezeichnet; 1924 von dem engl. Genetiker und Statistiker Ronald A. Fisher eingeführt (1890–1962).

Die *F*-Verteilung ist die Wahrscheinlichkeitsverteilung des Quotienten zweier chi-quadrat-verteilter Zufallsvariablen.

> **F-Verteilung (Varianzquotientenverteilung)**
>
> Sind U_1 und U_2 zwei unabhängige Zufallsvariablen, die eine Chi-Quadrat-Verteilung mit v_1 bzw. v_2 Freiheitsgraden besitzen, dann hat die Zufallsvariable
>
> $$F = \frac{\dfrac{U_1}{v_1}}{\dfrac{U_2}{v_2}}$$
>
> eine *F*-Verteilung mit v_1 und v_2 Freiheitsgraden.

Die *F*-Verteilung ist eine zweiparametrische Verteilung mit dem Erwartungswert

$$E(F) = \frac{v_2}{v_2 - 2} \qquad v_2 > 2$$

und der Varianz

$$Var(F) = \frac{2v_2^2(v_1 + v_2 - 2)}{v_1(v_2 - 2)^2(v_2 - 4)} \qquad v_2 > 4$$

Der Erwartungswert hängt nur von der Zahl der Freiheitsgrade v_2 der Nennervariablen U_2 ab. Mit wachsendem v_2 konvergiert der Erwartungswert gegen eins und die Varianz gegen null.

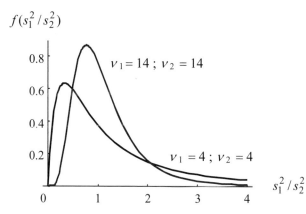

Die *F*-Verteilung ist asymmetrisch und nur für nichtnegative Variablenwerte definiert.

Werden aus zwei normalverteilten Grundgesamtheiten mit den Varianzen σ_1^2 und σ_2^2 zwei unabhängige Stichproben im Umfang n_1 und n_2 gezogen, so sind die Zufallsvariablen

$$U_1 = (n_1 - 1)\frac{S_1^2}{\sigma_1^2} \quad \text{und} \quad U_2 = (n_2 - 1)\frac{S_2^2}{\sigma_2^2}$$

χ^2-verteilt mit $v_1 = n_1 - 1$ bzw. $v_2 = n_2 - 1$ Freiheitsgraden.

Daraus folgt die Testverteilung:

> **Testverteilung**
>
> Die Zufallsvariable
>
> $$V = \frac{\dfrac{U_1}{v_1}}{\dfrac{U_2}{v_2}} = \frac{(n_1-1)S_1^2}{(n_1-1)\sigma_1^2} \cdot \frac{(n_2-1)\sigma_2^2}{(n_2-1)S_2^2} = \frac{\dfrac{S_1^2}{\sigma_1^2}}{\dfrac{S_2^2}{\sigma_2^2}}$$
>
> ist F-verteilt mit $v_1 = n_1 - 1$ und $v_2 = n_2 - 1$ Freiheitsgraden.

Wird die Gleichheit der Varianzen der beiden Grundgesamtheiten angenommen (Varianzhomogenität), also die Nullhypothese

$$H_0: \sigma^2 = \sigma_1^2 = \sigma_2^2$$

geprüft, dann vereinfacht sich die Testgröße zu

$$V = \frac{\dfrac{S_1^2}{\sigma_1^2}}{\dfrac{S_2^2}{\sigma_2^2}} = \frac{S_1^2}{S_2^2} \cdot \frac{\sigma_2^2}{\sigma_1^2} = \frac{S_1^2}{S_2^2} \qquad \text{mit } \sigma_1^2 = \sigma_2^2$$

Für eine gegebene Signifikanzzahl α ergibt sich aus

$$P(F_1 \leq \frac{S_1^2}{S_2^2} \leq F_2) = 1 - \alpha$$

der **Annahmebereich** der Prüfgröße beim Homogenitätstest

$$\boxed{F_1 \leq \frac{S_1^2}{S_2^2} \leq F_2}$$

Da die *F*-Verteilung nicht symmetrisch ist, müssen bei einem zweiseitigen Test zwei Quantile bestimmt werden. Die Quantile werden so gewählt, dass die Irrtumswahrscheinlichkeit α gleichmäßig auf den unteren und oberen Verwerfungsbereich aufgeteilt wird.

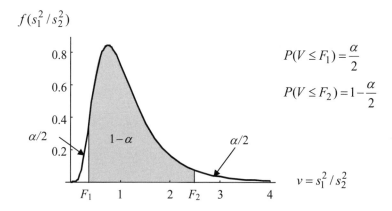

Quotiententest für die Varianz

1. Festlegung des Signifikanzniveaus α

2. Berechnung der Testgröße[3]

$$v = \frac{s_1^2}{s_2^2}$$

3. Berechnung der Quantile der Testverteilung: *F*-Verteilung mit $v_1 = n_1 - 1$ und $v_2 = n_2 - 1$ Freiheitsgraden

$$F_1 = F\left(\frac{\alpha}{2}; n_1 - 1; n_2 - 1\right) = \frac{1}{F\left(1 - \frac{\alpha}{2}; n_2 - 1; n_1 - 1\right)}$$

$$F_2 = F\left(1 - \frac{\alpha}{2}; n_1 - 1; n_2 - 1\right)$$

4. Bestimmung des Annahmebereichs

$$F_1 \leq v \leq F_2$$

5. Entscheidung über Annahme

H_0 wird angenommen, wenn $v \in [F_1, F_2]$.

H_0 wird verworfen, wenn $v \notin [F_1, F_2]$.

---

[3] Hinweis: Das Symbol für den Stichprobenwert der Testgröße *v* (kleines lat. Vau), kann leicht mit dem Symbol für die Zahl der Freiheitsgrade ν (kleines griech. Nü) verwechselt werden.

Bei der Anwendung des Homogenitätstests sind die folgenden Hinweise zu beachten:

- Die Quantile der $F(v_1, v_2)$-Verteilung werden aus Platzgründen häufig nur für die gebräuchlichen Wahrscheinlichkeiten $1-\alpha = 0{,}95$ und $1-\alpha = 0{,}99$ tabelliert. Daher wird in der Regel der einseitige Test gewählt.

- Wegen der Asymmetrie der F-Verteilung ist es zweckmäßig, in den Nenner der Testfunktion stets die größere Stichprobenvarianz einzusetzen, so dass die Testgröße größer als 1 ist

$$V = \frac{S_1^2}{S_2^2} > 1 \text{ für } S_1^2 > S_2^2$$

$$V = \frac{S_2^2}{S_1^2} > 1 \text{ für } S_2^2 > S_1^2$$

Es kann dann immer der rechtsseitige Test verwendet werden. Der relevante Abschnitt des Annahmebereichs liegt dann im rechten "Schwanz" der F-Verteilung mit den entsprechend großen Werten der Quantile, die eine klare Aussage über die Hypothese erlauben.

Im umgekehrten Fall mit $V < 1$ liegen sowohl die Testgröße als auch die Quantile im Intervall $[0,1]$ und es erfolgt die Entscheidung über die Annahme oder Verwerfung der Hypothesen aufgrund von Unterschieden in den Dezimalstellen. Beide Verfahren führen natürlich zum selben Ergebnis, der Annahme oder Ablehnung der Hypothesen.

- Im Falle des zweiseitigen Tests müssen wieder zwei Quantile bestimmt werden. Mit der Tabelle gelingt das nur, für die Signifikanzniveaus $\alpha = 2\%$ und $\alpha = 10\%$ oder durch Interpolation.

Für die Bestimmung des linken Quantils gilt:

$$F\left(\frac{\alpha}{2}; v_1; v_2\right) = \frac{1}{F\left(1-\frac{\alpha}{2}; v_2; v_1\right)}$$

Beweis:

Das $\alpha/2$-Quantil der $F(v_1, v_2)$-Verteilung ergibt sich als Kehrwert des $(1-\alpha/2)$-Quantils der $F(v_2, v_1)$-Verteilung:

$$P\left(\frac{S_1^2}{S_2^2} \leq F_2^1\right) = 1 - \frac{\alpha}{2} \qquad \text{mit } F_2^1 = F\left(1-\frac{\alpha}{2}; v_1; v_2\right)$$

$$P\left(\frac{S_2^2}{S_1^2} \geq \frac{1}{F_2^1}\right) = 1 - P\left(\frac{S_2^2}{S_1^2} \leq \frac{1}{F_2^1}\right) = 1 - \frac{\alpha}{2}$$

Daraus folgt

$$1 - P\left(\frac{S_2^2}{S_1^2} \le \frac{1}{F_2^1}\right) = 1 - \frac{\alpha}{2}$$

$$P\left(\frac{S_2^2}{S_1^2} \le \frac{1}{F_2^1}\right) = P\left(\frac{S_2^2}{S_1^2} \le F_1^2\right) = \frac{\alpha}{2}$$

und damit

$$F_1^2\left(\frac{\alpha}{2}\right) = \frac{1}{F_2^1\left(1 - \frac{\alpha}{2}\right)}$$

BEISPIELE

1. Auf zwei Maschinen werden 50 g Tuben einer Salbe abgefüllt. Es soll geprüft werden, ob die Homogenitätsannahme berechtigt ist, d.h. beide Maschinen die gleiche Varianz aufweisen.

   Die Stichproben haben ergeben (siehe S. 292):

   $n_1 = 14$, $\bar{x} = 51$, $s_1 = 3{,}1$, $s_1^2 = 9{,}61$
   $n_2 = 13$, $\bar{y} = 48$, $s_2 = 3{,}4$, $s_2^2 = 11{,}56$

   Die Stichprobenvarianz der Maschine 2 ist größer als die der Maschine 1. Wir führen daher einen rechtsseitigen Quotiententest durch und prüfen die **Nullhypothese**

   $$H_0 : \sigma_1^2 = \sigma_2^2$$

   und die **Alternativhypothese**

   $$H_1 : \sigma_2^2 > \sigma_2^2$$

Rechtsseitiger Varianzquotiententest

[1] **Signifikanzniveau**:

$\alpha = 0{,}05$

[2] **Testgröße**:

$$v = \frac{s_2^2}{s_1^2} = \frac{11{,}56}{9{,}61} = 1{,}203 \qquad \text{(alternativ } \frac{s_1^2}{s_2^2} = 0{,}8313\text{)}$$

[3] **Quantil** der Testverteilung (F-Verteilung mit v_1 und v_2 Freiheitsgraden):

$$F(1-\alpha; v_2; v_1) = F(0{,}95; 12; 13) = 2{,}60$$

[4] **Bestimmung des Annahmebereichs**:

$$v \leq 2{,}60$$

[5] **Entscheidung über die Annahme**:

$$1{,}203 < v = 2{,}60$$

Die Testgröße liegt im Annahmebereich. Der Unterschied zwischen den Stichprobenvarianzen der beiden Maschinen ist nicht signifikant. Die Nullhypothese (Varianzhomogenität) wird bei einem Signifikanzniveau von $\alpha = 5\%$ durch den Test bestätigt und angenommen.

Die Alternativhypothese H_1, dass die Varianz der Maschine 2 größer ist als die Varianz der Maschine 1 (Varianzinhomogenität), wird durch den Test widerlegt.

2. Durch eine Stichprobenerhebung wurde die Körpergröße von Studenten untersucht. Dabei wurde bei 31 zufällig ausgewählten weiblichen und 35 zufällig ausgewählten männlichen Studenten die Körpergröße ermittelt.

Wir unterscheiden die beiden Zufallsvariablen

X: Körpergröße einer Studentin [cm] ; $N(\mu_1; \sigma_1)$

Y: Körpergröße eines Studenten [cm] ; $N(\mu_2; \sigma_2)$

Aus früheren Untersuchungen sei bekannt, dass die Körpergröße normalverteilt ist; $N(\mu_1; \sigma_1)$ für die weiblichen und $N(\mu_2; \sigma_2)$ für die männlichen Studenten.

Die Stichproben haben ergeben:

$$n_1 = 31 \quad , \bar{x} = 166 \quad , s_1 = 9{,}5 \quad s_1^2 = 90{,}25$$
$$n_2 = 35 \quad , \bar{y} = 178 \quad , s_2 = 10{,}5 \quad s_2^2 = 110{,}25$$

Die Stichprobenvarianz war bei den männlichen Studenten kleiner als bei den weiblichen. Durch einen Test soll geprüft werden, ob der in den Stichproben beobachtete Unterschied der Varianzen bei den weiblichen und männlichen Studenten durch den Zufall erklärt werden kann oder ob er auf einen signifikanten Unterschied der Varianzen in der Grundgesamtheit σ_1^2 und σ_2^2 hindeutet.

Wir führen daher einen zweiseitigen Quotiententest für die Varianzen durch. Das Signifikanzniveau sei $\alpha = 0{,}02$.

Die **Nullhypothese** und die **Alternativhypothese** lauten

$$H_0 : \sigma_1^2 = \sigma_2^2 \qquad H_1 : \sigma_1^2 \neq \sigma_2^2$$

Zweiseitiger Varianzquotiententest

[1] **Signifikanzniveau**:

$$\alpha = 0{,}02 \quad ; \quad 1 - \alpha = 0{,}98$$

[2] **Testfunktion**:

$$v = \frac{s_2^2}{s_1^2} = \frac{110{,}25}{90{,}25} = 1{,}22$$

[3] **Quantile** der Testverteilung (*F*-Verteilung mit ν_1, ν_2 Freiheitsgraden):

$$F_2 = F(0{,}99; 30; 34) = 2{,}30$$

$$F_1 = F(0{,}01; 30; 34) = \frac{1}{F(0{,}99; 34; 30)} = \frac{1}{2{,}35} = 0{,}425$$

mit

$$F(0{,}99; 34; 30) = 2{,}39 - (2{,}39 - 2{,}30)\frac{34 - 30}{40 - 30} = 2{,}354$$

[4] **Bestimmung des Annahmebereichs**:

$$0{,}425 \leq v \leq 2{,}30$$

[5] **Entscheidung über die Annahme**:

$$0{,}425 < v = 1{,}22 < 2{,}30$$

Die Testgröße liegt im Annahmebereich. Der Unterschied zwischen den Varianzen der Körpergröße bei weiblichen und bei männlichen Studenten in den beiden Stichproben ist nicht signifikant. Die Nullhypothese (Varianzhomogenität) wird bei einem Signifikanzniveau von $\alpha = 2\%$ durch den Test bestätigt und angenommen.

Die Alternativhypothese H_1, dass die Varianzen der Körpergröße bei weiblichen und männlichen Studenten differieren (Varianzinhomogenität), wird durch den Test widerlegt.

ÜBUNG 11.2 (Zweistichprobentests)

1. Zum Nachweis eines hormonalen Dopingmittels wurden zwei neue Testverfahren entwickelt. Die Zuverlässigkeit soll durch zwei Stichproben überprüft werden.

   10 zufällig entnommene Blutproben von gesunden Erwachsenen, die das Mittel in unterschiedlicher normalverteilter Konzentration enthalten, werden in je eine A- und eine B-Probe aufgeteilt und mit den beiden neuen Verfahren 1 und 2 untersucht. Die Differenzen der Messergebnisse betragen:

   $$z_i = x_i - y_i: \quad 1, 0, 2, 3, -1, 2, 0, 2, -1, 0 \quad [‰]$$

   Testen Sie die Hypothese, dass beide Verfahren im Durchschnitt zum selben Messergebnis führen, für das Signifikanzniveau $\alpha = 5\%$!

2. Eine Stichprobenerhebung des monatlichen Einkommens bei 31 BWL- und 33 VWL-Studenten ergab bei den BWL-Studenten mit 760 € im Durchschnitt ein höheres Einkommen als bei den VWL-Studenten mit 690 €.

   Nehmen Sie an, dass das Einkommen normalverteilt und die Standardabweichung $\sigma_1 = \sigma_2 = \sigma = 100$ aus früheren Erhebungen bekannt sei. Testen Sie bei einem Signifikanzniveau von $\alpha = 4\%$, ob die BWL-Studenten tatsächlich ein höheres Einkommen als die VWL-Studenten haben.

3. Für eine Wahlprognose wurden je 200 zufällig ausgewählte wahlberechtigte Frauen und Männer nach ihren Präferenzen gefragt. 70 Frauen aber nur 60 Männer gaben an, dass sie den Kandidaten der Regierungskoalition wählen würden.

   Kann aus den Ergebnissen gefolgert werden, dass die Regierungspartei bei den weiblichen Wählern beliebter als bei den männlichen Wählern ist?

   Führen Sie einen zweiseitigen Differenztest für den Stimmenanteil der Regierungspartei durch. Das Signifikanzniveau sei $\alpha = 0{,}03$.

4. Ein Hersteller von Handys garantiert für die verwendeten Akkus eine hohe Standby-Zeit. Für die Kundenzufriedenheit ist nicht nur bedeutsam, dass die Standby-Zeit im Durchschnitt, sondern dass sie gleichmäßig mit geringer Streuung erzielt wird. Durch eine Stichprobe soll überprüft werden, ob ein neuer Akkutyp II die Varianz der Standby-Zeit gegenüber dem alten Akkutyp I reduziert hat. Es ist:

   $$n_1 = 24 \quad, \bar{x} = 210 \quad, s_1 = 10 \quad s_1^2 = 100$$
   $$n_2 = 21 \quad, \bar{y} = 225 \quad, s_2 = 15 \quad s_2^2 = 225$$

   Testen Sie die Homogenitätsannahme $\sigma_1^2 = \sigma_2^2$ beim Signifikanzniveau $\alpha = 2\%$. Nehmen Sie an, dass die Standby-Zeit normalverteilt ist.

5. Prüfen Sie unter den Bedingungen der Aufgabe 4, ob der neue Akkutyp im Durchschnitt eine längere Standby-Zeit hat. Testen Sie die Nullhypothese $\mu_1 = \mu_2$ beim Signifikanzniveau $\alpha = 2\%$.

12 Testverfahren: Verteilungstests

Die bisher behandelten Testverfahren (Parametertest, Parametrische Testverfahren) erlauben die Überprüfung statistischer Hypothesen über die Parameter der Grundgesamtheit. Wir wollen nun überlegen, wie sich mit Hilfe von Stichproben Hypothesen über die Art der Verteilung der Grundgesamtheit testen lassen; welche Schlüsse von der Verteilung der Stichprobe auf die Verteilung der Grundgesamtheit möglich sind.

Die **Nullhypothese** ist nun eine Hypothese über die Art der Verteilung der Grundgesamtheit:

$$H_0 : F(X) = F_0(X)$$

Bei der hypothetischen Verteilung F_0 kann es sich z.B. um die Gleichverteilung, Binomialverteilung, Poissonverteilung oder Normalverteilung handeln. Die Nullhypothese behauptet, dass die Verteilung der Grundgesamtheit, aus der die Stichprobe stammt, der hypothetischen Verteilung F_0 entspricht.

Zur Überprüfung dieser Hypothese wird eine Stichprobe gezogen. Die Verteilungsfunktion $\hat{F}(X)$ der beobachteten Stichprobenwerte kann als Näherungsfunktion für $F_0(X)$ aufgefasst werden.

Es ist nun zu überlegen, ob die empirische Stichprobenverteilung eine hinreichend gute Annäherung der hypothetischen Verteilung darstellt, also vereinbar mit der Hypothese ist oder nicht. Da die beobachtete Stichprobenverteilung ein Zufallsergebnis ist und daher in der Regel von der hypothetischen Verteilung abweichen wird, ist zu entscheiden, ob die Abweichungen zwischen $\hat{F}(X)$ und $F_0(X)$ zufällig oder signifikant sind.

Dazu benötigen wir

- ein Maß für die Abweichung zwischen $\hat{F}(X)$ und $F_0(X)$.
- eine Wahrscheinlichkeitsverteilung für dieses Abweichungsmaß unter der Annahme, dass die Nullhypothese wahr ist.

Damit können wir für eine gegebene Wahrscheinlichkeit $1-\alpha$ angeben, welche Abweichungen noch als zufällig (Annahmebereich) und welche als signifikant (Verwerfungsbereich) anzusehen sind; wann also die Nullhypothese durch die Stichprobe bestätigt und wann widerlegt wird.

Die gebräuchlichsten Verteilungstests, die wir im Folgenden behandeln wollen, sind:

- der Chi-Quadrat-Anpassungstest (K. Pearson)
- der Chi-Quadrat-Unabhängigkeitstest

12.1 Chi-Quadrat-Anpassungstest

Wir sprechen deshalb von Anpassungstest (Goodness-of-Fit Test), weil die Güte der Anpassung zwischen einer hypothetischen Verteilung und einer Stichprobenverteilung geprüft wird. Der Chi-Quadrat-Anpassungstest ist auf diskrete und stetige Zufallsvariablen anwendbar und völlig unabhängig von der Art der hypothetischen Verteilung; er wird daher auch als verteilungsfreier Test bezeichnet.

Wir beschränken uns zunächst auf diskrete Verteilungen. Das Testverfahren beruht auf folgendem Satz von Karl Pearson[1]:

> **Satz von Pearson**
>
> Gegeben seien die Werte der diskreten Zufallsvariablen X
>
> $$x_1, x_2, x_3, \ldots, x_k$$
>
> und die zugehörigen Wahrscheinlichkeiten der hypothetischen Wahrscheinlichkeitsverteilung:
>
> $$p_1, p_2, p_3, \ldots, p_k \qquad f(x_i) = p_i \;;\; i = 1, 2, 3, \ldots, k$$
>
> In einer Stichprobe des Umfangs n werden die absoluten Häufigkeiten
>
> $$n_1, n_2, n_3, \ldots, n_k$$
>
> der Variablenwerte x_i beobachtet. Die Zufallsvariable
>
> $$\chi^2 = \sum_{i=1}^{k} \frac{(n_i - n p_i)^2}{n p_i}$$
>
> ist dann für hinreichend große n ($np_i \geq 5$) näherungsweise χ^2-verteilt mit $k-1$ Freiheitsgraden.

Da n_i die in der Stichprobe beobachtete Häufigkeit und np_i die aufgrund der Hypothese erwartete Häufigkeit einer Merkmalsausprägung darstellen, kann χ^2 als ein Maß für die Abweichung zwischen n_i und np_i aufgefasst werden.

χ^2 ist null, wenn es keine Abweichungen gibt und ist um so größer, je größer die Abweichung zwischen der Stichprobenverteilung und der theoretischen Verteilung ist.

Die **Testfunktion** für den χ^2-Anpassungstest lautet also

$$\boxed{V = \sum_{i=1}^{k} \frac{(n_i - n p_i)^2}{n p_i}}$$

---

[1] Karl Pearson (1857–1936), engl. Mathematiker, gilt als Begründer der modernen Statistik.

12.1 Chi-Quadrat-Anpassungstest

Die **Testverteilung** ist die Chi-Quadrat-Verteilung mit $k-1$ Freiheitsgraden.

Müssen aus der Stichprobe auch noch Parameter der hypothetischen Verteilung geschätzt werden, um die erwarteten Häufigkeiten np_i berechnen zu können, so verringert sich die Zahl der Freiheitsgrade um die Zahl der geschätzten Parameter r auf $v = k - r - 1$.

Die Chi-Quadrat-Verteilung kann unter der Voraussetzung als Approximation der Verteilung der Testgröße V benutzt werden, dass n hinreichend groß ist. Als Regel gilt, dass $n \geq 30$ und die erwarteten Häufigkeiten np_i nicht zu klein sein dürfen:

$$n p_i \geq 5 \qquad i = 1, 2, 3, \ldots, k$$

Ist diese Bedingung verletzt, dann müssen vor Anwendung des Tests benachbarte Merkmalsklassen zu stärker besetzten Klassen zusammengefasst werden, bis die Bedingung $np_i \geq 5$ erfüllt ist.

Bei diskreten Zufallsvariablen mit vielen Merkmalsausprägungen und bei stetigen Zufallsvariablen werden zunächst

- k Merkmalsklassen gebildet, indem die x-Achse in k Teilintervalle unterteilt wird (Intervallzerlegung)

$$I_1, I_2, I_3, \ldots, I_k$$

- und für jedes Intervall I_i ($i = 1, 2, 3, \ldots, k$) die Intervallwahrscheinlichkeit der hypothetischen Wahrscheinlichkeitsverteilung

$$p_i = P(X \in I_i)$$

berechnet; das ist die theoretische Wahrscheinlichkeitsverteilung dafür, dass ein (beobachteter) Stichprobenwert in das Intervall I_i fällt.

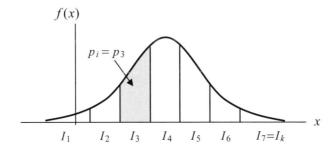

Bei diskreten Merkmalen dürfen die Intervallgrenzen nicht mit einer Merkmalsausprägung (Sprungstelle von $F(X)$) zusammenfallen.

Mit Hilfe der Chi-Quadrat-Verteilung können wir die Intervallwahrscheinlichkeit

$$P(V \leq \chi^2) = 1 - \alpha$$

berechnen. Für eine gegebene Signifikanzzahl α erhalten wir daraus das obere Quantil und den Annahmebereich

$$0 \leq V \leq \chi^2(1-\alpha; k-r-1)$$

Das untere Quantil ist hier immer null, da die Anpassung der empirischen an die hypothetische Verteilung um so besser ist, je kleiner die in V erfassten Abweichungen sind.

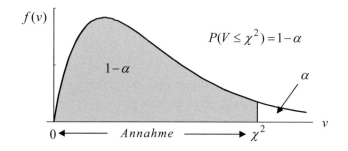

Schema des Chi-Quadrat-Anpassungstests

1. Festlegung der Signifikanzniveaus α

2. Berechnung der Testgröße

   a. Einteilung der x-Achse in k Teilintervalle $I_1, I_2, I_3, \ldots, I_k$, so dass in jedem I_i mindestens 5 Stichprobenwerte liegen.

   b. Bestimmung der Anzahl n_i der Stichprobenwerte in jedem I_i.

   c. Berechnung der Wahrscheinlichkeiten $p_i = P(X \in I_i)$ für jedes Teilintervall I_i unter der Annahme, dass $F(X) = F_0(X)$.

   d. Berechnung der Testgröße

   $$v = \sum_{i=1}^{k} \frac{(n_i - n p_i)^2}{n p_i}$$

3. Bestimmung des Annahmebereichs mit Hilfe der Testverteilung:

   $$0 \leq v \leq \chi^2(1-\alpha; k-r-1) \qquad \text{aus der } \chi^2(1-\alpha)\text{-Tabelle}$$

4. Entscheidung über die Annahme

   $H_0 : F(X) = F_0(X)$

   wird angenommen, wenn $v \in [0, \chi^2]$.
   wird abgelehnt, wenn $v \notin [0, \chi^2]$.

12.1 Chi-Quadrat-Anpassungstest

BEISPIELE

1. Durch eine Stichprobe soll geprüft werden, ob es sich bei einem bestimmten Würfel um einen fairen (regelmäßigen) Würfel handelt, d.h. die Augenzahlen gleichverteilt sind. Dazu wird der Würfel $n = 60$-mal geworfen. Die Zufallsvariable X ist bei diesem Experiment die Augenzahl. Die Häufigkeiten, mit denen die Augenzahlen 1, 2, 3, 4, 5, 6 auftreten, werden mit den Häufigkeiten verglichen, die zu erwarten sind, wenn X gleichverteilt ist.

    Die **Nullhypothese** lautet

    $$H_0 : f(x) = f_0(x) = p_i = \frac{1}{6} \quad ; x_i = 1, 2, \ldots, 6$$

    d.h. X ist gleichverteilt; jede Augenzahl hat die gleiche Wahrscheinlichkeit $1/6$.

    Wir werten die Stichprobe in der folgenden Tabelle aus. In der 1. Spalte finden sich die Ausprägungen der Zufallsvariablen X, also die 6 möglichen Augenzahlen. In der 2. Spalte stehen die tatsächlichen Häufigkeiten, mit denen die Augenzahlen bei 60 Würfen eingetreten sind. Die 3. Spalte enthält die hypothetischen Augenzahlen. Bei 60 Würfen ist zu erwarten, dass jede Augenzahl im Durchschnitt 10 mal eintritt. In der 4. Spalte werden die Quadrate der Abweichung der beobachteten von den hypothetischen Häufigkeiten berechnet und schließlich in der letzten Spalte die Abweichungsquadrate durch die hypothetische Häufigkeit 10 dividiert.

$x_i = i$	n_i	np_i	$(n_i - np_i)^2$	$\dfrac{(n_i - np_i)^2}{np_i}$
1	6	10	16	1,6
2	9	10	1	0,1
3	14	10	16	1,6
4	8	10	4	0,4
5	7	10	9	0,9
6	13	10	9	0,9
Σ	60	60		$v = 5,5$

    Wir sehen, dass die Häufigkeiten der Augenzahlen durchaus nicht gleich sind, sondern erhebliche Abweichungen vom hypothetischen Wert aufweisen. Wir prüfen daher, ob diese Abweichungen mit der Gleichverteilungshypothese vereinbar sind. Die Summe der letzten Spalte ergibt die χ^2-verteilte Testgröße v.

Der grafische Vergleich der Häufigkeiten der Stichprobenverteilung und der Gleichverteilung ergibt folgendes Bild:

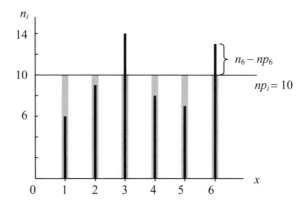

Auf den ersten Blick scheint die Übereinstimmung nicht groß zu sein. Die Häufigkeitsverteilung der Stichprobe weist keine Ähnlichkeit mit der Gleichverteilung auf. Es liegt in der Natur der Gleichverteilung, dass sie sich bei kleinen Stichproben durch die ausgeprägten zufallsbedingten Abweichungen nach oben und unten völlig unähnlich wird.

Chi-Quadrat-Anpassungstest

[1] **Signifikanzniveau**:

$$\alpha = 0{,}05 \quad \Rightarrow 1-\alpha = 0{,}95$$

[2] **Testgröße**:

$$v = \sum_{i=1}^{6} \frac{(n_i - np_i)^2}{np_i} = 5{,}5$$

[3] **Annahmebereich** (Testverteilung: $\chi^2(v = k-1)$-Verteilung):

$$0 \leq v \leq \chi^2(0{,}95;5) = 11{,}07 \quad \text{aus der } \chi^2\text{-Tabelle mit } v = k-1 = 5$$

[4] **Entscheidung über Annahme**:

$$0 < v = 5{,}5 < 11{,}07$$

Die Testgröße v liegt im Annahmebereich. Die Abweichungen der Stichprobenverteilung von der Gleichverteilung sind beim Signifikanzniveau $\alpha = 0{,}05$ zufällig. Die Nullhypothese, dass die Augenzahl beim Werfen des Würfels gleichverteilt ist, es sich also um einen fairen Würfel handelt, wird durch den Test bestätigt und angenommen.

2. Durch eine Stichprobe soll geprüft werden, ob die Kundenfrequenz in einem Supermarkt poisson-verteilt ist. Dazu wird in 100 zufällig ausgewählten, über die Öffnungszeit verteilten Zeitintervallen (Minuten) die Anzahl der Kunden gezählt, die den Supermarkt betreten.

Der Stichprobenumfang ist also $n = 100$ [Minuten] und die Zufallsvariable X die Anzahl der Kunden pro Minute. Die **Nullhypothese** lautet

$$H_0: \quad f(x) = f_0(x) = \frac{\mu^x}{x!} e^{-\mu} \quad ; \ x = 1, 2, 3, \ldots$$

Die Stichprobe ergibt folgende (beobachtete) Häufigkeitsverteilung:

x_i	n_i	$x_i \dfrac{n_i}{n}$
0	5	0
1	16	0,16
2	19	0,38
3	25	0,75
4	14	0,56
5	13	0,65
6	6	0,36
7	2	0,14
≥ 8	0	0
Σ	100	$\bar{x} = 3$

In der 1. Spalte stehen die Ausprägungen der Zufallsvariablen X, also die Anzahl der Kunden, die den Supermarkt pro Minute betreten haben. In der 2. Spalte finden sich die beobachteten Häufigkeiten, d.h. die Anzahl Minuten mit x_i Kunden. In der letzten Spalte werden die x_i mit ihren relativen Häufigkeiten multipliziert. Die Spaltensumme ergibt das arithmetische Mittel der Stichprobe, also die durchschnittliche Zahl der Kunden pro Minute.

Da der Parameter μ der hypothetischen Poissonverteilung nicht bekannt ist, wird er aus der Stichprobe geschätzt. Das Stichprobenmittel $\bar{x}$ ist eine erwartungstreue Schätzung für μ:

$$\hat{\mu} = \bar{x} = \sum_{i=1}^{8} x_i \frac{n_i}{n} = 3 \qquad \text{mit } n = \sum_{i=1}^{8} n_i = 100$$

Die Zahl der Freiheitsgrade der Testgröße V und damit der χ^2-Verteilung sinkt damit um $r = 1$.

Mit Hilfe der Wahrscheinlichkeitsfunktion der hypothetischen Poissonverteilung $Ps(\mu) = Ps(3)$ können die erwarteten absoluten Häufigkeiten np_i berechnet werden:

$$f(x) = f_0(x) = \frac{3^x}{x!} e^{-3} \quad ; x = 0, 1, 2, 3, \ldots$$

x_i	$f(x_i; \mu = 3)$	$np_i = 100 \cdot f(x_i)$
0	0,0498	4,98≈5
1	0,1494	14,94
2	0,2240	22,40
3	0,2240	22,40
4	0,1680	16,80
5	0,1008	10,08
6	0,0504	5,04
≥7	0,0335	3,35

Für den Test werden die letzten beiden Merkmalsklassen zusammengefasst, damit $np_i \geq 5$ ist.

i	x_i	n_i	np_i	$n_i - np_i$	$(n_i - np_i)^2$	$\dfrac{(n_i - np_i)^2}{np_i}$
1	0	5	4,98	0,02	0	0
2	1	16	14,94	1,06	1,12	0,08
3	2	19	22,40	−3,40	11,56	0,52
4	3	25	22,40	2,60	6,76	0,30
5	4	14	16,80	−2,80	7,84	0,47
6	5	13	10,08	2,92	8,53	0,85
7	≥6	8	8,39	−0,39	0,15	0,02
Σ						$v = 2,24$

In der 5. Spalte werden die Abweichungen der beobachteten von den hypothetischen Häufigkeiten berechnet und in der 6. Spalte die Quadrate dieser Abweichungen. Schließlich werden in der letzten Spalte die Abweichungsquadrate durch die hypothetischen Häufigkeiten dividiert.

Die beobachteten Kundenfrequenzen weichen von den hypothetischen Häufigkeiten der Poissonverteilung ab. Das ist normal, da die Stichprobenhäufigkeiten Zufallsvariablen sind. Wir prüfen, ob diese Abweichungen noch durch den Zufall erklärt werden können und daher mit der Poissonverteilung vereinbar sind. Die Summe der letzten Spalte ergibt den Stichprobenwert der χ^2-verteilten Testgröße V.

In der grafischen Darstellung wird bereits die Güte der Anpassung sichtbar. Es besteht eine sehr hohe Übereinstimmung zwischen der empirischen Häufigkeitsverteilung der Stichprobe und der hypothetischen (theoretischen) Häufigkeitsverteilung der Poissonverteilung.

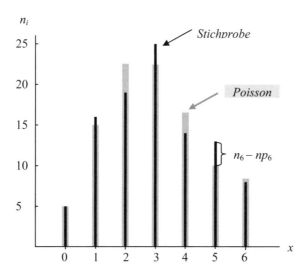

Chi-Quadrat-Anpassungstest (Poissonverteilung)

[1] **Signifikanzniveau**:

$$\alpha = 0{,}10 \quad \Rightarrow 1-\alpha = 0{,}90$$

[2] **Berechnung der Testgröße**:

$$v = \sum_{i=1}^{7} \frac{(n_i - np_i)^2}{np_i} = 2{,}24$$

[3] **Annahmebereich** (für $\chi^2(v = k - r - 1) = \chi^2(7 - 1 - 1) = \chi^2(5)$):

$$0 \leq v \leq \chi^2(0{,}90; 5) = 9{,}24 \text{ aus der } \chi^2\text{-Tabelle mit } v = 5$$

[4] **Entscheidung über Annahme**:

$$0 < v = 2{,}24 < 9{,}24$$

Die Testgröße v liegt im Annahmebereich. Die Abweichungen der Stichprobenverteilung von der Poissonverteilung mit $\mu = 3$ sind beim Signifikanzniveau $\alpha = 0{,}10$ zufällig und nicht signifikant. Die Nullhypothese, dass die Kundenfrequenz poissonverteilt ist, wird durch den Test bestätigt und daher angenommen.

12.2 Chi-Quadrat-Unabhängigkeitstest (Kontingenztest)

Der Chi-Quadrat-Unabhängigkeitstest dient der Überprüfung der Unabhängigkeit bzw. Abhängigkeit zweier Zufallsvariablen und ihrer Verteilungen; er liefert aber kein Maß für die Stärke oder die Richtung (Art) der Abhängigkeit.

Mit dem Chi-Quadrat-Unabhägigkeitstest kann z.B. geprüft werden, ob folgende Zufallsvariablen (Merkmale) voneinander abhängen:

- Produktqualität und Produktionsverfahren
- Religionszugehörigkeit und Wahlverhalten
- Ausbildung und Einkommen.

Zur Überprüfung der Nullhypothese

H_0: die Zufallsvariablen X und Y sind unabhängig

wird eine zweidimensionale Stichprobe oder werden zwei verbundene Stichproben vom Umfang n gezogen.

Die Zufallsvariablen X und Y können diskret oder stetig sein. Die Bildung von Merkmalsklassen unterliegt denselben Bedingungen wie beim Chi-Quadrat-Anpassungstest.

Wir beschränken uns wieder auf diskrete (auch nominalskalierte) Zufallsvariablen.

Kontingenztabelle

Das Ergebnis der Stichprobe wird in einer zweidimensionalen Häufigkeitstabelle, auch Kontingenztabelle genannt, dargestellt.

Dabei verwenden wir die Symbole in der folgenden Bedeutung:

n_{ij} bezeichnet die **absolute Häufigkeit** der Merkmalskombinationen (x_i, y_j); das ist die Zahl der Fälle, in denen gleichzeitig die Zufallsvariable X den Wert x_i und die Zufallsvariable Y den Wert y_j annehmen.

n_{i*} bedeutet die **Randhäufigkeit** der Merkmalsausprägung $x_i = (x_i, *)$ des Merkmals X.

Das ist die Anzahl der Fälle, in denen die Zufallsvariable X den Wert x_i annimmt, völlig unabhängig davon welchen Wert die Variable Y annimmt.

n_{i*} ist also die absolute Häufigkeit des Variablenwertes x_i in der Stichprobe, die man erhielte, wenn man auf die Erhebung der Werte von Y ganz verzichten würde.

12.2 Chi-Quadrat-Unabhängigkeitstest (Kontingenztest)

	y_1	y_2	y_3	...	y_l	n_{i*}
x_1	n_{11}	n_{12}	n_{13}	...	n_{1l}	n_{1*}
x_2	n_{21}	n_{22}	n_{23}	...	n_{2l}	n_{2*}
x_3	n_{31}	n_{32}	n_{33}	...	n_{3l}	n_{3*}
⋮	⋮	⋮	⋮	⋱	⋮	⋮
x_k	n_{k1}	n_{k2}	n_{k3}	...	n_{kl}	n_{k*}
n_{*j}	n_{*1}	n_{*2}	n_{*3}	...	n_{*l}	n

Die Randhäufigkeiten n_{i*} ergeben sich als Zeilensumme der Häufigkeiten der i-ten Zeile. Es gilt:

$$n_{i*} = \sum_{j=1}^{l} n_{ij} \qquad i = 1, 2, 3, \ldots, k$$

Die relativen Randhäufigkeiten n_{i*}/n können als Schätzwerte der **Randwahrscheinlichkeiten** p_{i*} aufgefasst werden:

$$\hat{f}(x_i) = \hat{p}_{i*} = \frac{n_{i*}}{n}$$

Daher können die Randhäufigkeiten auch als Produkt des Stichprobenumfangs n und des Schätzwerts $\hat{p}_{i*}$ der Randwahrscheinlichkeiten dargestellt werden:

$$n_{i*} = n\,\hat{p}_{i*}$$

n_{*j} ist die **Randhäufigkeit** der Merkmalsausprägung $y_j = (*, y_j)$ des Merkmals Y.

Das ist die Zahl der Variablenwerte y_j der Zufallsvariablen Y in der Stichprobe, unabhängig davon welchen Wert die Variable X annimmt.

Die Randhäufigkeiten n_{*j} ergeben sich als Spaltensumme der Häufigkeiten der j-ten Spalte:

$$n_{*j} = \sum_{i=1}^{k} n_{ij} \qquad j = 1, 2, 3, \ldots, l$$

Die relativen Randhäufigkeiten sind Schätzwerte der Randwahrscheinlichkeiten

$$\hat{f}(y_j) = \hat{p}_{*j} = \frac{n_{*j}}{n}$$

Die Randhäufigkeiten können daher auch als Produkt des Stichprobenumfangs n und des Schätzwerts $\hat{p}_{*j}$ der Randwahrscheinlichkeiten dargestellt werden:

$$n_{*j} = n\,\hat{p}_{*j}$$

Für die Summen der Häufigkeiten gilt:

$$\sum_{i=1}^{k}\sum_{j=1}^{l} n_{ij} = \sum_{i=1}^{k} n_{i*} = \sum_{j=1}^{l} n_{*j} = n$$

Die Summe aller Häufigkeiten ist gleich dem Stichprobenumfang n.

Hypothetische Häufigkeitstabelle

Die Wahrscheinlichkeiten der hypothetischen Verteilung der Zufallsvariablen X und Y sind nun

$$f(x_i) = p_{i*} \quad i = 1, 2, 3, \ldots, k$$
$$f(y_j) = p_{*j} \quad j = 1, 2, 3, \ldots, l$$

Sie müssen in der Regel aus der Stichprobe mit Hilfe der Randwahrscheinlichkeiten geschätzt werden. Damit können wir die hypothetische Häufigkeitsverteilung für den Fall berechnen, dass die Zufallsvariablen X und Y stochastisch unabhängig sind (Nullhypothese).

Nach der Definition der stochastischen Unabhängigkeit gilt für die für unabhängigen Ereignisse bzw. Zufallsvariablen X und Y:

$$f(x_i, y_j) = f(x_i) \cdot f(y_j)$$
$$p_{ij} \;\;=\;\; p_{i*} \,\cdot\, p_{*j}$$

Die Wahrscheinlichkeit dafür, dass die Variablenwerte (Merkmalsausprägungen) x_i und y_j gleichzeitig auftreten, also ein Merkmalsträger sowohl die Merkmalsausprägung x_i als auch y_j aufweist, ist gleich dem Produkt der Einzelwahrscheinlichkeiten.

Die hypothetischen oder **erwarteten** absoluten Häufigkeiten bei einer Stichprobe vom Umfang n sind also:

$$n_{ij}^{e} = n\,p_{ij} = n\,p_{i*}p_{*j}$$

12.2 Chi-Quadrat-Unabhängigkeitstest (Kontingenztest)

Werden p_i und p_j aus der Stichprobe geschätzt, dann haben die hypothetischen Häufigkeiten folgenden Wert:

$$n_{ij}^e = n \hat{p}_{i*} \hat{p}_{*j} = n \frac{n_{i*}}{n} \cdot \frac{n_{*j}}{n} = \frac{n_{i*} n_{*j}}{n}$$

Daraus ergibt sich folgende **hypothetische Häufigkeitstabelle**:

	y_1	y_2	y_3	...	y_l	n_{i*}
x_1	$\frac{n_{1*}n_{*1}}{n}$	$\frac{n_{1*}n_{*2}}{n}$	$\frac{n_{1*}n_{*3}}{n}$	...	$\frac{n_{1*}n_{*l}}{n}$	n_{1*}
x_2	$\frac{n_{2*}n_{*1}}{n}$	$\frac{n_{2*}n_{*2}}{n}$	$\frac{n_{2*}n_{*3}}{n}$	...	$\frac{n_{2*}n_{*l}}{n}$	n_{2*}
x_3	$\frac{n_{3*}n_{*1}}{n}$	$\frac{n_{3*}n_{*2}}{n}$	$\frac{n_{3*}n_{*3}}{n}$	...	$\frac{n_{3*}n_{*l}}{n}$	n_{3*}
⋮	⋮	⋮	⋮	⋱	⋮	⋮
x_k	$\frac{n_{k*}n_{*1}}{n}$	$\frac{n_{k*}n_{*2}}{n}$	$\frac{n_{k*}n_{*3}}{n}$	...	$\frac{n_{k*}n_{*l}}{n}$	n_{k*}
n_{*j}	n_{*1}	n_{*2}	n_{*3}	...	n_{*l}	n

Wenn die Nullhypothese wahr ist, die Zufallsvariablen X und Y also unabhängig sind, ist zu erwarten, dass die Abweichungen

$$n_{ij} - n_{ij}^e = n_{ij} - \frac{n_{i*} n_{*j}}{n}$$

zwischen den Stichprobenhäufigkeiten und den hypothetischen Häufigkeiten zufallsbedingt und daher gering sind.

Ein geeignetes Maß für die Abweichung zwischen der Stichprobenverteilung und der hypothetischen Verteilung ist die quadratische **Kontingenz**, die wir daher als Testgröße verwenden:

$$V = \sum_{i=1}^{k} \sum_{j=1}^{l} \frac{(n_{ij} - n_{ij}^e)^2}{n_{ij}^e} = \sum_{i=1}^{k} \sum_{j=1}^{l} \frac{\left(n_{ij} - \frac{n_{i*} n_{*j}}{n}\right)^2}{\frac{n_{i*} n_{*j}}{n}}$$

Sie ist für hinreichend große n ($n_{ij}^e \geq 5$) näherungsweise chi-quadrat-verteilt mit $v = (k-1)(l-1)$ Freiheitsgraden.

Schema des Chi-Quadrat-Unabhängigkeitstest

1. Festlegung des Signifikanzniveaus α
2. Berechnung der Testgröße

   a. Einteilung der

   x-Achse in k Teilintervalle $A_1, A_2, ..., A_k$
   y-Achse in l Teilintervalle $B_1, B_2, ..., B_l$

   b. Aufstellung der Kontingenztabelle mit Randhäufigkeiten

	B_1	B_2	B_3	...	B_l	n_{i*}
A_1	n_{11}	n_{12}	n_{13}	...	n_{1l}	n_{1*}
A_2	n_{21}	n_{22}	n_{23}	...	n_{2l}	n_{2*}
A_3	n_{31}	n_{32}	n_{33}	...	n_{3l}	n_{3*}
⋮	⋮	⋮	⋮	⋱	⋮	⋮
A_k	n_{k1}	n_{k2}	n_{k3}	...	n_{kl}	n_{k*}
n_{*j}	n_{*1}	n_{*2}	n_{*3}	...	n_{*l}	n

   c. Berechnung der erwarteten Häufigkeiten

   $$n_{ij}^e = np_{i*}p_{*j} = \frac{n_{i*}n_{*j}}{n} \geq 5$$

   d. Berechnung der Testgröße

   $$v = \sum_{i=1}^{k}\sum_{j=1}^{l}\frac{(n_{ij}-n_{ij}^e)^2}{n_{ij}^e} = \sum_{i=1}^{k}\sum_{j=1}^{l}\frac{n_{ij}^2}{n_{ij}^e} - n$$

3. Berechnung des Annahmebereichs mit Hilfe der Testverteilung

   $$0 \leq v \leq \chi^2(1-\alpha; (k-1)(l-1)) \qquad \text{aus der } \chi^2(1-\alpha)\text{-Tabelle}[2]$$

4. Entscheidung über Annahme

   $H_0: F_0(X,Y) = F(X) \cdot F(Y)$; X, Y sind unabhängig

   wird angenommen, wenn $v \in [0, \chi^2]$

   wird abgelehnt, wenn $v \notin [0, \chi^2]$

---

[2] Die Zahl der Freiheitsgrad beträgt $v = k \cdot l - 1$, wenn die Randwahrscheinlichkeiten p_{i*}, p_{*j} bekannt sind und nicht aus der Stichprobe beschäzt werden.

12.2 Chi-Quadrat-Unabhängigkeitstest (Kontingenztest)

BEISPIELE

1. Ein Unternehmen erzeuge ein Produkt an drei verschiedenen Standorten (Zweigwerken). Durch eine Stichprobe aus der Tagesproduktion im Umfang von $n = 400$ soll überprüft werden, ob ein Zusammenhang zwischen dem Werk und der Produktqualität besteht.

   [1] **Signifikanzniveau** $\alpha = 0{,}05$

   [2] **Berechnung der Testgröße**

   Kontingenztabelle

Werk \ Qualität	1	2	n_{i*}
1	100	10	110
2	140	15	155
3	115	20	135
n_{*j}	355	45	400

   Hypothetische Häufigkeiten

Werk \ Qualität	1	2	n_{i*}
1	97,63	12,37	110
2	137,56	17,44	155
3	119,81	15,19	135
n_{*j}	355	45	400

   Testgröße

   $$v = \frac{(100-97{,}63)^2}{97{,}63} + \frac{(140-137{,}56)^2}{137{,}56} + \frac{(115-119{,}81)^2}{119{,}81} +$$
   $$\frac{(10-12{,}37)^2}{12{,}37} + \frac{(15-17{,}44)^2}{17{,}44} + \frac{(20-15{,}19)^2}{15{,}19}$$
   $$= 0{,}0575 + 0{,}0433 + 0{,}1931 + 0{,}4541 + 0{,}3414 + 1{,}5231$$
   $$= 2{,}61$$

[3] **Annahmebereich**:

Zahl der Freiheitsgrade

$$v = (k-1)(l-1) = (3-1)(2-1) = 2$$

Quantil der Chi-Quadrat-Verteilung $\chi^2(1-\alpha) = \chi^2(0{,}95)$

$$\chi^2(1-\alpha;(k-1)(l-1)) = \chi^2(0{,}95;2) = 5{,}99$$

Annahmebereich

$$0 \le v \le \chi^2(0{,}95;2) = 5{,}99$$

[4] **Entscheidung über Annahme**

$$0 < v = 2{,}61 < 5{,}99$$

Die Nullhypothese H_0 wird angenommen. Bei einem Signifikanzniveau $\alpha = 0{,}05$ können die Abweichungen zwischen der beobachteten und der hypothetischen Verteilung als zufällig (nicht signifikant) angesehen werden. Der Test bestätigt die Vermutung, dass kein Zusammenhang zwischen der Produktionsstätte und Produktqualität besteht.

2. An einer Mathematik-Klausur haben 112 Studenten, davon 65 männliche und 47 weibliche, teilgenommen.

   Es soll geprüft werden, ob ein Zusammenhang zwischen dem Klausurergebnis und dem Geschlecht besteht.

   [1] **Signifikanzniveau**: $\alpha = 0{,}05$

   [2] **Berechnung der Testgröße**

   Kontingenztabelle:

Sex / Note	männlich empirisch	männlich theoretisch	weiblich empirisch	weiblich theoretisch	n_{i*}
1	4	4,06	3	2,94	7
2	14	18,57	18	13,43	32
3	13	12,19	8	8,81	21
4	9	9,29	7	6,71	16
5	25	20,89	11	15,11	36
n_{*j}	65	65	47	47	112

12.2 Chi-Quadrat-Unabhängigkeitstest (Kontingenztest)

Die theoretischen (hypothetischen) Wahrscheinlichkeiten berechnen wir, indem wir die entsprechenden Randhäufigkeiten multiplizieren und durch den Stichprobenumfang dividieren, z.B.

$$n_{12}^e = \frac{n_{1*}n_{*2}}{n} = \frac{7 \cdot 47}{112} = 2{,}94$$

$$n_{41}^e = \frac{n_{4*}n_{*1}}{n} = \frac{16 \cdot 65}{112} = 9{,}29$$

Da die hypothetischen Häufigkeiten in der 1. Zeile kleiner als 5 sind, müssen die 1. und 2. Zeile zusammengefasst werden, um stärker besetzte Merkmalsklassen zu erhalten.

Sex / Note	männlich empirisch	männlich theoretisch	weiblich empirisch	weiblich theoretisch	n_{i*}
1 oder 2	18	**22,63**	21	**16,37**	39
3	13	**12,19**	8	**8,81**	21
4	9	**9,29**	7	**6,71**	16
5	25	**20,89**	11	**15,11**	36
n_{*j}	65	65	47	47	112

Testgröße

$$v = \sum_{i=1}^{4}\sum_{j=1}^{2}\frac{(n_{ij}-n_{ij}^e)^2}{n_{ij}^e}$$

$$= \frac{(18-22{,}63)^2}{22{,}63} + \frac{(13-12{,}19)^2}{12{,}19} + \frac{(9-9{,}29)^2}{9{,}29} + \frac{(25-20{,}89)^2}{20{,}89}$$

$$\frac{(21-16{,}37)^2}{16{,}37} + \frac{(8-8{,}81)^2}{8{,}81} + \frac{(7-6{,}71)^2}{6{,}71} + \frac{(11-15{,}11)^2}{15{,}11}$$

$$= 0{,}9473 + 0{,}0538 + 0{,}0091 + 0{,}8086 +$$
$$1{,}3095 + 0{,}0745 + 0{,}0125 + 1{,}1179$$
$$= 4{,}3332$$

[3] **Annahmebereich**:

Zahl der Freiheitsgrade

$$v = (k-1)(l-1) = (4-1)(2-1) = 3$$

Quantil der Chi-Quadrat-Verteilung

$$\chi^2(1-\alpha;(k-1)(l-1)) = \chi^2(0{,}95; 3) = 7{,}81$$

Annahmebereich

$$0 \leq v \leq \chi^2(0{,}95; 3) = 7{,}81$$

[4] **Entscheidung über Annahme**

$$0 < v = 4{,}33 < 7{,}81$$

Die Testgröße liegt im Annahmebereich. Die Abweichungen der Stichprobenhäufigkeiten von der hypothetischen Verteilung sind zufällig und nicht signifikant.

Die Nullhypothese H_0 wird beim Signifikanzniveau $\alpha = 0{,}05$ angenommen. Es kann also angenommen werden, dass kein Zusammenhang zwischen dem Klausurergebnis und dem Geschlecht der Klausurteilnehmer besteht.

12.3 Einfache Varianzanalyse

Bei der einfachen Varianzanalyse handelt es sich um einen Differenztest für den Mittelwert von mehr als zwei Grundgesamtheiten. Überprüft wird also die Frage, ob die Differenzen der Mittelwerte mehrerer Grundgesamtheiten signifikant von null verschieden sind. Der Unterschied zu den behandelten Differenztests liegt darin, dass die Varianzanalyse auf mehr als zwei Grundgesamtheiten anwendbar ist.

Die Bezeichnung Varianzanalyse erklärt sich dadurch, dass bei der Definition der Testgröße eine arithmetische Zerlegung der Stichprobenvarianz (Varianzzerlegung) benutzt wird.

Ausgegangen wird

- von $r > 2$ normalverteilten Grundgesamtheiten $N(\mu_i; \sigma)$ mit gleicher Varianz (Varianzhomogenität; Homoskedastizität)

$$\sigma_1 = \sigma_2 = \ldots = \sigma_r$$

- aus denen r unabhängige Stichproben im Umfang n_i ($i = 1, \ldots, r$) gezogen werden.

Getestet wird die Nullhypothese

$$H_0: \mu_1 = \mu_2 = \ldots = \mu_r = \mu$$

d.h. dass alle r Grundgesamtheiten den gleichen Mittelwert aufweisen. Die Nullhypothese H_0 ist wegen der angenommenen Varianzhomogenität gleichbedeu-

12.3 Einfache Varianzanalyse

tend mit der Behauptung, dass alle r Stichproben aus derselben $N(\mu;\sigma)$-verteilten Grundgesamtheit stammen.

BEISPIEL

Eine Autozeitschrift testet, ob 3 verschiedene Reifenfabrikate dieselbe durchschnittliche Laufleistung aufweisen. Dazu werden je 5 Fahrzeuge (gleichen Typs) mit einem der drei Reifenfabrikate bestückt und die Laufleistung durch die Kilometerzahl pro Millimeter Profiltiefe gemessen.

Die Stichproben für die drei Reifenfabrikate werden zeilenweise in einer Ergebnismatrix erfasst. Jede Stichprobe besteht aus 5 Stichprobenwerten.

Reifentyp	Laufleistung [Tkm/mm]					Summe	Mittel
i	1	2	3	4	5	Σ	$\bar{x}_i$
1	4	3	6	3	4	20	4
2	3	4	6	5	7	25	5
3	3	7	5	8	7	30	6
Σ						75	5

Im Beispiel differieren die Stichprobenmittel, d.h. die gemessene durchschnittliche Laufleistung in den drei Stichproben. Geprüft werden muss nun, ob die Unterschiede in der gemessenen Laufleistung der Reifen

- zufallsbedingt sind oder
- signifikant, d.h. durch die unterschiedliche Konstruktion der Reifen erklärt werden können.

Wenn wir die Zahlen des Beispiels durch algebraische Symbole ersetzen, erhalten wir folgende allgemeine Darstellung der Ergebnismatrix:

Stichprobe	Stichprobenwert					Summe	Mittel
i	1	2	3	$\cdots$	n_i	x_{i*}	$\bar{x}_i$
1	x_{11}	x_{12}	x_{13}	$\cdots$	x_{1n_1}	x_{1*}	$\bar{x}_1$
2	x_{21}	x_{22}	x_{23}	$\cdots$	x_{2n_2}	x_{2*}	$\bar{x}_2$
3	x_{31}	x_{32}	x_{33}	$\cdots$	x_{3n_3}	x_{3*}	$\bar{x}_3$
	$\vdots$	$\vdots$	$\vdots$		$\vdots$	$\vdots$	$\vdots$
r	x_{r1}	x_{r2}	x_{r3}	$\cdots$	x_{rn_r}	x_{r*}	$\bar{x}_r$
Σ						x_{**}	$\bar{x}$

Die Symbole in der Tabelle haben folgende Bedeutungen:

x_{ij} bezeichnet den j-ten Stichprobenwert in der Stichprobe i; die Stichprobenumfänge n_i der r Stichproben können alle verschieden sein.

$x_{i*} = \sum\limits_{j=1}^{n_i} x_{ij}$ ist die Summe der n_i Stichprobenwerte der Stichprobe i.

$\overline{x}_i = \dfrac{1}{n_i} x_{i*} = \dfrac{1}{n_i} \sum\limits_{j=1}^{n_i} x_{ij}$ ist das arithmetische Mittel der Stichprobe i.

$x_{**} = \sum\limits_{i=1}^{r} x_{i*} = \sum\limits_{i=1}^{r} \sum\limits_{j=1}^{n_i} x_{ij}$ bedeutet die Gesamtstichprobensumme, das ist die Summe der Stichprobenwerte aller Stichproben.

$\overline{x} = \dfrac{1}{n} x_{**} = \dfrac{1}{n} \sum\limits_{i=1}^{r} n_i \overline{x}_i$ ist das Gesamtstichprobenmittel, das ist das arithmetische Mittel aller n Stichprobenwerte.

$n = \sum\limits_{i=1}^{r} n_i = n_1 + n_2 + n_3 + \ldots + n_r$ ist der Umfang der Gesamtstichprobe, also der Umfang aller r Stichproben zusammengenommen.

Die Definition einer geeigneten Testgröße geht von der Gesamtstichprobenvarianz aus, die die Streuung gegenüber dem Gesamtstichprobenmittel erfasst:

$$S^2 = \frac{1}{n-1} \sum_{i=1}^{r} \sum_{j=1}^{n_i} (X_{ij} - \overline{X})^2 = \frac{1}{n-1} Q$$

Die darin enthaltene Summe der Abweichungsquadrate Q, kann zerlegt werden in zwei Teilsummen Q_1 und Q_2:

$$Q = \sum_{i=1}^{r} \sum_{j=1}^{n_i} (X_{ij} - \overline{X})^2 = \underbrace{\sum_{i=1}^{r} n_i (\overline{X}_i - \overline{X})^2}_{= Q_1} + \underbrace{\sum_{i=1}^{r} \sum_{j=1}^{n_i} (X_{ij} - \overline{X}_i)^2}_{= Q_2}$$

Dabei ist:

Q_1: die **externe Quadratsumme**, das ist die Summe der quadratischen Abweichungen zwischen den r Stichproben. Sie beruht auf der Streuung zwischen den Stichproben.

Q_2: die **interne Quadratsumme**, das ist die Summe der quadratischen Abweichungen innerhalb der einzelnen Stichproben. Sie beruht auf der Streuung innerhalb der Stichproben.

12.3 Einfache Varianzanalyse

BEWEIS (der Zerlegung der Quadratsumme)

Die Abweichung eines einzelnen Stichprobenwerts vom Gesamtstichprobenmittel können wir durch Ergänzung mit $-\bar{x}_i + \bar{x}_i$ wie folgt darstellen:

$$x_{ij} - \bar{x} = x_{ij} \underbrace{- \bar{x}_i + \bar{x}_i}_{=0} - \bar{x} = (x_{ij} - \bar{x}_i) + (\bar{x}_i - \bar{x})$$

Das Quadrat der Abweichung ergibt nach der 2. Binomischen Formel:

$$(x_{ij} - \bar{x})^2 = (x_{ij} - \bar{x}_i)^2 + 2(x_{ij} - \bar{x}_i)(\bar{x}_i - \bar{x}) + (\bar{x}_i - \bar{x})^2$$

Die Summe der Abweichungsquadrate für eine Stichprobe i ergibt:

$$\sum_{j=1}^{n_i} (x_{ij} - \bar{x})^2 = \sum_{j=1}^{n_i} (x_{ij} - \bar{x}_i)^2 + 2\underbrace{\sum_{j=1}^{n_i} (x_{ij} - \bar{x}_i)(\bar{x}_i - \bar{x})}_{=0} + \underbrace{\sum_{j=1}^{n_i} (\bar{x}_i - \bar{x})^2}_{= n_i(\bar{x}_i - \bar{x})^2}$$

$$= \sum_{j=1}^{n_i} (x_{ij} - \bar{x}_i)^2 + n_i(\bar{x}_i - \bar{x})^2$$

Über alle Stichproben summiert:

$$\underbrace{\sum_{i=1}^{r}\sum_{j=1}^{n_i} (x_{ij} - \bar{x})^2}_{q \text{ totale}} = \underbrace{\sum_{i=1}^{r}\sum_{j=1}^{n_i} (x_{ij} - \bar{x}_i)^2}_{q_2 \text{ interne}} + \underbrace{\sum_{i=1}^{r} n_i(\bar{x}_i - \bar{x})^2}_{q_1 \text{ externe Abweichung}}$$

Die totale Quadratsumme q ergibt sich als Summe der Quadratsumme der internen q_2 und der Quadratsumme der externen Abweichungen q_1.

Entsprechend der Aufspaltung der Quadratsumme der Abweichungen Q in eine interne und eine externe Quadratsumme können wir auch die Gesamtstichprobenvarianz in eine interne Stichprobenvarianz S_2 und eine externe Stichprobenvarianz S_1 zerlegen.

Unter der Annahme, dass alle i Stichproben aus derselben Grundgesamtheit mit der Varianz σ^2 (Varianzhomogenität) und dem Erwartungswert

$$\mu_1 = \mu_2 = \ldots = \mu_r = \mu$$

stammen, sind S_1 und S_2 zwei unabhängige Schätzfunktionen für die Varianz der Grundgesamtheit σ^2. Aus einer Gesamtstichprobe gewinnen wir also zwei unabhängige Schätzungen für σ^2, die bis auf zufallsbedingte Unterschiede gleich sein müssen.

(1) **Interne Stichprobenvarianz**

$$\hat{\sigma}^2 = S_2^2 = \frac{Q_2}{n-r} = \frac{1}{n-r}\sum_{i=1}^{r}\sum_{j=1}^{n_i}(X_{ij} - \overline{X}_i)^2$$

Die interne Stichprobenvarianz ist ein Maß für die Streuung innerhalb der Stichproben und ergibt sich als gewogenes arithmetisches Mittel aus den Varianzen der r Stichproben.

Die Stichprobenvarianz S_i^2 jeder einzelnen Stichprobe ist eine erwartungstreue Schätzfunktion der Varianz σ^2 der Grundgesamtheit, der die einzelnen Stichproben annahmegemäß entnommen wurden:

$$\hat{\sigma}^2 = S_i^2 = \frac{1}{n_i - 1}\sum_{j=1}^{n_i}(X_{ij} - \overline{X}_i)^2$$

Das gewogene arithmetische Mittel der r Stichprobenvarianzen ist die **pooled variance**[3], die wir bereits kennengelernt haben:

$$S_2^2 = \frac{(n_1 - 1)S_1^2 + (n_2 - 1)S_2^2 + \ldots + (n_r - 1)S_r^2}{n_1 + n_2 + \ldots + n_r - r}$$

$$= \frac{1}{n-r}\sum_{i=1}^{r}(n_i - 1)S_i^2 = \frac{1}{n-r}\sum_{i=1}^{r}\sum_{j=1}^{n_i}(X_{ij} - \overline{X}_i)^2$$

$$= \frac{Q_2}{n-r}$$

Da in die Berechnung der pooled variance die Stichprobenmittel $\overline{X}_i$ der r Stichproben eingehen, sinkt die Zahl der Freiheitsgrade um r auf $n - r$.

Die pooled variance ist unter der Annahme der Varianzhomogenität eine erwartungstreue Schätzfunktion für σ^2. Da sie mittels der Quadratsumme der internen Abweichungen berechnet wird, wird S_2^2 als interne Stichprobenvarianz oder mittlere Quadratsumme der internen Abweichungen bezeichnet.

(2) **Externe Stichprobenvarianz**

$$\hat{\sigma}^2 = S_1^2 = \frac{Q_1}{r-1} = \frac{1}{r-1}\sum_{i=1}^{r}n_i(\overline{X}_i - \overline{X})^2$$

Die externe Stichprobenvarianz ist ein Maß für die Streuung zwischen den Stichproben, d.h. der Stichprobenmittel $\overline{X}_i$ der r Stichproben um das Gesamtstichprobenmittel $\overline{X}$.

---

[3] Siehe Kapitel 11.7

Eine erwartungstreue Schätzfunktion für die Varianz des Stichprobenmittels ist die Varianz der r Stichprobenmittel

$$\hat{\sigma}_{\overline{X}}^2 = \frac{\sum_{i=1}^{r}(\overline{X}_i - \overline{X})^2}{r-1}$$

wenn r Stichproben vom gleichen Umfang n gezogen werden.

Aus früheren Überlegungen[4] wissen wir, dass zwischen der Varianz $\sigma_{\overline{X}}^2$ des Stichprobenmittels und der Varianz σ^2 der Grundgesamtheit folgende Beziehung besteht:

$$\sigma_{\overline{X}}^2 = \frac{\sigma^2}{n}$$

Die Auflösung nach σ^2 ergibt:

$$\sigma^2 = n\sigma_{\overline{X}}^2$$

Folglich können wir die Varianz der Grundgesamtheit σ^2 durch die Varianz des Stichprobenmittels $\sigma_{\overline{X}}^2$ schätzen

$$\hat{\sigma}^2 = n\hat{\sigma}_{\overline{X}}^2 = \frac{n\sum_{i=1}^{r}(\overline{X}_i - \overline{X})^2}{r-1} = \frac{\sum_{i=1}^{r}n(\overline{X}_i - \overline{X})^2}{r-1}$$

Sind die Stichprobenumfänge n_i ($i=1,\ldots,r$) alle verschieden, dann wird daraus die externe Stichprobenvarianz:

$$S_1^2 = \frac{\sum_{i=1}^{r} n_i(\overline{X}_i - \overline{X})^2}{r-1} = \frac{Q_1}{r-1}$$

Sie wird auch als mittlere Quadratsumme der externen Abweichungen bezeichnet. Wenn es systematische Unterschiede zwischen den Stichprobenmittelwerten gibt, die über die zufallsbedingte Streuung hinausgehen, dann bilden sie sich in der externen Stichprobenvarianz ab.

Die Gesamtstichprobenvarianz können wir nun darstellen als Linearkombination der internen und externen Varianz:

---

[4] Siehe Kapitel 9.2

$$S^2 = \frac{1}{n-1} Q = \frac{1}{n-1} Q_1 + \frac{1}{n-1} Q_2$$
$$= \frac{1}{n-1}(r-1) S_1^2 + \frac{1}{n-1}(n-r) S_2^2$$
$$= \frac{r-1}{n-1} S_1^2 + \frac{n-r}{n-1} S_2^2$$

Wir kehren nun zur Frage nach einer geeigneten Testfunktion für die Nullhypothese zurück.

Wir haben gesehen, dass wir die zufallsbedingten Streuungen in der Gesamtstichprobe sowohl durch die interne als auch durch die externe Varianz schätzen können und dass beide Schätzungen im Durchschnitt zum selben Ergebnis führen werden, wenn die Stichproben alle aus derselben Grundgesamtheit stammen.

Wenn die Nullhypothese wahr ist, dann werden sich die beiden Varianzen nur als Folge zufallsbedingter Abweichungen unterscheiden.

Wenn die Stichproben jedoch nicht aus derselben Grundgesamtheit stammen und die Stichprobenmittelwerte sich nicht nur zufällig, sondern systematisch unterscheiden, dann schlägt sich das in einem Anstieg der externen Varianz nieder.

Während sich in der internen Varianz unverändert nur die zufallsbedingte Streuung innerhalb der Stichproben spiegelt, bildet sich in der externen Varianz zusätzlich die durch die systematischen Unterschiede zwischen den Stichproben bedingte Streuung ab.

Je größer die systematischen Unterschiede zwischen den Stichproben sind, desto größer ist die externe Varianz im Verhältnis zur internen Varianz.

Es ist daher naheliegend für den Test der Nullhypothese den Vergleich der externen und der internen Varianz heranzuziehen. Eine geeignete **Testgröße** ist das Verhältnis der externen und der internen Varianz:

$$V = \frac{S_1^2}{S_2^2} = \frac{\frac{Q_1}{r-1}}{\frac{Q_2}{n-r}} = \frac{Q_1}{Q_2} \frac{n-r}{r-1}$$

Korrigiert um das inverse Verhältnis der Freiheitsgrade entspricht das dem Quotienten der externen und der internen Quadratsumme. Der Test beruht daher letztlich auf dem Vergleich von Q_1 und Q_2.

Die **Testverteilung** ist, wie sich leicht zeigen lässt, die F-Verteilung mit $v_1 = r-1$ und $v_2 = n-r$ Freiheitsgraden.

12.3 Einfache Varianzanalyse

Unter der Voraussetzung, dass die Stichproben unabhängig und die Grundgesamtheit normalverteilt ist, sind die Zufallsvariablen

$$U_1 = (r-1)\frac{S_1^2}{\sigma^2} \quad \text{und} \quad U_2 = (n-r)\frac{S_2^2}{\sigma^2}$$

chi-quadrat-verteilt mit $v_1 = r-1$ und $v_2 = n-r$ Freiheitsgraden[5]. Daher ist die Zufallsvariable

$$V = \frac{\frac{U_1}{v_1}}{\frac{U_2}{v_2}} = \frac{\frac{(r-1)S_1^2}{(r-1)\sigma^2}}{\frac{(n-r)S_2^2}{(n-r)\sigma^2}} = \frac{\frac{S_1^2}{\sigma^2}}{\frac{S_2^2}{\sigma^2}} = \frac{S_1^2}{S_2^2}$$

F-verteilt mit $v_1 = r-1$ und $v_2 = n-r$ Freiheitsgraden.

Ein kleiner Wert der Testgröße V spricht für die Gültigkeit der Nullhypothese und ein größerer Wert gegen die Nullhypothese. Die Nullhypothese wird abgelehnt, wenn die externe Varianz deutlich größer als die interne Varianz und damit die Testgröße V signifikant größer als 1 ist. Der F-Test ist daher immer ein rechtsseitiger Test.

Die obere Grenze des Annahmebereichs ist das $(1-\alpha)$-Quantil der F-Verteilung mit v_1 und v_2 Freiheitsgraden, das sich aus dem Ansatz

$$P(V \leq F) = 1-\alpha$$

ergibt und für $1-\alpha = 0{,}95$ und $1-\alpha = 0{,}99$ direkt aus den F-Tabellen abgelesen werden kann.

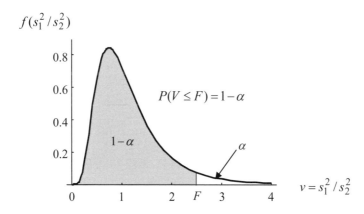

---

[5] Siehe Kapitel 11.9

Damit ergibt sich folgendes Schema der Varianzanalyse

Einfache Varianzanalyse

1. Festlegung des Signifikanzniveaus α

2. Berechnung der Testgröße

$$V = \frac{S_1^2}{S_2^2} = \frac{Q_1}{Q_2}\frac{n-r}{r-1} \quad \text{mit} \quad \begin{cases} Q_1 = \sum_{i=1}^{r} n_i(\overline{X}_i - \overline{X})^2 \\ Q_2 = \sum_{i=1}^{r}\sum_{j=1}^{n_i}(X_{ij} - \overline{X}_i)^2 \end{cases}$$

3. Berechnung des $(1-\alpha)$-Quantils der F-Verteilung mit $v_1 = r-1$ und $v_2 = n-r$ Freiheitsgraden

$$F = F(1-\alpha; v_1; v_2) = F(1-\alpha; r-1; n-r)$$

4. Bestimmung des Annahmebereichs

$$V \leq F$$

5. Entscheidung über die Annahme

H_0 wird angenommen, wenn $V \in [0, F]$.

H_0 wird verworfen, wenn $V \notin [0, F]$.

BEISPIELE

1. Fortsetzung der Reifentests (siehe Seite 325)

   Zur Vorbereitung des Tests berechnen wir die erforderlichen Maßzahlen.

   Gesamtstichprobenmittel

   $$\overline{x} = \frac{1}{n}\sum_{i=1}^{r} n_i \overline{x}_i = \frac{1}{15}(5 \cdot 4 + 5 \cdot 5 + 5 \cdot 6) = \frac{1}{3}(4+5+6) = \frac{1}{3} \cdot 15 = 5$$

   Externe Varianz

   $$\begin{aligned} S_1^2 &= \frac{1}{r-1}\sum_{i=1}^{r} n_i(\overline{x}_i - \overline{x})^2 \\ &= \frac{1}{3-1} \cdot 5 \cdot [(4-5)^2 + (5-5)^2 + (6-5)^2] \\ &= \frac{1}{2} \cdot 5((-1)^2 + 0^2 + 1^2) \\ &= \frac{1}{2} \cdot 5 \cdot 2 = \frac{1}{2} \cdot 10 = 5 \qquad \text{mit } Q_1 = 10 \end{aligned}$$

Interne Varianz

Stichprobenvarianzen

$$s_1^2 = \frac{1}{4}(0^2 + (-1)^2 + 2^2 + (-1)^2 + 0^2) = \frac{1}{4} \cdot 6 = 1{,}5$$

$$s_2^2 = \frac{1}{4}((-2)^2 + (-1)^2 + 1^2 + 0^2 + 2^2) = \frac{1}{4} \cdot 10 = 2{,}5$$

$$s_3^2 = \frac{1}{4}((-3)^2 + 1^2 + (-1)^2 + 2^2 + 1^2) = \frac{1}{4} \cdot 16 = 4$$

Zusammengefasste Varianz (pooled variance)

$$S_2^2 = \frac{1}{n-r}\sum_{i=1}^{r}(n_i - 1)s_i^2 = \frac{6+10+16}{15-3} = \frac{32}{12} \quad ; Q_2 = 32$$

Wir testen nun die **Nullhypothese**

$$H_0: \mu_1 = \mu_2 = \mu_3 = \mu$$

dass kein signifikanter Unterschied zwischen den Stichprobenmitteln besteht, die Stichproben also alle aus derselben normalverteilten Grundgesamtheit stammen. Zugleich prüfen wir die **Alternativhypothese**

$$H_1: \mu_i \neq \mu_j \text{ für mindestens ein } i \text{ und } j$$

dass mindestens zwei der getesteten Mittelwerte verschieden sind.

Varianzanalyse

[1] **Signifikanzniveau**:

$$\alpha = 0{,}05$$

[2] **Testgröße**:

$$V = \frac{Q_1}{Q_2} \cdot \frac{n-r}{r-1} = \frac{10}{32} \cdot \frac{12}{2} = \frac{5 \cdot 12}{32} = \frac{60}{32} = 1{,}875$$

oder

$$V = \frac{S_1^2}{S_2^2} = \frac{\frac{10}{2}}{\frac{32}{12}} = \frac{60}{32} = 1{,}875$$

[3] **Quantil** der F-Verteilung mit $v_1 = r - 1 = 3 - 1 = 2$ Freiheitsgraden und $v_2 = n - r = 15 - 3 = 12$ Freiheitsgraden:

$$F(1-\alpha; v_1; v_2) = F(0{,}95; 2; 12) = 3{,}89$$

[4] **Bestimmung des Annahmebereichs**:

$V \leq 3{,}89$

[5] **Entscheidung über die Annahme**:

$V = 1{,}875 < 3{,}89$

Die Testgröße V liegt im Annahmebereich. Der Unterschied zwischen den Laufleistungen der drei Reifenfabrikate ist nicht signifikant. Die Nullhypothese, dass die durchschnittliche Laufleistung der drei Reifenfabrikate gleich ist, wird auf dem Signifikanzniveau $\alpha = 5\%$ durch den Test bestätigt und angenommen.

Die Alternativhypothese H_1, dass die durchschnittliche Laufleistung mindestens eines Reifenfabrikats von den anderen abweicht, wird durch den Test widerlegt.

2. Eine Computerzeitschrift testet die Akkubetriebsdauer von Laptops.

   Es werden vier Modelle der neuesten Generation in den Test einbezogen und die maximale Akkubetriebsdauer bei jeweils 5, 4, 5 und 6 Geräten ermittelt.

   Die Stichprobenwerte der 4 Stichproben werden in einer Ergebnismatrix erfasst, die auch die Stichprobenmittelwerte und die Stichprobenvarianzen ausweist:

Modell	Akkubetriebsdauer [h]						Mittel	Varianz
i	1	2	3	4	5	6	$\bar{x}_i$	s_i^2
1	3	6	4	3	4		4	1,50
2	5	4	6	5			5	0,67
3	4	5	4	3	4		4	0,50
4	3	2	3	4	2	4	3	0,80
gesamt							3,9	1,25

Die mittleren Akkubetriebszeiten differieren zwischen den 4 Laptopmodellen. Durch eine Varianzanalyse soll geprüft werden, ob die Unterschiede in den Mittelwerten zufallsbedingt sind oder auf einen signifikanten Unterschied der Modelle hinweisen. Das Signifikanzniveau wird mit $\alpha = 1\%$ vorgegeben.

Getestet wird daher die Nullhypothese, dass die Laptops im Durchschnitt die gleiche Akkubetriebsdauer haben.

$$H_0 : \mu_1 = \mu_2 = \mu_3 = \mu_4 = \mu$$

Wir berechnen zunächst die für den Test benötigten Maßzahlen:

Gesamtstichprobenmittel

$$\bar{x} = \frac{1}{n}\sum_{i=1}^{r} n_i \bar{x}_i = \frac{1}{20}(5 \cdot 4 + 4 \cdot 5 + 5 \cdot 4 + 3 \cdot 6) = \frac{1}{20} 78 = 3{,}9$$

Externe Stichprobenvarianz

$$S_1^2 = \frac{1}{r-1}\sum_{i=1}^{r} n_i (\bar{x}_i - \bar{x})^2$$

$$= \frac{1}{4-1}[5 \cdot (4-3{,}9)^2 + 4 \cdot (5-3{,}9)^2 + 5 \cdot (4-3{,}9)^2 + 6 \cdot (3-3{,}9)^2]$$

$$= \frac{1}{3}[5 \cdot (0{,}1)^2 + 4 \cdot (1{,}1)^2 + 5 \cdot (0{,}1)^2 + 6 \cdot (-0{,}9)^2]$$

$$= \frac{1}{3} \cdot 9{,}8 = 3{,}26\overline{6} \qquad \text{mit } Q_1 = 9{,}8$$

Interne Stichprobenvarianz

$$S_2^2 = \frac{1}{n-r}\sum_{i=1}^{r} (n_i - 1)s_i^2$$

$$= \frac{(5-1) \cdot 1{,}5 + (4-1) \cdot 0{,}67 + (5-1) \cdot 0{,}5 + (6-1) \cdot 0{,}8}{20-4}$$

$$= \frac{6+2+2+4}{20-4} = \frac{14}{16} = 0{,}875 \qquad \text{mit } Q_2 = 14$$

Varianzanalyse

[1] **Signifikanzniveau**: $\alpha = 0{,}01$

[2] **Testgröße**:

$$V = \frac{Q_1}{Q_2} \cdot \frac{n-r}{r-1} = \frac{9{,}8}{14} \cdot \frac{20-4}{4-1} = \frac{9{,}8}{14} \cdot \frac{16}{3} = 3{,}73$$

oder

$$V = \frac{S_1^2}{S_2^2} = \frac{\frac{9{,}8}{3}}{\frac{14}{16}} = \frac{3{,}267}{0{,}875} = 3{,}73$$

[3] **Quantil** der F-Verteilung mit $v_1 = r - 1 = 4 - 1 = 3$ Freiheitsgraden und $v_2 = n - r = 20 - 4 = 16$ Freiheitsgraden:

$$F(1-\alpha; v_1; v_2) = F(0{,}99; 3; 16) = 5{,}29$$

[4] **Bestimmung des Annahmebereichs**:

$V \leq 5{,}29$

[5] **Entscheidung über die Annahme**:

$V = 3{,}73 < 5{,}29$

Die Testgröße V liegt im Annahmebereich. Der Unterschied zwischen der durchschnittlichen Akkubetriebsdauer der vier Laptopmodelle ist nicht signifikant. Die Nullhypothese, dass die durchschnittliche Akkubetriebsdauer der vier Laptopmodelle gleich ist, wird auf dem Signifikanzniveau $\alpha = 1\%$ durch den Test bestätigt und daher angenommen.

Die Alternativhypothese H_1, dass die durchschnittliche Akkubetriebsdauer mindestens eines Laptopmodells von den anderen abweicht, wird durch den Test widerlegt.

III Anhang

Statistische Tabellen

1 Fakultät

2 Binomialkoeffizient

3 Binomialverteilung: Wahrscheinlichkeitsfunktion

4 Binomialverteilung: Verteilungsfunktion

5 Poissonverteilung

6 Exponentialverteilung

7 Normalverteilung: Verteilungsfunktion

8 Normalverteilung: Quantile

9 Student t-Verteilung: Quantile

10 F-Verteilung: 95%-Quantile

11 F-Verteilung: 99%-Quantile

12 Chi-Quadrat-Verteilung: Quantile

1 Fakultät

$$n! = 1 \cdot 2 \cdot 3 \cdot \ldots \cdot n \approx \sqrt{2\pi n} \cdot n^n \cdot e^{-n} = \sqrt{2\pi n} \cdot \left(\frac{n}{e}\right)^n$$

n	n!	log(n!)
1	1	0
2	2	0,301029996
3	6	0,778151250
4	24	1,380211242
5	120	2,079181246
6	720	2,857332496
7	5.040	3,702430536
8	40.320	4,605520523
9	362.880	5,559763033
10	3.628.800	6,559763033
11	39.916.800	7,601155718
12	479.001.600	8,680336964
13	6.227.020.800	9,794280316
14	87.178.291.200	10,94040835
15	1.307.674.368.000	12,11649961
16	20.922.789.888.000	13,32061959
17	355.687.428.096.000	14,55106852
18	6.402.373.705.728.000	15,80634102
19	121.645.100.408.832.000	17,08509462
20	2.432.902.008.176.640.000	18,38612462
21	51.090.942.171.709.400.000	19,70834391
22	1.124.000.727.777.610.000.000	21,05076659
23	25.852.016.738.885.000.000.000	22,41249443
24	620.448.401.733.239.000.000.000	23,79270567
25	15.511.210.043.331.000.000.000.000	25,19064568
26	403.291.461.126.606.000.000.000.000	26,60561903
27	10.888.869.450.418.400.000.000.000.000	28,03698279
28	304.888.344.611.714.000.000.000.000.000	29,48414082
29	8.841.761.993.739.700.000.000.000.000.000	30,94653882
30	265.252.859.812.191.000.000.000.000.000.000	32,42366007
31	8.222.838.654.177.920.000.000.000.000.000.000	33,91502177
32	263.130.836.933.694.000.000.000.000.000.000.000	35,42017175
33	8.683.317.618.811.890.000.000.000.000.000.000.000	36,93868569
34	295.232.799.039.604.000.000.000.000.000.000.000.000	38,47016460
35	10.333.147.966.386.100.000.000.000.000.000.000.000.000	40,01423265
36	371.993.326.789.901.000.000.000.000.000.000.000.000.000	41,57053515
37	13.763.753.091.226.300.000.000.000.000.000.000.000.000.000	43,13873687
38	523.022.617.466.601.000.000.000.000.000.000.000.000.000.000	44,71852047
39	20.397.882.081.197.400.000.000.000.000.000.000.000.000.000.000	46,30958508
40	815.915.283.247.898.000.000.000.000.000.000.000.000.000.000.000	47,91164507

2 Binomialkoeffizient

$$\binom{n}{k} = \frac{n(n-1)(n-2)\ldots(n-k+1)}{1\cdot 2\cdot \ldots \cdot k} = \frac{n!}{k!(n-k)!} \qquad 0 < k \leq n$$

k	n=1	2	3	4	5	6	7	8	9	10	11	12	13
0	1	1	1	1	1	1	1	1	1	1	1	1	1
1	1	2	3	4	5	6	7	8	9	10	11	12	13
2		1	3	6	10	15	21	28	36	45	55	66	78
3			1	4	10	20	35	56	84	120	165	220	286
4				1	5	15	35	70	126	210	330	495	715
5					1	6	21	56	126	252	462	792	1287
6						1	7	28	84	210	462	924	1716
7							1	8	36	120	330	792	1716
8								1	9	45	165	495	1287
9									1	10	55	220	715
10										1	11	66	286
11											1	12	78
12												1	13
13													1

k	n=14	15	16	17	18	19	20
0	1	1	1	1	1	1	1
1	14	15	16	17	18	19	20
2	91	105	120	136	153	171	190
3	364	455	560	680	816	969	1140
4	1001	1365	1820	2380	3060	3876	4845
5	2002	3003	4368	6188	8568	11628	15504
6	3003	5005	8008	12376	18564	27132	38760
7	3432	6435	11440	19448	31824	50388	77520
8	3003	6435	12870	24310	43758	75582	125970
9	2002	5005	11440	24310	48620	92378	167960
10	1001	3003	8008	19448	43758	92378	184756
11	364	1365	4368	12376	31824	75582	167960
12	91	455	1820	6188	18564	50388	125970
13	14	105	560	2380	8568	27132	77520
14	1	15	120	680	3060	11628	38760
15		1	16	136	816	3876	15504
16			1	17	153	969	4845
17				1	18	171	1140
18					1	19	190
19						1	20
20							1

3 Binomialverteilung: Wahrscheinlichkeitsfunktion

n	x	0,05	0,1	0,15	0,2	0,25	0,3	0,35	0,4	0,45	0,5
1	0	0,9500	0,9000	0,8500	0,8000	0,7500	0,7000	0,6500	0,6000	0,5500	0,5000
1	1	0,0500	0,1000	0,1500	0,2000	0,2500	0,3000	0,3500	0,4000	0,4500	0,5000
2	0	0,9025	0,8100	0,7225	0,6400	0,5625	0,4900	0,4225	0,3600	0,3025	0,2500
2	1	0,0950	0,1800	0,2550	0,3200	0,3750	0,4200	0,4550	0,4800	0,4950	0,5000
2	2	0,0025	0,0100	0,0225	0,0400	0,0625	0,0900	0,1225	0,1600	0,2025	0,2500
3	0	0,8574	0,7290	0,6141	0,5120	0,4219	0,3430	0,2746	0,2160	0,1664	0,1250
3	1	0,1354	0,2430	0,3251	0,3840	0,4219	0,4410	0,4436	0,4320	0,4084	0,3750
3	2	0,0071	0,0270	0,0574	0,0960	0,1406	0,1890	0,2389	0,2880	0,3341	0,3750
3	3	0,0001	0,0010	0,0034	0,0080	0,0156	0,0270	0,0429	0,0640	0,0911	0,1250
4	0	0,8145	0,6561	0,5220	0,4096	0,3164	0,2401	0,1785	0,1296	0,0915	0,0625
4	1	0,1715	0,2916	0,3685	0,4096	0,4219	0,4116	0,3845	0,3456	0,2995	0,2500
4	2	0,0135	0,0486	0,0975	0,1536	0,2109	0,2646	0,3105	0,3456	0,3675	0,3750
4	3	0,0005	0,0036	0,0115	0,0256	0,0469	0,0756	0,1115	0,1536	0,2005	0,2500
4	4	0,0000	0,0001	0,0005	0,0016	0,0039	0,0081	0,0150	0,0256	0,0410	0,0625
5	0	0,7738	0,5905	0,4437	0,3277	0,2373	0,1681	0,1160	0,0778	0,0503	0,0313
5	1	0,2036	0,3281	0,3915	0,4096	0,3955	0,3602	0,3124	0,2592	0,2059	0,1563
5	2	0,0214	0,0729	0,1382	0,2048	0,2637	0,3087	0,3364	0,3456	0,3369	0,3125
5	3	0,0011	0,0081	0,0244	0,0512	0,0879	0,1323	0,1811	0,2304	0,2757	0,3125
5	4	0,0000	0,0005	0,0022	0,0064	0,0146	0,0284	0,0488	0,0768	0,1128	0,1563
5	5	0,0000	0,0000	0,0001	0,0003	0,0010	0,0024	0,0053	0,0102	0,0185	0,0313
6	0	0,7351	0,5314	0,3771	0,2621	0,1780	0,1176	0,0754	0,0467	0,0277	0,0156
6	1	0,2321	0,3543	0,3993	0,3932	0,3560	0,3025	0,2437	0,1866	0,1359	0,0938
6	2	0,0305	0,0984	0,1762	0,2458	0,2966	0,3241	0,3280	0,3110	0,2780	0,2344
6	3	0,0021	0,0146	0,0415	0,0819	0,1318	0,1852	0,2355	0,2765	0,3032	0,3125
6	4	0,0001	0,0012	0,0055	0,0154	0,0330	0,0595	0,0951	0,1382	0,1861	0,2344
6	5	0,0000	0,0001	0,0004	0,0015	0,0044	0,0102	0,0205	0,0369	0,0609	0,0938
6	6	0,0000	0,0000	0,0000	0,0001	0,0002	0,0007	0,0018	0,0041	0,0083	0,0156
7	0	0,6983	0,4783	0,3206	0,2097	0,1335	0,0824	0,0490	0,0280	0,0152	0,0078
7	1	0,2573	0,3720	0,3960	0,3670	0,3115	0,2471	0,1848	0,1306	0,0872	0,0547
7	2	0,0406	0,1240	0,2097	0,2753	0,3115	0,3177	0,2985	0,2613	0,2140	0,1641
7	3	0,0036	0,0230	0,0617	0,1147	0,1730	0,2269	0,2679	0,2903	0,2918	0,2734
7	4	0,0002	0,0026	0,0109	0,0287	0,0577	0,0972	0,1442	0,1935	0,2388	0,2734
7	5	0,0000	0,0002	0,0012	0,0043	0,0115	0,0250	0,0466	0,0774	0,1172	0,1641
7	6	0,0000	0,0000	0,0001	0,0004	0,0013	0,0036	0,0084	0,0172	0,0320	0,0547
7	7	0,0000	0,0000	0,0000	0,0000	0,0001	0,0002	0,0006	0,0016	0,0037	0,0078
8	0	0,6634	0,4305	0,2725	0,1678	0,1001	0,0576	0,0319	0,0168	0,0084	0,0039
8	1	0,2793	0,3826	0,3847	0,3355	0,2670	0,1977	0,1373	0,0896	0,0548	0,0313
8	2	0,0515	0,1488	0,2376	0,2936	0,3115	0,2965	0,2587	0,2090	0,1569	0,1094
8	3	0,0054	0,0331	0,0839	0,1468	0,2076	0,2541	0,2786	0,2787	0,2568	0,2188
8	4	0,0004	0,0046	0,0185	0,0459	0,0865	0,1361	0,1875	0,2322	0,2627	0,2734
8	5	0,0000	0,0004	0,0026	0,0092	0,0231	0,0467	0,0808	0,1239	0,1719	0,2188
8	6	0,0000	0,0000	0,0002	0,0011	0,0038	0,0100	0,0217	0,0413	0,0703	0,1094
8	7	0,0000	0,0000	0,0000	0,0001	0,0004	0,0012	0,0033	0,0079	0,0164	0,0313
8	8	0,0000	0,0000	0,0000	0,0000	0,0000	0,0001	0,0002	0,0007	0,0017	0,0039

$$f(x) = \binom{n}{x} p^x q^{n-x} \quad x = 0, 1, 2, \ldots, n$$

		\multicolumn{10}{c|}{p}									
n	x	0,05	0,1	0,15	0,2	0,25	0,3	0,35	0,4	0,45	0,5
9	0	0,6302	0,3874	0,2316	0,1342	0,0751	0,0404	0,0207	0,0101	0,0046	0,0020
9	1	0,2985	0,3874	0,3679	0,3020	0,2253	0,1556	0,1004	0,0605	0,0339	0,0176
9	2	0,0629	0,1722	0,2597	0,3020	0,3003	0,2668	0,2162	0,1612	0,1110	0,0703
9	3	0,0077	0,0446	0,1069	0,1762	0,2336	0,2668	0,2716	0,2508	0,2119	0,1641
9	4	0,0006	0,0074	0,0283	0,0661	0,1168	0,1715	0,2194	0,2508	0,2600	0,2461
9	5	0,0000	0,0008	0,0050	0,0165	0,0389	0,0735	0,1181	0,1672	0,2128	0,2461
9	6	0,0000	0,0001	0,0006	0,0028	0,0087	0,0210	0,0424	0,0743	0,1160	0,1641
9	7	0,0000	0,0000	0,0000	0,0003	0,0012	0,0039	0,0098	0,0212	0,0407	0,0703
9	8	0,0000	0,0000	0,0000	0,0000	0,0001	0,0004	0,0013	0,0035	0,0083	0,0176
9	9	0,0000	0,0000	0,0000	0,0000	0,0000	0,0000	0,0001	0,0003	0,0008	0,0020
10	0	0,5987	0,3487	0,1969	0,1074	0,0563	0,0282	0,0135	0,0060	0,0025	0,0010
10	1	0,3151	0,3874	0,3474	0,2684	0,1877	0,1211	0,0725	0,0403	0,0207	0,0098
10	2	0,0746	0,1937	0,2759	0,3020	0,2816	0,2335	0,1757	0,1209	0,0763	0,0439
10	3	0,0105	0,0574	0,1298	0,2013	0,2503	0,2668	0,2522	0,2150	0,1665	0,1172
10	4	0,0010	0,0112	0,0401	0,0881	0,1460	0,2001	0,2377	0,2508	0,2384	0,2051
10	5	0,0001	0,0015	0,0085	0,0264	0,0584	0,1029	0,1536	0,2007	0,2340	0,2461
10	6	0,0000	0,0001	0,0012	0,0055	0,0162	0,0368	0,0689	0,1115	0,1596	0,2051
10	7	0,0000	0,0000	0,0001	0,0008	0,0031	0,0090	0,0212	0,0425	0,0746	0,1172
10	8	0,0000	0,0000	0,0000	0,0001	0,0004	0,0014	0,0043	0,0106	0,0229	0,0439
10	9	0,0000	0,0000	0,0000	0,0000	0,0000	0,0001	0,0005	0,0016	0,0042	0,0098
10	10	0,0000	0,0000	0,0000	0,0000	0,0000	0,0000	0,0000	0,0001	0,0003	0,0010
11	0	0,5688	0,3138	0,1673	0,0859	0,0422	0,0198	0,0088	0,0036	0,0014	0,0005
11	1	0,3293	0,3835	0,3248	0,2362	0,1549	0,0932	0,0518	0,0266	0,0125	0,0054
11	2	0,0867	0,2131	0,2866	0,2953	0,2581	0,1998	0,1395	0,0887	0,0513	0,0269
11	3	0,0137	0,0710	0,1517	0,2215	0,2581	0,2568	0,2254	0,1774	0,1259	0,0806
11	4	0,0014	0,0158	0,0536	0,1107	0,1721	0,2201	0,2428	0,2365	0,2060	0,1611
11	5	0,0001	0,0025	0,0132	0,0388	0,0803	0,1321	0,1830	0,2207	0,2360	0,2256
11	6	0,0000	0,0003	0,0023	0,0097	0,0268	0,0566	0,0985	0,1471	0,1931	0,2256
11	7	0,0000	0,0000	0,0003	0,0017	0,0064	0,0173	0,0379	0,0701	0,1128	0,1611
11	8	0,0000	0,0000	0,0000	0,0002	0,0011	0,0037	0,0102	0,0234	0,0462	0,0806
11	9	0,0000	0,0000	0,0000	0,0000	0,0001	0,0005	0,0018	0,0052	0,0126	0,0269
11	10	0,0000	0,0000	0,0000	0,0000	0,0000	0,0000	0,0002	0,0007	0,0021	0,0054
11	11	0,0000	0,0000	0,0000	0,0000	0,0000	0,0000	0,0000	0,0000	0,0002	0,0005
12	0	0,5404	0,2824	0,1422	0,0687	0,0317	0,0138	0,0057	0,0022	0,0008	0,0002
12	1	0,3413	0,3766	0,3012	0,2062	0,1267	0,0712	0,0368	0,0174	0,0075	0,0029
12	2	0,0988	0,2301	0,2924	0,2835	0,2323	0,1678	0,1088	0,0639	0,0339	0,0161
12	3	0,0173	0,0852	0,1720	0,2362	0,2581	0,2397	0,1954	0,1419	0,0923	0,0537
12	4	0,0021	0,0213	0,0683	0,1329	0,1936	0,2311	0,2367	0,2128	0,1700	0,1208
12	5	0,0002	0,0038	0,0193	0,0532	0,1032	0,1585	0,2039	0,2270	0,2225	0,1934
12	6	0,0000	0,0005	0,0040	0,0155	0,0401	0,0792	0,1281	0,1766	0,2124	0,2256
12	7	0,0000	0,0000	0,0006	0,0033	0,0115	0,0291	0,0591	0,1009	0,1489	0,1934
12	8	0,0000	0,0000	0,0001	0,0005	0,0024	0,0078	0,0199	0,0420	0,0762	0,1208
12	9	0,0000	0,0000	0,0000	0,0001	0,0004	0,0015	0,0048	0,0125	0,0277	0,0537
12	10	0,0000	0,0000	0,0000	0,0000	0,0000	0,0002	0,0008	0,0025	0,0068	0,0161
12	11	0,0000	0,0000	0,0000	0,0000	0,0000	0,0000	0,0001	0,0003	0,0010	0,0029
12	12	0,0000	0,0000	0,0000	0,0000	0,0000	0,0000	0,0000	0,0000	0,0001	0,0002

4 Binomialverteilung: Verteilungsfunktion

		\multicolumn{10}{c}{p}									
n	x	0,05	0,1	0,15	0,2	0,25	0,3	0,35	0,4	0,45	0,5
1	0	0,9500	0,9000	0,8500	0,8000	0,7500	0,7000	0,6500	0,6000	0,5500	0,5000
1	1	1,0000	1,0000	1,0000	1,0000	1,0000	1,0000	1,0000	1,0000	1,0000	1,0000
2	0	0,9025	0,8100	0,7225	0,6400	0,5625	0,4900	0,4225	0,3600	0,3025	0,2500
2	1	0,9975	0,9900	0,9775	0,9600	0,9375	0,9100	0,8775	0,8400	0,7975	0,7500
2	2	1,0000	1,0000	1,0000	1,0000	1,0000	1,0000	1,0000	1,0000	1,0000	1,0000
3	0	0,8574	0,7290	0,6141	0,5120	0,4219	0,3430	0,2746	0,2160	0,1664	0,1250
3	1	0,9928	0,9720	0,9393	0,8960	0,8438	0,7840	0,7183	0,6480	0,5748	0,5000
3	2	0,9999	0,9990	0,9966	0,9920	0,9844	0,9730	0,9571	0,9360	0,9089	0,8750
3	3	1,0000	1,0000	1,0000	1,0000	1,0000	1,0000	1,0000	1,0000	1,0000	1,0000
4	0	0,8145	0,6561	0,5220	0,4096	0,3164	0,2401	0,1785	0,1296	0,0915	0,0625
4	1	0,9860	0,9477	0,8905	0,8192	0,7383	0,6517	0,5630	0,4752	0,3910	0,3125
4	2	0,9995	0,9963	0,9880	0,9728	0,9492	0,9163	0,8735	0,8208	0,7585	0,6875
4	3	1,0000	0,9999	0,9995	0,9984	0,9961	0,9919	0,9850	0,9744	0,9590	0,9375
4	4	1,0000	1,0000	1,0000	1,0000	1,0000	1,0000	1,0000	1,0000	1,0000	1,0000
5	0	0,7738	0,5905	0,4437	0,3277	0,2373	0,1681	0,1160	0,0778	0,0503	0,0313
5	1	0,9774	0,9185	0,8352	0,7373	0,6328	0,5282	0,4284	0,3370	0,2562	0,1875
5	2	0,9988	0,9914	0,9734	0,9421	0,8965	0,8369	0,7648	0,6826	0,5931	0,5000
5	3	1,0000	0,9995	0,9978	0,9933	0,9844	0,9692	0,9460	0,9130	0,8688	0,8125
5	4	1,0000	1,0000	0,9999	0,9997	0,9990	0,9976	0,9947	0,9898	0,9815	0,9688
5	5	1,0000	1,0000	1,0000	1,0000	1,0000	1,0000	1,0000	1,0000	1,0000	1,0000
6	0	0,7351	0,5314	0,3771	0,2621	0,1780	0,1176	0,0754	0,0467	0,0277	0,0156
6	1	0,9672	0,8857	0,7765	0,6554	0,5339	0,4202	0,3191	0,2333	0,1636	0,1094
6	2	0,9978	0,9842	0,9527	0,9011	0,8306	0,7443	0,6471	0,5443	0,4415	0,3438
6	3	0,9999	0,9987	0,9941	0,9830	0,9624	0,9295	0,8826	0,8208	0,7447	0,6563
6	4	1,0000	0,9999	0,9996	0,9984	0,9954	0,9891	0,9777	0,9590	0,9308	0,8906
6	5	1,0000	1,0000	1,0000	0,9999	0,9998	0,9993	0,9982	0,9959	0,9917	0,9844
6	6	1,0000	1,0000	1,0000	1,0000	1,0000	1,0000	1,0000	1,0000	1,0000	1,0000
7	0	0,6983	0,4783	0,3206	0,2097	0,1335	0,0824	0,0490	0,0280	0,0152	0,0078
7	1	0,9556	0,8503	0,7166	0,5767	0,4449	0,3294	0,2338	0,1586	0,1024	0,0625
7	2	0,9962	0,9743	0,9262	0,8520	0,7564	0,6471	0,5323	0,4199	0,3164	0,2266
7	3	0,9998	0,9973	0,9879	0,9667	0,9294	0,8740	0,8002	0,7102	0,6083	0,5000
7	4	1,0000	0,9998	0,9988	0,9953	0,9871	0,9712	0,9444	0,9037	0,8471	0,7734
7	5	1,0000	1,0000	0,9999	0,9996	0,9987	0,9962	0,9910	0,9812	0,9643	0,9375
7	6	1,0000	1,0000	1,0000	1,0000	0,9999	0,9998	0,9994	0,9984	0,9963	0,9922
7	7	1,0000	1,0000	1,0000	1,0000	1,0000	1,0000	1,0000	1,0000	1,0000	1,0000
8	0	0,6634	0,4305	0,2725	0,1678	0,1001	0,0576	0,0319	0,0168	0,0084	0,0039
8	1	0,9428	0,8131	0,6572	0,5033	0,3671	0,2553	0,1691	0,1064	0,0632	0,0352
8	2	0,9942	0,9619	0,8948	0,7969	0,6785	0,5518	0,4278	0,3154	0,2201	0,1445
8	3	0,9996	0,9950	0,9786	0,9437	0,8862	0,8059	0,7064	0,5941	0,4770	0,3633
8	4	1,0000	0,9996	0,9971	0,9896	0,9727	0,9420	0,8939	0,8263	0,7396	0,6367
8	5	1,0000	1,0000	0,9998	0,9988	0,9958	0,9887	0,9747	0,9502	0,9115	0,8555
8	6	1,0000	1,0000	1,0000	0,9999	0,9996	0,9987	0,9964	0,9915	0,9819	0,9648
8	7	1,0000	1,0000	1,0000	1,0000	1,0000	0,9999	0,9998	0,9993	0,9983	0,9961
8	8	1,0000	1,0000	1,0000	1,0000	1,0000	1,0000	1,0000	1,0000	1,0000	1,0000

$$F(x) = P(X \leq x) = \sum_{k=0}^{x} \binom{n}{k} p^k q^{n-k} \qquad 0 \leq x \leq n$$

		\multicolumn{10}{c}{p}
n	x	0,05	0,1	0,15	0,2	0,25	0,3	0,35	0,4	0,45	0,5
9	0	0,6302	0,3874	0,2316	0,1342	0,0751	0,0404	0,0207	0,0101	0,0046	0,0020
9	1	0,9288	0,7748	0,5995	0,4362	0,3003	0,1960	0,1211	0,0705	0,0385	0,0195
9	2	0,9916	0,9470	0,8591	0,7382	0,6007	0,4628	0,3373	0,2318	0,1495	0,0898
9	3	0,9994	0,9917	0,9661	0,9144	0,8343	0,7297	0,6089	0,4826	0,3614	0,2539
9	4	1,0000	0,9991	0,9944	0,9804	0,9511	0,9012	0,8283	0,7334	0,6214	0,5000
9	5	1,0000	0,9999	0,9994	0,9969	0,9900	0,9747	0,9464	0,9006	0,8342	0,7461
9	6	1,0000	1,0000	1,0000	0,9997	0,9987	0,9957	0,9888	0,9750	0,9502	0,9102
9	7	1,0000	1,0000	1,0000	1,0000	0,9999	0,9996	0,9986	0,9962	0,9909	0,9805
9	8	1,0000	1,0000	1,0000	1,0000	1,0000	1,0000	0,9999	0,9997	0,9992	0,9980
9	9	1,0000	1,0000	1,0000	1,0000	1,0000	1,0000	1,0000	1,0000	1,0000	1,0000
10	0	0,5987	0,3487	0,1969	0,1074	0,0563	0,0282	0,0135	0,0060	0,0025	0,0010
10	1	0,9139	0,7361	0,5443	0,3758	0,2440	0,1493	0,0860	0,0464	0,0233	0,0107
10	2	0,9885	0,9298	0,8202	0,6778	0,5256	0,3828	0,2616	0,1673	0,0996	0,0547
10	3	0,9990	0,9872	0,9500	0,8791	0,7759	0,6496	0,5138	0,3823	0,2660	0,1719
10	4	0,9999	0,9984	0,9901	0,9672	0,9219	0,8497	0,7515	0,6331	0,5044	0,3770
10	5	1,0000	0,9999	0,9986	0,9936	0,9803	0,9527	0,9051	0,8338	0,7384	0,6230
10	6	1,0000	1,0000	0,9999	0,9991	0,9965	0,9894	0,9740	0,9452	0,8980	0,8281
10	7	1,0000	1,0000	1,0000	0,9999	0,9996	0,9984	0,9952	0,9877	0,9726	0,9453
10	8	1,0000	1,0000	1,0000	1,0000	1,0000	0,9999	0,9995	0,9983	0,9955	0,9893
10	9	1,0000	1,0000	1,0000	1,0000	1,0000	1,0000	1,0000	0,9999	0,9997	0,9990
10	10	1,0000	1,0000	1,0000	1,0000	1,0000	1,0000	1,0000	1,0000	1,0000	1,0000
11	0	0,5688	0,3138	0,1673	0,0859	0,0422	0,0198	0,0088	0,0036	0,0014	0,0005
11	1	0,8981	0,6974	0,4922	0,3221	0,1971	0,1130	0,0606	0,0302	0,0139	0,0059
11	2	0,9848	0,9104	0,7788	0,6174	0,4552	0,3127	0,2001	0,1189	0,0652	0,0327
11	3	0,9984	0,9815	0,9306	0,8389	0,7133	0,5696	0,4256	0,2963	0,1911	0,1133
11	4	0,9999	0,9972	0,9841	0,9496	0,8854	0,7897	0,6683	0,5328	0,3971	0,2744
11	5	1,0000	0,9997	0,9973	0,9883	0,9657	0,9218	0,8513	0,7535	0,6331	0,5000
11	6	1,0000	1,0000	0,9997	0,9980	0,9924	0,9784	0,9499	0,9006	0,8262	0,7256
11	7	1,0000	1,0000	1,0000	0,9998	0,9988	0,9957	0,9878	0,9707	0,9390	0,8867
11	8	1,0000	1,0000	1,0000	1,0000	0,9999	0,9994	0,9980	0,9941	0,9852	0,9673
11	9	1,0000	1,0000	1,0000	1,0000	1,0000	1,0000	0,9998	0,9993	0,9978	0,9941
11	10	1,0000	1,0000	1,0000	1,0000	1,0000	1,0000	1,0000	1,0000	0,9998	0,9995
11	11	1,0000	1,0000	1,0000	1,0000	1,0000	1,0000	1,0000	1,0000	1,0000	1,0000
12	0	0,5404	0,2824	0,1422	0,0687	0,0317	0,0138	0,0057	0,0022	0,0008	0,0002
12	1	0,8816	0,6590	0,4435	0,2749	0,1584	0,0850	0,0424	0,0196	0,0083	0,0032
12	2	0,9804	0,8891	0,7358	0,5583	0,3907	0,2528	0,1513	0,0834	0,0421	0,0193
12	3	0,9978	0,9744	0,9078	0,7946	0,6488	0,4925	0,3467	0,2253	0,1345	0,0730
12	4	0,9998	0,9957	0,9761	0,9274	0,8424	0,7237	0,5833	0,4382	0,3044	0,1938
12	5	1,0000	0,9995	0,9954	0,9806	0,9456	0,8822	0,7873	0,6652	0,5269	0,3872
12	6	1,0000	0,9999	0,9993	0,9961	0,9857	0,9614	0,9154	0,8418	0,7393	0,6128
12	7	1,0000	1,0000	0,9999	0,9994	0,9972	0,9905	0,9745	0,9427	0,8883	0,8062
12	8	1,0000	1,0000	1,0000	0,9999	0,9996	0,9983	0,9944	0,9847	0,9644	0,9270
12	9	1,0000	1,0000	1,0000	1,0000	1,0000	0,9998	0,9992	0,9972	0,9921	0,9807
12	10	1,0000	1,0000	1,0000	1,0000	1,0000	1,0000	0,9999	0,9997	0,9989	0,9968
12	11	1,0000	1,0000	1,0000	1,0000	1,0000	1,0000	1,0000	1,0000	0,9999	0,9998
12	12	1,0000	1,0000	1,0000	1,0000	1,0000	1,0000	1,0000	1,0000	1,0000	1,0000

5 Poissonverteilung

$$F(x) = P(X \leq x) = \sum_{k=0}^{x} f(k) = \sum_{k=0}^{x} \frac{\mu^k}{k!} \cdot e^{-\mu} \qquad 0 \leq x$$

	$\mu=0{,}1$		$\mu=0{,}2$		$\mu=0{,}3$		$\mu=0{,}4$		$\mu=0{,}5$	
x	f(x)	F(x)	f(x)	F(x)	f(x)	F(x)	f(x)	F(x)	f(x)	F(x)
0	0,9048	0,9048	0,8187	0,8187	0,7408	0,7408	0,6703	0,6703	0,6065	0,6065
1	0,0905	0,9953	0,1637	0,9825	0,2222	0,9631	0,2681	0,9384	0,3033	0,9098
2	0,0045	0,9998	0,0164	0,9989	0,0333	0,9964	0,0536	0,9921	0,0758	0,9856
3	0,0002	1,0000	0,0011	0,9999	0,0033	0,9997	0,0072	0,9992	0,0126	0,9982
4	0,0000	1,0000	0,0001	1,0000	0,0003	1,0000	0,0007	0,9999	0,0016	0,9998
5							0,0001	1,0000	0,0002	1,0000

	$\mu=0{,}6$		$\mu=0{,}7$		$\mu=0{,}8$		$\mu=0{,}9$		$\mu=1$	
x	f(x)	F(x)	f(x)	F(x)	f(x)	F(x)	f(x)	F(x)	f(x)	F(x)
0	0,5488	0,5488	0,4966	0,4966	0,4493	0,4493	0,4066	0,4066	0,3679	0,3679
1	0,3293	0,8781	0,3476	0,8442	0,3595	0,8088	0,3659	0,7725	0,3679	0,7358
2	0,0988	0,9769	0,1217	0,9659	0,1438	0,9526	0,1647	0,9371	0,1839	0,9197
3	0,0198	0,9966	0,0284	0,9942	0,0383	0,9909	0,0494	0,9865	0,0613	0,9810
4	0,0030	0,9996	0,0050	0,9992	0,0077	0,9986	0,0111	0,9977	0,0153	0,9963
5	0,0004	1,0000	0,0007	0,9999	0,0012	0,9998	0,0020	0,9997	0,0031	0,9994
6			0,0001	1,0000	0,0002	1,0000	0,0003	1,0000	0,0005	0,9999
7									0,0001	1,0000

	$\mu=1{,}5$		$\mu=2$		$\mu=3$		$\mu=4$		$\mu=5$	
x	f(x)	F(x)	f(x)	F(x)	f(x)	F(x)	f(x)	F(x)	f(x)	F(x)
0	0,2231	0,2231	0,1353	0,1353	0,0498	0,0498	0,0183	0,0183	0,0067	0,0067
1	0,3347	0,5578	0,2707	0,4060	0,1494	0,1991	0,0733	0,0916	0,0337	0,0404
2	0,2510	0,8088	0,2707	0,6767	0,2240	0,4232	0,1465	0,2381	0,0842	0,1247
3	0,1255	0,9344	0,1804	0,8571	0,2240	0,6472	0,1954	0,4335	0,1404	0,2650
4	0,0471	0,9814	0,0902	0,9473	0,1680	0,8153	0,1954	0,6288	0,1755	0,4405
5	0,0141	0,9955	0,0361	0,9834	0,1008	0,9161	0,1563	0,7851	0,1755	0,6160
6	0,0035	0,9991	0,0120	0,9955	0,0504	0,9665	0,1042	0,8893	0,1462	0,7622
7	0,0008	0,9998	0,0034	0,9989	0,0216	0,9881	0,0595	0,9489	0,1044	0,8666
8	0,0001	1,0000	0,0009	0,9998	0,0081	0,9962	0,0298	0,9786	0,0653	0,9319
9			0,0002	1,0000	0,0027	0,9989	0,0132	0,9919	0,0363	0,9682
10					0,0008	0,9997	0,0053	0,9972	0,0181	0,9863
11					0,0002	0,9999	0,0019	0,9991	0,0082	0,9945
12					0,0001	1,0000	0,0006	0,9997	0,0034	0,9980
13							0,0002	0,9999	0,0013	0,9993
14							0,0001	1,0000	0,0005	0,9998
15									0,0002	0,9999
16									0,0000	1,0000

6 Exponentialverteilung

	$\lambda=0{,}1$		$\lambda=0{,}2$		$\lambda=0{,}3$		$\lambda=0{,}4$		$\lambda=0{,}5$	
x	f(x)	F(x)	f(x)	F(x)	f(x)	F(x)	f(x)	F(x)	f(x)	F(x)
0	0,1000	0,0000	0,2000	0,0000	0,3000	0,0000	0,4000	0,0000	0,5000	0,0000
1	0,0905	0,0952	0,1637	0,1813	0,2222	0,2592	0,2681	0,3297	0,3033	0,3935
2	0,0819	0,1813	0,1341	0,3297	0,1646	0,4512	0,1797	0,5507	0,1839	0,6321
3	0,0741	0,2592	0,1098	0,4512	0,1220	0,5934	0,1205	0,6988	0,1116	0,7769
4	0,0670	0,3297	0,0899	0,5507	0,0904	0,6988	0,0808	0,7981	0,0677	0,8647
5	0,0607	0,3935	0,0736	0,6321	0,0669	0,7769	0,0541	0,8647	0,0410	0,9179
6	0,0549	0,4512	0,0602	0,6988	0,0496	0,8347	0,0363	0,9093	0,0249	0,9502
7	0,0497	0,5034	0,0493	0,7534	0,0367	0,8775	0,0243	0,9392	0,0151	0,9698
8	0,0449	0,5507	0,0404	0,7981	0,0272	0,9093	0,0163	0,9592	0,0092	0,9817
9	0,0407	0,5934	0,0331	0,8347	0,0202	0,9328	0,0109	0,9727	0,0056	0,9889
10	0,0368	0,6321	0,0271	0,8647	0,0149	0,9502	0,0073	0,9817	0,0034	0,9933
11	0,0333	0,6671	0,0222	0,8892	0,0111	0,9631	0,0049	0,9877	0,0020	0,9959
12	0,0301	0,6988	0,0181	0,9093	0,0082	0,9727	0,0033	0,9918	0,0012	0,9975
13	0,0273	0,7275	0,0149	0,9257	0,0061	0,9798	0,0022	0,9945	0,0008	0,9985
14	0,0247	0,7534	0,0122	0,9392	0,0045	0,9850	0,0015	0,9963	0,0005	0,9991
15	0,0223	0,7769	0,0100	0,9502	0,0033	0,9889	0,0010	0,9975	0,0003	0,9994
16	0,0202	0,7981	0,0082	0,9592	0,0025	0,9918	0,0007	0,9983	0,0002	0,9997
17	0,0183	0,8173	0,0067	0,9666	0,0018	0,9939	0,0004	0,9989	0,0001	0,9998
18	0,0165	0,8347	0,0055	0,9727	0,0014	0,9955	0,0003	0,9993	0,0001	0,9999
19	0,0150	0,8504	0,0045	0,9776	0,0010	0,9967	0,0002	0,9995	0,0000	0,9999
20	0,0135	0,8647	0,0037	0,9817	0,0007	0,9975	0,0001	0,9997	0,0000	1,0000
21	0,0122	0,8775	0,0030	0,9850	0,0006	0,9982	0,0001	0,9998		
22	0,0111	0,8892	0,0025	0,9877	0,0004	0,9986	0,0001	0,9998		
23	0,0100	0,8997	0,0020	0,9899	0,0003	0,9990	0,0000	0,9999		
24	0,0091	0,9093	0,0016	0,9918	0,0002	0,9993	0,0000	0,9999		
25	0,0082	0,9179	0,0013	0,9933	0,0002	0,9994	0,0000	1,0000		
26	0,0074	0,9257	0,0011	0,9945	0,0001	0,9996				
27	0,0067	0,9328	0,0009	0,9955	0,0001	0,9997				
28	0,0061	0,9392	0,0007	0,9963	0,0001	0,9998				
29	0,0055	0,9450	0,0006	0,9970	0,0000	0,9998				
30	0,0050	0,9502	0,0005	0,9975	0,0000	0,9999				

	$\lambda=0{,}6$		$\lambda=0{,}7$		$\lambda=0{,}8$		$\lambda=0{,}9$		$\lambda=1$	
x	f(x)	F(x)	f(x)	F(x)	f(x)	F(x)	f(x)	F(x)	f(x)	F(x)
0	0,6000	0,0000	0,7000	0,0000	0,8000	0,0000	0,9000	0,0000	1,0000	0,0000
1	0,3293	0,4512	0,3476	0,5034	0,3595	0,5507	0,3659	0,5934	0,3679	0,6321
2	0,1807	0,6988	0,1726	0,7534	0,1615	0,7981	0,1488	0,8347	0,1353	0,8647
3	0,0992	0,8347	0,0857	0,8775	0,0726	0,9093	0,0605	0,9328	0,0498	0,9502
4	0,0544	0,9093	0,0426	0,9392	0,0326	0,9592	0,0246	0,9727	0,0183	0,9817
5	0,0299	0,9502	0,0211	0,9698	0,0147	0,9817	0,0100	0,9889	0,0067	0,9933
6	0,0164	0,9727	0,0105	0,9850	0,0066	0,9918	0,0041	0,9955	0,0025	0,9975
7	0,0090	0,9850	0,0052	0,9926	0,0030	0,9963	0,0017	0,9982	0,0009	0,9991
8	0,0049	0,9918	0,0026	0,9963	0,0013	0,9983	0,0007	0,9993	0,0003	0,9997
9	0,0027	0,9955	0,0013	0,9982	0,0006	0,9993	0,0003	0,9997	0,0001	0,9999
10	0,0015	0,9975	0,0006	0,9991	0,0003	0,9997	0,0001	0,9999	0,0000	1,0000
11	0,0008	0,9986	0,0003	0,9995	0,0001	0,9998	0,0000	0,9999		
12	0,0004	0,9993	0,0002	0,9998	0,0001	0,9999	0,0000	1,0000		
13	0,0002	0,9996	0,0001	0,9999	0,0000	1,0000				
14	0,0001	0,9998	0,0000	0,9999						
15	0,0001	0,9999	0,0000	1,0000						
16	0,0000	0,9999								
17	0,0000	1,0000								

7 Normalverteilung: Verteilungsfunktion

BEISPIELE: $\Phi(-z) = \Phi(-1) = 0{,}1587$; $\Phi(z) = \Phi(1) = 0{,}8413$
$D(z) = \Phi(z) - \Phi(-z)$; $D(1) = \Phi(1) - \Phi(-1) = 0{,}6827$

z	$\Phi(-z)$	$\Phi(z)$	$D(z)$	z	$\Phi(-z)$	$\Phi(z)$	$D(z)$	z	$\Phi(-z)$	$\Phi(z)$	$D(z)$
	0,	0,	0,		0,	0,	0,		0,	0,	0,
0,01	4960	5040	0080	0,51	3050	6950	3899	1,01	1562	8438	6875
0,02	4920	5080	0160	0,52	3015	6985	3969	1,02	1539	8461	6923
0,03	4880	5120	0239	0,53	2981	7019	4039	1,03	1515	8485	6970
0,04	4840	5160	0319	0,54	2946	7054	4108	1,04	1492	8508	7017
0,05	4801	5199	0399	0,55	2912	7088	4177	1,05	1469	8531	7063
0,06	4761	5239	0478	0,56	2877	7123	4245	1,06	1446	8554	7109
0,07	4721	5279	0558	0,57	2843	7157	4313	1,07	1423	8577	7154
0,08	4681	5319	0638	0,58	2810	7190	4381	1,08	1401	8599	7199
0,09	4641	5359	0717	0,59	2776	7224	4448	1,09	1379	8621	7243
0,10	4602	5398	0797	0,60	2743	7257	4515	1,10	1357	8643	7287
0,11	4562	5438	0876	0,61	2709	7291	4581	1,11	1335	8665	7330
0,12	4522	5478	0955	0,62	2676	7324	4647	1,12	1314	8686	7373
0,13	4483	5517	1034	0,63	2643	7357	4713	1,13	1292	8708	7415
0,14	4443	5557	1113	0,64	2611	7389	4778	1,14	1271	8729	7457
0,15	4404	5596	1192	0,65	2578	7422	4843	1,15	1251	8749	7499
0,16	4364	5636	1271	0,66	2546	7454	4907	1,16	1230	8770	7540
0,17	4325	5675	1350	0,67	2514	7486	4971	1,17	1210	8790	7580
0,18	4286	5714	1428	0,68	2483	7517	5035	1,18	1190	8810	7620
0,19	4247	5753	1507	0,69	2451	7549	5098	1,19	1170	8830	7660
0,20	4207	5793	1585	0,70	2420	7580	5161	1,20	1151	8849	7699
0,21	4168	5832	1663	0,71	2389	7611	5223	1,21	1131	8869	7737
0,22	4129	5871	1741	0,72	2358	7642	5285	1,22	1112	8888	7775
0,23	4090	5910	1819	0,73	2327	7673	5346	1,23	1093	8907	7813
0,24	4052	5948	1897	0,74	2296	7704	5407	1,24	1075	8925	7850
0,25	4013	5987	1974	0,75	2266	7734	5467	1,25	1056	8944	7887
0,26	3974	6026	2051	0,76	2236	7764	5527	1,26	1038	8962	7923
0,27	3936	6064	2128	0,77	2206	7794	5587	1,27	1020	8980	7959
0,28	3897	6103	2205	0,78	2177	7823	5646	1,28	1003	8997	7995
0,29	3859	6141	2282	0,79	2148	7852	5705	1,29	0985	9015	8029
0,30	3821	6179	2358	0,80	2119	7881	5763	1,30	0968	9032	8064
0,31	3783	6217	2434	0,81	2090	7910	5821	1,31	0951	9049	8098
0,32	3745	6255	2510	0,82	2061	7939	5878	1,32	0934	9066	8132
0,33	3707	6293	2586	0,83	2033	7967	5935	1,33	0918	9082	8165
0,34	3669	6331	2661	0,84	2005	7995	5991	1,34	0901	9099	8198
0,35	3632	6368	2737	0,85	1977	8023	6047	1,35	0885	9115	8230
0,36	3594	6406	2812	0,86	1949	8051	6102	1,36	0869	9131	8262
0,37	3557	6443	2886	0,87	1922	8078	6157	1,37	0853	9147	8293
0,38	3520	6480	2961	0,88	1894	8106	6211	1,38	0838	9162	8324
0,39	3483	6517	3035	0,89	1867	8133	6265	1,39	0823	9177	8355
0,40	3446	6554	3108	0,90	1841	8159	6319	1,40	0808	9192	8385
0,41	3409	6591	3182	0,91	1814	8186	6372	1,41	0793	9207	8415
0,42	3372	6628	3255	0,92	1788	8212	6424	1,42	0778	9222	8444
0,43	3336	6664	3328	0,93	1762	8238	6476	1,43	0764	9236	8473
0,44	3300	6700	3401	0,94	1736	8264	6528	1,44	0749	9251	8501
0,45	3264	6736	3473	0,95	1711	8289	6579	1,45	0735	9265	8529
0,46	3228	6772	3545	0,96	1685	8315	6629	1,46	0721	9279	8557
0,47	3192	6808	3616	0,97	1660	8340	6680	1,47	0708	9292	8584
0,48	3156	6844	3688	0,98	1635	8365	6729	1,48	0694	9306	8611
0,49	3121	6879	3759	0,99	1611	8389	6778	1,49	0681	9319	8638
0,50	3085	6915	3829	1,00	1587	8413	6827	1,50	0668	9332	8664

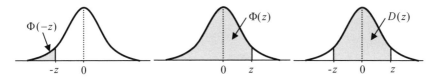

z	Φ(−z)	Φ(z)	D(z)	z	Φ(−z)	Φ(z)	D(z)	z	Φ(−z)	Φ(z)	D(z)
	0,	0,	0,		0,	0,	0,		0,	0,	0,
1,51	0655	9345	8690	2,01	0222	9778	9556	2,51	0060	9940	9879
1,52	0643	9357	8715	2,02	0217	9783	9566	2,52	0059	9941	9883
1,53	0630	9370	8740	2,03	0212	9788	9576	2,53	0057	9943	9886
1,54	0618	9382	8764	2,04	0207	9793	9586	2,54	0055	9945	9889
1,55	0606	9394	8789	2,05	0202	9798	9596	2,55	0054	9946	9892
1,56	0594	9406	8812	2,06	0197	9803	9606	2,56	0052	9948	9895
1,57	0582	9418	8836	2,07	0192	9808	9615	2,57	0051	9949	9898
1,58	0571	9429	8859	2,08	0188	9812	9625	2,58	0049	9951	9901
1,59	0559	9441	8882	2,09	0183	9817	9634	2,59	0048	9952	9904
1,60	0548	9452	8904	2,10	0179	9821	9643	2,60	0047	9953	9907
1,61	0537	9463	8926	2,11	0174	9826	9651	2,61	0045	9955	9909
1,62	0526	9474	8948	2,12	0170	9830	9660	2,62	0044	9956	9912
1,63	0516	9484	8969	2,13	0166	9834	9668	2,63	0043	9957	9915
1,64	0505	9495	8990	2,14	0162	9838	9676	2,64	0041	9959	9917
1,65	0495	9505	9011	2,15	0158	9842	9684	2,65	0040	9960	9920
1,66	0485	9515	9031	2,16	0154	9846	9692	2,66	0039	9961	9922
1,67	0475	9525	9051	2,17	0150	9850	9700	2,67	0038	9962	9924
1,68	0465	9535	9070	2,18	0146	9854	9707	2,68	0037	9963	9926
1,69	0455	9545	9090	2,19	0143	9857	9715	2,69	0036	9964	9929
1,70	0446	9554	9109	2,20	0139	9861	9722	2,70	0035	9965	9931
1,71	0436	9564	9127	2,21	0136	9864	9729	2,71	0034	9966	9933
1,72	0427	9573	9146	2,22	0132	9868	9736	2,72	0033	9967	9935
1,73	0418	9582	9164	2,23	0129	9871	9743	2,73	0032	9968	9937
1,74	0409	9591	9181	2,24	0125	9875	9749	2,74	0031	9969	9939
1,75	0401	9599	9199	2,25	0122	9878	9756	2,75	0030	9970	9940
1,76	0392	9608	9216	2,26	0119	9881	9762	2,76	0029	9971	9942
1,77	0384	9616	9233	2,27	0116	9884	9768	2,77	0028	9972	9944
1,78	0375	9625	9249	2,28	0113	9887	9774	2,78	0027	9973	9946
1,79	0367	9633	9265	2,29	0110	9890	9780	2,79	0026	9974	9947
1,80	0359	9641	9281	2,30	0107	9893	9786	2,80	0026	9974	9949
1,81	0351	9649	9297	2,31	0104	9896	9791	2,81	0025	9975	9950
1,82	0344	9656	9312	2,32	0102	9898	9797	2,82	0024	9976	9952
1,83	0336	9664	9328	2,33	0099	9901	9802	2,83	0023	9977	9953
1,84	0329	9671	9342	2,34	0096	9904	9807	2,84	0023	9977	9955
1,85	0322	9678	9357	2,35	0094	9906	9812	2,85	0022	9978	9956
1,86	0314	9686	9371	2,36	0091	9909	9817	2,86	0021	9979	9958
1,87	0307	9693	9385	2,37	0089	9911	9822	2,87	0021	9979	9959
1,88	0301	9699	9399	2,38	0087	9913	9827	2,88	0020	9980	9960
1,89	0294	9706	9412	2,39	0084	9916	9832	2,89	0019	9981	9961
1,90	0287	9713	9426	2,40	0082	9918	9836	2,90	0019	9981	9963
1,91	0281	9719	9439	2,41	0080	9920	9840	2,91	0018	9982	9964
1,92	0274	9726	9451	2,42	0078	9922	9845	2,92	0018	9982	9965
1,93	0268	9732	9464	2,43	0075	9925	9849	2,93	0017	9983	9966
1,94	0262	9738	9476	2,44	0073	9927	9853	2,94	0016	9984	9967
1,95	0256	9744	9488	2,45	0071	9929	9857	2,95	0016	9984	9968
1,96	0250	9750	9500	2,46	0069	9931	9861	2,96	0015	9985	9969
1,97	0244	9756	9512	2,47	0068	9932	9865	2,97	0015	9985	9970
1,98	0239	9761	9523	2,48	0066	9934	9869	2,98	0014	9986	9971
1,99	0233	9767	9534	2,49	0064	9936	9872	2,99	0014	9986	9972
2,00	0228	9772	9545	2,50	0062	9938	9876	3,00	0013	9987	9973

8 Normalverteilung: Quantile

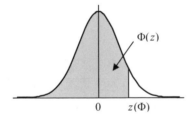
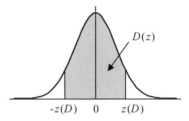

%	z(Φ)	z(D)	%	z(Φ)	z(D)	%	z(Φ)	z(D)
1	-2,326	0,013	41	-2,326	0,539	81	-2,326	1,311
2	-2,054	0,025	42	-0,202	0,553	82	0,915	1,341
3	-1,881	0,038	43	-0,176	0,568	83	0,954	1,372
4	-1,751	0,050	44	-0,151	0,583	84	0,994	1,405
5	-1,645	0,063	45	-0,126	0,598	85	1,036	1,440
6	-1,555	0,075	46	-0,100	0,613	86	1,080	1,476
7	-1,476	0,088	47	-0,075	0,628	87	1,126	1,514
8	-1,405	0,100	48	-0,050	0,643	88	1,175	1,555
9	-1,341	0,113	49	-0,025	0,659	89	1,227	1,598
10	-1,282	0,126	50	0,000	0,674	90	1,282	1,645
11	-1,227	0,138	51	0,025	0,690	91	1,341	1,695
12	-1,175	0,151	52	0,050	0,706	92	1,405	1,751
13	-1,126	0,164	53	0,075	0,722	93	1,476	1,812
14	-1,080	0,176	54	0,100	0,739	94	1,555	1,881
15	-1,036	0,189	55	0,126	0,755	95	1,645	1,960
16	-0,994	0,202	56	0,151	0,772	96	1,751	2,054
17	-0,954	0,215	57	0,176	0,789	97	1,881	2,170
18	-0,915	0,228	58	0,202	0,806	98	2,054	2,326
19	-0,878	0,240	59	0,228	0,824	99	2,326	2,576
20	-0,842	0,253	60	0,253	0,842			
21	-0,806	0,266	61	0,279	0,860	99,1	2,366	2,612
22	-0,772	0,279	62	0,305	0,878	99,2	2,409	2,652
23	-0,739	0,292	63	0,332	0,896	99,3	2,457	2,697
24	-0,706	0,305	64	0,358	0,915	99,4	2,512	2,748
25	-0,674	0,319	65	0,385	0,935	99,5	2,576	2,807
26	-0,643	0,332	66	0,412	0,954	99,6	2,652	2,878
27	-0,613	0,345	67	0,440	0,974	99,7	2,748	2,968
28	-0,583	0,358	68	0,468	0,994	99,8	2,878	3,090
29	-0,553	0,372	69	0,496	1,015	99,9	3,090	3,291
30	-0,524	0,385	70	0,524	1,036			
31	-0,496	0,399	71	0,553	1,058	99,91	3,121	3,320
32	-0,468	0,412	72	0,583	1,080	99,92	3,156	3,353
33	-0,440	0,426	73	0,613	1,103	99,93	3,195	3,390
34	-0,412	0,440	74	0,643	1,126	99,94	3,239	3,432
35	-0,385	0,454	75	0,674	1,150	99,95	3,291	3,481
36	-0,358	0,468	76	0,706	1,175	99,96	3,353	3,540
37	-0,332	0,482	77	0,739	1,200	99,97	3,432	3,615
38	-0,305	0,496	78	0,772	1,227	99,98	3,540	3,719
39	-0,279	0,510	79	0,806	1,254	99,99	3,719	3,891
40	-0,253	0,524	80	0,842	1,282			

9 Student t-Verteilung: Quantile

BEISPIELE

$t(1-\alpha\,;\nu) = t(0{,}95\,;24) = 1{,}71$

$t\left(1-\dfrac{\alpha}{2}\,;\nu\right) = t(0{,}975\,;24) = 2{,}06$

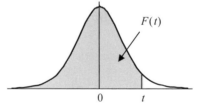

	F(t)								
ν	0,5	0,6	0,7	0,8	0,9	0,95	0,975	0,99	0,995	0,999
1	0,00	0,32	0,73	1,38	3,08	6,31	12,71	31,82	63,66	318,29
2	0,00	0,29	0,62	1,06	1,89	2,92	4,30	6,96	9,92	22,33
3	0,00	0,28	0,58	0,98	1,64	2,35	3,18	4,54	5,84	10,21
4	0,00	0,27	0,57	0,94	1,53	2,13	2,78	3,75	4,60	7,17
5	0,00	0,27	0,56	0,92	1,48	2,02	2,57	3,36	4,03	5,89
6	0,00	0,26	0,55	0,91	1,44	1,94	2,45	3,14	3,71	5,21
7	0,00	0,26	0,55	0,90	1,41	1,89	2,36	3,00	3,50	4,79
8	0,00	0,26	0,55	0,89	1,40	1,86	2,31	2,90	3,36	4,50
9	0,00	0,26	0,54	0,88	1,38	1,83	2,26	2,82	3,25	4,30
10	0,00	0,26	0,54	0,88	1,37	1,81	2,23	2,76	3,17	4,14
11	0,00	0,26	0,54	0,88	1,36	1,80	2,20	2,72	3,11	4,02
12	0,00	0,26	0,54	0,87	1,36	1,78	2,18	2,68	3,05	3,93
13	0,00	0,26	0,54	0,87	1,35	1,77	2,16	2,65	3,01	3,85
14	0,00	0,26	0,54	0,87	1,35	1,76	2,14	2,62	2,98	3,79
15	0,00	0,26	0,54	0,87	1,34	1,75	2,13	2,60	2,95	3,73
16	0,00	0,26	0,54	0,86	1,34	1,75	2,12	2,58	2,92	3,69
17	0,00	0,26	0,53	0,86	1,33	1,74	2,11	2,57	2,90	3,65
18	0,00	0,26	0,53	0,86	1,33	1,73	2,10	2,55	2,88	3,61
19	0,00	0,26	0,53	0,86	1,33	1,73	2,09	2,54	2,86	3,58
20	0,00	0,26	0,53	0,86	1,33	1,72	2,09	2,53	2,85	3,55
21	0,00	0,26	0,53	0,86	1,32	1,72	2,08	2,52	2,83	3,53
22	0,00	0,26	0,53	0,86	1,32	1,72	2,07	2,51	2,82	3,50
23	0,00	0,26	0,53	0,86	1,32	1,71	2,07	2,50	2,81	3,48
24	0,00	0,26	0,53	0,86	1,32	1,71	2,06	2,49	2,80	3,47
25	0,00	0,26	0,53	0,86	1,32	1,71	2,06	2,49	2,79	3,45
26	0,00	0,26	0,53	0,86	1,31	1,71	2,06	2,48	2,78	3,43
27	0,00	0,26	0,53	0,86	1,31	1,70	2,05	2,47	2,77	3,42
28	0,00	0,26	0,53	0,85	1,31	1,70	2,05	2,47	2,76	3,41
29	0,00	0,26	0,53	0,85	1,31	1,70	2,05	2,46	2,76	3,40
30	0,00	0,26	0,53	0,85	1,31	1,70	2,04	2,46	2,75	3,39
40	0,00	0,26	0,53	0,85	1,30	1,68	2,02	2,42	2,70	3,31
50	0,00	0,25	0,53	0,85	1,30	1,68	2,01	2,40	2,68	3,26
60	0,00	0,25	0,53	0,85	1,30	1,67	2,00	2,39	2,66	3,23
70	0,00	0,25	0,53	0,85	1,29	1,67	1,99	2,38	2,65	3,21
80	0,00	0,25	0,53	0,85	1,29	1,66	1,99	2,37	2,64	3,20
90	0,00	0,25	0,53	0,85	1,29	1,66	1,99	2,37	2,63	3,18
100	0,00	0,25	0,53	0,85	1,29	1,66	1,98	2,36	2,63	3,17

10 F-Verteilung: Quantile 95%

$\alpha = 0{,}05$

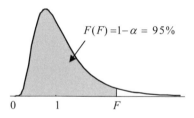

$F(F) = 1 - \alpha = 95\%$

v_2	v_1 Zählerfreiheitsgrade										
	1	2	3	4	5	6	7	8	9	10	11
1	161	199	216	225	230	234	237	239	241	242	243
2	18,5	19,0	19,2	19,2	19,3	19,3	19,4	19,4	19,4	19,4	19,4
3	10,1	9,55	9,28	9,12	9,01	8,94	8,89	8,85	8,81	8,79	8,76
4	7,71	6,94	6,59	6,39	6,26	6,16	6,09	6,04	6,00	5,96	5,94
5	6,61	5,79	5,41	5,19	5,05	4,95	4,88	4,82	4,77	4,74	4,70
6	5,99	5,14	4,76	4,53	4,39	4,28	4,21	4,15	4,10	4,06	4,03
7	5,59	4,74	4,35	4,12	3,97	3,87	3,79	3,73	3,68	3,64	3,60
8	5,32	4,46	4,07	3,84	3,69	3,58	3,50	3,44	3,39	3,35	3,31
9	5,12	4,26	3,86	3,63	3,48	3,37	3,29	3,23	3,18	3,14	3,10
10	4,96	4,10	3,71	3,48	3,33	3,22	3,14	3,07	3,02	2,98	2,94
11	4,84	3,98	3,59	3,36	3,20	3,09	3,01	2,95	2,90	2,85	2,82
12	4,75	3,89	3,49	3,26	3,11	3,00	2,91	2,85	2,80	2,75	2,72
13	4,67	3,81	3,41	3,18	3,03	2,92	2,83	2,77	2,71	2,67	2,63
14	4,60	3,74	3,34	3,11	2,96	2,85	2,76	2,70	2,65	2,60	2,57
15	4,54	3,68	3,29	3,06	2,90	2,79	2,71	2,64	2,59	2,54	2,51
16	4,49	3,63	3,24	3,01	2,85	2,74	2,66	2,59	2,54	2,49	2,46
17	4,45	3,59	3,20	2,96	2,81	2,70	2,61	2,55	2,49	2,45	2,41
18	4,41	3,55	3,16	2,93	2,77	2,66	2,58	2,51	2,46	2,41	2,37
19	4,38	3,52	3,13	2,90	2,74	2,63	2,54	2,48	2,42	2,38	2,34
20	4,35	3,49	3,10	2,87	2,71	2,60	2,51	2,45	2,39	2,35	2,31
21	4,32	3,47	3,07	2,84	2,68	2,57	2,49	2,42	2,37	2,32	2,28
22	4,30	3,44	3,05	2,82	2,66	2,55	2,46	2,40	2,34	2,30	2,26
23	4,28	3,42	3,03	2,80	2,64	2,53	2,44	2,37	2,32	2,27	2,24
24	4,26	3,40	3,01	2,78	2,62	2,51	2,42	2,36	2,30	2,25	2,22
25	4,24	3,39	2,99	2,76	2,60	2,49	2,40	2,34	2,28	2,24	2,20
26	4,23	3,37	2,98	2,74	2,59	2,47	2,39	2,32	2,27	2,22	2,18
27	4,21	3,35	2,96	2,73	2,57	2,46	2,37	2,31	2,25	2,20	2,17
28	4,20	3,34	2,95	2,71	2,56	2,45	2,36	2,29	2,24	2,19	2,15
29	4,18	3,33	2,93	2,70	2,55	2,43	2,35	2,28	2,22	2,18	2,14
30	4,17	3,32	2,92	2,69	2,53	2,42	2,33	2,27	2,21	2,16	2,13
32	4,15	3,29	2,90	2,67	2,51	2,40	2,31	2,24	2,19	2,14	2,10
34	4,13	3,28	2,88	2,65	2,49	2,38	2,29	2,23	2,17	2,12	2,08
36	4,11	3,26	2,87	2,63	2,48	2,36	2,28	2,21	2,15	2,11	2,07
38	4,10	3,24	2,85	2,62	2,46	2,35	2,26	2,19	2,14	2,09	2,05
40	4,08	3,23	2,84	2,61	2,45	2,34	2,25	2,18	2,12	2,08	2,04
50	4,03	3,18	2,79	2,56	2,40	2,29	2,20	2,13	2,07	2,03	1,99
60	4,00	3,15	2,76	2,53	2,37	2,25	2,17	2,10	2,04	1,99	1,95
70	3,98	3,13	2,74	2,50	2,35	2,23	2,14	2,07	2,02	1,97	1,93
80	3,96	3,11	2,72	2,49	2,33	2,21	2,13	2,06	2,00	1,95	1,91
90	3,95	3,10	2,71	2,47	2,32	2,20	2,11	2,04	1,99	1,94	1,90
100	3,94	3,09	2,70	2,46	2,31	2,19	2,10	2,03	1,97	1,93	1,89
∞	3,84	3,00	2,60	2,37	2,21	2,10	2,01	1,94	1,88	1,83	1,79

BEISPIELE

$$F(1-\alpha;v_1;v_2) = F(0,95;10;20) = 2,35$$

$$F(\alpha;v_1;v_2) = F(0,05;10;20) = \frac{1}{F(0,95;20;10)} = \frac{1}{2,77} = 0,361$$

mit Interpolation

$$F(0,95;34;30) = 1,84 - (1,84 - 1,79)\frac{34-30}{40-30} = 1,82$$

	v_1 Zählerfreiheitsgrade									
v_2	12	14	16	18	20	30	40	50	80	100	∞
1	244	245	246	247	248	250	251	252	253	253	254
2	19,4	19,4	19,4	19,4	19,4	19,5	19,5	19,5	19,5	19,5	19,5
3	8,74	8,71	8,69	8,67	8,66	8,62	8,59	8,58	8,56	8,55	8,53
4	5,91	5,87	5,84	5,82	5,80	5,75	5,72	5,70	5,67	5,66	5,63
5	4,68	4,64	4,60	4,58	4,56	4,50	4,46	4,44	4,41	4,41	4,37
6	4,00	3,96	3,92	3,90	3,87	3,81	3,77	3,75	3,72	3,71	3,67
7	3,57	3,53	3,49	3,47	3,44	3,38	3,34	3,32	3,29	3,27	3,23
8	3,28	3,24	3,20	3,17	3,15	3,08	3,04	3,02	2,99	2,97	2,93
9	3,07	3,03	2,99	2,96	2,94	2,86	2,83	2,80	2,77	2,76	2,71
10	2,91	2,86	2,83	2,80	2,77	2,70	2,66	2,64	2,60	2,59	2,54
11	2,79	2,74	2,70	2,67	2,65	2,57	2,53	2,51	2,47	2,46	2,40
12	2,69	2,64	2,60	2,57	2,54	2,47	2,43	2,40	2,36	2,35	2,30
13	2,60	2,55	2,51	2,48	2,46	2,38	2,34	2,31	2,27	2,26	2,21
14	2,53	2,48	2,44	2,41	2,39	2,31	2,27	2,24	2,20	2,19	2,13
15	2,48	2,42	2,38	2,35	2,33	2,25	2,20	2,18	2,14	2,12	2,07
16	2,42	2,37	2,33	2,30	2,28	2,19	2,15	2,12	2,08	2,07	2,01
17	2,38	2,33	2,29	2,26	2,23	2,15	2,10	2,08	2,03	2,02	1,96
18	2,34	2,29	2,25	2,22	2,19	2,11	2,06	2,04	1,99	1,98	1,92
19	2,31	2,26	2,21	2,18	2,16	2,07	2,03	2,00	1,96	1,94	1,88
20	2,28	2,22	2,18	2,15	2,12	2,04	1,99	1,97	1,92	1,91	1,84
21	2,25	2,20	2,16	2,12	2,10	2,01	1,96	1,94	1,89	1,88	1,81
22	2,23	2,17	2,13	2,10	2,07	1,98	1,94	1,91	1,86	1,85	1,78
23	2,20	2,15	2,11	2,08	2,05	1,96	1,91	1,88	1,84	1,82	1,76
24	2,18	2,13	2,09	2,05	2,03	1,94	1,89	1,86	1,82	1,80	1,73
25	2,16	2,11	2,07	2,04	2,01	1,92	1,87	1,84	1,80	1,78	1,71
26	2,15	2,09	2,05	2,02	1,99	1,90	1,85	1,82	1,78	1,76	1,69
27	2,13	2,08	2,04	2,00	1,97	1,88	1,84	1,81	1,76	1,74	1,67
28	2,12	2,06	2,02	1,99	1,96	1,87	1,82	1,79	1,74	1,73	1,65
29	2,10	2,05	2,01	1,97	1,94	1,85	1,81	1,77	1,73	1,71	1,64
30	2,09	2,04	1,99	1,96	1,93	1,84	1,79	1,76	1,71	1,70	1,62
32	2,07	2,01	1,97	1,94	1,91	1,82	1,77	1,74	1,69	1,67	1,59
34	2,05	1,99	1,95	1,92	1,89	1,80	1,75	1,71	1,66	1,65	1,57
36	2,03	1,98	1,93	1,90	1,87	1,78	1,73	1,69	1,64	1,62	1,55
38	2,02	1,96	1,92	1,88	1,85	1,76	1,71	1,68	1,62	1,61	1,53
40	2,00	1,95	1,90	1,87	1,84	1,74	1,69	1,66	1,61	1,59	1,51
50	1,95	1,89	1,85	1,81	1,78	1,69	1,63	1,60	1,54	1,52	1,44
60	1,92	1,86	1,82	1,78	1,75	1,65	1,59	1,56	1,50	1,48	1,39
70	1,89	1,84	1,79	1,75	1,72	1,62	1,57	1,53	1,47	1,45	1,35
80	1,88	1,82	1,77	1,73	1,70	1,60	1,54	1,51	1,45	1,43	1,32
90	1,86	1,80	1,76	1,72	1,69	1,59	1,53	1,49	1,43	1,41	1,30
100	1,85	1,79	1,75	1,71	1,68	1,57	1,52	1,48	1,41	1,39	1,28
∞	1,75	1,69	1,64	1,60	1,57	1,46	1,39	1,35	1,27	1,24	1,00

11 F-Verteilung: Quantile 99%

$\alpha = 0{,}01$

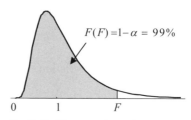

$F(F) = 1 - \alpha = 99\%$

ν_2	\multicolumn{11}{c}{ν_1 Zählerfreiheitsgrade}
	1	2	3	4	5	6	7	8	9	10	11
1	4052	4999	5404	5624	5764	5859	5928	5981	6022	6056	6083
2	98,50	99,00	99,16	99,25	99,30	99,33	99,36	99,38	99,39	99,40	99,41
3	34,12	30,82	29,46	28,71	28,24	27,91	27,67	27,49	27,34	27,23	27,13
4	21,20	18,00	16,69	15,98	15,52	15,21	14,98	14,80	14,66	14,55	14,45
5	16,26	13,27	12,06	11,39	10,97	10,67	10,46	10,29	10,16	10,05	9,96
6	13,75	10,92	9,78	9,15	8,75	8,47	8,26	8,10	7,98	7,87	7,79
7	12,25	9,55	8,45	7,85	7,46	7,19	6,99	6,84	6,72	6,62	6,54
8	11,26	8,65	7,59	7,01	6,63	6,37	6,18	6,03	5,91	5,81	5,73
9	10,56	8,02	6,99	6,42	6,06	5,80	5,61	5,47	5,35	5,26	5,18
10	10,04	7,56	6,55	5,99	5,64	5,39	5,20	5,06	4,94	4,85	4,77
11	9,65	7,21	6,22	5,67	5,32	5,07	4,89	4,74	4,63	4,54	4,46
12	9,33	6,93	5,95	5,41	5,06	4,82	4,64	4,50	4,39	4,30	4,22
13	9,07	6,70	5,74	5,21	4,86	4,62	4,44	4,30	4,19	4,10	4,02
14	8,86	6,51	5,56	5,04	4,69	4,46	4,28	4,14	4,03	3,94	3,86
15	8,68	6,36	5,42	4,89	4,56	4,32	4,14	4,00	3,89	3,80	3,73
16	8,53	6,23	5,29	4,77	4,44	4,20	4,03	3,89	3,78	3,69	3,62
17	8,40	6,11	5,19	4,67	4,34	4,10	3,93	3,79	3,68	3,59	3,52
18	8,29	6,01	5,09	4,58	4,25	4,01	3,84	3,71	3,60	3,51	3,43
19	8,18	5,93	5,01	4,50	4,17	3,94	3,77	3,63	3,52	3,43	3,36
20	8,10	5,85	4,94	4,43	4,10	3,87	3,70	3,56	3,46	3,37	3,29
21	8,02	5,78	4,87	4,37	4,04	3,81	3,64	3,51	3,40	3,31	3,24
22	7,95	5,72	4,82	4,31	3,99	3,76	3,59	3,45	3,35	3,26	3,18
23	7,88	5,66	4,76	4,26	3,94	3,71	3,54	3,41	3,30	3,21	3,14
24	7,82	5,61	4,72	4,22	3,90	3,67	3,50	3,36	3,26	3,17	3,09
25	7,77	5,57	4,68	4,18	3,85	3,63	3,46	3,32	3,22	3,13	3,06
26	7,72	5,53	4,64	4,14	3,82	3,59	3,42	3,29	3,18	3,09	3,02
27	7,68	5,49	4,60	4,11	3,78	3,56	3,39	3,26	3,15	3,06	2,99
28	7,64	5,45	4,57	4,07	3,75	3,53	3,36	3,23	3,12	3,03	2,96
29	7,60	5,42	4,54	4,04	3,73	3,50	3,33	3,20	3,09	3,00	2,93
30	7,56	5,39	4,51	4,02	3,70	3,47	3,30	3,17	3,07	2,98	2,91
32	7,50	5,34	4,46	3,97	3,65	3,43	3,26	3,13	3,02	2,93	2,86
34	7,44	5,29	4,42	3,93	3,61	3,39	3,22	3,09	2,98	2,89	2,82
36	7,40	5,25	4,38	3,89	3,57	3,35	3,18	3,05	2,95	2,86	2,79
38	7,35	5,21	4,34	3,86	3,54	3,32	3,15	3,02	2,92	2,83	2,75
40	7,31	5,18	4,31	3,83	3,51	3,29	3,12	2,99	2,89	2,80	2,73
50	7,17	5,06	4,20	3,72	3,41	3,19	3,02	2,89	2,78	2,70	2,63
60	7,08	4,98	4,13	3,65	3,34	3,12	2,95	2,82	2,72	2,63	2,56
70	7,01	4,92	4,07	3,60	3,29	3,07	2,91	2,78	2,67	2,59	2,51
80	6,96	4,88	4,04	3,56	3,26	3,04	2,87	2,74	2,64	2,55	2,48
90	6,93	4,85	4,01	3,53	3,23	3,01	2,84	2,72	2,61	2,52	2,45
100	6,90	4,82	3,98	3,51	3,21	2,99	2,82	2,69	2,59	2,50	2,43
∞	6,63	4,61	3,78	3,32	3,02	2,80	2,64	2,51	2,41	2,32	2,25

BEISPIELE

$$F(1-\alpha; v_1; v_2) = F(0{,}99; 10; 20) = 3{,}37$$

$$F(\alpha; v_1; v_2) = F(0{,}01; 10; 20) = \frac{1}{F(0{,}99; 20; 10)} = \frac{1}{4{,}41} = 0{,}227$$

mit Interpolation

$$F(0{,}99; 34; 30) = 2{,}39 - (2{,}39 - 2{,}30)\frac{34-30}{40-30} = 2{,}354$$

	v_1 Zählerfreiheitsgrade									
v_2	12	14	16	18	20	30	40	50	80	100	∞
1	6107	6143	6170	6191	6209	6260	6286	6302	6326	6334	6366
2	99,42	99,43	99,44	99,44	99,45	99,47	99,48	99,48	99,48	99,49	99,50
3	27,05	26,92	26,83	26,75	26,69	26,50	26,41	26,35	26,27	26,24	26,13
4	14,37	14,25	14,15	14,08	14,02	13,84	13,75	13,69	13,61	13,58	13,46
5	9,89	9,77	9,68	9,61	9,55	9,38	9,29	9,24	9,16	9,13	9,02
6	7,72	7,60	7,52	7,45	7,40	7,23	7,14	7,09	7,01	6,99	6,88
7	6,47	6,36	6,28	6,21	6,16	5,99	5,91	5,86	5,78	5,75	5,65
8	5,67	5,56	5,48	5,41	5,36	5,20	5,12	5,07	4,99	4,96	4,86
9	5,11	5,01	4,92	4,86	4,81	4,65	4,57	4,52	4,44	4,41	4,31
10	4,71	4,60	4,52	4,46	4,41	4,25	4,17	4,12	4,04	4,01	3,91
11	4,40	4,29	4,21	4,15	4,10	3,94	3,86	3,81	3,73	3,71	3,60
12	4,16	4,05	3,97	3,91	3,86	3,70	3,62	3,57	3,49	3,47	3,36
13	3,96	3,86	3,78	3,72	3,66	3,51	3,43	3,38	3,30	3,27	3,17
14	3,80	3,70	3,62	3,56	3,51	3,35	3,27	3,22	3,14	3,11	3,00
15	3,67	3,56	3,49	3,42	3,37	3,21	3,13	3,08	3,00	2,98	2,87
16	3,55	3,45	3,37	3,31	3,26	3,10	3,02	2,97	2,89	2,86	2,75
17	3,46	3,35	3,27	3,21	3,16	3,00	2,92	2,87	2,79	2,76	2,65
18	3,37	3,27	3,19	3,13	3,08	2,92	2,84	2,78	2,70	2,68	2,57
19	3,30	3,19	3,12	3,05	3,00	2,84	2,76	2,71	2,63	2,60	2,49
20	3,23	3,13	3,05	2,99	2,94	2,78	2,69	2,64	2,56	2,54	2,42
21	3,17	3,07	2,99	2,93	2,88	2,72	2,64	2,58	2,50	2,48	2,36
22	3,12	3,02	2,94	2,88	2,83	2,67	2,58	2,53	2,45	2,42	2,31
23	3,07	2,97	2,89	2,83	2,78	2,62	2,54	2,48	2,40	2,37	2,26
24	3,03	2,93	2,85	2,79	2,74	2,58	2,49	2,44	2,36	2,33	2,21
25	2,99	2,89	2,81	2,75	2,70	2,54	2,45	2,40	2,32	2,29	2,17
26	2,96	2,86	2,78	2,72	2,66	2,50	2,42	2,36	2,28	2,25	2,13
27	2,93	2,82	2,75	2,68	2,63	2,47	2,38	2,33	2,25	2,22	2,10
28	2,90	2,79	2,72	2,65	2,60	2,44	2,35	2,30	2,22	2,19	2,06
29	2,87	2,77	2,69	2,63	2,57	2,41	2,33	2,27	2,19	2,16	2,03
30	2,84	2,74	2,66	2,60	2,55	2,39	2,30	2,25	2,16	2,13	2,01
32	2,80	2,70	2,62	2,55	2,50	2,34	2,25	2,20	2,11	2,08	1,96
34	2,76	2,66	2,58	2,51	2,46	2,30	2,21	2,16	2,07	2,04	1,91
36	2,72	2,62	2,54	2,48	2,43	2,26	2,18	2,12	2,03	2,00	1,87
38	2,69	2,59	2,51	2,45	2,40	2,23	2,14	2,09	2,00	1,97	1,84
40	2,66	2,56	2,48	2,42	2,37	2,20	2,11	2,06	1,97	1,94	1,80
50	2,56	2,46	2,38	2,32	2,27	2,10	2,01	1,95	1,86	1,82	1,68
60	2,50	2,39	2,31	2,25	2,20	2,03	1,94	1,88	1,78	1,75	1,60
70	2,45	2,35	2,27	2,20	2,15	1,98	1,89	1,83	1,73	1,70	1,54
80	2,42	2,31	2,23	2,17	2,12	1,94	1,85	1,79	1,69	1,65	1,49
90	2,39	2,29	2,21	2,14	2,09	1,92	1,82	1,76	1,66	1,62	1,46
100	2,37	2,27	2,19	2,12	2,07	1,89	1,80	1,74	1,63	1,60	1,43
∞	2,18	2,08	2,00	1,93	1,88	1,70	1,59	1,52	1,40	1,36	1,00

12 Chi-Quadrat-Verteilung: Quantile

BEISPIELE

$\chi^2(\alpha\,;\,v) = \chi^2(0{,}01\,;\,24) = 10{,}86$

$\chi^2(1-\alpha\,;\,v) = \chi^2(0{,}99\,;\,13) = 27{,}69$

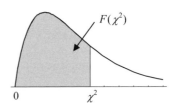

	$F(\chi^2)$									
v	0,005	0,01	0,025	0,05	0,1	0,9	0,95	0,975	0,99	0,995
1	0,00	0,00	0,00	0,00	0,02	2,71	3,84	5,02	6,63	7,88
2	0,01	0,02	0,05	0,10	0,21	4,61	5,99	7,38	9,21	10,60
3	0,07	0,11	0,22	0,35	0,58	6,25	7,81	9,35	11,34	12,84
4	0,21	0,30	0,48	0,71	1,06	7,78	9,49	11,14	13,28	14,86
5	0,41	0,55	0,83	1,15	1,61	9,24	11,07	12,83	15,09	16,75
6	0,68	0,87	1,24	1,64	2,20	10,64	12,59	14,45	16,81	18,55
7	0,99	1,24	1,69	2,17	2,83	12,02	14,07	16,01	18,48	20,28
8	1,34	1,65	2,18	2,73	3,49	13,36	15,51	17,53	20,09	21,95
9	1,73	2,09	2,70	3,33	4,17	14,68	16,92	19,02	21,67	23,59
10	2,16	2,56	3,25	3,94	4,87	15,99	18,31	20,48	23,21	25,19
11	2,60	3,05	3,82	4,57	5,58	17,28	19,68	21,92	24,73	26,76
12	3,07	3,57	4,40	5,23	6,30	18,55	21,03	23,34	26,22	28,30
13	3,57	4,11	5,01	5,89	7,04	19,81	22,36	24,74	27,69	29,82
14	4,07	4,66	5,63	6,57	7,79	21,06	23,68	26,12	29,14	31,32
15	4,60	5,23	6,26	7,26	8,55	22,31	25,00	27,49	30,58	32,80
16	5,14	5,81	6,91	7,96	9,31	23,54	26,30	28,85	32,00	34,27
17	5,70	6,41	7,56	8,67	10,09	24,77	27,59	30,19	33,41	35,72
18	6,26	7,01	8,23	9,39	10,86	25,99	28,87	31,53	34,81	37,16
19	6,84	7,63	8,91	10,12	11,65	27,20	30,14	32,85	36,19	38,58
20	7,43	8,26	9,59	10,85	12,44	28,41	31,41	34,17	37,57	40,00
21	8,03	8,90	10,28	11,59	13,24	29,62	32,67	35,48	38,93	41,40
22	8,64	9,54	10,98	12,34	14,04	30,81	33,92	36,78	40,29	42,80
23	9,26	10,20	11,69	13,09	14,85	32,01	35,17	38,08	41,64	44,18
24	9,89	10,86	12,40	13,85	15,66	33,20	36,42	39,36	42,98	45,56
25	10,52	11,52	13,12	14,61	16,47	34,38	37,65	40,65	44,31	46,93
26	11,16	12,20	13,84	15,38	17,29	35,56	38,89	41,92	45,64	48,29
27	11,81	12,88	14,57	16,15	18,11	36,74	40,11	43,19	46,96	49,65
28	12,46	13,56	15,31	16,93	18,94	37,92	41,34	44,46	48,28	50,99
29	13,12	14,26	16,05	17,71	19,77	39,09	42,56	45,72	49,59	52,34
30	13,79	14,95	16,79	18,49	20,60	40,26	43,77	46,98	50,89	53,67
40	20,71	22,16	24,43	26,51	29,05	51,81	55,76	59,34	63,69	66,77
50	27,99	29,71	32,36	34,76	37,69	63,17	67,50	71,42	76,15	79,49
60	35,53	37,48	40,48	43,19	46,46	74,40	79,08	83,30	88,38	91,95
70	43,28	45,44	48,76	51,74	55,33	85,53	90,53	95,02	100,43	104,21
80	51,17	53,54	57,15	60,39	64,28	96,58	101,88	106,63	112,33	116,32
90	59,20	61,75	65,65	69,13	73,29	107,57	113,15	118,14	124,12	128,30
100	67,33	70,06	74,22	77,93	82,36	118,50	124,34	129,56	135,81	140,17

Lösungen

1 1a. $M = \{(1,1), (1,2), \ldots, (1,6), (2,1), \ldots, (2,6), \ldots, (6,6)\}$ $|M| = 36$
1b. $A = \{(2,6), (3,5), (4,4), (5,3), (6,2)\}$ $|A| = 5$
   $B = \{(1,1), (1,3), (1,5), (2,2), (2,4), (2,6), (3,1), (3,3), (3,5),$
   $(4,2), (4,4), (4,6), (5,1), (5,3), (5,5), (6,2), (6,4), (6,6)\}$ $|B| = 18$
   $C = \{(4,6), (5,5), (5,6), (6,4), (6,5), (6,6)\}$ $|C| = 6$
1c. $A \cup B = B$
   $B \cap C = \{(4,6), (5,5), (6,4), (6,6)\}$ $|B \cap C| = 4$
   $\overline{A} = M \setminus A$ $|\overline{A}| = 36 - 5 = 31$
   $\overline{C} = M \setminus C$ $|\overline{C}| = 36 - 6 = 30$
   $A \setminus B = \emptyset$ da $A \subset B$
   $A \setminus C = A$ da $A \cap C = \emptyset$
1d. $P(A) = 5/36$; $P(B) = 1/2$; $P(C) = 1/6$
   $P(A \cup B) = P(B) = 1/2$
   $P(B \cap C) = 1/9$
   $P(\overline{A}) = 1 - P(A) = 31/36$
   $P(\overline{C}) = 1 - P(C) = 5/6$
   $P(A \setminus B) = P(\emptyset) = 0$
   $P(A \setminus C) = P(A) = 5/36$
2a. $M = \{KKK, KKZ, KZK, ZKK, KZZ, ZKZ, ZZK, ZZZ\}$
2b. $A = \{ZZZ\}$ $B = \{KZZ, ZKZ, ZZK\}$
2c. $P(A) = 1/8$; $P(B) = 3/8$
3a. $M = \{Z, KZ, KKZ, KKKZ, KKKKZ, KKKKKZ, \ldots\}$
3b. $A = \{Z, KZ, KKZ, KKKZ\}$; $B = \{KKKZ, KKKKZ, KKKKKZ, \ldots\}$
3c. $A \cup B = \{Z, KZ, KKZ, KKKZ\} \cup \{KKKZ, KKKKZ, \ldots\} = M$
   $A \cap B = \{Z, KZ, KKZ, KKKZ\} \cap \{KKKZ, KKKKZ, \ldots\} = \{KKKZ\}$
   $\overline{A} = M \setminus A = \{Z, KZ, KKZ, KKKZ, \ldots\} \setminus \{Z, KZ, KKZ, KKKZ\}$
   $= \{KKKKZ, KKKKKZ, \ldots\}$
   $\overline{B} = M \setminus B = \{Z, KZ, KKZ, KKKZ, \ldots\} \setminus \{KKKZ, KKKKZ, \ldots\}$
   $= \{Z, KZ, KKZ\}$
   $A \setminus B = \{Z, KZ, KKZ, KKKZ\} \setminus \{KKKZ, KKKKZ, KKKKKZ, \ldots\}$
   $= \{Z, KZ, KKZ\}$
   $B \setminus A = \{KKKZ, KKKKZ, KKKKKZ, \ldots\} \setminus \{Z, KZ, KKZ, KKKZ\}$
   $= \{KKKKZ, KKKKKZ, \ldots\}$

3.1 1a. $P(\overline{A}) = 1 - P(A) = 5/6$ 1b. $P(A \cup B) = 5/6$ 1c. $P(A \cup B) = 2/3$
2. $P(A_1 \cup A_2) = P(A_1) + P(A_2) - P(A_1 \cap A_2) = 1/6 + 1/6 - 1/36 = 11/36$
3. $P(A) = 1 - P(\overline{A}) = 1 - 1/36 = 35/36$
4. $P(A_1 \cup A_2) = P(A_1) + P(A_2) - P(A_1 \cap A_2) = 4/32 + 8/32 - 1/32 = 11/32$
5. $P(A_1 \cup A_2) = P(A_1) + P(A_2) - P(A_1 \cap A_2) = 1/32 + 1/32 - 1/1024 = 0{,}0615$

6a. $P(A \cup \overline{B}) = P(A) + P(\overline{B}) - P(A \cap \overline{B}) = 4/32 + 24/32 - 3/32 = 0{,}78$
6b. $P(A \setminus B) = P(A) - P(A \cap B) = 4/32 - 1/32 = 3/32 = 0{,}09375$
7. $P(B/A) = P(A \cap B) / P(A) = 3/31$
8a. $P(B/A) = P(A \cap B) / P(A) = 2/9$ 8b. $P(A \cap B) = P(A) P(B/A) = 1/15$
9. $P(B/A) = P(A \cap B) / P(A) = (5/100)/(10/100) = 1/2$

3.2 1a. $P(A \cap B) = P(A) P(B/A) = 0{,}09$
1b. $P(A \cap C) = P(A) P(C/A) = 0{,}24$
1c. $P(A \cup B) = P(A) + P(B) - P(A \cap B) = 0{,}58$
2a. $P(A_1 \cap A_2 \cap A_3) = P(A_1) P(A_2/A_1) P(A_3/A_1 \cap A_2) = 0{,}018$
2b. $P(B_1 \cap B_2 \cap A_3) = P(B_1) P(B_2/B_1) P(A_3/B_1 \cap B_2) = 0{,}169$
2c. $P(B_1 \cup B_2 \cup B_3) = 1 - P(A_1 \cap A_2 \cap A_3) = 0{,}9818$
3a. $P(\overline{A}_1 \cap \overline{A}_2 \cap \overline{A}_3) = (6/30)(5/29)(4/28) = 0{,}0049$
3b. $P(A_1 \cap A_2 \cap A_3) = (24/30)(23/29)(22/28) = 0{,}499$
3c. $P(B) = 1 - P(A_1 \cap A_2 \cap A_3) = 1 - 0{,}499 = 0{,}501$
4. $P(A_1 \cap A_2 \cap A_3 \cap A_4 \cap A_5) = \dfrac{54}{60} \cdot \dfrac{53}{59} \cdot \dfrac{52}{58} \cdot \dfrac{51}{57} \cdot \dfrac{50}{56} = 0{,}58$
5. $P(A \cap B) = P(A) P(B) = (4/32)(4/32) = 1/64$
6a. $P(A_1 \cap A_2 \cap A_3) = P(A_1) P(A_2) P(A_3) = 1/216$
6b. $P(B_1 \cap B_2 \cap B_3) = P(B_1) P(B_2) P(B_3) = 1/216$
7. Für alle Ereignisse in 5 und 6 gilt paarweise, dass die bedingte Wahrscheinlichkeit gleich der unbedingten ist $P(B/A) = P(B)$.
8a. $P(A_1 \cap \overline{A}_2 \cap \overline{A}_3) = P(A_1) P(\overline{A}_2) P(\overline{A}_3) = (7/10)(3/10)(3/10) = 0{,}063$
8b. $P(A_1 \cap A_2 \cap A_3) = P(A_1) P(A_2) P(A_3) = (7/10)(7/10)(7/10) = 0{,}343$
8c. $P(\overline{A}_1 \cap \overline{A}_2 \cap \overline{A}_3) = (3/10)(3/10)(3/10) = 0{,}027$
9a. $P(A \cap B \cap C) = P(A) P(B) P(C) = 0{,}1 \cdot 0{,}01 \cdot 0{,}02 = 0{,}00002$
9b. $P(\overline{A} \cap \overline{B} \cap \overline{C}) = P(\overline{A}) P(\overline{B}) P(\overline{C}) = 0{,}9 \cdot 0{,}99 \cdot 0{,}98 = 0{,}8732$
10. $P(\overline{B}) = P(A) P(\overline{B}/A) + P(\overline{A}) P(\overline{B}/\overline{A}) = 0{,}3 \cdot 0{,}05 + 0{,}7 \cdot 0{,}2 = 0{,}155$
11a. $P(B) = P(A_1) P(B/A_1) + P(A_2) P(B/A_2) = 0{,}7 \cdot 0{,}95 + 0{,}3 \cdot 0{,}9 = 0{,}935$
11b. $P(A_2/\overline{B}) = \dfrac{P(\overline{B} \cap A_2)}{P(\overline{B})} = \dfrac{P(A_2) P(\overline{B}/A_2)}{P(\overline{B})} = \dfrac{0{,}3 \cdot 0{,}1}{0{,}065} = 0{,}4615$

4 1. $n! = 5! = 120$ 2. $P = \dfrac{1}{n!} = \dfrac{1}{3.628.800} = 0{,}000000275$

3. $n! = 7! = 5.040$ 4. $P = \dfrac{1}{n!} = \dfrac{1}{720} = 0{,}00139$

5. $\dfrac{n!}{n_1! \cdot n_2! \cdot n_3! \cdot n_4!} = \dfrac{11!}{4! \cdot 1! \cdot 2! \cdot 4!} = \dfrac{39.916.800}{1.152} = 34.650$

6a. $\dfrac{n!}{n_1! \cdot n_2! \cdot n_3!} = \dfrac{10!}{5! \cdot 2! \cdot 3!} = \dfrac{3.628.800}{1.440} = 2.520$ 6b. $n! = 3! = 6$

7a. $n! = 12! = 479.001.600$ 7b. $3!(n_1! \, n_2! \, n_3!) = 3!(6! \, 4! \, 2!) = 207.360$

Lösungen 357

7c. $n_2! \cdot n! = 4! \cdot 9! = 24 \cdot 362.880 = 8.709.120$

8. $\dfrac{n!}{(n-k)!} = \dfrac{10!}{(10-4)!} = \dfrac{10!}{6!} = \dfrac{3.628.800}{720} = 5.040$

9. $\dfrac{n!}{(n-k)!} = \dfrac{10!}{(10-3)!} = \dfrac{10!}{7!} = \dfrac{3.628.800}{5.040} = 720$

10. $P = \dfrac{1}{\dfrac{n!}{(n-k)!}} = \dfrac{1}{13.366.080} = 7,4 \cdot 10^{-8} = 0,000000074$

11a. $\dfrac{n!}{(n-k)!} = \dfrac{9!}{(9-5)!} = \dfrac{9!}{4!} = 15.120$

11b. $4 \cdot (n-1) \cdot (n-2) \cdot (n-3) \cdot (n-4) = 4 \cdot 8 \cdot 7 \cdot 6 \cdot 5 = 4 \cdot \dfrac{8!}{4!} = \dfrac{8!}{3!} = 6.720$

11c. $5 \cdot 4 \cdot (n-2)(n-3)(n-4) = 5 \cdot 4 \cdot 7 \cdot 6 \cdot 5 = \dfrac{5!}{(5-2)!} \cdot \dfrac{7!}{(7-3)!} = 4.200$

12. $P(\overline{A}) = \dfrac{|\overline{A}|}{|M|} = \dfrac{\dfrac{365!}{(365-10)!}}{365^{10}} = 0,883012 \quad P(A) = 1 - P(\overline{A}) = 0,116988$

13. $|M| = \binom{n}{k} = \binom{36}{6} = \dfrac{36!}{6!(36-6)!} = 1.947.792 \quad P(A_1) = P(A_2) = \dfrac{1}{|M|}$

$P(A_1 \cup A_2) = P(A_1) + P(A_2) - P(A_1) \cdot P(A_2) = 1,026803419 \cdot 10^{-6}$

14. $\binom{n}{k} = \binom{32}{5} = \dfrac{32!}{5!(32-5)!} = \dfrac{32!}{5! \cdot 27!} = 201.376$

15a. $\binom{B}{b} \cdot \binom{V}{v} = \binom{7}{3} \cdot \binom{5}{2} = 350$ 15b. $\binom{B-1}{b-1} \cdot \binom{V}{v} = \binom{7-1}{3-1} \cdot \binom{5}{2} = 150$

15c. $\binom{B}{b} \cdot \binom{V-2}{v} = \binom{7}{3} \cdot \binom{5-2}{2} = \binom{7}{3} \cdot \binom{3}{2} = 35 \cdot 3 = 105$

16. $\binom{n}{k} = \binom{10}{5} = \dfrac{10!}{5! \cdot 5!} = 252$

17a. $P(A) = \dfrac{\binom{M}{m} \cdot \binom{N-M}{n-m}}{\binom{N}{n}} = \dfrac{\binom{4}{4} \cdot \binom{28}{1}}{\binom{32}{5}} = \dfrac{1 \cdot 28}{201.376} = 0,000139$

17b. $P(A) = \dfrac{\binom{M_1}{m_1} \cdot \binom{M_2}{m_2} \cdot \binom{N-M_1-M_2}{n-m_1-m_2}}{\binom{N}{n}} = \dfrac{\binom{4}{3} \cdot \binom{4}{2} \cdot \binom{24}{0}}{\binom{32}{5}} = 0,0001192$

17c. $P(A) = \dfrac{\binom{4}{1} \cdot \binom{4}{1} \cdot \binom{4}{1} \cdot \binom{4}{1} \cdot \binom{4}{1} \cdot \binom{12}{0}}{\binom{32}{5}} = \dfrac{4^5}{201.376} = 0,005085$

17d. $P(A) = 1 - P(\overline{A}) = 1 - \dfrac{\binom{M}{m} \cdot \binom{N-M}{n-m}}{\binom{N}{n}} = 1 - \dfrac{\binom{4}{0} \cdot \binom{28}{5}}{\binom{32}{5}} = 0{,}512$

18a. $P(A) = \dfrac{\binom{8}{2} \cdot \binom{3}{1} \cdot \binom{9}{0}}{\binom{20}{3}} = \dfrac{\binom{8}{2} \cdot \binom{3}{1}}{\binom{20}{3}} = \dfrac{28 \cdot 3}{1.140} = \dfrac{84}{1.140} = 0{,}07368$

18b. $P(A) = \dfrac{\binom{8}{1} \cdot \binom{3}{1} \cdot \binom{9}{1}}{\binom{20}{3}} = \dfrac{8 \cdot 3 \cdot 9}{1.140} = \dfrac{216}{1.140} = 0{,}18947$

18c. $P(A) = \dfrac{\binom{8}{0} \cdot \binom{3}{3} \cdot \binom{9}{0}}{\binom{20}{3}} = \dfrac{1 \cdot 1 \cdot 1}{1.140} = \dfrac{1}{1.140} = 0{,}000877$

19a. $P(A) = \dfrac{\binom{6}{3} \cdot \binom{43}{3}}{\binom{49}{6}} = \dfrac{20 \cdot 12.341}{13.983.816} = \dfrac{246.820}{13.983.816} = 0{,}01765$

19b. $P(A) = \dfrac{\binom{6}{5} \cdot \binom{43}{1}}{\binom{49}{6}} \cdot \dfrac{1}{43} = \dfrac{6 \cdot 43}{13.983.816} \cdot \dfrac{1}{43} = \dfrac{6}{13.983.816} = 6 \cdot P(6)$

20. $P(A_1 \cup A_2) = \dfrac{\binom{5}{0} \cdot \binom{15}{3}}{\binom{20}{3}} + \dfrac{\binom{5}{1} \cdot \binom{15}{2}}{\binom{20}{3}} = \dfrac{980}{1.140} = 0{,}859649$

21. $P = \dfrac{1}{n^k} = \dfrac{1}{1000} = 0{,}001$

22. $P(B) = P(A_1) + P(\overline{A}_1 \cap A_2) + P(\overline{A}_1 \cap \overline{A}_2 \cap A_3)$

$= \dfrac{1}{10^4} + \dfrac{10^4 - 1}{10^4} \cdot \dfrac{1}{10^4 - 1} + \dfrac{10^4 - 1}{10^4} \cdot \dfrac{10^4 - 2}{10^4 - 1} \cdot \dfrac{1}{10^4 - 2}$

$= \dfrac{1}{10^4} + \dfrac{1}{10^4} + \dfrac{1}{10^4} = \dfrac{3}{10^4} = 0{,}0003$

23. $P(\overline{B}) = P(\overline{A}_1 \cap \overline{A}_2 \cap \ldots \cap \overline{A}_7)$

$= P(\overline{A}_1) \cdot P(\overline{A}_2 / \overline{A}_1) \cdot P(\overline{A}_3 / \overline{A}_1 \cap \overline{A}_2) \cdot \ldots \cdot P(\overline{A}_7 / \overline{A}_1 \cap \overline{A}_2 \cap \ldots \cap \overline{A}_6)$

$= \dfrac{10^5 - 1}{10^5} \cdot \dfrac{10^5 - 2}{10^5 - 1} \cdot \dfrac{10^5 - 3}{10^5 - 2} \cdot \dfrac{10^5 - 4}{10^5 - 3} \cdot \dfrac{10^5 - 5}{10^5 - 4} \cdot \dfrac{10^5 - 6}{10^5 - 5} \cdot \dfrac{10^5 - 7}{10^5 - 6}$

$= \dfrac{10^5 - 7}{10^5} = 1 - \dfrac{7}{10^5} \quad \Rightarrow \quad P(B) = 1 - P(\overline{B}) = \dfrac{7}{10^5} = 0{,}00007$

5

1a.

x	f(x)	F(x)
1	1/6	1/6
2	1/6	2/6
3	1/6	3/6
4	1/6	4/6
5	1/6	5/6
6	1/6	6/6

$P(3) = 1/6$
$P(2 < X \leq 4) = 2/6$

1b.

x	f(x)	F(x)
3	1/216	1/216
4	3/216	4/216
5	6/216	10/216
6	10/216	20/216
7	15/216	35/216
8	21/216	56/216
9	25/216	81/216
10	27/216	108/216
11	27/216	135/216
12	25/216	160/216
13	21/216	181/216
14	15/216	196/216
15	10/216	206/216
16	6/216	212/216
17	3/216	215/216
18	1/216	216/216

$P(3) = 1/216$
$P(6 \leq X \leq 12) = 150/216$

1c.

x	f(x)	F(x)
1	1/2	0,5
2	$(1/2)^2$	0,75
3	$(1/2)^3$	0,875
4	$(1/2)^4$	0,9375
5	$(1/2)^5$	0,9688

$P(2) = 1/4$
$P(0 < X < 5) = 0,9375$

1d.

x	f(x)	F(x)
0	1/16	1/16
1	4/16	5/16
2	6/16	11/16
3	4/16	15/16
4	1/16	16/16

$P(0) = 1/16$
$P(1 < X \leq 3) = 10/16$

2.

x	f(x)	F(x)
0	1/8	1/8
1	3/8	4/8
2	3/8	7/8
3	1/8	8/8

$P(1) = 3/8$
$P(0 < X \leq 3) = 7/8$

3.

x	f(x)	F(x)
0	0,167	0,167
1	0,500	0,667
2	0,300	0,967
3	0,033	1,000

$P(0 < X \leq 1) = 0,5$
$P(0,5 < X < 4) = 0,833...$

4a. $\int_{-\infty}^{\infty} f(x)\,dx = \int_a^b \frac{1}{b-a}\,dx = \left.\frac{x}{b-a}\right|_a^b = \frac{b}{b-a} - \frac{a}{b-a} = \frac{b-a}{b-a} = 1$

4b. $F(x) = \int_{-\infty}^{x} f(t)\,dt = \int_a^x \frac{1}{b-a}\,dt = \left.\frac{t}{b-a}\right|_a^x = \frac{x}{b-a} - \frac{a}{b-a} = \frac{x-a}{b-a}$

5a. $\int_{-\infty}^{\infty} f(x)\,dx = \int_0^1 2x\,dx = 1$

5b. $F(x) = \int_{-\infty}^{x} f(t)\,dt = \int_0^x 2t\,dt = \left.t^2\right|_0^x = x^2$

5d. $P(0,2 \leq X \leq 0,6) = 0,32$ $\quad P(X > 0,7) = 1 - P(X \leq 0,7) = 0,51$

6a. $\int_{-\infty}^{\infty} f(x)\,dx = \int_0^{\infty} k\,e^{-0,5x}\,dx = \lim_{b \to \infty} \int_0^b k\,e^{-0,5x}\,dx = 2k = 1 \Rightarrow k = 1/2$

6b. $F(x) = \int_{-\infty}^{x} f(t)\,dt = \int_0^x 0,5\,e^{-0,5t}\,dt = \left[-2 \cdot 0,5\,e^{-0,5t}\right]_0^x = -e^{-0,5x} + 1$

6d. $P(1 \leq X \leq 3) = F(3) - F(1) = 1 - e^{-0,5 \cdot 3} - (1 - e^{-0,5 \cdot 1}) = 0,384$

$P(X > 2) = 1 - P(X \leq 2) = 1 - F(2) = 1 - (1 - e^{-0,5 \cdot 2}) = e^{-1} = 0,3679$

6. 1.

Ü5	μ	σ^2
(1a.)	3,5	2,917
(1b.)	10,5	8,75
(1c.)	2	2
(1d.)	2	1
(2.)	1,5	0,75
(3.)	1,2	0,56
(4.)	$\dfrac{a+b}{2}$	$\dfrac{(b-a)^2}{12}$
(5.)	2/3	2/36
(6.)	2	4

2. $\mu = 16$ $\sigma^2 = 20$
3. $\mu = 0,7$ $\sigma^2 = 0,61$

4a.

x	$f(x)$	$F(x)$
0	20/56	20/56
1	30/56	50/56
2	6/56	56/56

4b. $\mu = 3/4$ $\sigma^2 = 0,4018$

5a. $\mu = 1$ $\sigma^2 = 0,002$

5b. $P = 1 - P(0,94 < X < 1,06) = 1 - \int_{0,94}^{1,06} f(x)dx = 0,21$

5c. $P(1-a < X < 1+a) = \int_{1-a}^{1+a} f(x)dx = 0,90 \Rightarrow 0,927 < X < 1,073$

6. $E(g(X)) = \sum_i g(x_i) \cdot f(x_i) = 5000 \cdot \dfrac{1}{1000} + 2000 \cdot \dfrac{3}{1000} = 5 + 6 = 11$

7. $E(g(x)) = E(X) = \sum_i x_i f(x_i) = \sum_{x=2}^{12} x f(x) = \dfrac{252}{36} = 7$

8. $E(g(X)) = 5 \cdot \dfrac{246.820}{13.983.816} + 100 \cdot \dfrac{13.545}{13.983.816} + 10.000 \cdot \dfrac{258}{13.983.816}$
$+ 100.000 \cdot \dfrac{6}{13.983.816} + 1.000.000 \cdot \dfrac{1}{13.983.816} = \dfrac{6.768.600}{13.983.816} = 0,484$

9. Siehe Übung 5, Aufgabe 1d.

z	$f(z)$
−2	1/16
−1	4/16
0	6/16
1	4/16
2	1/16

10a. $E(X) = \int_{-\infty}^{\infty} x \cdot f(x)dx = \int_{-1}^{1} x \cdot 0,75(1-x^2)dx = 0,75 \int_{-1}^{1}(x - x^3)dx = 0$

$Var(X) = \int_{-\infty}^{\infty}(x - \underbrace{\mu}_{=0})^2 f(x)dx = \int_{-1}^{1} x^2 \cdot 0,75(1-x^2)dx = \dfrac{1}{5}$

Lösungen

$$E(Z) = E(2X-2) = 2E(X)-2 = 2\cdot 0 - 2 = -2$$

$$Var(Z) = Var(2X-2) = 2^2 Var(X) = 4\cdot\frac{1}{5} = \frac{4}{5}$$

10b. $\int_{-\infty}^{\infty} f(x)dx = \int_{-1}^{1} 0{,}75(1-x^2)dx = 0{,}75\left[x - x^3/3\right]_{-1}^{1} = 0{,}75\,(2-2/3) = 1$

$F(x) = \int_{-\infty}^{x} f(t)dt = \int_{-1}^{x} 0{,}75(1-t^2)dt = 0{,}75\left[t - t^3/3\right]_{-1}^{x} = \frac{3}{4}x - \frac{1}{4}x^3 + \frac{1}{2}$

10c. $F(z) = \int_{-4}^{z} 0{,}75(1-(0{,}5u+1)^2)\,0{,}5\,du = 0{,}5\int_{-4}^{z} 0{,}75(1-(0{,}5u+1)^2)\,du$

$f(z) = F'(z) = 0{,}5\cdot 0{,}75(1-(0{,}5z+1)^2)$

7.1

1.

Verteilung	$E(X)$	$Var(X)$
$B(10;\,0{,}10)$	1	0,9
$B(10;\,0{,}25)$	2,5	1,875
$B(10;\,0{,}50)$	5	2,5
$B(10;\,0{,}75)$	7,5	1,875
$B(10;\,0{,}90)$	9	0,9

2a. $f(2) = \binom{5}{2}\left(\frac{1}{6}\right)^2\left(\frac{5}{6}\right)^3 = 10\cdot 0{,}027\overline{7}\cdot 0{,}579 = 0{,}1608$

2b. $P(X\geq 3) = 1 - P(X<3) = 1 - P(X\leq 2) = 1 - 0{,}9648 = 0{,}0352$

3a. $f(4) = \binom{10}{4}\left(\frac{1}{2}\right)^4\left(\frac{1}{2}\right)^6 = 0{,}2051$

3b. $P(X\leq 3) = F(3) = \sum_{k\leq 3}\binom{10}{k}\left(\frac{1}{2}\right)^k\left(\frac{1}{2}\right)^{10-k} = \sum_{k\leq 3}\binom{10}{k}\left(\frac{1}{2}\right)^{10} = 0{,}1719$

3c. $P(X\geq 1) = 1 - P(X\leq 0) = 1 - F(0) = 1 - \binom{10}{0}\left(\frac{1}{2}\right)^0\left(\frac{1}{2}\right)^{10} = 0{,}9990$

4a. $f(1) = \binom{6}{1}\cdot 0{,}4^1 \cdot 0{,}6^5 = 0{,}1866$

4b. $P(2\leq X\leq 4) = P(1<X\leq 4) = F(4) - F(1) = 0{,}9590 - 0{,}2333 = 0{,}7257$

4c. $P(X\geq 3) = 1 - P(X<3) = 1 - P(X\leq 2) = 1 - F(2) = 1 - 0{,}5443 = 0{,}4557$

5a. $P(X=0) = f(0) = \binom{6}{0}\left(\frac{1}{8}\right)^0\left(\frac{7}{8}\right)^6 = 1\cdot 1\cdot 0{,}4488 = 0{,}4488$

5b. $P(X>2) = 1 - P(X\leq 2) = 1 - \sum_{0\leq k\leq 2}\binom{6}{k}\left(\frac{1}{8}\right)^k\left(\frac{7}{8}\right)^{6-k} = 0{,}0291$

6a. $f(2) = \binom{4}{2} \cdot 0{,}5^2 \cdot 0{,}5^2 = \binom{4}{2} \cdot 0{,}5^4 = 0{,}3750$

6b. $f(3) = \binom{4}{3} \cdot 0{,}5^3 \cdot 0{,}5^1 = \binom{4}{3} \cdot 0{,}5^4 = 0{,}25$

6c. $f(4) = \binom{4}{4} \cdot 0{,}5^4 \cdot 0{,}5^0 = \binom{4}{4} \cdot 0{,}5^4 = 0{,}0625$

7a. $f(x) = \binom{10}{x} \cdot 0{,}05^x \cdot 0{,}95^{10-x} \qquad x = 0, 1, 2, \ldots, 10$

7b. $f(3) = \binom{10}{3} \cdot 0{,}05^3 \cdot 0{,}95^7 = 0{,}0105$

7c. $\mu = np = 10 \cdot 0{,}05 = 0{,}5 \qquad \sigma^2 = npq = 10 \cdot 0{,}05 \cdot 0{,}95 = 0{,}475$

7.2 1. **Ps(3)**
1a. $P(X < 2) = P(X \leq 1) = F(1) = 0{,}1991$
1b. $P(2 \leq X \leq 4) = P(1 < X \leq 4) = F(4) - F(1) = 0{,}8153 - 0{,}1991 = 0{,}6162$
1c. $P(X > 5) = 1 - P(X \leq 5) = 1 - F(5) = 1 - 0{,}9161 = 0{,}0839$

2. **Ps(5)**
2a. $P(X = 1) = f(1) = 0{,}0337$
2b. $P(X > 3) = 1 - P(X \leq 3) = 1 - F(3) = 1 - 0{,}2650 = 0{,}735$
2c. $P(X = 0) = f(0) = 0{,}0067$

3. **Ps(2)**
3a. $P(X = 0) = f(0) = 0{,}1353$
3b. $P(X = 1) = f(1) = 0{,}2707$
3c. $P(X > 5) = 1 - P(X \leq 5) = 1 - F(5) = 1 - 0{,}9834 = 0{,}0166$

4. **Ps(4)**
4a. $P(X = 0) = f(0) = 0{,}0183$
4b. $P(X \leq 2) = F(2) = 0{,}2381$
4c. $P(X > 4) = 1 - P(X \leq 4) = 1 - F(4) = 1 - 0{,}6288 = 0{,}3712$

5. **H(32;4;6)**

$$P(X \geq 3) = \sum_{k=3}^{4} \frac{\binom{4}{k}\binom{28}{6-k}}{\binom{N}{n}} = \frac{\binom{4}{3}\binom{28}{3}}{\binom{32}{6}} + \frac{\binom{4}{4}\binom{28}{2}}{\binom{32}{6}}$$

$$= \frac{4 \cdot 3276}{906192} + \frac{1 \cdot 378}{906192} = 0{,}014878$$

6. **H(20;8;6)**

6a. $P(X = 1) = f(1) = \dfrac{\binom{8}{1}\binom{12}{5}}{\binom{20}{6}} = \dfrac{8 \cdot 792}{38760} = 0{,}16347$

6b. $P(2 \leq X \leq 4) = \sum_{k=2}^{4} \frac{\binom{8}{k}\binom{12}{6-k}}{\binom{20}{6}} = \frac{\binom{8}{2}\binom{12}{4}}{\binom{20}{6}} + \frac{\binom{8}{3}\binom{12}{3}}{\binom{20}{6}} + \frac{\binom{8}{4}\binom{12}{2}}{\binom{20}{6}}$

$= (28 \cdot 495 + 56 \cdot 220 + 70 \cdot 66)/38760 = 0{,}79463$

6c. $P(X \geq 3) = 1 - P(X \leq 2) = 1 - F(2) = 1 - \sum_{k=0}^{2} \frac{\binom{8}{k}\binom{12}{6-k}}{\binom{20}{6}} = 1 - 0{,}54489$

$= 0{,}45511$

$F(2) = \frac{\binom{8}{0}\binom{12}{6}}{\binom{20}{6}} + \frac{\binom{8}{1}\binom{12}{5}}{\binom{20}{6}} + \frac{\binom{8}{2}\binom{12}{4}}{\binom{20}{6}} = \frac{1 \cdot 924}{38760} + \frac{8 \cdot 792}{38760} + \frac{28 \cdot 495}{38760}$

7. **H(100;10;10)**

$P(X > 1) = 1 - P(X \leq 1) = 1 - F(1) = 1 - 0{,}738471 = 0{,}26153$

$P(X \leq 1) = F(1) = \sum_{k=0}^{1} \frac{\binom{10}{k}\binom{90}{10-k}}{\binom{100}{10}} = \frac{\binom{10}{0}\binom{90}{10}}{\binom{100}{10}} + \frac{\binom{10}{1}\binom{90}{9}}{\binom{100}{10}}$

$= 0{,}330476 + 0{,}407995 = 0{,}738471$

8

1a. $P(X \leq 2{,}38) = \Phi(2{,}38) = 0{,}9913$

1b. $P(X \leq -1{,}22) = \Phi(-1{,}22) = 0{,}1112$

1c. $P(X \leq 1{,}92) = \Phi(1{,}92) = 0{,}9726$

1d. $P(X \geq -2{,}8) = 1 - \Phi(-2{,}8) = 1 - 0{,}0026 = 0{,}9974$

1e. $P(2 \leq X \leq 10) = \Phi(10) - \Phi(2) = 1 - 0{,}9772 = 0{,}0228$

2a. $P(X \leq 2{,}38) = \Phi\left(\frac{2{,}38 - 0{,}8}{2}\right) = \Phi\left(\frac{1{,}58}{2}\right) = \Phi(0{,}79) = 0{,}7852$

2b. $P(X \leq -1{,}22) = \Phi\left(\frac{-1{,}22 - 0{,}8}{2}\right) = \Phi\left(\frac{-2{,}02}{2}\right) = \Phi(-1{,}01) = 0{,}1562$

2c. $P(X \leq 1{,}92) = \Phi\left(\frac{1{,}92 - 0{,}8}{2}\right) = \Phi\left(\frac{1{,}12}{2}\right) = \Phi(0{,}56) = 0{,}7123$

2d. $P(X \geq -2{,}8) - 1 - P(X \leq -2{,}8) = 1 - \Phi\left(\frac{-2{,}8 - 0{,}8}{2}\right)$

$= 1 - \Phi(-1{,}8) = 1 - 0{,}0359 = 0{,}9641$

2e. $P(2 \leq X \leq 10) = \Phi\left(\frac{10 - 0{,}8}{2}\right) - \Phi\left(\frac{2 - 0{,}8}{2}\right)$

$= \Phi(4{,}6) - \Phi(0{,}6) = 1 - 0{,}7257 = 0{,}2743$

3a. $P(X \geq c) = 1 - P(X \leq c) = 1 - \Phi(c) = 0{,}1 \Rightarrow c(\Phi) = 1{,}282$

3b. $P(X \leq c) = \Phi(c) = 0{,}05 \Rightarrow c(\Phi) = -1{,}645$

3c. $P(0 \leq X \leq c) = \Phi(c) - \Phi(0) = 0{,}45 \Rightarrow \Phi(c) - 0{,}5 = 0{,}45 \Rightarrow c(\Phi) = 1{,}645$

3d. $P(-c \leq X \leq c) = \Phi(c) - \Phi(-c) = 0{,}99 \Rightarrow c(\Phi) = 2{,}576$

4a. $P(X \geq c) = 1 - P(X \leq c) = 1 - \Phi\left(\dfrac{c+2}{0{,}5}\right) = 0{,}2 \Rightarrow c = \dfrac{0{,}842 - 4}{2} = -1{,}579$

4b. $P(-c \leq X \leq -1) = \Phi\left(\dfrac{-1+2}{0{,}5}\right) - \Phi\left(\dfrac{-c+2}{0{,}5}\right) = 0{,}5 \Rightarrow c = 2{,}03$

4c. $P(-2-c \leq X \leq -2+c) = \Phi\left(\dfrac{c}{0{,}5}\right) - \Phi\left(\dfrac{-c}{0{,}5}\right) = 0{,}9 \Rightarrow c = 0{,}8225$

4d. $P(-2-c \leq X \leq -2+c) = \Phi(2c) - \Phi(-2c) = 0{,}996 \Rightarrow c = 1{,}439$

5a. $P(X \geq 1200) = 1 - P(X \leq 1200) = 1 - \Phi(3) = 0{,}0013$

5b. $P(X \leq 650) = \Phi(-2{,}5) = 0{,}0062$

5c. $P(750 \leq X \leq 1050) = \Phi(1{,}5) - \Phi(-1{,}5) = 0{,}8664$

6a. $P(X \leq 99{,}7) = \Phi(-1{,}5) = 0{,}0668$

6b. $P(X > 100{,}5) = 1 - P(X \leq 100{,}5) = 1 - \Phi(2{,}5) = 0{,}0062$

6c. $1 - P(99{,}7 \leq X \leq 100{,}3) = 1 - [\Phi(1{,}5) - \Phi(-1{,}5)] = 0{,}1336$

7a. $P(X < 50) = \Phi(-1) = 0{,}1587$

7b. $P(X \geq 95) = 1 - P(X \leq 95) = 1 - \Phi(2) = \Phi(-2) = 0{,}0228$

7c. $P(50 \leq X \leq 80) = \Phi(1) - \Phi(-1) = D(1) = 0{,}6827$

9

1a. $\dfrac{n!}{n_1! n_2! n_3!} = \dfrac{12!}{3! 5! 4!} = 27720$

1b. $\dbinom{n}{k} = \dbinom{12}{3} = \dfrac{12!}{3!(12-3)!} = 220$

2a. $\dbinom{n}{k} = \dbinom{10}{5} = \dfrac{10!}{5!(10-5)!} = \dfrac{3.628.800}{120 \cdot 120} = 252$

2b. $\dbinom{n+k-1}{k} = \dbinom{10+2-1}{2} = \dbinom{11}{2} = \dfrac{11!}{2!(11-2)!} = 55$

2c. $\dbinom{n+k-1}{k} = \dbinom{11+2-1}{2} = \dbinom{12}{2} = 66$

3a. $E(g(X)) = 90 \cdot \dfrac{10}{30.000} + 60 \cdot \dfrac{35}{30.000} + 15 \cdot \dfrac{100}{30.000} = \dfrac{4.500}{30.000} = 0{,}15$

3b. $E(g(X)) = 4.500 \cdot \dfrac{1}{N} = 0{,}45 \Rightarrow N = \dfrac{4.500}{0{,}45} = 10.000$

4a. $P(D) = P(A)P(D/A) + P(B)P(D/B) = 0{,}65 \cdot 0{,}02 + 0{,}35 \cdot 0{,}06 = 0{,}034$

4b. $P(A/D) = \dfrac{P(A \cap D)}{P(D)} = \dfrac{P(A) \cdot P(D/A)}{P(D)} = \dfrac{0{,}65 \cdot 0{,}02}{0{,}034} = \dfrac{0{,}013}{0{,}034} = 0{,}382$

5a. $f(x) = \dbinom{6}{x}\left(\dfrac{1}{4}\right)^x \left(\dfrac{3}{4}\right)^{6-x}$; $x = 0, 1, 2, 3, \ldots, 6$; $B(6; 1/4)$

5c. $P(X = \text{ungerade}) = \sum_{x=1,3,5} \dbinom{6}{x}\left(\dfrac{1}{4}\right)^x \left(\dfrac{3}{4}\right)^{6-x} = 0{,}3560 + 0{,}1318 + 0{,}0044$
$= 0{,}4922$

Lösungen 365

5c. $P(|X-1,5|\leq 1) = P(0,5 \leq X \leq 2,5) = P(0 < X \leq 2) = F(2) - F(0)$
$= 0,8306 - 0,1780 = 0,6526$

6. $f(x) = \binom{n}{x}\left(\frac{1}{2}\right)^x\left(\frac{1}{2}\right)^{n-x} \Rightarrow f(n) = \binom{n}{n}\left(\frac{1}{2}\right)^n\left(\frac{1}{2}\right)^{n-n} = \left(\frac{1}{2}\right)^n = \frac{1}{8} \Rightarrow n = 3$

$Var(X) = npq = 3 \cdot \frac{1}{2} \cdot \frac{1}{2} = \frac{3}{4}$

7a. $P(X > 2,4) = 1 - P(X \leq 2,4) = 1 - P(X \leq 2) = 1 - F_{Ps}(2) = 0,5768$

7b. $P(X \leq x) = F_{Ps}(x) = 0,9665 \Rightarrow x = F_{Ps}^{-1}(0,9665) = 6 \Rightarrow$ Fond $= 6 \cdot 5000$

8. $P(5 \leq X \leq 15) = \Phi\left(\frac{15-10}{\sigma}\right) - \Phi\left(\frac{5-10}{\sigma}\right) = 0,9544 \Rightarrow \sigma = 2,5$

9a. $f(x) = \binom{3}{x}\left(\frac{1}{6}\right)^x\left(\frac{5}{6}\right)^{3-x}$; $g(x) = x$; $x = 0, 1, 2, 3$; $B(n;p) = B(3; 1/6)$

9b. $E(g(x)) = \sum_{x=0}^{3} x f(x) = 0 \cdot \frac{125}{216} + 1 \cdot \frac{75}{216} + 2 \cdot \frac{15}{216} + 3 \cdot \frac{1}{216} = \frac{108}{216} = 0,5$

9c. fairer Lospreis $= E(g(x)) = 0,5 < 1,0 =$ tatsächlicher Lospreis

10
1a. $17,84 \leq \mu \leq 18,96$ $(17,98 \leq \mu \leq 18,82)$
1b. $6,848 \leq \mu \leq 7,672$ $(6,946 \leq \mu \leq 7,574)$
1c. $4,227 \leq \mu \leq 5,773$ $(4,412 \leq \mu \leq 5,588)$
2. $79,82 \leq \mu \leq 81,18$
3. $48,06 \leq \mu \leq 51,94$
4. $0,8182 \leq \mu \leq 0,8298$ $(0,8163 \leq \mu \leq 0,8317)$
5. $529,84 \leq \mu \leq 556,16$

6a. $17,81 \leq \mu \leq 18,99$ $(17,96 \leq \mu \leq 18,84)$
6b. $6,844 \leq \mu \leq 7,676$ $(6,945 \leq \mu \leq 7,575)$
6c. $4,211 \leq \mu \leq 5,789$ $(4,406 \leq \mu \leq 5,594)$
7. $53,037 \leq \mu \leq 56,963$

8a. $1002,9 \leq \mu \leq 1009,1$ 8b. $n = 2,26^2 \dfrac{18,67}{2^2} \approx 24$

9. $0,178 \leq \pi \leq 0,322$
10a. $0,452 \leq \pi \leq 0,648$ 10b. $0,4212 \leq \pi \leq 0,6788$ 10c. $0,40 \leq \pi \leq 0,70$
11. $0,222 \leq \pi \leq 0,512$ mit $x = 11$ und $p = 11/30 - 0,3\overline{6}$

12a. $n = c^2 \dfrac{p(1-p)}{(\Delta\pi)^2} = 1,96^2 \dfrac{0,3 \cdot 0,7}{0,02^2} = 1,96^2 \cdot 525 = 2016,84 \approx 2017$

12b. $\Delta\pi = c\hat\sigma_P = c\sqrt{\dfrac{p(1-p)}{n}} = 1,96 \cdot \sqrt{\dfrac{0,3 \cdot 0,7}{1000}} = 1,96 \cdot 0,0145 = 0,0284$

12c. unverändert $\alpha = 0,05$
13a. $10048 \leq \sigma^2 \leq 22329$; $100 \leq \sigma \leq 149$
13b. $9020 \leq \sigma^2 \leq 25875$; $95 \leq \sigma \leq 161$

11.1
1. $0{,}2481 \leq \bar{x} \leq 0{,}2519$ $\Rightarrow$ $0{,}2519 < \bar{x} = 0{,}253$ $\Rightarrow$ H_0 widerlegt
2. $9{,}484 \leq \bar{x} \leq 10{,}516$ $\Rightarrow$ $9{,}484 \leq \bar{x} = 10{,}5 \leq 10{,}516$ $\Rightarrow$ H_0 bestätigt
3. $994{,}48 \leq \bar{x}$ $\Rightarrow$ $994{,}48 > \bar{x} = 993{,}5$ $\Rightarrow$ H_0 widerlegt
4. $\Delta p = p - \pi_0 = 0{,}055 - 0{,}05 = 0{,}005$

$$c = \frac{\Delta p}{\sigma_p} = \Delta p \frac{\sqrt{n}}{\sqrt{\pi(1-\pi)}} = 0{,}005 \frac{\sqrt{400}}{\sqrt{0{,}05 \cdot 0{,}95}} = 0{,}4588 \approx 0{,}46$$

$1 - \alpha = \Phi(c) = \Phi(0{,}46) = 0{,}6772$ $\Rightarrow$ $\alpha = 1 - 0{,}6772 = 0{,}3228$

Eine Abnahmekontrolle mit einer Irrtumswahrscheinlichkeit von 32 % ist nicht sinnvoll.

5a. $0{,}37 \leq p \leq 0{,}63$ $\Rightarrow$ $0{,}37 \leq p = 0{,}475 \leq 0{,}63$ $\Rightarrow$ H_0 bestätigt
5b. $0{,}345 \leq p \leq 0{,}655$ $\Rightarrow$ $0{,}345 \leq p = 0{,}475 \leq 0{,}655$ $\Rightarrow$ H_0 bestätigt
6. $p \leq 0{,}4364$ $\Rightarrow$ $p = 0{,}42 < 0{,}4364$ $\Rightarrow$ H_0 bestätigt
7. $s^2 \leq 228{,}43$ $\Rightarrow$ $s^2 = 225 < 228{,}43$ $\Rightarrow$ H_0 bestätigt
   $v \leq 30{,}14$ $\Rightarrow$ $v = 29{,}68 < 30{,}14$ $\Rightarrow$ H_0 bestätigt

11.2
1. $-1 \leq \bar{z} \leq 1$ $\Rightarrow$ $-1 < \bar{z} = 0{,}8 \leq 1$ $\Rightarrow$ H_0 bestätigt

   $-2{,}26 < v \leq 2{,}26$ $\Rightarrow$ $v = \frac{\bar{z}}{s}\sqrt{n} = \frac{0{,}8}{1{,}4}\sqrt{10} = 1{,}81$ $\Rightarrow$ H_0 bestätigt

2. $-2{,}054 \leq v \leq 2{,}054$ $\Rightarrow$ $v = \dfrac{\bar{x} - \bar{y}}{\sigma \sqrt{\dfrac{n_1 + n_2}{n_1 n_2}}} = 2{,}8$ $\Rightarrow$ H_0 widerlegt

3. $-2{,}17 \leq v \leq 2{,}17$ $\Rightarrow$ $v = \dfrac{p_1 - p_2}{\sqrt{p(1-p)\dfrac{n_1 + n_2}{n_1 n_2}}} = 0{,}61$ $\Rightarrow$ H_0 bestätigt

4. $0{,}346 \leq v \leq 2{,}78$ $\Rightarrow$ $v = \dfrac{s_2^2}{s_1^2} = \dfrac{225}{100} = 2{,}25$ $\Rightarrow$ H_0 bestätigt

5. $-2{,}42 \leq v \leq 2{,}42$ $\Rightarrow$ $v = \dfrac{\bar{x} - \bar{y}}{s \sqrt{\dfrac{n_1 + n_2}{n_1 n_2}}} = -3{,}99$ $\Rightarrow$ H_0 widerlegt

mit $s = \sqrt{\dfrac{(n_1 - 1)s_1^2 + (n_2 - 1)s_2^2}{n_1 + n_2 - 2}} = \sqrt{\dfrac{23 \cdot 100 + 20 \cdot 225}{24 + 21 - 2}} = 12{,}58$

Literatur

Bamberg, G., Baur, F. u.a.: Statistik, 13. Auflage, München 2007

Basler, H.: Grundbegriffe der Wahrscheinlichkeitsrechnung und statischen Methoden, 11. Auflage, Würzburg 2000

Bleymüller, J. u.a.: Statistik für Wirtschaftswissenschaftler, 12. Auflage, München 2000

Bohley, P.: Statistik, 7. Auflage, München, Wien 2000

Borch, K.H.: Wirtschaftliches Verhalten bei Unsicherheit, München, Wien 1969

Bortz, J.: Statistik für Sozialwissenschaftler, 5. Auflage, Berlin-Heidelberg-New York 1999

Bosch, K.: Elementare Einführung in die angewandte Statistik, Braunschweig, Wiesbaden 2000

Chalmers, A. F.: Wege der Wissenschaft, Berlin-Heidelberg-New York 1982

Christoph, G., Hackel, H.: Starthilfe Stochastik, 1. Auflage, Stuttgart-Leipzig-Wiesbaden 2002

Cochran, W.G.: Stichprobenverfahren, Berlin-New York 1972

Dürr, W., Mayer, H.: Wahrscheinlichkeitsrechnung und Schließende Statistik, 5. Auflage München-Wien 2004

Eckey, H.-F., Kosfeld, R., Dreger, C.: Statistik; Grundlagen-Methoden-Beispiele, 3. Auflage, Wiesbaden 2002

Eckey, H.-F., Kosfeld, R., Türck, M.: Wahrscheinlichkeitsrechnung und Induktive Statistik, 1. Auflage, Wiesbaden 2005

Fisz, M.: Wahrscheinlichkeitsrechnung und mathematische Statistik, 11. Auflage, Berlin 1988

Härtter, E.: Wahrscheinlichkeitsrechnung für Wirtschafts- und Naturwissenschaftler, Göttingen 1974

Härtter, E.: Wahrscheinlichkeitsrechnung, statistische und mathematische Grundlagen, Göttingen 1987

Härtter, E.: Wahrscheinlichkeitstheorie, 4. Auflage, München, Wien 2001

Hübner, G.: Stochastik, 3. Auflage, Braunschweig-Wiesbaden 2002

Irle, A.: Wahrscheinlichkeitstheorie und Statistik, 1. Auflage, Stuttgart-Leipzig-Wiesbaden 2001

Krengel, U.: Einführung in die Wahrscheinlichkeitstheorie und Statistik, 6. Auflage, Braunschweig-Wiesbaden 2002

Kreyszig, E.: Statistische Methoden und ihre Anwendungen, 7. Auflage 1979, 4. unveränderter Nachdruck, Göttingen 1991

Monka, M., Voß, W.: Statistik am PC; Lösungen mit Excel, 2. Auflage, München-Wien 1999

Mood, A.M., Graybill, F.A., Boes, D.C.: Introduction to the Theory of Statistics, 3. Auflage Tokio-London 1974

Pfanzagl, J.: Allgemeine Methodenlehre der Statistik I, 6. Auflage, Berlin 1983; Bd. II, 5. Auflage, Berlin 1978

Raiffa, H.: Decision Analysis, Introductory Lectures on Choices under Uncertainty, Menlo Park/California, London, Don Mills/Ontario 1968

Sachs, L: Angewandte Statistik. Anwendung statistischer Methoden, 10. Auflage, Berlin, Heidelberg, New York 2002

Schaich, E.: Statistik für Volkswirte, Betriebswirte und Soziologen, 2. Auflage 1975

Schaich, E., Köhle, D., Schweitzer W., Wegner, F.: Statistik Bd. I, 4. Auflage, München 1993; Bd. II, 3. Auflage, München 1990

Schira, J.: Statistische Methoden der VWL und BWL, 2. Auflage, München 2005

Senger, J.: Mathematik; Grundlagen für Ökonomen, 2. Auflage, München 2007

Spiegel, M.: Statistik, 3. Auflage, Frankfurt/Main 1999

Stenger, H.: Stichprobentheorie, Würzburg 1971

Tiede, M., Voß, W.: Induktive Statistik 1+2, Köln 1977

Voß, W.: Taschenbuch der Statistik, Leipzig 2000

Voß, W.: Praktische Statistik mit SPSS, München-Wien 1997

Wetzel, W.: Statistische Grundausbildung für Wirtschaftswissenschaftler, Bd. 2 Schließende Statistik, Berlin 1973

Yamane, T.: Statistics; An Introductory Analysis, 2. Aufl., New York-Evanston-London, 1969

Index

A

absolute Häufigkeit 12
Additionssatz 34, 134
Alternativhypothese 250
Annahmebereich 252, 253
Anteilswert
   Grundgesamtheit 239
   Stichprobe 239
A-posteriori-Wahrscheinlichkeit 26
Approximationsregeln 190
A-priori-Wahrscheinlichkeit 20
arithmetisches Mittel
   Grundgesamtheit 224
   Stichprobe 224
arithmetisches Mittel der Stichprobe
   Siehe Stichprobenmittel
asymptotische Normalverteilung 210
Ausgangshypothese 250
Axiomatische
   Wahrscheinlichkeitsrechnung 29
Axiome der Wahrscheinlichkeit 29

B

Bayes'sches Theorem 55
bedingte Wahrscheinlichkeit 37
Bernoulli, Jakob 4, 108, 131
Bernoulli-Experiment 48, 131, 159
Binomialkoeffizient 67, 134
   binomische Reihe 71
   Rechenregeln 71
Binomialverteilung 131–39
   Approximationsregel 139
   Eigenschaften 136
   Erwartungswert 137
   Rekursionsformel 138
   Urnenmodell m. Z. 139
   Varianz 137
   Verteilungsfunktion 134
   Wahrscheinlichkeitsfunktion 134
Binomischer Lehrsatz 136
Bortkiewicz, Ladislaus von 4, 141

C

charakteristische Funktion 123
Chi-Quadrat-Anpassungstest 308, 310
Chi-Quadrat-Unabhängigkeitstest 316, 320
Chi-Quadrat-Verteilung 235, 272, 308

D

Deduktionsschluss 197
DeMoivre, Abraham 175
Dichtefunktion 94
Differenztest Anteilswert 293
Differenztest Mittelwert
   abhängige Stichproben 278
   unabhängige Stichproben 284
direkter Schluss 225
diskrete Verteilung 84–93, 131
   Binomialverteilung 131–39
   Geometrische Verteilung 159
   Hypergeometrische Vert. 154
   Poissonverteilung 141–53

E

Elementarereignis 5
Ereignis 6
   komplementäres 12
   sicheres 7
   unmögliches 7
   zusammengesetztes 8
Ereignisbaum 53
Ereignisraum 5
Ereignisse
   Differenz 11
   disjunkte 10
   Durchschnitt 9
   unabhängige 46
   unverträgliche 10
   Vereinigung 8
Erfolgswahrscheinlichkeit 131
Ergebnismenge 5

vollständige Partition 50
Ertragserwartung 110
erwartungstreue Schätzfunktion
　Stichprobenanteilswert 213
　Stichprobenmittel 213
　Stichprobenvarianz 213
Erwartungswert 103
　lineare Transformation 111
　Rechenregeln 110
Experiment
　deterministisch 4
　stochastisch 4
Exponentialverteilung 168
Externe Stichprobenvarianz 328

F

faire Lotterie 108
fairer Lospreis 108
Fakultät 61
　Rechenregeln 64
　Stirlingformel 64
Fehler beim Testen 265
　Fehler 1. Art (α-Fehler) 265
　Fehler 2. Art (β-Fehler) 265
Fisher, Ronald A. 298
F-Verteilung 299, 330

G

Gauß, Carl Friedrich 175
Gaußsche Glockenkurve *Siehe*
　Normalverteilung
Gegenhypothese 250
Geometrische Verteilung 159
Gesetz der großen Zahlen 218, 220
Gesetz der kleinen Zahlen 141
Gewinnerwartung 108
Gewinnfunktion 108
gewöhnliche Momente 119
Gleichverteilung 99, 165
Glücksrad (Roulette) 98
Grenzverteilung 141
Grenzwertsatz von Moivre u.
　Laplace 190
Grundgesamtheit 2, 199
Gütefunktion *Siehe* Machtfunktion

H

Hypergeometrische Verteilung 154
Hypothese 249
　Alternativhypothese 250
　Bestätigung 250
　Intervallhypothese 251
　Nullhypothese 250
　Punkthypothese 251
　Widerlegung 250
Hypothesentest *Siehe* Test
Hypothetische Häufigkeitstabelle
　318

I

Induktionsschluss 197
Induktive Statistik 2, 197
Inklusionsschluss 225
Interne Stichprobenvarianz 328
Intervallhypothese 251
Intervallschätzung 223
Intervallwahrscheinlichkeit
　diskrete Zufallsvariable 85
　stetige Zufallsvariable 95
Irrtumswahrscheinlichkeit 223, 253

K

Kolmogoroff, Andrej 2, 22
Kombinationen 61
　Formeln 75
　mit Wiederholung 68–70
　ohne Wiederholung 64–68
Kombinatorik 61
Konfidenzgrenze 223
Konfidenzintervall 223
　Anteilswert 239
　Mittelwert (Varianz bekannt) 224
　Mittelwert (Varianz unbekannt)
　　230
　Varianz 235
Konfidenzzahl 223
Konsumentenrisiko 267
Kontingenz 319
Kontingenztabelle 316
Kontingenztest *Siehe* Chi-Quadrat-
　Unabhängigkeitstest
kritischer Wert 252

L

Laplace, Pierre Simon de 2, 17, 190
Laplace-Experiment 17
lineare Transformation 117
Ljapunoff, Aleksander 210
Lotterie 108

M

Machtfunktion 268
Massenfunktion 84
Maßzahlen 103
    Erwartungswert 103
    Varianz 113
mathematische Erwartung 107
Mindestwahrscheinlichkeit 220
Misserfolgswahrscheinlichkeit 131
Mittelwert 103
mittlere quadratische Abweichung 113
mittlerer quadratischer Fehler 211
Moivre, Abraham de 46, 64, 190
Momente 119
    gewöhnliche 119
    um c 121
    zentrale 120
momenterzeugende Funktion 122, 137, 151
Multiplikationssatz
    beliebige Ereignisse 42
    unabhängige Ereignisse 48, 133

N

Normalverteilung 175–95
    Approximationsregeln 190
    asymptotische 210
    Dichtefunktion 175
    Maßzahlen 176
    Reproduktivität 189
    Verteilungsfunktion 177
Nullhypothese 250

P

Parametertest 249
    Anteilswert 261
    Mittelwert 250

Partition 50
Pascalsches Dreieck 72
Pearson, Karl 308
Permutationen 61
    c Klassen gleicher Elemente 62
    Formeln 75
    n verschiedene Elemente 61
Poisson, Siméon Denis 141
Poisson-Prozess 147
Poissonverteilung 141–53
    Erwartungswert 151
    Maßzahlen 143
    Rekursionsformel 153
    Schiefe 153
    Varianz 152
    Verteilungsfunktion 143
    Wahrscheinlichkeitsfunktion 143
pooled variance 289, 328
Prinzip des unzureichenden Grundes 17, 58
Produzentenrisiko 267
Punkthypothese 251
Punktschätzung 211–22
Punktwahrscheinlichkeit
    diskrete Zufallsvariable 85
    stetige Zufallsvariable 95

Q

Quadratsumme
    extern 326
    intern 326
Quellen für Hypothesen 249
Quotiententest Varianz 298, 301

R

Randhäufigkeit 316
Randwahrscheinlichkeiten 317
Realisationen 5
Rechteckverteilung 99, 105, 114
relative Häufigkeit 12
    Eigenschaften 13
    Grenzwert 22
    Stabilität 21
Repräsentationsschluss 226
Risikoneutralität 108

S

Savage, Leonard 28
Schätzfunktion 211
  Effizienz 215
  Erwartungstreue 212
  Gütekriterien 212
  Konsistenz 217
Schätzverfahren 223–46
Schiefe 124
Schließende Statistik 197
seltenes Ereignis 147
Sicherheitswahrscheinlichkeit 223
signifikante Abweichung 252
Signifikanzniveau 253
Signifikanzzahl 253
Stabdiagramm 86
Standardabweichung 113
standardisierte Zufallsvariable 118
Standardisierung einer
  Normalverteilung 182
Standardnormalverteilung 178
Statistik
  deskriptive 1
  induktive 2, 197
  schließende 1, 197
statistische Hypothese *Siehe*
  Hypothese
statistischer Test *Siehe* Test
stetige Gleichverteilung 114
stetige Verteilung 94–101, 165
  Exponentialverteilung 168
  Gleichverteilung 165
  Normalverteilung 175–95
stetige Zufallsvariable 94
Stichprobe 1, 199
Stichprobenanteilswert 239
Stichprobenmittel 202, 224
  Erwartungswert 204
  Varianz 204
  Verteilung 206
Stichprobenumfang
  Anteilswert 245
  Mittelwert 243
Stichprobenvarianz 230, 240
Stichprobenwert 199
Stirling, James 64

Stirlingformel 64
stochastische Unabhängigkeit 46
stochastische Variable 81
Symmetrie 105

T

Test 249
  Anteilswert 261
  einseitig 251, 256
  Fehler 265
  Mittelwert 250
  Varianz 272
  zweiseitig 251
Testgröße 252
Testschema
  Mittelwert 254
Testverteilung 253
totale Wahrscheinlichkeit 50
Tschebyscheff, Pafnuty L. 218
t-Verteilung 230, 231, 280, 291

U

Umkehrschluss 226
Urnenmodell 73, 139, 154

V

Varianz 113
  lineare Transformation 117
  Rechenregeln 116
Varianzanalyse 324, 332
Varianzquotientenverteilung *Siehe*
  F-Verteilung
Variationen 65
Venn-Diagramm 7
Verschiebungssatz 116, 137
Verteilungsfunktion
  Definition 89
  diskrete Zufallsvariable 89
  Eigenschaften 92, 97
  stetige Zufallsvariable 96
Verteilungstest 249
Vertrauensgrenze *Siehe*
  Konfidenzgrenze
Verwerfungsbereich 252

W

Wahrscheinlichkeit 4
  axiomatische 29
  bedingte 37
  klassische 17
  Komplementärereignis 83
  Monotonie 36
  statistische 21, 22
  subjektive 27
  totale 50
Wahrscheinlichkeitsfunktion 84
Wahrscheinlichkeitstheorie 2
Wahrscheinlichkeitsverteilung
  diskrete 84–93
  Maßzahlen 103
  stetige 94–101
  Symmetrie 105

Z

zentrale Momente 120
zentrale Schwankungsintervalle 183
Zentraler Grenzwertsatz 210
zufällige Abweichung 252
Zufallsauswahl 200
Zufallsexperiment 2, 3
Zufallsfehler 223
Zufallsvariable
  Ausprägung 82
  Definition 81
  diskrete 84
  lineare Transformation 111, 117
  Realisation 82
  standardisierte 118
  stetige 94
  Wahrscheinlichkeit 83
Zweistichprobentest 284–305

economag.

Wissenschaftsmagazin für
Betriebs- und Volkswirtschaftslehre

Über den Tellerrand schauen

Ihr wollt mehr wissen...
...und parallel zum Studium in interessanten und spannenden Artikeln rund um BWL und VWL schmökern?

Dann klickt auf euer neues Online-Magazin:
www.economag.de

Wir bieten euch monatlich und kostenfrei...

...interessante zitierfähige BWL- und VWL-Artikel
  zum Studium,
...Tipps rund ums Studium und den Jobeinstieg,
...Interviews mit Berufseinsteigern und Managern,
...ein Online-Glossar und Wissenstests
...sowie monatlich ein Podcast zur Titelgeschichte.

Abonniere das Online-Magazin kostenfrei unter
www.economag.de.

Oldenbourg

Experiments and Surveys

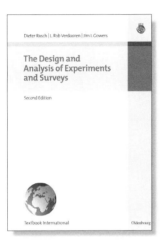

Dieter Rasch, L. Rob Verdooren, Jim Gowers
The Design and Analysis of Experiments and Surveys

2. Auflage 2007 | IX, 261 S. | Broschur
€ 34,80
ISBN 978-3-486-58299-4

This volume is the English version of the second edition of the bilingual textbook by Rasch, Verdooren and Gowers (1999). A parallel version in German is available from the same publisher.

It is intended for students and experimental scientists in all disciplines and presumes only elementary statistical and mathematical knowledge. This prerequisite knowledge is summarised briefly in an appendix.

The present edition introduces some new sections, such as testing the equality of two proportions, and the inclusion of sequential tests. It includes the equivalence tests which should replace the usual tests especially in psychological and medical research if the acceptance of the usual null hypothesis is the goal. Most of the methods are accompanied by examples demonstrating the relevant SPSS and CADEMO (a statistical design optimising package) procedures.

One important feature which distinguishes this book from the majority of elementary statistics texts is the emphasis placed on correct experimental design and the optimising of the experiment size. Given the steadily increasing financial problems facing research institutions, how can empirical research be conducted as efficiently (cost-effectively) as possible? This book seeks to make a contribution to answering this question. The design methods are in existence, but they are not widely used. The reasons for this stem on the one hand from the traditions of experimental research, and also from the behavioural patterns of the researchers themselves. Optimal research design implies that the objective of the investigation is determined in detail before the experiment or survey is carried out. In particular it is important that the precision requirements for the type of analysis planned for the data are formulated.

Further Information:
www.oldenbourg-wissenschaftsverlag.de

Die ideale Anleitung

Alfred Brink
Anfertigung wissenschaftlicher Arbeiten
Ein prozessorientierter Leitfaden zur Erstellung von Bachelor-, Master- und Diplomarbeiten in acht Lerneinheiten

3., überarbeitete Auflage 2007
XII, 247 Seiten | Broschur
€ 17,80 | ISBN 978-3-486-58512-4
Mit E-Booklet Wissenschaftliches Arbeiten in Englisch

Wie erstelle ich eine wissenschaftliche Arbeit? Dieser Frage geht der Autor in der bereits dritten Auflage dieses Buches auf den Grund.

Dabei orientiert er sich am Ablauf der Erstellung einer Bachelor-, Master- und Diplomarbeit. Dadurch wird das Buch zum idealen Ratgeber für alle, die gerade eine Arbeit verfassen. Auch bereits für die effiziente Vorbereitung einer wissenschaftlichen Arbeit ist das Buch eine zeitsparende Hilfe.

Da immer mehr Studierende ihre Abschlussarbeit an einer deutschen Hochschule in englischer Sprache verfassen, steht für den Leser zu diesem Thema auch ein vom Autor erstelltes E-Booklet im Internet zum Download bereit.

Lerneinheit 1: Vorarbeiten
Lerneinheit 2: Literaturrecherche
Lerneinheit 3: Literaturbeschaffung
 und -beurteilung
Lerneinheit 4: Betreuungs- und Expertengespräche
Lerneinheit 5: Gliedern
Lerneinheit 6: Erstellung des Manuskriptes
Lerneinheit 7: Zitieren
Lerneinheit 8: Kontrolle des Manuskriptes

Dr. Alfred Brink ist Dozent, Studienberater für Betriebswirtschaftslehre und Leiter der Fachbereichsbibliothek Wirtschaftswissenschaften an der Westfälischen Wilhelms-Universität Münster.

Oldenbourg